中国观赏蝴蝶

Ornamental Butterflies in China

陈晓鸣　周成理　史军义　石　雷　易传辉　著

Chen Xiaoming　Zhou Chengli　Shi Junyi　Shi Lei　Yi Chuanhui

中国林业出版社

China Forestry Publishing House

图书在版编目(CIP)数据

中国观赏蝴蝶 / 陈晓鸣 等著. —北京：中国林业出版社，2008.6
ISBN 978-7-5038-5277-0

Ⅰ.中…　Ⅱ.陈…　Ⅲ.观赏型－蝶蛾科－简介－中国　Ⅳ.Q969.42

中国版本图书馆CIP数据核字（2008）第108769号

中国林业出版社·环境景观与园林园艺图书出版中心
策划、责任编辑：吴金友　于界芬　李　顺
电话：66176967　66189512　传真：66176967

出　版　中国林业出版社（100009　北京西城区德内大街刘海胡同7号）
E-mail　cfphz@public.bta.net.cn　电话　66184477
网　址　www.cfph.com.cn
发　行　新华书店北京发行所
印　刷　北京中科印刷有限公司
版　次　2008年11月第1版
印　次　2008年11月第1次
开　本　889mm × 1194mm　1/16
印　张　23
字　数　620千字
印　数　1～2000册
定　价　280.00元

凡本书出现缺页、倒页、脱页等质量问题，请向出版社图书营销中心调换。

前　言

蝴蝶作为大自然的精灵，给人类带来了独特的美的享受，它们与诗歌、艺术、音乐、哲学、宗教等文化艺术密切相关，对人类的进化和发展产生重要而深刻的影响。在人类生活中无处不见蝴蝶的身影，蝴蝶成为美好和爱情的象征，给人类以憧憬、追求和向往。

蝴蝶作为昆虫纲中一个特殊的类群，具有重要的观赏价值和经济价值。在资源昆虫学中，观赏昆虫（蝴蝶、蜻蜓和甲虫等）的研究及利用已经成为研究热点。观光型蝴蝶生态园建设、蝴蝶工艺品开发等促进了蝴蝶的规模养殖，蝴蝶养殖业展示出十分广阔的产业化前景。

在蝴蝶研究和利用上，国内外同行作了大量的工作。国外从20世纪60年代开始研究蝴蝶的生物学特征和养殖技术，取得了较好的成效；世界各地建立了200个蝴蝶生态园，产生了较好的社会效益和经济效益。中国蝴蝶的研究主要集中在分类学上，并作了大量的工作，但在蝴蝶养殖等应用技术的研究上较为滞后；中国台湾蝴蝶养殖和蝴蝶产业的兴起早于大陆，始于20世纪70年代，曾经取得过骄人的成绩。但由于所交易的蝴蝶多来自自然界捕捉，资源受到严重破坏，加之劳动力成本等方面的原因，目前台湾蝴蝶产业风光不再。中国大陆对蝴蝶的养殖和蝴蝶产业从20世纪80年代开始，逐步展开，但规模较小，市场上的蝴蝶资源主要来源于自然界捕捉，人工养殖的蝴蝶规模较小，各地建立了一些小型的观光型蝴蝶生态园，但设施和规模有限，中国蝴蝶产业正处于一个上升期，正在逐渐壮大。

中国林业科学研究院资源昆虫研究所是从事资源昆虫学研究的专门研究机构，主要从事紫胶虫、白蜡虫、五倍子蚜虫、胭脂虫等工业原料昆虫、药用昆虫、食用昆虫、观赏昆虫、授粉昆虫、天敌昆虫、环境昆虫学等研究。在蝴蝶研究和利用方面，中国林业科学研究院资源昆虫研究所先后对20多种蝴蝶的生物学、生态学和养殖技术进行了较为系统的研究，掌握了近20种蝴蝶规模养殖的关键技术，每年养殖蝴蝶规模可达300万只以上。在前人研究的基础上，我们在蝴蝶研究和养殖的实践中，积累了一些心得和经验，整理成书，以飨读者。

书中主要内容是在国家林业局“948”项目、中国林业科学研究院院长基金、中国林业科学研究院资源昆虫所所长基金，国家林业局“资源昆虫培育与利用重点实验室”基金，国家林业局野生动物保护专项资金和加拿大ECO基金会的支持下，蝴蝶项目组多年研究的成果，项目主要负责人之一史军义研究员在蝴蝶养殖、开发利用方面不遗余力地推进蝴蝶产业，近年来做了大量卓有成效的工作。周成理博士多年在研究一线从事蝴蝶养殖关键技术，对蝴蝶的热爱达到了痴迷的地步，积累了丰富的研究资料；四川乐山市农牧科学研究所胡芳女士协助进行了大量的研究工作和蝴蝶生态图片拍摄；石雷博士在蝴蝶标本采集方面做了大量工作；中林昆明观赏昆虫科技开发有限公司赵灿南、赵灿斌和黄新涌先生提供了部分标本，为书中的蝴蝶图片提供了基础资料。项目组研究人员胡芳、王海涛、姚俊、何瑞等在蝴蝶养殖方面做了大量的技术工作，为本书积累了丰富的经验。易传辉博士在研究蝴蝶滞育中为本书收集了不少资料。本书是项目组全体成员通力协作的成果。

在本书的成稿过程中，云南省摄影家协会张建林先生，中国林业科学研究院资源昆虫研究所陈军助理研究员、赵敏博士研究生、王兵益博士协助拍摄蝴蝶照片，王绍云高级实验师帮助绘图。中国科学院动物研究所武春生研究员提供部分宝贵资料，台湾陈建仁先生，中国林业科学研究院热带林业研究所顾茂彬先生、海南中林蝴蝶工艺品有限公司梁森泉先生和湖南省东安一中李贻耀老师提供部分蝴蝶图片和资料，在此一并致谢！

蝴蝶是一个神秘而梦幻的世界，蕴藏着无尽的奥秘，面对这群自然的精灵，深感乏力，我们只是从一个肤浅的层面去诠释蝴蝶的生长发育规律，研究的深度和广度都有待加强。限于著者的水平，书中所展示的资料难免有误，敬请广大的蝴蝶研究者和爱好者不吝赐教。

陈晓鸣

2008年10月

目　录

第四篇 蝴蝶的寄主植物和蜜源植物

第五篇　蝴蝶养殖技术

第六篇　蝴蝶利用

附　录

第一篇

绪　论

第1章　蝴蝶的观赏及经济价值

蝴蝶是昆虫纲 (Insecta) 鳞翅目 (Lepidoptera) 蝶亚目 (锤角亚目) (Rhopalocera) 的一类昆虫，这个类群的昆虫通常具有美丽的翅膀，色彩艳丽，婀娜多姿，被喻为大自然的舞姬。蝴蝶触角为棒形，或棒锤状，翅宽大，大多腹部瘦长。停歇时翅竖立于背上，蝴蝶体和翅被扁平的鳞片。蝴蝶白天活动。绝大多数种类的幼虫植食性，多数成虫取食花蜜；在自然界中，蝴蝶在花丛中飞舞时为了采集花蜜作为补充营养。

蝴蝶具有很高的观赏价值，由于蝴蝶具有绚丽的色彩，在自然界中，多姿多彩的蝴蝶在花丛中翩翩起舞，如诗如画。蝴蝶优美的舞姿，美丽的色彩，与植物的花朵构成一幅美丽的风景画，给人们带来了无限的遐思和美的享受。世界上最大的亚历山大鸟翼凤蝶*Ornithoptera alexandrae*，翅展可达28cm以上，巴西的大蓝闪蝶*Morpho didius*，中国的金斑喙凤蝶*Teinopalpus aureus*等都具有很高的观赏价值。

面对这五彩缤纷的蝴蝶世界，人类无不感叹蝴蝶的绚丽，给这类昆虫赋予了许多的诗情画意。蝴蝶对人类文化产生了巨大的影响，蝴蝶与诗歌、绘画、传说、寓言形影相随，代代相传。中国在文学作品中对蝴蝶有大量的描述和记载，留下了许多脍炙人口的诗句。蝴蝶象征着美丽和爱情，早在1400多年前梁简文帝就有“复此从凤蝶，双双花飞上；寄语相知者，同心终莫违”（《咏蝴蝶》）的诗句。我国家喻户晓的，千古绝唱的爱情悲剧《梁山伯与祝英台》，男女主人公化成蝴蝶，飞向天空，追求爱情与幸福的故事，感动着一代又一代人。中国古代诗词中，有许多描述蝴蝶的诗词：“穿花蛱蝶深深见，点水蜻蜓款款飞”（杜甫，《曲江二首》），“蜻蜓怜晓露，蛱蝶恋秋花。”（元稹，《景申秋八百》），“粉翅嫩如水，绕彻乍依风。日高霜露解，飞入菊花中。”（王建，《晚蝶》）等描述了蝴蝶的美妙姿态，传递着美丽动人的意境。

世界上许多国家的文学艺术中都有与蝴蝶相关的作品，蝴蝶被誉为“会飞的花朵”。昆虫在几乎每一种文学、语言、音乐、艺术、宗教、哲学、心理学等方面扮演着十分重要的角色，1984年在德国汉堡召开的第十七届国际昆虫学大会上，第一次提出了文化昆虫学的概念，开始了“昆虫与文化”的研究，形成了昆虫学中的一个重要领域 (Charles Hogue, 1987)。

由于蝴蝶具有很高的艺术性和观赏性，因而具有巨大的商业开发价值，近年来备受重视。在现代生活中，用蝴蝶制成的工艺美术品深受喜爱，蝴蝶标本可以制成各种形态与花草配搭后装入玻璃罩或相框中，作为室内摆设及墙上装饰。蝴蝶多彩的翅膀，可以利用其自然形状、纹理、斑块和色彩，拼贴出各种山水、风景、人物、花卉、动物等图案，形象生动，具有很高的观赏性和艺术性。蝴蝶制成的书签、照片、画册，VCD等都具有较高的艺术价值。蝴蝶生态园的兴起，在城市和风景区给人们生活增添了美的享受，蝴蝶园不仅展示了昆虫的美丽，而且还向公众宣传了从毛毛虫到美丽的蝴蝶的科普知识。蝴蝶生态园还带动了旅游业的发展。蝴蝶养殖，蝴蝶生态园展示，蝴蝶工艺品制作已经形成了一个观赏昆虫产业。据不完全统计，每年全世界蝴蝶的交易额高达数百亿美元；蝴蝶观赏园及其所带动的旅游业所创造的经济价值，也正以惊人的速度增长。

许多蝴蝶幼虫体内含有昆虫毒素，昆虫毒素是重要的天然药物，在治疗许多疑难病症，如：抗癌新药，具有广阔的开发利用前景。一些蝴蝶的幼虫具有很高的营养价值，可以作为食品和高蛋白资源来开发利用。

第2章　蝴蝶的生态价值

在地球上，已知植物种类大约有50万种，有花植物约25万～30万种。在自然界中，植物需要通过授粉来繁殖后代，而授粉分为两种方式：自花授粉和异花授粉。自花授粉的植物一般较为原始，容易退化，而异花授粉植物基因易产生新的组合和变异，对环境的适应能力较强。大部分植物是异花授粉植物。异花授粉植物需要借助于昆虫、鸟类、风等作为传媒来授粉，才能繁衍后代。

昆虫授粉具有重要的生态价值和经济价值。据估计，在自然界中大约有80%高等植物的花授粉靠昆虫来进行，许多异花授粉植物的授粉是靠昆虫来完成的，有些植物在夜间开花，只有夜间活动的某些鳞翅目昆虫才能为之授粉，这些植物与昆虫息息相关，不可分离。没有授粉昆虫，许多植物将会在地球上消失。昆虫授粉不仅在为异花授粉植物的生存和繁衍扮演重要角色，而且，在自花授粉的植物中，通过昆虫授粉，加强了自花授粉植物的基因流动和交流，提高自花授粉植物种子质量和数量，对农作物和果树的增产效果十分明显。可以说，昆虫授粉是地球生态系统健康的一个重要的支撑者，如果没有昆虫授粉，大量的异花授粉植物将会从地球上逐渐消失，不少植物将发生严重的退化，随着环境的压力增大，生存压力将更大。很难想象，没有昆虫授粉，地球上能有一个健康稳定的生态系统。

昆虫授粉的经济价值极高，昆虫授粉容易造成的杂种优势，许多农作物都是靠昆虫来授粉的，Free(1993)《作物昆虫授粉》一书中列出了56个科352种需要昆虫授粉的农作物。而且昆虫授粉的效果通常好于其他人工授粉方式，对提高农作物的产量和质量有十分重要的意义。人类日常食用的蔬菜、水果大多数都与昆虫授粉相关。据估计（Southwick, E.E. & Southwick, L., 1992），全球授粉昆虫创造的价值高达1120亿美元。

蝴蝶除了具有很高的观赏价值和经济价值外，还具有很高的生态价值。蝴蝶有访花采蜜进行补充营养的生物学特性，在蝴蝶访花的过程中，将植物的花粉从一株植物带往另一株植物，促进植物之间的基因交流，可以提高农作物产量，对植物的进化，特别是对异花授粉的植物的生存和进化具有十分重要的生态价值。虽然蝴蝶授粉的作用和效果与蜂类比较有一定的差距，但仍然是一类重要的授粉昆虫。

在自然界的食物链中，蝴蝶是食草者，也是被捕食者。昆虫是许多鸟类和动物必不可少的食物来源，在生态系统的物质循环和能量流动中扮演着十分重要的角色，昆虫数量的多少直接影响着这些鸟类和动物的生存和种群数量。由于这方面的研究还较少，其生态价值尚无法估量，但可以推测，蝴蝶在自然生态系统中，尤其是森林生态系统中，是维护生态系统稳定的一个不可忽略的因素。有些蝴蝶种类对污染较为敏感，生态环境和寄主植物受到污染后，不能生存，可以作为环境质量的指示生物。

第3章 蝴蝶产业的特点及发展趋势

蝴蝶规模养殖已经成为一个新兴的昆虫产业，随着人类生活水平的不断提高，对自然和文化需求越来越广泛，蝴蝶产业，方兴未艾，具有十分广阔的前景。国际上对蝴蝶的养殖开始于20世纪60年代，一些发达国家对蝴蝶人工养殖进行了较为系统的研究，一般采用建设蝴蝶生态园的方式养殖和观赏蝴蝶，同时进行蝴蝶标本的交易。早期的蝴蝶交易主要来自于自然界的捕捉，发展中国家，特别是一些蝴蝶资源丰富的国家，由于蝴蝶标本有较高的经济价值，从野外大量捕捉自然资源，使蝴蝶数量剧减，严重影响生态平衡。随着环境意识的增强，不少国家为了加强环境保护，将一些蝴蝶列入珍稀濒危物种加以保护，蝴蝶产业开始从野外采集逐步过渡到人工养殖，在一些旅游地区建立蝴蝶生态园，成为蝴蝶产业的一种常见形式。发达国家利用技术优势，建立设施先进的蝴蝶生态园，用高科技营造蝴蝶各种生存环境，养殖蝴蝶供人们观赏。我国对蝴蝶养殖技术的研究起步较晚，始于20世纪80年代，早期的蝴蝶产业发展主要靠自然界捕捉，主要在西双版纳等热带、南亚热带地区捕捉，造成了蝴蝶数量急剧减少，对这些地区的生物多样性造成严重威胁，而外国人到中国生物多样性丰富地区捕捉蝴蝶的案例也屡有发生。通过近20多年的发展，国内对蝴蝶养殖技术的研究和实践取得了一些成绩，在凤蝶科Papilionidae的一些种类，如绿带翠凤蝶*Papilio maackii*、碧凤蝶*Papilio bianor*、玉带凤蝶*Papilio polytes*、麝凤蝶*Byasa alcinous*、斑凤蝶*Chilasa clytia*、美凤蝶*Papilio memnon*等，蛱蝶科Nymphalidae的一些种类，如白钩蛱蝶*Polygonia c-album*、大红蛱蝶*Vanessa indica*、黄钩蛱蝶*Polygonia c-aureum*、枯叶蛱蝶*Kallima inachus*，斑蝶科Danaidae和粉蝶科Pieridae的一些种类，如青斑蝶*Tirumala limniace*和鹤顶粉蝶*Hebomoia glaucippe*等，进行了生物学特征和养殖技术研究，建立了一些规模不等的蝴蝶生态园。在生产实践中，由于对蝴蝶养殖关键技术，寄主植物的栽培、病虫害防治、蝴蝶的滞育诱导保存、设施研制、蝴蝶产品加工利用等缺乏系统研究与实践，中国蝴蝶规模养殖正处于一个发展期，目前中国每年人工养殖的蝴蝶大约在300万～500万只，随着一些关键技术的解决，中国蝴蝶养殖将会在世界蝴蝶产业中异军突起，占一席之地。

蝴蝶产业是一个新兴的产业，涉及蝴蝶生物学、生态学特征研究和应用，寄主植物培育和生态环境选择等3个方面，需要有昆虫学、昆虫病理学、昆虫养殖技术、昆虫天敌防治技术、生态学、植物学、植物栽培技术、蝴蝶养殖设施设计和构建技术等多学科融合，具有高技术和技术集成的特点，还具有季节性和时效性。

蝴蝶规模养殖需要较成熟的技术作为支撑，蝴蝶养殖技术包括了蝴蝶的生物学、生态学基础，寄主植物培育、基地选择和设施建设。在自然界中，蝴蝶的种群密度较低，生态环境较适宜，病虫害大量发生和流行的几率小于人工规模养殖。在人工规模养殖中，由于种群密度较大，生态环境条件与自然状况下差距较大，需要有一整套养殖技术和培育措施来保证蝴蝶规模繁殖，避免病虫害发生和流行，以获得期望的蝴蝶产量。规模繁殖技术包括蝴蝶饲养技术、病虫防治技术、寄主植物培育技术、养虫设施设计与构造技术，蛹的保存和运输技术，蛹的滞育诱导和打破技术等，在工艺品制作方面还需要有美术基础，精细的粘贴技术和防腐技术等。蝴蝶产业涉及众多的学科，需要高技术作保障，需要多种技术集成才能促进蝴蝶产业发展。

蝴蝶规模养殖的另一个特征是季节性和时效性，生物的生长发育需要一定的周期，尽管可以利用设施改变蝴蝶的生活周期，但周期性仍然是蝴蝶养殖的一个显著特征，蝴蝶养殖需要一定周期，不同种类的蝴蝶生长发育的周期有很大的区别，有的蝴蝶种类完成一个周期只需要1～2个月，有的种类则需要3～4个月，甚至更长时间。蝴蝶的利用主要是在成虫，一般蝴蝶成虫从蛹羽化后只能存活1～2周，而蛹在自然条件下一般只能保存7～10天，蝴蝶作为生命活体能够观赏的时间较短，所以，观赏蝴蝶具有很强的时效性。

由于蝴蝶有较高经济价值，蝴蝶作为国际贸易的商品历史悠久。目前蝴蝶交易至少一半从自然界中采集，由于大量采集野生蝴蝶资源对生态环境造成极大破坏，并造成了生物多样性的丧失。随着人类环境意识的增强，世界各国纷纷出台了野生动物保护法规，限制和禁止对野生蝴蝶的采集。每年全世界蝴蝶产品的交易额高达数百亿美元，蝴蝶交易和加工业对蝴蝶的需求量十分巨大。随着旅游业的发展，蝴蝶观光园、各种类型的蝴蝶馆和蝴蝶庆典放飞等发展迅速，蝴蝶规模养殖正在形成一个特殊的产业，具有十分广阔的前景。

高科技和规模化是蝴蝶产业的发展趋势，采用现代生物技术对蝴蝶进行育种和规模繁殖，将大幅度地降低蝴蝶繁育的成本，培育出各种健康美丽的蝴蝶种类供人们观赏；采用现代生态技术建造高科技的蝴蝶养殖设施，营造出梦幻般的蝴蝶生态环境，适合于不同生态环境的蝴蝶种类生存；打破蝴蝶自然分布界限，在蝴蝶生态园中养殖更多的蝴蝶种类，使人能欣赏到世界各地不同的姿色和形态的蝴蝶。可以预见，高科技将极大地促进蝴蝶产业化，形成一个美丽的产业。

主要参考文献

Charles Hogue. 1987. *Cultural entomology*. *Annual Review of Entomology*, Vol 32

Free J.B. 1993. *Insect pollination of crops*. Academic Press, N.Y.

Southwick, E.E. & Southwick, L. 1992. *Estimating the economic value of honey bees* (Hymenoptera: Apidae) *as agricultural pollinators in the United States*. *Economic Entolmology*, 85(3): 621-633

第二篇

蝴蝶分类及基础生物学

第4章 蝴蝶分类

蝴蝶种类繁多，世界上已知约有16 000~20 000种（五十岚迈 等，1997，周尧 等，2004）。按照《中国蝴蝶分类与鉴定》一书的分类体系，蝶亚目分为4个总科，17个科。现记载的中国蝴蝶的已知种类约为1317种（周尧，1998b）。

鳞翅目得名于该目昆虫的翅膀及虫体上密被细小鳞片，同属该目的还有所有蛾类，是昆虫中一个庞大的类群，种类之多在昆虫纲中仅次于鞘翅目。根据触角的形态以及其他特征，鳞翅目又分2个亚目：蝶亚目（锤角亚目）和异角亚目（Heterocera）。前者包括了所有蝶类，后者则包括所有蛾类。

蝶和蛾同属鳞翅目，成虫翅膀和身体上均覆盖细小鳞片，并由此构成各种各样的花纹和色彩；口器大多为虹吸式，以取食液体食物或食物中的液体为主。幼虫形态也很相似。一般来说，蝴蝶和蛾类的区别主要表现在以下方面（图版4-1）：

（1）触角形状：蝶类触角在末端都显著或略为膨大，无论整个触角是呈棍棒状、锤状、线状或鱼钩状，均没有例外。而蛾类的触角呈羽毛状、丝状、锯齿状或栉状等，自基部向端部渐小，触角端部绝不膨大。凤蝶科和绢蝶科Parnassiidae种类的触角端部膨大且弯曲，呈曲棍球杆状；蛱蝶科和粉蝶科种类的触角端部呈锤状（锤角亚目即得名于此）。即使触角近线状的眼蝶和环蝶类，其端部也有明显的膨大。触角形态不同，是蝶蛾最显著的形态差异。

（2）鳞片特征：蝴蝶身体和翅膀上的鳞片较细、较薄，与身体或翅膀结合也较为紧密，而蛾类鳞片密集粗大，且容易散落；蝶类鳞片常多鲜艳的颜色，而蛾类鳞片颜色大多晦暗。

（3）体型和体姿：蝴蝶身体相对翅膀显得纤细（弄蝶科Hesperiidae部分种类例外），飞行轻盈；休息时翅膀多竖立背面，或向两侧展开。而多数蛾类身体粗壮，难作长距离的悠闲飞行，停息时翅膀合拢在体背上，呈屋脊形。

（4）幼期形态：多数蝶类幼虫体表光滑，虽有的有棘刺或刚毛，但也与体表结合紧密。而蛾类的幼虫大多体毛密集、容易脱落。蝴蝶幼虫常在开阔通风环境中化蛹，外无丝茧包被（唯绢蝶的蛹体外有极薄的丝被），蛾类则多在隐蔽处或作土室化蛹，大多数种类外被柔韧的茧壳。

（5）活动节律：蝶类在白天活动，无夜出种类，对灯光无趋向性；而蛾类多在夜间活动，对灯光有强烈趋性。以黑光灯诱集蛾类成虫，进行害虫预测和标本收集时，未曾获得过蝶类成虫。少数蛾类在白天活动，色彩和体型都极似蝶类，但能从触角上一眼辨认出来。白天活动的蛾类称昼出性蛾类。

4.1 蝴蝶的主要分类特征

蝴蝶的分类主要依据成虫的形态特征。成虫的形态可因产地、季节，甚至一些随机的因素而产生变化。重要的分类特征包括：翅形和翅面上的斑纹，翅脉序和翅室，雄性外生殖器的构造，以及触角和附肢特征等。蝴蝶的幼期（卵、幼虫和蛹）形态特征也可以作为分类上的重要依据。

4.1.1 翅形和翅面上的斑纹

各种蝴蝶的翅膀都有其特定的形状。多数种类的前翅呈三角形，三角形的三边分别称前缘、外缘和后缘（内缘），三角分别为基角、顶角和臀角（后角）。前缘平滑，向前方弯出；外缘平直或呈锯齿状，有些种类在中部向内略凹陷。后翅常呈半圆形，臀角有尾状突出或无尾突。尾突可有一至数根，长短不一。

蝴蝶翅膀上的色斑、点、线、带和纹，是由具有各种色素和结构的细小鳞片组成的，同种蝴蝶有基本固定的斑纹图式，是最容易识别

图版 4-1 蛾与蝶的区别

a、b. 乌桕大蚕蛾 *Attacus atlas* 及其羽状触角

c、d. 拟态凤蝶的凤蛾 *Epicopeia* sp.（♀）及其触角 e、f. 散斑翠蛱蝶 *Euthalia khama* 及其棒状触角

g. 丽灯蛾 *Callimorpha* sp. 停息状 h. 金斑蛱蝶 *Hypolimnas misippus*（♂）停息状

的分类特征。大型的色素沉积区称为“斑”，细小的称“点”；细长的称“线”，粗宽者叫“带”，弯延曲折者称“纹”。与翅膀外缘平行的带或线称横带或横线，而与翅膀前缘走向一致的带或线称纵带或纵线。为了便于描述这些翅面特征，对蝴蝶翅膀进行了分区和命名（图版4-2）。

4.1.2 翅脉序和翅室

翅脉是翅膀气管硬化而成，功能在于增加翅的强度。翅脉在翅面上的排列顺序称翅脉序。由翅基部发出、向外缘延伸者为纵脉或主脉，纵脉之间的横向短脉称横脉。一般蝴蝶前翅有纵脉12～14条，后翅有8～9条。对每一条翅脉都给予特定的字母或数字。代表纵脉的字

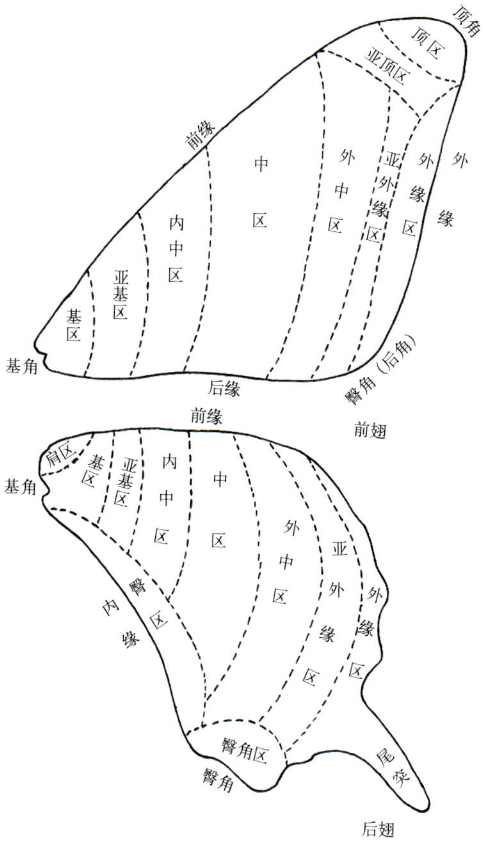

a

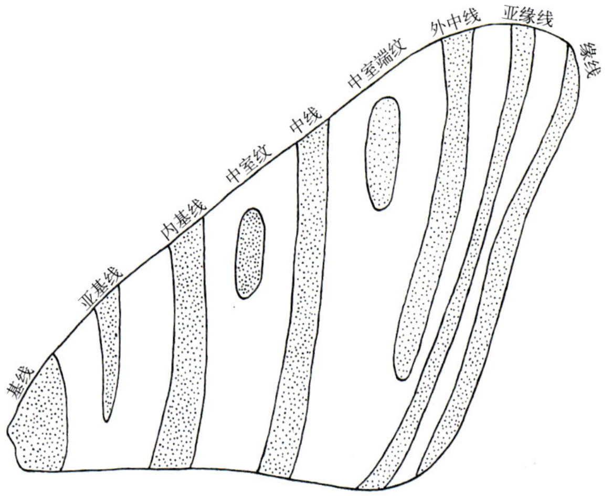

b

c

d

图版 4-2 蝴蝶翅膀各部位的名称和斑纹模式

a. 蝴蝶翅面的分区（仿武春生图） b. 蝴蝶翅面线纹位置示意图（仿武春生图） c. 自左到右：白袖箭环蝶 *Stichophthalma louisa* 前翅正面的箭形纹，碧凤蝶 *Papilio bianor* 后翅正面的新月纹，大艳眼蝶 *Callerebia suroia* 前翅正面的双瞳点眼状斑 d. 自左向右：多姿麝凤蝶 *Byasa polyeuctes*，三尾凤蝶 *Bhutanitis thaidina*，小红珠绢蝶 *Parnassius nomion*，白带锯蛱蝶 *Cethosia cyane*（反面），棕带眼蝶 *Chonala praeusta*（反），网丝蛱蝶 *Cyrestis thyodamas* 和 Y 纹伟蛱蝶 *Parasarpa dudu*

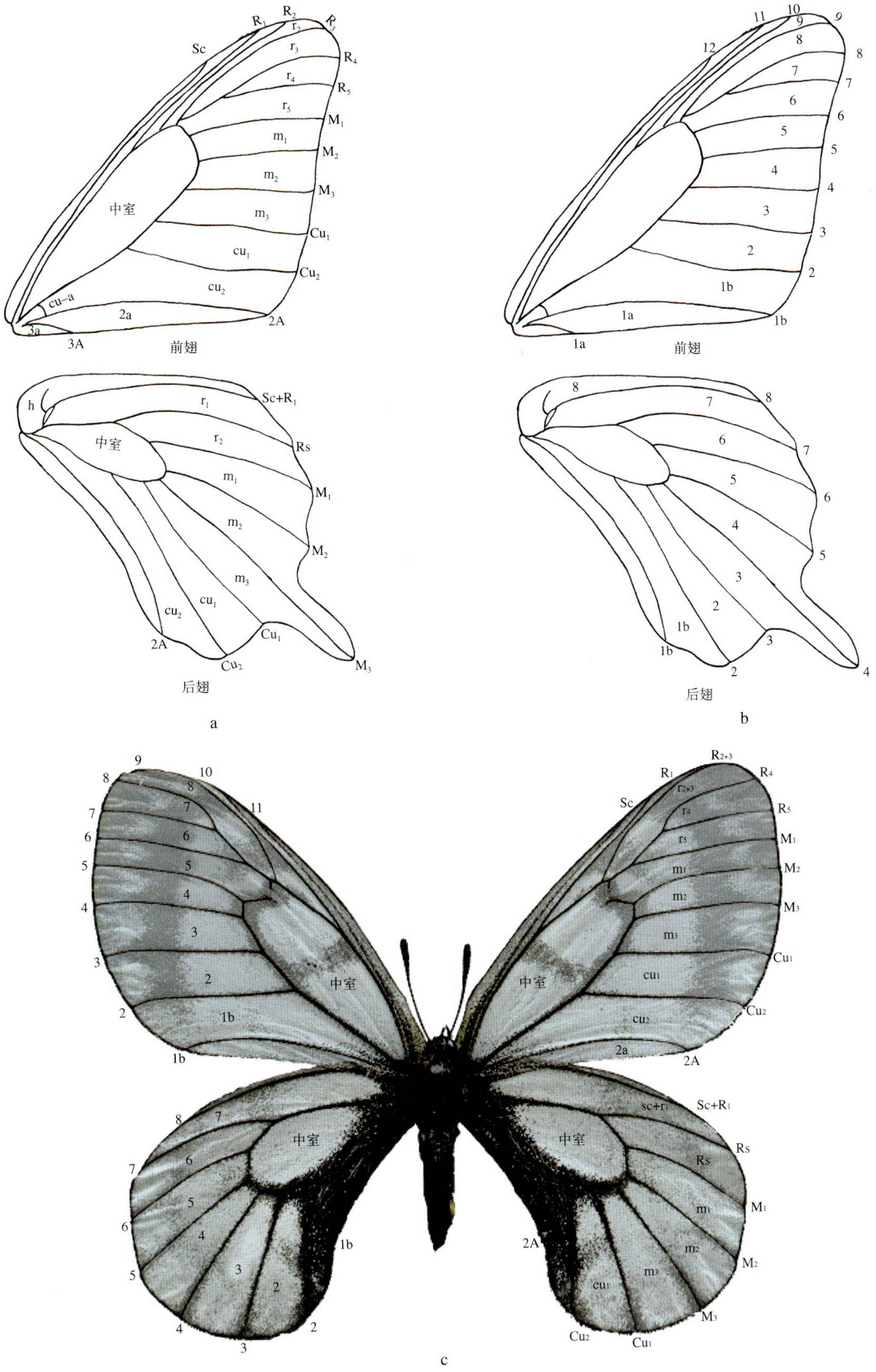

图版 4-3 蝴蝶的翅脉、翅室的模式图和命名法

a. 康尼命名法（仿武春生图） b. 数字命名法（仿武春生图） c. 冰清绢蝶 *Parnassius glacialis* 的翅脉和翅室

母或字母组的第一个字母大写（横脉和肩脉小写）。如Sc脉是自前翅基部最前面发出的，其后是R脉。R脉在延伸过程中又分成5条，从前往后分别叫R_1、R_2、R_3、R_4和R_5。从翅基部最后面发出的是A脉，最多时有3条，一般2条，自前往后依次叫1A、2A和3A，各条A脉中途不分支。在绝大多数蝶种中，1A已经退化，所见到的就是2A，此时A脉便与其前面的（自中室后缘发出的）翅脉距离较大。凤蝶和弄蝶前翅常有3A存在，在其他各科则完全退化。自中室后缘发出的主脉是臀脉（Cu），一般有2条，由后向前分别为Cu_2和Cu_1。Cu_1前面的3条主脉称为中脉，由后向前分别是M_3、M_2和M_1。对翅脉的这种命名叫康尼命名法，在中国使用普遍（图版4-3a）。蝴蝶翅膀上的横脉很少，通常只有中室端脉。对翅脉的另外一种命名方法是汉普森命名法（数字命名法），即是从翅膀的后缘开始向前缘，依次以阿拉伯数字代表每条翅脉（图版4-3b）。

翅脉之间的翅面区域称为"翅室"，其中最重要的是中室，位于R脉主脉和Cu脉主脉之间。当翅脉以康尼法命名时，各翅室以其前面的翅脉命名，代表翅室的字母小写。如位于M_2脉和M_1脉之间的翅室被命名为m_1，而位于R_3脉和R_4脉之间的翅室被命名为r_3。而当翅脉以数字法命名时，各翅室则以其后缘的翅脉命名（图版4-3）。

触角、下唇须、喙、足和复眼等附器的特征在分类上也常用到。凤蝶的触角端部曲棒状，蛱蝶和粉蝶的触角端部为棒状或近球形；环蝶和眼蝶触角线状，端部膨大不明显；弄蝶的触角端部膨大后又急剧缩小、向外弯曲，呈鱼钩状（图版4-4）。粉蝶的头部相对身体很小，而斑蝶的头部较大。凤蝶的下唇须一般很小（喙凤蝶属*Teinopalpus*例外），粉蝶的下唇须发达，而喙蝶的下唇须特别发达，伸出头前方。粉蝶成虫的前足发达，有步行功能，而蛱蝶成虫的前足退化，失去步行功能。灰蝶科Lycaenidae种类成虫复眼周围有一圈白毛，可以此与蚬蝶科Riodinidae种类区别开。

4.2 蝴蝶分科

蝶亚目的分科，在分类学者之间存在差异，一般被分为5～17科。本书沿用《中国蝶类志》（1998年修订版）和《中国蝴蝶分类与鉴定》的分类体系。基于成虫外部形态和解剖构造的差异，所有蝶类被分为4个总科，17个科：

凤蝶总科Papilionoidea
- 凤蝶科Papilionidae
- 绢蝶科Parnassiidae
- 粉蝶科Pieridae

蛱蝶总科Nymphaloidea
- 喙蝶科Libytheidae
- 眼蝶科Satyridae
- 环蝶科Amathusiidae

图版 4-4 蝴蝶成虫触角的各种形态

a. 绿带翠凤蝶 *Papilio maackii* 的曲棒状触角　b. 箭环蝶 *Stichophthalma howqua* 的线状触角
c. 螯蛱蝶 *Charaxes marmax* 的棒状触角　d. 傲白蛱蝶 *Helcyra superba* 的锤状触角　e. 蛱型飒弄蝶 *Satarupa nymphalis* 的钩状触角

斑蝶科Danaidae
绡蝶科Ithomiidae
闪蝶科（摩尔佛蝶科）Morphidae
蛱蝶科Nymphalidae
袖蝶科Heliconiidae
珍蝶科Acraeidae
灰蝶总科Lycaenoidea
灰蝶科Lycaenidae
蚬蝶科Riodinidae
弄蝶总科Hesperoidea
缰弄蝶科Euschemonidae
大弄蝶科Megathymidae
弄蝶科Hesperiidae

蝶类分科检索表如下（周尧，1994）：

1a 触角端部弯曲，末端尖，基部互相远离；眼的前方有浓密的"睫毛"；前翅中室外的脉纹都不分叉（弄蝶总科Hesperoidea）……2

1b 触角端部棒状膨大，末端圆，基部互相接近；头较狭，眼的前方很少有"睫毛"；前翅至少有1条脉纹在中室外分叉……4

2a 雄性后翅有1翅缰……缰弄蝶科Euschemonidae

2b 雄蝶后翅无翅缰……3

3a 后足胫节只有1个距，翅展超过40mm；触角末端无尖，也不弯曲；头比胸部狭小……大弄蝶科Megathymidae

3b 后足胫节有2个距；翅展在50mm以下；触角钩状明显；头部比胸部宽或一样宽……弄蝶科Hesperiidae

4a 两性的前足发育正常；前后翅的中室闭式（凤蝶总科Papilionoidea）……5

4b 雄性前足较退化，跗节常不分节，常无爪……7

5a 后翅有2条臀脉，臀缘凸出；前足胫节无突起；爪分裂或有齿……粉蝶科Pieridae

5b 后翅只1条臀脉，臀缘凹入；前足胫节后有1突起；爪完整……6

6a 前翅在肘脉与臀脉间有1横脉，径脉5支；触角不被鳞片；翅三角形；后翅通常有尾状突起……凤蝶科Papilionidae

6b 前翅在肘脉与臀脉间无横脉；径脉4分支；触角被有鳞片；翅卵形；后翅无尾状突起……绢蝶科Parnassiidae

7a 雌蝶前足正常，爪发达；一般小型（灰蝶总科Lycaenoidea）……8

7b 雌前足退化，无爪；后翅有肩脉（蛱蝶总科Nymphaloidea）……10

8a 下唇须和胸部一样长，向前伸出，第三节多毛；眼圆；后翅有肩脉；前翅顶角向外缘钩状突出……喙蝶科Libytheidae

8b 下唇须比胸部短；眼有凹陷……9

9a 后翅肩角不加厚，通常无肩脉；后翅常有尾状突起……灰蝶科Lycaenidae

9b 后翅肩角加厚，有肩脉；后翅通常无尾状突起……蚬蝶科Riodinidae

10a 前翅通常有1～3条脉纹基部膨大；后翅中室闭式；至少后翅后面有2个眼状斑……眼蝶科Satyridae

10b 前翅脉纹基部不膨大……11

11a 后翅中室闭式……12

11b 后翅中室开式，或仅闭有很细的横脉……14

12a 前翅比后翅短，中室闭式；后翅有眼斑；翅色多暗淡；眼有毛；多在黄昏或林荫中活动……环蝶科Amathusiidae

12b 前翅比后翅长，中室闭式或开；眼无毛；颜色鲜艳，无眼状斑……13

13a 翅狭长，鳞片少，半透明；后翅无发香鳞，触角不被鳞片；雄蝶腹部末端无毛撮……绡蝶科Ithomiidae

13b 翅较宽；后翅有发香鳞；触角被有鳞片；雄蝶腹末有毛撮……斑蝶科Danaidae

14a 腹部特别短；翅大，色彩鲜艳；后翅有眼斑……闪蝶科Morphidae

14b 腹部不特别短；翅大或小；通常无眼斑……15

15a 前翅宽，只略长过后翅……蛱蝶科Nymphalidae

15b 前翅狭，明显长过后翅，多小型……16

16a 后翅肩脉向翅基部弯曲；下唇须侧扁；中后足爪对称……袖蝶科Heliconiidae

16b 后翅肩脉向翅端部弯曲；下唇须圆柱形，爪不对称……珍蝶科Acraeidae

绢蝶科过去作为凤蝶科中的一个亚科，后分出来成为一个独立的科。直到现在，仍有不少人将其保留在凤蝶科内（武春生，2001；猪又敏男，2006）。珍蝶科翅形近似斑蝶，而触角又与蛱蝶相似，是自蛱蝶科中分离出来的。蚬蝶科则原属灰蝶科，二者非常相似。大弄蝶科、绡蝶科、闪蝶科和袖蝶科均产于美洲，缰弄蝶科只分布在澳大利亚，此5科在中国没有。

在我国台湾的一些蝶类著作中，蚬蝶科的种类仍被归入灰蝶科的蚬蝶亚科中，而喙蝶科、斑蝶科、珍蝶科、环蝶科和眼蝶科等均被置于蛱蝶科中，作为亚科或亚科中的一个族（徐堉峰，2006）。

各科蝴蝶的一般特征如下。

4.2.1 凤蝶科

多为大型或中型种类，少数小型，主要产于热带和亚热带。

成虫下唇须通常很小，触角曲棍球棒状；多数种类后翅有尾突1～3条。雌雄个体间在翅形和翅面斑纹上常有显著差异，一些种类的雄蝶在后翅内缘的褶内常有绒毛或特殊的鳞片，更有些种类的雌性多型，造成鉴别上的困难。

卵近圆球形，表面光滑或有微小的刻纹；幼虫后胸节膨大、与腹部分异不明显，体表多光滑，有些种类有肉刺或棘刺。1～4龄期多有似鸟粪的保护色，末龄期常有绿、黄色、红、蓝、黑斑等各种鲜艳的警戒色。前胸背板前缘下有特殊的腺体，受惊时能翻出 呈“Y”形或“V”形，称为“臭角”，散发出强烈的刺激气味以御敌。臭角红色、紫红或黄色，是幼虫的鉴别特征之一，也是本科及绢蝶科幼虫的显著特征。蛹体背面中央有一根细丝将蛹与其附着物体连接在一起，称“缢蛹”。蛹体表面粗糙，前端二分叉，中胸背板中央隆起。绝大多数种类为多化性（一年发生3代或3代以上），个别为一化性，均以蛹越冬。

成虫访花，喜在阳光下活动，常在开阔地带急速飞行。夏季炎热时，雄蝶有麇集地上汲水的习性。卵散产或聚产，幼虫散栖或群栖，寄主主要是芸香科Rutaceae、樟科Lauraceae、木兰科Magnoliaceae、伞形科Umbelliferae及马兜铃科Aristolochiaceae等科的植物。全世界已记载548种，《中国蝶类志》（1998年修订版）记述94种，在中国蝴蝶资源中占有重要地位。均有较高或极高的观赏价值。有些种类较为常见，广布全国大多数地区，如碧凤蝶*Papilio bianor*、金凤蝶*P. machaon*和柑橘凤蝶*P. xuthus*等。有些种类非常珍稀，被列为国际国内的重点保护对象，如金斑喙凤蝶*Teinopalpus aureus*、三尾凤蝶*Bhutanitis thaidina*和二尾凤蝶*B. mansfieldi*等。

本科蝴蝶广泛应用于工艺品制作和蝴蝶园生态观赏，有些还是优良的喜庆放飞种类。重要的养殖对象包括裳凤蝶属*Troides*、麝凤蝶属*Byasa*、凤蝶属*Papilio*和青凤蝶属*Graphium*等属的种类。

4.2.2 绢蝶科

多数为中型或小型种类，虫体黑色、着生长绒毛；触角棒状，相对于虫体较短；翅膀近圆形，白色或乳白色，因鳞片稀疏而呈半透明状，多数种类正面有耀眼的圆形红色斑。

绝大多数种类生活于高海拔地带，有的已临近雪线，耐寒力强。成虫飞行力较弱，常紧贴地面飞翔，行动缓慢，容易捕捉。本科蝴蝶是欧亚大陆内陆地区的代表性类群，仅少数种类分布在低海拔地区。

卵近圆形，与凤蝶的卵相似。幼虫亦有臭角，体色较暗。蛹圆柱形，有薄茧，多化于土块石缝中，在蝶类中少见。成虫访花，幼虫寄主主要为景天科Crassulaceae、川续断科Dipsacaceae、虎耳草科Saxifragaceae、罂粟科Papaveraceae和藜科Chenopodiaceae等。本科种类较少，全世界只记载有3属52种，《中国蝶类志》记载1属35种。成虫形态的地理变异极大，时有将亚种作为新种报道的事例。

均为国家保护的有益的或者有重要经济、科学研究价值的陆生野生动物，其中阿波罗绢蝶*Parnassius apollo*被《中华人民共和国野生动物保护法》规定为二级国家重点保护动物。虽然本科种类观赏价值很高，但由于适应高山气候环境，以及世代周期过长，近期开展规模化养殖的可能性不大。

4.2.3 粉蝶科

成虫中型或小型，色彩素雅，大多为白色、黄色，有黑色斑纹。但也不乏色彩鲜艳的种类，尤其是产于热带、亚热带地区的斑粉蝶属*Delias*。四翅圆，触角锤状，端部近球形。许多种类存在性二型或季节型的变化。

卵炮弹形、花瓶状或塔形，长而直立；壳柔嫩，一触即破。幼虫圆柱形，青绿色至黄绿色，表面多瘤点，生疏或密、长或短的体毛；蛹为缢蛹，前端尖出。

多数种类多化性，少数一化性。卵散产或聚产，幼虫散栖或群栖。成虫访花，飞行低矮缓慢，雄蝶常成百上千群集在河滩湿地汲水，蔚为壮观（图版4-5）。

图版 4-5　群集汲水的迁粉蝶 *Catopsilia pomona* 成虫

幼虫主要寄主为十字花科Cruciferae、豆科Leguminosae、山柑科Capparidaceae、桑寄生科Loranthaceae、蔷薇科Rosaceae和鼠李科Rhamnaceae等科的植物。菜粉蝶属*Pieris*和绢粉蝶属*Aporia*的一些种类是十字花科蔬菜或蔷薇科果树的重要害虫。

广泛分布于世界各地，《中国蝶类志》记述中国产种类104种。重要的观赏属种有菜粉蝶属、绢粉蝶属、尖粉蝶属*Appias*、迁粉蝶属*Catopsilia*、斑粉蝶属和鹤顶粉蝶*Hebomoia glaucippe*等，均是工艺制作和活体放飞的优良蝶种，尤其适宜在生态蝴蝶观赏园中使用。

4.2.4 斑蝶科

成虫大型或中大型，触角线状，端部微粗；翅面宽大，色彩艳丽，黄、红、黑、灰或白色，有些有金属光泽，雄蝶后翅常有性标志；体躯修长，飞行轻盈优雅。

卵弹头形或椭球形，表面有纵向沟脊及细的横纹；壳柔嫩，轻触即破。幼虫体表光滑，颜色鲜艳，背面生2～4对长的肉质突起。蛹为悬蛹，多有金色或银色斑点。

种类不多，《中国蝶类志》记述中国产26种。主产于热带，少数种类可达北亚热带。均为多化性种类，世代周期短，以成虫或幼虫越冬。卵散产，幼虫分散栖息。成虫访花，常有群栖习性，尤其在越冬期间。主要寄主为萝藦科Asclepiadaceae、夹竹桃科Apocynaceae和桑科Moraceae榕属*Ficus*的许多植物。

成虫寿命长，色彩美丽，飞行低缓，姿势优雅。交配产卵常不需要太大空间，繁殖力强，且幼虫容易在室内条件下饲养。尤其重要的是，它们的寄主主要为萝藦科野生植物，大多没有重大经济意义，使其在活体利用中的生态风险较低。该科蝴蝶在目前和可预期的将来在开展活体利用中将占据主导地位，也是蝴蝶生态观赏的首选类群之一。

4.2.5 环蝶科和眼蝶科

环蝶科种类的成虫大型或中大型，触角细棍状，端部膨大不显著；翅膀圆形，反面亚外缘有大型环形纹。

卵圆球形，白色，表面光滑，有珍珠光泽；卵壳硬而脆。幼虫体表密生长毛；悬蛹纺锤形，前端有2个小尖突。

种类少，《中国蝶类志》收载14种，产于热带、亚热带地区。一年1代或2代，个别种类达3代以上。成虫食腐物，从不访花，多在阴暗地带活动。卵聚产，幼虫有群栖习性，以单子叶植物如禾本科Gramineae竹类和棕榈科Palmae植物为主要寄主。

重要观赏属种有箭环蝶属*Stichophthalma*、方环蝶属*Discophora*、斑环蝶属*Thaumantis*和带环蝶属*Thauria*等属的种类，都是大型美丽的珍贵观赏蝴蝶，广泛用于工艺制作和生态观赏。成虫繁殖力较低、幼虫历期长是该科蝴蝶养殖中的主要困难，目前尚无规模培育。

眼蝶科蝴蝶的成虫中型或小型，少数大型。色彩多灰暗，极少数具有蓝色或紫色光泽。翅正面和反面常有圆形眼状斑。种类繁多，《中国蝶类志》收入47属，209种，全国各地都有分布。

卵近球形，表面光滑或有微小刻纹，常有光泽。幼虫体呈典型的纺锤形，两端尖削，腹部最末一节向后伸出2尖突。蛹为悬蛹，形态各异。成虫在一天内的活动时间很长，常见于阴暗林缘地带，多取食树汁、发酵水果和动物排泄物等，个别种类访花。幼虫主要以禾本科植物为寄主。

本科多数种类成虫缺乏观赏价值，在蝴蝶工艺制作和生态观赏业中较少被利用，但也有一些大型或色彩鲜艳者。彩裳斑眼蝶*Penthema darlisa*是中国产最大的眼蝶，翅正面有淡紫色光泽。蓝斑丽眼蝶*Mandarinia regalis*和闪紫锯眼蝶*Elymnias malelas*翅正面都有强烈的蓝紫色，具有较高的观赏价值。龙女锯眼蝶*E. nesaea*色彩素净，翅形奇异，也是可以开发利用的种类。其他可供观赏的种类还有凤眼蝶*Neorina patria*、白斑眼蝶*Penthema adelma*和艳眼蝶*Callerebia* spp.等。由于它们的成虫活动范围小，繁殖力强，幼虫容易饲养，还是有很高的开发潜力。

4.2.6 蛱蝶科和珍蝶科

蛱蝶科是蝴蝶中的一个大科，其中的多数种类成虫中型或小型，也有不少大型种类。触角端部锤状或棒状。翅膀强劲，飞行力强，栖息时常竖立背面或反复合拢张开；正面常有各种鲜艳的色彩，有的具强烈的紫色光泽。前足退化，收缩于胸前。

卵的形态多样，一般有明显的纵脊和横纹，有的密生长毛，壳硬脆。幼虫头部常有角状突起，体壁上有令人恐惧的棘刺，但不分泌毒液；悬蛹纺锤形或其他形状，表面有各种衍生物。卵散产或聚产，幼虫散栖或群居。成虫性活泼，访花或食腐，喜在阳光下活动。幼虫寄主范围极广，有的可对经济植物造成危害。

本科蝴蝶种类极多，全世界已记载的约3400种。《中国蝶类志》收载288种，分布遍及南北各地，都具有一定的观赏价值，尤其适合在生态观赏园中使用。重要观赏属种有：锯蛱蝶属*Cethosia*、翠蛱蝶属*Euthalia*、尾蛱蝶属*Polyura*、螯蛱蝶属*Charaxes*、脉蛱蝶属*Hestina*、紫蛱蝶属*Sasakia*、斑蛱蝶属*Hypolimnas*、带蛱蝶属*Athyma*、环蛱蝶属*Neptis*、枯叶蛱蝶属*Kallima*以及豹蛱蝶亚科Argynninae等的种类，广泛用于蝴蝶观赏园、工艺品制作和喜庆放飞，是当前养殖和利用的主要蝴蝶类群之一。寄主种类广泛，重要的有西番莲科Passifloraceae、爵床科Acanthaceae、榆科Ulmaceae、棕榈科、堇菜科Violaceae、荨麻科Urticaceae和马齿苋科Portulacaceae等科的植物。

珍蝶科在国内只有两种，即斑珍蝶*Acraea violae*和苎麻珍蝶*A. issoria*。成虫中小型至中型，触角锤状，与许多蛱蝶无异。前翅顶角圆弧状，翅脉纤弱，又与斑蝶类似。有的研究者将其归入蛱蝶科。翅膀正面红色或淡黄色。卵柱状，壳柔嫩。幼虫多棘刺，似蛱蝶科幼虫。悬蛹细长，乳白色，有黑色纵条纹。卵聚产，幼虫群栖，成虫访花，飞行缓慢。在蝴蝶工艺、生态观赏和喜庆放飞中都有较高利用价值。

本科蝴蝶在世界上已记载约2000种，主要产于南美洲和非洲，在国外蝴蝶园中广泛使用。

4.2.7 灰蝶科、蚬蝶科、弄蝶科和喙蝶科

灰蝶科成虫小型美丽，头部复眼周围生白色浅毛。触角棒状，各节有白色环，端部明显膨大。翅膀正面常有金属光泽，后翅多有尾突1～3根。卵呈球形、半球形或圆饼形，乳白色至浅黄色，顶部精孔区明显凹陷，表面大多有珊瑚礁似的刻纹。幼虫蛞蝓型，匍匐在寄主叶片上；缢蛹，长椭圆形。成虫常见在开阔地带作短距近地飞行，访花，也常到地面汲水。幼虫寄主包括豆科、茜草科Rubiaceae、壳斗科Fagaceae和桦木科Betulaceae等许多科的植物。

种类极多，全世界已知约4500种，《中国蝶

类志》收载236种。本科种类被认为具有很高的生态指示价值，尚未开展人工繁育利用。实际上，本科一些种类因为有持久的金属色，幼虫取食量小，加上成虫活动范围小，在工艺制作和生态观赏中有独到的价值，开发潜力很高。

蚬蝶科，是从灰蝶科中分离出来的，两者的主要区别是本科种类的复眼周围无白色毛列。成虫小型，色彩素淡，有尾或无尾。幼期形态和习性均似灰蝶，但成虫色彩暗淡，在观赏蝴蝶中地位不高。

弄蝶成虫小型，个别中型。身体粗壮，密生松散结合的细毛。触角端部膨大后急剧变细，尖出弯曲，呈鱼钩状，是本科的鉴别特征。翅膀颜色多晦暗，土黄色或黑色，但也有艳丽的热带种类。卵常呈半球形，高度小于直径，表面多纵横脊纹。幼虫头部大，体纺锤形，常附有白色蜡粉，喜卷叶结苞，并在其中化蛹。成虫访花，多在早晚或雨后活动，飞行急速短距，呈跳跃式。体型小，加之色彩暗淡，在观赏蝴蝶中不占重要地位。

喙蝶科为小型原始种类，色彩暗淡，主要见于山地林区。成虫头小，下唇须很长，伸出头部前方。种类很少，世界上已知约10种，中国只记载了3种。

主要参考文献

管致和. 2001. 昆虫学通论（第2版，上册）[M]. 北京：中国农业出版社

武春生. 2001. 中国动物志. 昆虫纲. 鳞翅目. 凤蝶科[M]. 北京：科学出版社

徐堉峰. 2006. 台湾蝶图鉴（第三卷）[M]. 南投：凤凰谷鸟园

周尧. 1998. 中国蝶类志（修订版）[M]. 郑州：河南科学技术出版社

周尧. 1998. 中国蝴蝶分类与鉴定[M]. 郑州：河南科学技术出版社

周尧，袁锋，陈丽珍. 2004. 世界名蝶鉴赏图谱[M]. 郑州：河南科学技术出版社

朱弘复，王林瑶，方承莱. 1979. 蛾类幼虫图册（一）[M]. 北京：科学出版社

猪又敏男. 2006. 原色蝶类检索图鉴[M]. 东京：北隆馆

五十岚迈，福田晴夫. 1997. *The life histories of Asian butterflies*. 东京：东海大学出版社

第5章　蝴蝶的生活史

蝴蝶的个体发育是伴随着变态过程进行的，其间经历卵、幼虫、蛹、成虫四个形态和机能完全不同的虫态，这种形态和功能上的截然变化，称为变态。具有卵、幼虫、蛹和成虫四个虫态的昆虫称为完全变态昆虫。在昆虫中，还有其他一些变态类型。螳螂、蝉、蝽象和蝗虫等，一生只经历3个虫态，即卵、若虫和成虫，这种变态类型称为渐变态，幼虫在体型、触角、眼、口器、足，生活环境和生活习性上和成虫相似，不同之处在于翅和生殖器官未发育完全；蜻蜓也是不完全变态，但它们的幼虫营水生生活，在体形、呼吸器官、取食器官和运动器官上与成虫明显区别，称为半变态。在蝴蝶发育的每个时期，都有其特殊外部形态和内部构造，以实现其特殊的生理功能。从离体的受精卵到性成熟的成虫，完成四个虫期，为一个生命周期。一个生命周期所经历时间的总和，即蝴蝶的生活史。

5.1 蝴蝶的个体发育史

蝴蝶的卵在体内受精，受精卵在适宜条件下发育成一个完整的幼虫，这个过程称胚胎发育期；幼虫摄取植物的叶、花等食物后，经过数次脱皮，渐渐长大，到达一个外表静止的虫态——蛹；蛹继续发育成为成虫，变成一只美丽的“蝴蝶”。此时，生殖器官已发育成熟，且具备了重要的运动器官——翅。最后，雌雄成虫交配，产出下一代的卵，完成一个生命周期（图版5-1）。卵、幼虫和蛹等前面的3个虫态称为幼期，将幼虫自卵中孵化出来至蛹羽化的整个过程称为蝴蝶的胚后发育，是胚胎发育的继续。

蝴蝶一生经历的每一个虫态，均具有不同的特殊生物学意义。在卵期是进行胚胎发育，形成幼虫的器官；幼虫是积累营养物质而生长的阶段；蛹期完成从幼虫到性成熟的成虫的过

图版 5-1　金斑蝶 *Danaus chrysippus* 的个体发育史

渡，而成虫是交配产卵繁衍后代的生殖阶段。幼虫和成虫，不仅在外部形态和内部结构上存在巨大差异，其生活习性也完全不同。幼虫以植物的幼嫩组织为食，而成虫则汲食花蜜、各种发酵物，甚至动物粪便中的液体。也许正是因为这两个虫期间存在的这种巨大差异，在进化过程中才不得不产生蛹期这个过渡虫态。在龄期不断增长的幼虫阶段，虽然也存在形态上的一系列变化，但整个幼虫期的生活习性和生理机能差异不大。

5.2 卵和胚胎发育

蝴蝶是卵生有性繁殖的昆虫，受精卵是蝴蝶新一代生命的开始，个体发育的第一个虫态。卵虽然是不能运动的，但内部却充满生机。蝴蝶的卵有各种形状、大小和颜色。了解蝴蝶卵的类型、结构和生理活动对于其人工养殖有重要意义。

卵的形状和大小随蝴蝶的种类而异，有近球形或半球形、塔形或炮弹形、香瓜型或馒头形，还有的扁平呈盘状，但一般都能肉眼识别。卵的底部平坦，以产卵时雌蝶分泌的黏液紧紧附在寄主植物叶、茎干或临近寄主的其他物体表面，这种卵称为立式卵。在显微镜下，可见卵的顶部有供精子进入的小孔，称受精孔（精孔或卵孔），未受精卵的精孔为一层薄的蜡质层覆盖。受精时，精孔处的蜡质层被穿

图版 5-2 各种形式的蝴蝶卵

a. 柑橘凤蝶 *Papilio xuthus* b. 红珠凤蝶 *Pachliopta aristolochiae* c. 裳凤蝶 *Troides helena* d. 褐斑凤蝶 *Chilasa agestor* e. 圆翅钩粉蝶 *Gonepteryx amintha* f. 鹤顶粉蝶 *Hebomoia glaucippe* g. 青斑蝶 *Tirumala limniace* h. 幻紫斑蝶 *Euploea core* i. 枯叶蛱蝶 *Kallima inachus* j. 文蛱蝶 *Vindula erota*

破，但很快就能自动弥合。蛱蝶卵的上部有卵盖，与周围其他部分卵壳的结合较脆弱，幼虫孵化时即以头部顶开此盖而出，但也可以直接咬破卵壳从侧面爬出。

有些蝴蝶的卵表面光滑，另一些种类的卵表面则有纵横交织的脊纹和密生的长毛。凤蝶科的卵多近球形或半球形，表面光滑，个别种类的有脊纹；粉蝶科的卵塔形或炮弹形，有隆起的纵脊线和横格线；蛱蝶科的卵多呈香瓜型，有明显的脊线；灰蝶科的卵扁平呈盘状，表面有很多凹陷；弄蝶科的卵多变化，有盘形、半球形或球形。裳凤蝶*Troides helena*的卵直径可达2.2mm，而曲纹紫灰蝶*Chilades pandava*的卵直径只有0.40mm。蝴蝶的卵常单个地产在寄主植物上，也有集中产在一起呈卵块或卵串的（图版5-2）。

卵实际上是一个大型的细胞，外面是起保护作用的卵壳，为一种称为卵壳素的蛋白质构成。卵壳上有细微小孔，能与外界进行必需的气体交换，又能防止卵内水分过度蒸发。这些通气孔是如此精致，即使卵被水淹没数小时之久，仍不影响其存活。卵壳里面是原生质、卵黄和细胞核，包在卵黄膜内。卵黄提供胚胎发育需要的营养物质，占据卵内大部分空间，原生质呈网状分布在卵黄中。

受精时，精子从精孔进入卵内，与卵细胞核结合。受精卵在适宜的温湿度条件下开始发育，幼虫器官逐渐形成，一个受精卵发育成为一头幼虫。最后，幼虫以口器咬破卵壳或以头部顶开卵盖爬出。随着胚胎发育的进行，卵的颜色渐渐变暗，卵壳变得半透明，其内幼虫清楚可见。由卵壳颜色的变化，可以大致判断卵的发育程度。未受精的卵颜色不发生变化，渐渐干瘪而死。

胚胎发育的速度主要受温度影响，而且只有在温度达到某个临界点时才开始发育，在这个临界温度以下，卵会慢慢死亡。低温干燥非常不利于卵的发育，而在高温、高湿环境中容易滋生霉菌，致卵死亡。

5.3 幼虫

胚胎发育过程中，一个具有足和体毛的小幼虫在卵壳内部组建完成。小毛虫咬破卵壳爬出，蝴蝶的个体发育进入第二个时期—幼虫阶段。幼虫的主要活动就是取食，以迅速完成生长，具有发达的咀嚼式口器和消化系统；幼虫的大小和形态在种属之间差异极大，经历的时间可以短至2周，也能长达数月（如黑脉蛱蝶*Hestina assimilis*的越冬幼虫），依种类、环境条件和生理状态而异。多数为5龄，也有经历6～7龄，甚至更多的。幼虫具有一定的运动能力，有胸足3对、腹足4对和尾足1对，依次着生在前、中、后三个胸节及第3、4、5、6、10五个腹节上；不同蝴蝶的幼虫形态差异极大，有的表皮光滑，有的则有体毛、瘤、刺、棘等各种表皮衍生物。末龄幼虫在化蛹前要经历一个短暂的前蛹阶段。前蛹在刚开始形成时仍然是标准的幼虫构造，到了后期，实质上已成为一个包着幼虫表皮的蛹。

5.3.1 孵化

胚胎发育完成，小幼虫突破卵壳而出的过程叫做孵化。孵化时，幼虫以其体内血淋巴的张力和肌肉活动脱离卵壳。破卵方式有2种：一是以头部顶开卵盖，如枯叶蛱蝶*Kallima inachus*、白带锯蛱蝶*Cethosia cyane*和红锯蛱蝶*C. biblis*等；另一种则是直接以上颚咬破卵壳侧面而出，如凤蝶科、斑蝶科和粉蝶科的种类。大多数种类蝴蝶孵化时采取后一种形式。

刚从卵内孵出的幼虫，称为初孵幼虫。幼虫出卵壳后，先是在附近停留一段时间。稍后，多数情况下会回头将卵壳吃掉（图版5-3），然后寻找适宜的叶片定栖下来。但也有的初孵幼虫不取食卵壳而照样能正常生长发育，可见卵壳的成分并非幼虫生长所必需。

幼虫孵化后，虽尚未取食寄主植物的组

a

b

图版 5-3 初孵化幼虫取食卵壳
a. 枯叶蛱蝶 *Kallima inachus* b. 鹤顶粉蝶 *Hebomoia glaucippe*

织，身体仍迅速长大，这是由于虫体内摄入空气之故。

5.3.2 幼虫的外部形态

蝴蝶幼虫为毛虫式（幼虫至少在初龄阶段密被体毛），体大致呈圆柱形，身体柔软，颜色各异。长大后有的表面光滑，有的具有各种各样的突起。身体亦分为头、胸、腹三个体段，每一体段由若干体节组成（图版5-4）。从背面观察，多数种类的胸腹部分异不明显。

头部有坚硬的头壳，左右对称（图版5-5）。两侧下方各有6个单眼和一个细微的触

图版 5-4 裳凤蝶 *Troides helena* 幼虫的外部形态

图版 5-5 幼虫的头部和胸部

a. 美凤蝶 *Papilio memnon* 幼虫的头部正面观　b. 柑橘凤蝶 *Papilio xuthus*（侧面）　c. 碧凤蝶 *P. bianor*（背面）

角。单眼不能形成影象，因而看不见物体，只能辨别光线的强弱。口器咀嚼式，位于头部前端下方，具有发达的上颚，适应取食固体食物的需要，由上颚1对、上唇和吐丝器组成。吐丝器是幼虫特有的器官，分泌蛋白质的丝，在幼虫生活中有重要作用。

幼虫期的最大特点之一就是体积发生惊人变化，至末期体长可达到初孵化时的20～30倍，体重则增加10 000倍以上。由于生长伴随着脱皮进行，生长速率呈现出周期性变化。随着龄期的增加，头壳的宽度呈几何级数递增，而在同一龄期内则基本不发生变化。

胸部是紧接着头部后的3个体节，每节各有胸足1对，位于腹面。胸足也分基、转、腿、胫、附等5节，也有爪节，只是比成虫的粗短。幼虫的胸足将来发育为成虫的胸足，因而称为真足。从胸足着生的位置可以清楚地分出胸部各节。凤蝶科和绢蝶科幼虫的前胸背板内隐藏有“Y”形分泌腺，受惊时翻出，分泌的凤蝶醇等挥发性物质，对捕食者有驱避作用；后胸两侧常各有眼状斑一个，对天敌起警告作用。

第3胸节以后为腹部。凤蝶属种类的第1腹节与其前面的第3胸节合并，不易区分。腹部共10节，其中第3～6和第10节腹面各有腹足1对，最后的一对又称为尾足。腹足与胸足相互协调使幼虫在爬行时显得十分灵活。腹足粗大，膜质囊状，不分节，仅为幼虫期的临时运动器官，到成虫期消失，因而称为伪足。腹足端部有带钩的刺毛，称趾钩，其排列方式因虫种及着生处而异。趾钩能牢牢抓住物体，尤其是附着在幼虫分泌的丝垫上，而使幼虫不被雨水冲刷掉落。趾钩也是幼虫的分类特征，趾钩排列

成一行时叫单列，两行时叫双列，多行时叫多列，趾钩高度相等时叫单序，长度不同时，即相应叫双序、三序和多序等。1～8腹节每节两侧中部各有一气门，是幼虫的呼吸器官，前后排成一线。腹部最后一节有消化道的出口——肛门（图版5-6）。

幼虫体表面有各种色斑和线纹，常着生有毛列、棘刺和肉质突起等表皮衍生物，主要起伪装和警告作用。其形状、排列和颜色等，都是幼虫分类的重要特征，尤其是初龄幼虫的毛列。尽管人们习称蝴蝶幼虫为毛虫，但其外部形态变化极大（图版5-7）。

图版 5-6 健康幼虫的肛门

a

b

c

d

e

f

g

图版 5-7 不同种类的蝴蝶幼虫

a. 褐斑凤蝶 *Chilasa agestor*　b. 达摩凤蝶 *Papilio demoleus*　c. 裳凤蝶 *Troides helena*　d. 宽带青凤蝶 *Graphium cloanthus*
e. 青斑蝶 *Tirumala limniace*　f. 红锯蛱蝶 *Cethosia biblis*　g. 灵奇尖粉蝶 *Appias lyncida*

5.3.3 脱皮和龄期

幼虫体虽然柔软，但其表皮是几丁质的外骨骼，不能无限扩张。每经过一段时期的生长后，必须脱去旧皮，换上更加宽松的新表皮，才能继续生长，此称“脱皮”，有时也称为“蜕皮”（图版5-8）。

图版 5-8 脱皮中的枯叶蛱蝶 *Kallima inachus* 3 龄幼虫

每脱一次皮就见到幼虫显著地增大，我们就说幼虫长大了一龄。相邻两次脱皮之间的间隔时间称为龄期。幼虫不停地取食，不停地生长，如此生长和脱皮交替地进行。这种伴随着幼虫生长的脱皮又叫“生长脱皮”。在蜕皮期间，幼虫不食不动，称为“眠期”。自卵中孵化出来至第一次脱皮的幼虫称1龄幼虫，第一次脱皮后至第2次脱皮间称2龄幼虫，第2次脱皮后至第3次脱皮称3龄幼虫，依此类推。正常情况下，幼虫的脱皮次数是固定的，绝大多数蝴蝶幼虫为5龄，即要蜕皮5次，个别种类具有7个或更多的龄期。枯叶蛱蝶的幼虫在相同的条件下，有的脱皮5次，有的脱皮6次，原因尚不完全清楚。有时由于营养不良或环境温湿度不适宜，幼虫生长滞缓，脱皮次数也可能增加。在养殖生产中，通常1～3龄的幼虫称低龄幼虫或小虫，4～5龄期幼虫称高龄幼虫或大虫。幼虫进入眠期后，体色变浅，虫体尤其是节间膨胀，头部几乎整体移位到腹面，前胸背向下翻、拉伸，完全以前胸背板覆盖了原头部的位置。

每一次脱皮，都给幼虫生长提供了更大的空间。从旧皮刚脱下起，到下一次脱皮前，虫体会有一个长足的增长。但其头壳的大小则相对稳定，这点从新脱皮的幼虫头部相对于身体粗大即能看出。头壳宽度随着龄期增长呈几何级数增加，可以此判断虫龄。

5.3.4 老熟和前蛹形成

在幼虫生长的末期，体色逐渐变淡，最后停止取食，这种幼虫称为老熟幼虫。在自然界，许多情况下，老熟幼虫会离开其取食的寄主植物选择其他较隐蔽而空旷的场所化蛹。选好地点后，幼虫静伏，虫体显著缩短，体表颜色变浅，吐丝作垫，以腹部的尾足上的趾钩挂着丝垫，形成前蛹或预蛹（图版5-9）。此时虫体缩短，消化道被清空，表皮颜色变浅，内部变化极为剧烈，幼虫器官离解，最后一次脱去表皮后变成蛹的构造。

在环境条件不良情况下，如食物缺乏、失水或高温，幼虫可以中止生长进程，提前化蛹。由于生长不充分，这种幼虫化的蛹体较小，但一般也能正常羽化为成虫，只是产卵量较低，卵粒较小。

5.4 蛹

幼虫在获取了足够的营养、生长至遗传决定的体型大小后停止取食，最后一次脱皮进入蛹期。实际上，蛹的构造在前蛹后期即已形成，只是在幼虫最后一次脱皮后才显现出来。此时的幼虫构造仅剩下一张表皮，随即表皮沿胸部背中线裂开，内部蛹体不断伸缩，将旧皮层迅速推至腹部末端，臀棘钩着丝垫，特定的蛹体形状在数分钟后即可形成。此时的蛹称为真蛹。蛹还是多数蝴蝶的休眠虫态，越冬蛹期可达5～6个月，而一些种类的休眠蛹则几乎经历整整1年的时间。

5.4.1 蛹的外部形态

蝴蝶的蛹为“被蛹”，即其触角、双翅和胸足都被包在一个坚硬的蛹壳中，不能自由活动，只有第4～6腹节能活动。这个蛹壳是幼虫最后一次脱皮后分泌的黏液硬化而成。蛹体常呈梭形，末端有许多小钩，称为臀棘或尾棘，用以悬挂或攀附在幼虫化蛹前分泌的丝垫上。从外表上可以分辨出复眼、触角和双翅的位置。根据蛹体在化蛹场所的附着形式，可将蝴蝶的蛹分为两个基本类型：缢蛹和悬蛹。缢蛹常见于凤蝶科和粉蝶科的种类，蛹体除以腹末的臀棘附着在丝垫上，另有一细丝在其中部背面将蛹体和其他物体联系在一起。悬蛹则主要见于斑蝶科、环蝶科、眼蝶科和蛱蝶科和珍

a

b

图版 5-9 碧凤蝶 *Papilio bianor* (a) 和金斑蝶 *Danaus chrysippus* (b) 的前蛹期

图版 5-10 两种类型的蝴蝶蛹

a. 碧凤蝶 *Papilio bianor* 的缢蛹 b. 青斑蝶 *Tirumala limniace* 的悬蛹

蝶科种类中。幼虫在植物枝叶或其他物体下方制造一块丝垫，蛹的臀棘就与这块丝垫相连，整个蛹体呈倒挂状态（图版5-10）。与幼虫一样，蛹体也分为头部、胸部和腹部3个体段。

除以上两种主要形式外，在蝴蝶中还有一些特殊的化蛹习性。弄蝶的幼虫化蛹前吐丝作巢，蛹就位于该巢中。一些灰蝶的幼虫则在地面土缝、枯枝落叶层中化蛹。绢蝶科种类在土块石缝内化蛹，蛹壳外包裹一层薄丝茧。同种蝴蝶的、同时化的蛹颜色有所变化，如碧凤蝶的蛹大致可分为绿色型和褐色型两类，造成这种变化的机制还不太清楚，可能与化蛹场所的背景

图版 5-11 蝴蝶不同形态的蛹

a. 红锯蛱蝶 *Cethosia biblis* b. 褐斑凤蝶 *Chilasa agestor* c. 幻紫斑蝶 *Euploea core*
d. 达摩凤蝶 *Papilio demoleus* e. 碎斑青凤蝶 *Graphium chironides* f. 红珠凤蝶 *Pachliopta aristolochiae*

色有关。如同卵和幼虫，蝴蝶蛹的外部形态也千变万化（图版5-11），一般认为，蝴蝶蛹的形态和颜色是蝴蝶为适应环境而进化形成的。

5.4.2 蛹期发育

蛹是幼虫向成虫过渡的一个相对静止的虫态。尽管表面静止，看上去毫无活力，但蛹的内部进行着复杂的组织离解和重建，最后完成成虫器官的组建。这个过程需要约7～14天的时间。这个潜移默化过程最终导致“化蝶”那戏剧性的一幕发生。成虫的许多特征，如翅膀、复眼、喙管、触角，甚至体节，在逐渐形成，且都能在蛹壳上见到。

在蛹的发育过程中，幼虫组织离解，伴随成虫器官的逐渐形成，两个过程同时发生，渐变取代。背血管、中枢神经系统以及气管系统等对生命有重大作用的构造，大部分不经过组织离解彻底被破坏，而直接加入成虫相应构造的组建。而像皮细胞层、消化器官、部分肌肉及腺体等相对次要的器官常需重新形成。这些需要改变或重新形成的器官早在幼虫体内就已经存在着它们的器官芽，只是这些器官芽仅为各相应部位上的一堆细胞，由它们分裂和分化再形成成虫的新的相应器官。组织的离解主要通过吞噬细胞的吞噬作用及自动离解而进行，离解后溶于血液中的物质大多成为组建成虫器官的营养物质。成虫的结构在蛹壳内发育完成，临近羽化时，蛹壳变得几乎透明。

5.5 成虫

成虫在蛹壳内发育完成后，破壳而出，称为羽化。雌雄成虫交配，雌蝶产卵。至此，蝴蝶的个体发育完成。“成虫”的含义就是运动器官和生殖器官发育完成，性成熟，具备繁殖能力，身体不再增长，形态特征充分形成且固定下来。在其成虫阶段，蝴蝶具备了典型的昆虫特征，体躯分为3个体段，即头部、胸部和腹部（图版5-12）。与幼虫期相比，成虫期的最显著的特征是具有强劲的翅膀，口器转变为一根长长的喙管，生殖器官发育成熟。成虫的生物学功能是繁殖，其一切活动均以此为中心，身体构造和生活习性也都与这个功能相适应。其间，需要补充营养，需要完成交配，需要寻找适宜的寄主植物。而翅膀的形成使成虫具有大范围活动的能力。种的特征在成虫期才充分地表现了出来，蝴蝶成虫的翅和身体表面覆盖密集五彩斑斓的细小鳞片，在形状、大小和色彩上随种类变化，丰富多彩。在蝴蝶分类中，成虫的特征是最主要的分类依据。

图版 5-12 达摩凤蝶 *Papilio demoleus*（♀）成虫

a　　b　　c　　d　　e

图版 5-13　a ～ e：裳凤蝶 *Troides helena* 羽化过程

5.5.1 羽化

成虫羽化时利用血压胀破蛹壳爬出。羽化前的蛹体颜色变深，蛹壳与其内成虫已经分离，透过蛹壳，成虫的双翅清晰可见。羽化开始时，蛹体头部和胸部的表皮从背中线裂开，先露出头和胸背，然后前足伸出，最后整个身体靠体液的压力及身体的扭动脱离蛹壳。初羽化的成虫常附着在蛹壳下，或急速爬到其他物体侧面或下面悬挂起来，排出大量的浑浊液体，俗称“蛹便”。这是残留在体内的代谢产物。刚羽化时，成虫双翅皱成一团，十分柔嫩。随着血淋巴液大量经由翅脉进入翅膀，双翅迅速伸展，色彩和斑纹随即形成，翅脉鞣质化变硬。稍后，成虫具备飞行能力（图版5-13）。如果在充血过程中，翅膀破损，血液将大量流失，造成畸形翅膀。

5.5.2 成虫形态

（1）头部

头部是成虫取食和感觉的中心，有复眼、触角、喙管和下唇须等重要器官。细小的颈部，使头部能自由活动。

复眼是由数目众多的细微晶状体（小眼）组成，具有强大的视觉功能，能及时察觉各个方向的事物，尤其是运动的物体，对颜色也敏感（图版5-14）。

触角1对，细长，分若干节，端部膨大，多呈棍棒状或锤状，如凤蝶科和蛱蝶科种类；有的膨大不显著，如环蝶和眼蝶科的种类；弄蝶科种类的触角端部则在膨大后急剧缩小，尖细弯曲，犹如鱼钩。除了具有嗅觉功能，触角在成虫运动的平衡和定向中也很重要，这个功能由触角基部的庄氏器完成，尤其是在飞行过程中。

图版 5-14 蝴蝶头部

图版 5-15 白带锯蛱蝶 *Cethosia cyane* 的喙管

虹吸式口器，像一根柔软的吸管，不用时卷曲于头下方，这种口器为鳞翅目昆虫特有，用于吸食液体食物，尤其是位于花筒底部的花蜜（图版5-15）。

（2）胸部

胸部是运动中心，由3个体节组成，每节有胸足1对，中胸和后胸背侧各有1对翅。蛱蝶科种类的中后足发达，适宜步行。前足十分退化，但却可用来清理触角和喙管基部等一系列类似“洗面”的动作。后足上有味觉器，可试探食物的味道。此外，胸部还有听觉器官。

翅膀是成虫最显著的特征，共4片，左右各2片。前面的一对叫前翅，后面一对为后翅。前翅较后翅发达，大多呈三角形。翅脉由翅面气管硬化而成，是翅膀的骨架，功能在于增加翅的强度。因为有了翅，成虫的活动能力和范围大大增强，可以说蝴蝶是昆虫中活动范围最大的类群之一。

翅膀和身体表面覆盖着成千上万细小的鳞片，每个鳞片具有单一的颜色。成千上万的鳞片交织在一起，构成蝴蝶翅膀错综复杂的色彩图式。翅膀正反两面常常有不同的色彩图式。除了鳞片，翅膀上还分布一些毛状物，与鳞片起源一致，称鳞毛。鳞片和鳞毛的主要成分都是一种叫几丁质的蛋白质复合物。

在一些种类的雄蝶前翅正面，有一种特化了的鳞片，可以向空气中释放外激素，称“香鳞”。这类化学物质对于同种的雌蝶有强烈的吸引作用。

（3）腹部

腹部是成虫代谢和生殖中心，内含大部分内脏和位于末端的生殖器。由10节组成，通常第1节退化，第9、10节特化为生殖器官，也称为生殖节。节与节之间由柔韧的节间膜和侧膜连结，能伸缩和扭曲。腹部无运动用的附肢，内部包含了消化系统、呼吸系统、循环系统、排泄系统的大部分和生殖系统的全部。中肠是进行食物消化和吸收的主要场所，在后肠还可以吸收一部分水。肛门在腹部最后一节。

5.5.3 第二性征、雌多型和季节型

蝴蝶的雌成虫和雄成虫在外部形态上常存在除了生殖器官以外的差异，称为第二性征。最明显的是翅面上的色彩和斑纹变化。美凤蝶*Papilio memnon*雄蝶翅正面蓝黑色，无尾突，而雌蝶后翅正面有数个大型的白色斑，有的还有

a b c

图版 5-16 美凤蝶 *Papilio memnon* 的性二型和雌多型

a. 雄蝶 b. 无尾型雌蝶 c. 有尾型雌蝶

尾突；金裳凤蝶*Troides aeacus*雌蝶前翅与其雄蝶相似，但后翅各亚缘室内分别有一个大型的三角形黑色斑。红基美凤蝶*Papilio alcmenor*雄蝶后翅无尾突，正面黑色，雌蝶后翅有尾突，中室端部有一个白斑。大紫蛱蝶*Sasakia charonda*雄蝶翅正面中央有强烈的紫色光泽，个体较小，而其雌性个体的紫色光泽很弱，体型大许多。喙凤蝶*Teinopalpus imperialis*的雄蝶后翅只有一条尾突，翅正面以鲜绿色鳞为主，而其雌蝶后翅有3条尾突，翅正面则以灰绿色为主调。

有些种类的雌蝶也存在两种或两种以上的不同类型，称为“雌多型”现象。玉带凤蝶*Papilio polytes*的大多数雌蝶中室端部有1至数个齿形白斑，中域无白色斑列，近后缘有2个大红斑，称为“赤斑型”。有少部分雌蝶外形与雄蝶相似，在后翅的中域有一列白色斑排成一列，称为“白带型”。美凤蝶雌蝶分有尾型和无尾型，无尾型占绝大多数，后翅无尾突，基部黑色，中域有并排的数个大型白色斑，中室内无白斑。有尾型有尾突，前翅较黄，中室内有白色斑（图版5-16）。

雌雄蝶还有其他一些区别：雄蝶在体型上一般比雌蝶小，腹部较瘦；螯蛱蝶属和锯粉蝶属*Prioneris*雄蝶前翅前缘有细小的锯齿；紫斑蝶属*Euploea*雌蝶的前翅后缘平直，雄的在近基部呈弧形瓣状向后突出。有的种类的雄蝶一部

图版 5-17 雄蝶的第二性征

a. 银豹蛱蝶 *Childrena childreni*　b. 绿带翠凤蝶 *Papilio maackii*　c、d. 大绢斑蝶 *Parantica sita* (c. ♀，d. ♂)
e. 异型紫斑蝶 *Euploea mulciber* 雄蝶的尾刷　f. 蓝凤蝶 *Papilio protenor* 后翅正面前缘的浅黄色性标
g. 幻紫斑蝶 *Euploea core* 雄蝶前翅正面 Cu_2 室内短条状的灰白色性标　h. 云南麝凤蝶 *Byasa hedistus* 后翅臀褶内的灰黑色发香鳞

分翅脉膨大，如辘蛱蝶属*Cirrochroa*和蚜灰蝶属*Taraka*的一些种类。紫斑蝶属雄蝶腹部末端有1对可翻出来的毛簇，飞行时散发出特殊的气味，以吸引雌性。某些雄蝶的腹部有斜立或直立的毛簇，也有发香的作用，如黄粉蝶属*Eurema*和花弄蝶属*Pyrgus*。在粉蝶科、灰蝶科和豹蛱蝶亚科中，常见羽状或伞状的发香鳞不规则地分布两翅的中室区，或局限在一定的区域，如在前翅后缘的几条翅脉上（图版5-17）。有时毛簇位于足上，也可能存在于沿前翅前缘或后翅前缘的褶内，当褶闭合时不见。有些凤蝶在其后翅后缘有褶或袋，内有许多能发香的软毛或毛簇。

一些种类的成虫有夏型（高温型）和秋型（低温型）之分。美眼蛱蝶*Junonia almana*成虫的夏型颜色较淡而前翅顶角短，秋型色彩鲜艳而前翅顶角突出。这种现象称季节变型。春天，越冬蛹羽化的柑橘凤蝶个体较小，后翅反面深黄褐色，而夏秋季羽化的个体大，翅背面色浅，也可以看成是一种季节变型。

5.5.4 成虫寿命

作为观赏用的蝴蝶主要是利用其成虫阶段，因而成虫寿命长短有现实意义。蝴蝶成虫的寿命随种类而异，凤蝶科的成虫一般只能存活10～15天，正常繁殖期的枯叶蛱蝶成虫寿命可以达到1个月，而朴喙蝶*Libythea celtis*成虫更能活到1年以上。

成虫寿命主要由蝴蝶种的遗传特性所决定，也与环境条件和交配时间有关。若缺少雄蝶或遇连续阴雨天气无法交配时，雌成虫寿命稍有延长。在大多数种类中，雄蝶的寿命往往较雌蝶略长一点。此外，需要越冬或迁移的成虫寿命远比春季或夏初羽化的个体长。如迁移的君主斑蝶*Danaus plexippus*以及越冬的枯叶蛱蝶，成虫寿命长达6～7个月。

5.6 蝴蝶的世代和化性

蝴蝶从卵到成虫一个生命周期的过程称为一个世代，所经历的时间称为蝴蝶的代生活史。蝴蝶完成一个世代需要的时间差异很大，一年内发生的世代数也大不相同。有的蝴蝶一年中仅完成1个生命周期，有的则不到1个月就能完成1个周期，有的2年才完成1个世代。蝴蝶年发生的世代数，受种的遗传特征控制，也受温湿度和光照等环境条件的影响。在亚热带地区，多数种类一年2～4代，成虫寿命和产卵期只有10～15天，世代之间可以分得很清楚，相互之间不重叠或只有一小部分重叠；有的种类一年能发生许多代，成虫寿命和产卵期都较长，以至无法在各代之间找到明确的界限，这种情况称为世代重叠，如金斑蝶*Danaus chrysippus*、枯叶蛱蝶和钩粉蝶*Gonepteryx rhamni*等。在热带地区，蝶类世代重叠现象非常普遍。金斑蝶在云南元江一年至少10代，因成虫寿命较长，世代重叠十分严重，在自然种群中要明确划分世代较为困难。

化性是指昆虫，尤其是具有滞育虫态的昆虫在一年内发生固定世代数或完成一个世代所需要的固定时间的特性。1年只发生1代的叫做一化性种，1年发生2代的叫做二化性，发生3代以上的叫做多化性。一化性的蝴蝶种类，包括剑凤蝶属*Pazala*、斑凤蝶属*Chilasa*、尾凤蝶属*Bhutanitis*、虎凤蝶属*Luehdorfia*和紫蛱蝶属等属的种类，一年仅发生1代。中华虎凤蝶*Luehdorfia chinensis*是典型的一化性蝴蝶，也是国内研究得较为深入的蝶种之一。在浙江杭州，1年1代，以蛹在石缝、树干基部、枯枝叶下面越夏、越冬。3月上中旬越冬蛹羽化，成虫产卵于3月中下旬，幼虫始见于4月上旬，并于5月中旬化蛹，并以此虫态度过夏季、秋季和冬季。幼虫期平均36.3天，蛹期约300天（胡翠　等，1992）。

二化性种类一年内基本世代数为2代，多数成虫或蛹在冬季远未到来之前就停止发育，准备越冬。多化性种类一年内发生的世代数往往和环境条件，尤其是气候条件相关。大多数蝴蝶属于这一类。柑橘凤蝶在吉林长白山区一年只发生2代，偶见3代，在四川峨眉一般一年5代，在云南景东一年可以发生6代，而在干热的元江地区一年可多达7～8代。因此，随着纬度和海拔的变化，同一种蝴蝶的化性也可能发生变化。

在二化性和多化性种类中，除了正常的主要世代外，总有少量越冬代个体继续发育，产生一个数量不大的“末尾代”，不管这一代能否顺利完成。在四川峨眉山区，枯叶蛱蝶主要以第2和第3代成虫越冬，绝大多数这两个世代的成虫在8月下旬后停止发育，极少一部份仍继续发育、交配产卵，形成数量很低的第4代，其中的大部分不能羽化为成虫。这种为数很少的“末尾代”又称为“局部世代”或“残余世代”。

蝴蝶的越冬虫态各异。一些种类以蛹越冬，如凤蝶科和粉蝶科的大部分种类。一些种类以幼虫越冬，如蛱蝶科的黑脉蛱蝶、黑紫蛱蝶*Sasakia funebris*、大紫蛱蝶、斐豹蛱蝶*Argyreus hyperbius*和银豹蛱蝶*Childrena childreni*，环蝶科的箭环蝶*Stichophthalma howqua*、灰翅串珠环蝶*Faunis aerope*，以及斑蝶科的黑绢斑蝶*Parantica melanea*和大绢斑蝶*P. sita*等。另一些种类则以成虫越冬，如枯叶蛱蝶、眼蛱蝶属*Junonia*、紫斑蝶属、钩粉蝶属*Gonepteryx*等等。卵越冬的情况较少，主要见于绢蝶科种类，实际上只是“幼虫在卵壳内越冬”。因为在秋末，胚胎发育就已经完成，只是幼虫到次年春季才孵化。

主要参考文献

陈道海，屈菊兰，唐键. 2001. 黑端红尺蠖蛾和幻紫斑蝶海南亚种虫卵扫描电镜观察[J]. 湛江师范学院学报，22（3）

曾庆奇. 1989. 白钩蛱蝶卵和黄闪蛱蝶卵的扫描电镜观察[J]. 沈阳农业大学学报，20（2）

胡萃，吴晓晶，王选民. 1992. 珍稀濒危昆虫——中华虎凤蝶的生物学[J]. 昆虫学报，35（2）

童雪松，潜祖祺. 1991. 中华虎凤蝶的生态研究[J]. 丽水农业科技，(1)

第6章 蝴蝶的繁殖

蝴蝶是卵生有性繁殖的昆虫，具有较强大的生殖能力。在繁殖季节，成虫羽化后即找寻异性交配，成虫的一切生命活动——交配、产卵和取食，集中地体现了其全部生物学意义，即繁殖后代。产卵后，成虫自然死亡。成虫的繁殖能力因种类不同而异，一般都能达到数百粒。

6.1 蝴蝶的生殖系统

蝴蝶成虫的生殖系统位于腹部末端的几个体节，由内生殖器和外生殖器两部分组成（图版6-1）。

雌蝶的外生殖系统主要由交配孔、阴道和产卵孔等部分组成。交配孔通到交配囊，交配时雄蝶射精在交配囊中，精子由导精管进入总输卵管，与自卵巢排出的卵结合受精。卵巢是卵母细胞发育的地方，由若干卵巢管组成。产卵孔是排出受精卵的出口，在体内连接总输卵管。雄性生殖系统主要由精巢（睾丸）、输精管、射精管、阳茎和抱握器等部分组成，是重要的分类特征。

6.2 求偶和交配

交配前，雄成虫对雌成虫的有一个追求的过程，俗称“婚飞”。婚飞活动需要的范围和持续时间在蝶种之间差异很大，即使是同一个属的种类，差异也非常大。如碧凤蝶和柑橘凤蝶能够在一个30m^2、3m高的繁殖园内很好地完成交配，而巴黎翠凤蝶*Papilio paris*和金凤蝶则几乎不可能。一般而言，适应较小空间的种类相对容易人工饲育。

雄蝶寻找雌蝶的方式大致有2种：等候型和巡游型。等候型的种类的雄蝶多有占域习性，它们选择一个地点等候，具有排他性，发现同种雄蝶，立即予以驱逐；若是异种蝴蝶，要么不予理睬，要么予以驱逐；若是同种雌蝶，则追逐求偶，遭拒后即返回自己的阵地继续守候。雄蝶选择的地点通常是雌蝶必经之地，经常数日不变。每只雄蝶有其固定地盘。这种类型在蛱蝶中多见，枯叶蛱蝶的交配过程可作为典型例子。枯叶蛱蝶成虫在羽化后的当天不活跃，多处于停栖状态。第二天或第三天开始取食，此时未滞育个体可行交配，也可能数周以后才交配。晴朗的日子，雄蝶选择林间空地或林缘向阳的高灌木或小乔木守候，一旦有蝴蝶靠近，立即起飞冲去。若是另一雄蝶，必竭力驱逐，而后者似乎也无意与先占者争夺地盘，即使体型与年龄占优势，一般也会离去。驱逐闯入者后，雄蝶立即回到原来位置。前来者为雌蝶，雄蝶行为即温和下来。雌蝶若未交配，

a

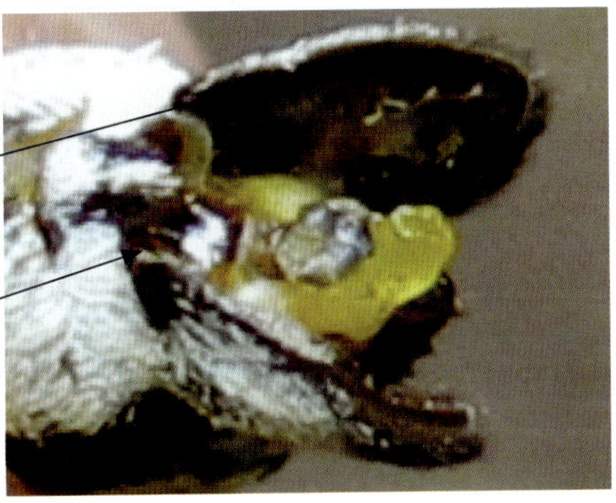

b

图版 6-1 柑橘凤蝶 *Papilio xuthus* 雌雄成虫的腹部末端

a. ♀ b. ♂

在雄蝶追求下，会躲避到隐蔽处，雄蝶跟随而至，停靠在雌蝶旁，头部方向一致，尾部弯曲伸出至雌蝶腹末端，雌蝶有交配意愿时，即可迅速进行交配。否则，雌蝶会再次飞离。多数情况下，雄蝶此时会放弃对该雌蝶的追求，停下来休息。交配时间一般1～5h，有时也长达24h以上，与气温有一定关系。最短时只需要不足半小时。

巡游型种类的雄蝶则在栖息地内巡回飞行，主动寻找雌蝶交配，这就是在自然界常见的“彩蝶飞舞”。这种求偶类型在凤蝶和粉蝶中常见。蝴蝶的复眼能辨别从红色到紫色的所有可见光，甚至紫外光，雌蝶翅膀的颜色是其识别的主要特征。雌蝶的性外激素有助于搜寻配偶，这类激素主要用于交配前的同种识别中。两蝶相遇，雄蝶飞近雌蝶。若该雌蝶已经交配过，则会急速向上，然后向下俯冲逃避。若雄蝶穷追，雌蝶可能停落在树上，展开翅膀，腹部末端抬起，以示拒绝。雄蝶还会纠缠一阵，最终悻悻离去。若雄蝶靠近一只未曾交配的雌蝶，雌蝶不会强烈地规避，双双在空中漫游。雌蝶降落在树木或杂草丛中，雄蝶迅速停在其左右，腹部伸出弯曲至雌蝶腹末开始交配。这是典型的凤蝶婚飞交配过程。

在人工繁殖园内，一般种类的雄成虫羽化后第2～3天即可进行交配，这个从羽化到交配的时间称为交配前期。雌成虫的交配前期与此差不多，但在有些种类中较长，如枯叶蛱蝶雌蝶的平均交配前期约6天，最长的个体达25天。在凤蝶中有种情况很特殊，即如果园内已有进入交配期的雄成虫，而此时放入刚羽化不久（翅膀已伸展但未完全硬化）的雌成虫，则雄蝶可与之行交配。

雄蝶羽化时精子已经成熟，并进入贮精囊备用，而刚羽化的雌成虫性细胞还不成熟，不能立即交配。对于大多数种类而言，雌蝶交配前期（羽化至交配）为1～6天。在这段时间内，正常雌成虫都会回避雄蝶的追逐。而多数种类的雄成虫在羽化第2天以后即能交配。在养殖条件下，极少数雌蝶羽化后数分钟即可与雄蝶交配，显然是此时雌蝶无逃避能力之故。交配时间短至10分钟，长可至2天，如枯叶蛱蝶。绝大多数情况下，雌蝶只交配或只愿意交配一次，而雄蝶则可进行多次交配。在养殖条件下，有些蛱蝶的雄蝶能进行多达10次以上的交配。交配场所多在僻静处的树丛下，也有的在地面灌草上。除了逃离，雌蝶还以快速扇动翅膀、将腹部向上翘起等多种形式拒绝交配。大多数绢蝶科种类的雌蝶在交配

a

b

图版 6-2 成虫交配

a. 碧凤蝶 *Papilio bianor* 的交配　b. 美凤蝶 *P. memnon*（♀）与碧凤蝶（♂）的错误交配

完成后，在交配囊开口处形成一枚革质的“臀袋”，以此阻止再次与其他雄蝶发生交配。中华虎凤蝶成虫在羽化次日就可交配，交配时间多在11:00～14:00。雄成虫可多次交配，而雌成虫只交配一次。交配后的雌成虫在腹末端生殖孔处长出一直径约5mm的棕褐色圆形盾片，以此拒绝再次交配。交配后雌成虫当日即可产卵。

蝴蝶成虫的寿命较短，而它们的活动范围又大，因此靠在空气中散发性外激素以利异性发现自己。绝大多数情况下，这种激素由雄蝶分泌和释放，吸引雌蝶前来交配，但也有雌蝶释放外激素的。这类激素具有结构上的高度专一性，能为同种个体接收识别。在一定距离内，雄蝶还可根据翅膀的形态和飞行姿势识别雌蝶。一般情况下，即使多个亲缘关系很近的蝶种混养在一个园内，也极少发生错误的交配行为（图版6-2）。错误交配是无效的，即后代卵不能进行胚胎发育。

6.3 产卵

大部分雌蝶在交配后第2～3天产卵，也有交配当天即产卵的。在野外，由于天敌众多，只有很少一部分卵能成活到成虫，大量繁殖就成为蝴蝶的生存对策之一。与蛾类相比，蝶类成虫的产卵行为要复杂一些，且不同的种类常有一些独特的习性。在自然界，蝴蝶的成虫不见寄主不产卵，而且绝大多数种类会将卵直接产在适合刚孵化小虫取食的植物新梢或嫩叶上，其次是树干枝杈处和侧芽上。有的种类喜产卵在叶片正面，如枯叶蛱蝶，而有些则主要产于叶片反面，如裳凤蝶。每种蝴蝶的寄主植物都能产生一些特异的次生化学物质，依靠发达的嗅觉，雌蝶不会将卵产在错误的植物上。研究表明，菜粉蝶*Pieris rapae*能察觉出0.058mg/L浓度的苯甲醛（陈建新　等，1999），而枯叶蛱蝶等能感觉到极低浓度的糖液和乙醇。在人工条件下，雌蝶的产卵习性会产生一些变化。因为受卵植物有限，为将卵尽可能分散开，雌蝶会将一部分卵产在老叶、枝干、树干，甚至周围杂草杂物上。大多数种类的单只雌蝶能产300～500粒卵。每粒新产出的卵被准确地以其底部被安置在寄主叶面的平坦部位，而且外壳上都有黏液，如同速干胶水，迅速将卵与叶片固着在一起，能经受暴雨冲刷。由于初孵化幼虫视觉很差，行动缓慢，取食嫩叶、芽、幼果或花。因此，雌蝶一般产卵于植物的幼嫩部位。

除了靠嗅觉，雌蝶还利用视觉发现其专一性寄主。雌蝶首先是根据植物的外观，如高度、叶色和叶型等初步判断寄主。然后接近可能寄主，以位于后胸足上的嗅觉器官识别植物产生的特异性、挥发性次生物质。

雌蝶产卵时选择寄主植物的部位，一要考虑隐蔽性，二要考虑将来的小幼虫取食方便。有些蛱蝶有将卵产在寄主附近树木杂物上的习性，这种产卵方式在避开天敌集中危害的同时，增加了幼虫寻找食物的难度。这些初孵幼虫有较强的耐饥饿能力，并有吐丝下垂等一些特殊习性。像樟属*Cinnamomum*植物和柑橘类常绿树种的成熟叶片，木质化程度高，多数蝴蝶的小虫无法取食，卵必须产在嫩叶甚至嫩芽上。而像爵床科的马蓝类和禾本科的竹类寄主植物，成熟叶的质地与新叶接近，小虫一般能正常取食。因此，枯叶蛱蝶和箭环蝶常将卵产在幼虫食物上方的其他物体上，更多的是考虑卵的安全性。幼虫孵出后分泌一根细丝悬挂在卵所在的物体上，在静风条件下，顺丝掉下来刚好就落在其寄主植物上面。但即使轻微的空气流动，也会将幼虫带离寄主正上方。

多数种类的雌蝶将卵单粒地产在不同地方的寄主植物或同一寄主不同位置，这种产卵方式称为单产或散产。在野外，许多雌蝶一次只在同一棵寄主上产2～3粒卵，即离去寻找下一株，这种产卵方式有效地避免了后代幼虫对于食物的竞争。许多凤蝶的雌蝶还有避开成片寄主寻找散生单株产卵的习性，可能与避开天敌危害有关，因此，在成片分布的寄主树上很少发现卵或幼虫。碧凤蝶雌蝶多产卵在成熟叶片反面，有时也产在叶的正面、嫩叶、树干和寄主附近杂草上。在一次产卵飞行中，雌蝶可连续产卵2～8粒，从雌蝶接触寄主叶片始，产下一粒卵的时间最短约为7秒，最长约为15秒。在人工繁殖园内，枯叶蛱蝶主要产卵在寄主附近较高的物体表面，其次是寄主成熟叶正面、嫩叶和嫩芽上，在寄主成熟叶的反面、地面和寄主枝干上产的卵较少（图版6-3）。斐豹蛱蝶、文蛱蝶*Vindula erota*等豹蛱蝶亚科的种类也具有类似的产卵习性。

与分散产卵相反，有些蝴蝶将卵数十至上百粒聚集产在一起，幼虫也聚在一起取食和栖息，这似乎是在发挥集体防卫功能，如丝带凤蝶*Sericinus montelus*、红锯蛱蝶、白带锯蛱蝶和文蛱蝶等。如无惊扰，红锯蛱蝶雌蝶一天内只产一次卵；卵主要聚产在寄主叶片反面、嫩叶、叶须和嫩枝上，嫩芽上较少；卵常呈片状或串状，每片或串数十至数百粒不等。聚产的卵常依次排列在同一平面上。蜘蛱蝶属*Araschnia*种类的雌蝶产卵时将卵叠置成串，但这种产卵方式在蝴蝶中并不常见。中华虎凤蝶的雌成虫将卵聚产于寄主叶片背面，排列整齐，通常每叶15粒左右一块，最多的30多粒，最少的仅4～5粒。产卵时间多在9:30～15:00，个别提前到早晨8:00和延长至晚上18:00～21:00。未交配的雌成虫也会产卵，但卵不能孵化。在野外，成虫喜选择矮小的寄主产卵（童雪松 等，1991）。

雌蝶的产卵活动与日照、气温等天气条件密切相关。在28～33℃时，碧凤蝶雌蝶产卵活跃，而在低于22℃或高于35℃时都会停止。产卵时间从上午8:30开始，可以持续到18:00，集中在10:00～13:00和15:00～17:00两个时段。

雌蝶产卵量除与遗传有关外，还取决于幼虫期的营养条件以及成虫期获得的补充营养。幼虫期食物、环境温湿度适宜，发育成的成虫体型较大，产卵量则较大。成虫期补充营养充足时，雌蝶产卵量增加且卵粒大而均匀。反之，产卵量下降且多小卵、无效卵。一般越冬

a　　b　　c

d　　e

图版 6-3 雌蝶的产卵习性

a. 产在枝杈处的巴黎翠凤蝶 *Papilio paris* 卵　b. 文蛱蝶 *Vindula erota* 将卵产在一根丝线上

c. 白带锯蛱蝶 *Cethosia cyane* 将卵聚产于叶背　d. 枯叶蛱蝶 *Kallima inachus* 在远离寄主的枯枝上产卵

e. 金斑蝶 *Danaus chrysippus* 将卵产于靠近寄主的杂草上

蛹在春季羽化的雌蝶较小，产卵量也低。产卵期的长短与天气状况有关。若天气良好，雌蝶产卵顺利，寿命和产卵期缩短，反之延长。在成熟卵产出同时，新的卵也在逐渐发育形成，很多死亡雌蝶体内尚余有已发育成熟的卵。

6.4 补充营养

成虫的交配、产卵和飞行活动，需要消耗大量能量，必须随时得到补充。成虫摄取的食物称为补充营养，以区别于幼虫摄取的用于生长发育的营养物质。补充营养有两类：腐烂发酵物和新鲜花蜜。各种蝴蝶的成虫有其固定的食性，根据这种习性，可以将其分为访花类和食腐类。

已知的绝大多数种类蝴蝶的成虫需要继续取食，以补充求偶交配和产卵等活动消耗的能量。访花类成虫主要以花蜜为食物，而食腐类成虫则主要以腐烂水果、树干虫蛀伤口流出的树液和动物排泄物中的液体等为食物。在自然界，这种习性是比较固定的，一般互不占用对方资源，但也有个别种类的成虫既访花又食腐，如网丝蛱蝶*Cyrestis thyodamas*和大红蛱蝶*Vanessa indica*。食腐类型中有许多珍稀名贵的蝶种，包括一些大型的蛱蝶和环蝶。访花种类很多，包括凤蝶科和粉蝶科所有种类、蛱蝶科的锯蛱蝶属、环蛱蝶属、带蛱蝶属和豹蛱蝶亚科的所有种类，它们是花粉的重要传媒，对维持自然生态平衡有重要作用（表6-1）。一般来说，访花种类翅正面色彩多较鲜艳，而食腐种类色彩较暗些。

访花的种类对花的颜色和形态有强烈的选择性，一种蝴蝶常喜欢访几种特定植物的花。多数种类喜欢颜色鲜艳而有香味的花朵，即使一块鲜艳的红布也能将其吸引过来。在野外，吸引成虫访花的首要因素可能是花的颜色。多数蝴蝶喜欢访的花都是红色或黄色，即使是节骨草*Sambucus chinensis*和栀子*Gardenia jasminoides*这类白色花冠的花，因其雌雄蕊是黄色的，分外醒目，蝴蝶也经常造访。成虫对颜色十分敏感，即使是臭牡丹的一朵小花掉落在草丛中，它们也能发现并前往。但是自然界有许多植物的花，尽管非常艳丽，而且也有香味，却很少有蝴蝶去访。

在干热季节，访花种类的雄蝶也常下到地面吸食有机质丰富的污水，但极少见到雌蝶

表 6-1 成虫访花和食腐的观赏蝴蝶

访花种类	食腐种类
凤蝶科Papilionidae、绢蝶科Parnassiidae、粉蝶科Pieridae、斑蝶科Danaidae、珍蝶科Acraeidae、喙蝶科Libytheidae和弄蝶科Hesperiidae所有种类，灰蝶科Lycaenidae、蚬蝶科Riodinidae大部，蛱蝶科Nymphalidae锯蛱蝶属*Cethosia*、豹蛱蝶亚科Argynninae（包括斐豹蛱蝶属*Argyreus*、青豹蛱蝶属*Damora*、银豹蛱蝶属*Childrena*、老豹蛱蝶属*Argyronome*、文蛱蝶属*Vindula*等等）、线蛱蝶属*Limenitis*、带蛱蝶属*Athyma*、环蛱蝶属*Neptis*、婀蛱蝶属*Abrota*、穆蛱蝶属*Moduza*、俳蛱蝶属*Parasarpa*、丽蛱蝶属*Parthenos*、丝蛱蝶属*Cyrestis*、斑蛱蝶属*Hypolimnas*、麻蛱蝶属*Aglais*、红蛱蝶属*Vanessa*、蛱蝶属*Nymphalis*、钩蛱蝶属*Polygonia*、孔雀蛱蝶属*Inachis*、眼蛱蝶属*Junonia*、盛蛱蝶属*Symbrenthia*、蜘蛱蝶属*Araschnia*、网蛱蝶属*Melitaea*、绢蛱蝶属*Calinaga*、闪蛱蝶属*Apatura*	环蝶科Amathusiidae所有种类，蛱蝶科Nymphalidae尾蛱蝶属*Polyura*、螯蛱蝶属*Charaxes*、铠蛱蝶属*Chitoria*、迷蛱蝶属*Mimathyma*、帅蛱蝶属*Sephisa*、白蛱蝶属*Helcyra*、脉蛱蝶属*Hestina*、紫蛱蝶属*Sasakia*、电蛱蝶属*Dichorragia*、翠蛱蝶属*Euthalia*和枯叶蛱蝶属*Kallima*，眼蝶科Satyridae大部

如此，其生物学意义还不是十分清楚（图版6-4）。

食腐的蝴蝶则对酒精有强烈的趋化性。这种趋性对于成虫寻找食物有重要意义，一些捕蝶人也利用这个习性在在野外捕捉枯叶蛱蝶、黑紫蛱蝶和紫斑环蝶*Thaumantis diores*等稀有的蝶种。

对于访花种类的成虫，天然花蜜或许是最佳补充营养。但每朵花内的花蜜非常有限，被蝴蝶采食后需要一段时间才能恢复，不能满足大量蝴蝶取食。在人工养殖中，需要大量增加花的数量，才能满足成虫补充营养的需求。由于种植有花植物的成本较高，在蝴蝶养殖中，通常以蜂糖水做补充营养。新鲜蜂糖有一种特殊的香味，对某些蝴蝶具有吸引作用，如喷在绿叶上的蜂蜜能吸引一些凤蝶取食。但将蜂糖水溶液直接喷在白色的塑料盘内不能吸引凤蝶取食。若盘内印有花样，则有一定的效果。在喂养访花种类成虫时，先在塑料盘内铺上一层红布，再喷蜂糖水溶液，能很好地吸引蝴蝶前去取食。

图版 6-4 汲食潮湿地面水分的达摩凤蝶
Papilio demoleus 雄蝶

主要参考文献

陈建新，吴文伟，宋敦伦 等. 1999. 菜粉蝶产卵行为及其影响的生物因素[J]. 中国农业大学学报，1999，4（3）

何达崇，蒋国芳，颜增光 等. 2000. 金斑喙凤蝶成虫的交配和取食行为观察[J]. 广西科学，7（1）

童雪松，潜祖祺. 1991. 中华虎凤蝶的生态研究[J]. 丽水农业科技，（1）

第7章　蝴蝶的分布、栖息地和行为习性

在自然界，每种蝴蝶既有其特定的地理分布范围，在特定地区又有其分布的海拔高度范围。一些种类分布在一个较宽幅度的纬度和海拔范围内，另一些种类的分布范围则可能很窄。在同一个地区不同的生境中，生活着不同的蝴蝶种类。

蝴蝶的活动和行为规律称为习性，是在长期的进化过程中形成的、有利于其生存的一些特殊“本领”。不同种类之间习性差异很大，亲缘关系相近的种类往往具有相似的习性，如凤蝶属种类的成虫访花、雌蝶以分散分布的方式产卵、幼虫分散栖息；锯蛱蝶属聚集产卵、幼虫营群居生活。蝴蝶的成虫在白天活动、卵的孵化和蛹的羽化也在白天发生，以及幼虫和成虫的假装死亡以逃避敌害等，都是蝴蝶的重要习性。

7.1 蝴蝶的地带性分布及其栖息地类型

蝴蝶生活的必要条件包括幼虫寄主植物、成虫补充营养源和环境植被等。其中，寄主植物的存在是完成其个体生长发育最基本的条件，丰富的补充营养保证了足够的繁殖力，而适宜的植被为成虫提供了良好的栖息场所和寄主植物的生长条件，也是野生蝴蝶的主要补充营养来源。

在气象学上，以南北回归线和南北极圈为标准，在地球上划分出几个带状的气候区，即气候带。赤道两侧、南北回归线之间为热带，回归线至极圈为温带，极圈以外至极点为寒带。温带地区面积广阔，南北温度差距很大，因此又被分为亚热带（副热带）、暖温带（本温带）和寒温带（冷温带）等3个副带。

世界上的热带雨林主要分布在南美洲、东南亚和中部非洲的赤道南北纬度5°～10°以内的热带气候区内。由于具有极为丰富的水热条件和植物种类多样性，使其成为世界蝴蝶的宝库，大型、中型和小型种类都十分丰富，许多种类色彩灿烂（图版7-1）。蝴蝶的年世代数多，许多蝶种终年可见其各虫期。南美的热带雨林里，估计有蝴蝶10 000余种，以各种闪蝶（摩尔佛蝶）、透翅蝶（晶眼蝶）*Haetera*和猫头鹰蝶*Caligo*为代表。亚洲东南部至大洋洲北部是世界上第二个蝴蝶物种多样性丰富的地区，以翅型硕大、色彩艳丽的鸟翅蝶（鸟翼凤蝶）类为其代表种类。非洲热带雨林是世界上第三大蝴蝶分布区，分布有许多特产美丽蝶种，以长翅大凤蝶*Papilio antimacus*最有代表性。

中温带地区蝴蝶种类少，个体一般较小、色彩素淡。年世代数少，许多蝶种一年只发生1代，越冬期很长。代表性蝴蝶有金凤蝶、绢蝶属*Parnassius*、豆粉蝶属*Colias*和网蛱蝶属*Melitaea*等。亚热带地区常成为温带种类和热带种类的交汇处，蝴蝶种类也十分丰富。其特点是，同一个蝶种，比其分布于中温带的同类世代数多，而比其热带地区同种的世代数少。

在我国，由于冬季风盛行，各地的冬季温度比世界上其他同纬度地区要低。因此，各个气候带的纬度要比其他地区低5℃左右。各带的分布大致为：北纬21°以南为热带，21°～34°之间为亚热带，34°～52°属暖温带，52°以北为寒温带。由水热条件综合决定的植被的分布，从低纬度到高纬度，依次出现热带季雨林、亚热带常绿阔叶林、温带落叶阔叶林和寒温带针叶林等地带性植被。同样，从东南沿海到西北内陆，依次出现湿润森林区、半干旱草原区和内陆干旱荒漠区等三大植被区。由南向北、由沿海到内陆，寄主植物种类逐渐减少。蝴蝶种类的多样性变化大致也呈现这个趋势。分布在不同地区的地带性植被类型也可以作为划分蝴蝶生境类型的标准。

在我国云南南部和海南岛，处于北半球

图版 7-1 色彩鲜艳的热带蝴蝶

a. 蓝闪蝶 *Morpho* sp.（巴西） b. 红颈鸟翼凤蝶 *Trogonoptera brookiana*（马来西亚） c. 凤蝶 *Papilio blumei*（印度尼西亚） d. 天堂凤蝶 *Papilio ulysses*（印度尼西亚） e（上）. 松蚬蝶 *Rhetus* sp.（巴西） e（下）. 琴蚬蝶 *Lyropteryx* sp.（中美洲）

热带边缘，热带季雨林为典型的地带性植被，其群落的一般特征与热带雨林类似，但受海洋季风的影响，干湿季节分异明显。蝶类物种丰富，色彩艳丽，而且成虫体型较大，是我国观赏蝴蝶资源的宝库。蝴蝶种类丰富，多大型、色彩鲜艳的种类，如裳凤蝶属、斑凤蝶属、绿凤蝶属*Pathysa*、斑粉蝶属、迁粉蝶属、紫斑蝶属、斑蝶属*Danaus*、箭环蝶属、锯眼蝶属*Elymnias*、锯蛱蝶属、律蛱蝶属*Lexias*，以及斜带环蝶*Thauria lathyii*、紫斑环蝶、彩蛱蝶*Vagrans egista*和丽蛱蝶*Parthenos sylvia*等。

长江中下游流域，是我国亚热带的中心，代表性植被为亚热带常绿阔叶林（包括竹林），主要由樟科、壳斗科、山茶科Theaceae、金缕梅科Hamamelidaceae和禾本科竹亚科Bambusoideae等科的常绿阔叶树组成，树种较为单一，林下藤本植物和附生植物不多，种类也少。与热带季雨林区相比，蝴蝶种类明显减少，翅面色彩也较素雅。代表性属种有麝凤蝶属、凤蝶属、青凤蝶属、钩粉蝶属、方粉蝶属*Dercas*、白蛱蝶属、脉蛱蝶属和闪蛱蝶属等。热带和温带的蝴蝶种类在这里相互渗透，形成一个宽阔的过渡地带，也是许多主要分布于热带、亚热带种类分布的北限。

大致在秦岭—淮河一线以北至东北南部，属于暖温带地区。落叶阔叶林是其代表性植被，主要分布在华北和东北南部，由杨柳科Salicaceae、桦木科、壳斗科等科的乔木植物组成，夏季生长、冬季落叶，建群树种单一。蝴蝶种类少，个体一般较小、色彩素淡，代表种类有丝带凤蝶、金凤蝶、绿带翠凤蝶*Papilio maackii*和孔雀蛱蝶*Inachis io*，以及主要分布于西北和青藏高原的绢蝶属等。其中有些种类能以极大的种群数量存在。草原是由耐寒的旱生多年生草本植物为主组成的植物群落，也是温带地区的一种地带性植被。在我国内陆的典型草原上，金凤蝶、金堇蛱蝶*Euphydryas aurinia*、斐豹蛱蝶、老豹蛱蝶*Argyronome laodice*、绿豹蛱蝶*Argynnis paphia*和网蛱蝶属的种类较为常见。在青藏高原和西北地区高寒草原上，以眼蝶科、粉蝶科、绢蝶科和灰蝶科的小型种类为主，耐寒性极强的绢蝶属和豆粉蝶属为其代表性属种。

北方针叶林是以针叶树种为建群种所组成的多种森林群落，是寒温带的地带性植被。在我国，主要分布在东北地区和西南部高山峡谷的高海拔地带。其最明显的特征之一就是群落结构十分简单。蝴蝶种类和数量都较少，主要是眼蝶科、喙蝶科和灰蝶科的一些小型种类，色彩暗淡，观赏价值较低。

荒漠上的生态条件极其严酷，植物种类贫乏，蝴蝶的种类和数量极为稀少。

除了上面的自然植被生境类型，农业、林业和园林栽培植被景观中，也有特殊的蝶类群落存在。群落成分与栽培植物种类有关，一般也是临近自然蝶类群落的成分，只是在群落中的地位发生了变化。某些原本为自然群落中的次要种类可能上升为优势种或次优势种，也可能由优势种下降为次优势种或次要种。

还有一些蝴蝶分布在一个广大的地理范围内，如碧凤蝶、金凤蝶、柑橘凤蝶、橙黄豆粉蝶*Colias fieldii*、宽边黄粉蝶*Eurema hecabe*、大绢斑蝶、荨麻蛱蝶*Aglais urticae*和绿豹蛱蝶等。

在同一地带性植被类型中，受地形、植被盖度和植物种类等因素的影响，蝴蝶的种类和个体数量的分布也是不均匀的。一般来说，光照较好、蜜源植物丰富的山坡，是访花蝴蝶最好的栖息地。而在较为荫蔽的山坡，即使寄主植物很丰富，蝴蝶也很少飞来产卵。在云南西双版纳的热带季雨林地区，绝大多数蝶种的成虫都喜好在向阳、明亮、开阔的树丛花间飞翔活动。斑蝶科种类常见于林缘地带，凤蝶科和粉蝶科的多数属种喜欢在林冠或林缘花丛中活动，眼蝶科、蛱蝶科、蚬蝶科和灰蝶科的属种多数活动于较低矮的林地和草灌地，环蝶科则喜于有枯枝落叶和烂果实的沟、河边潮湿地，以及人、畜粪便的地点活动，弄蝶科、灰蝶科和部分蛱蝶的种群又在较阴暗潮湿的林缘、果木林下、稻田及杂草中较为丰富。蝴蝶的多样性呈现出显著的边缘效应，即在林缘地带最为丰富（杨大荣，1998）。

在相对高度大的山地区，气候和植被呈现强烈的垂直变化，蝴蝶的种类和数量也随海拔高度显著变化。在西南和华南山区，独特的气候条件加上高山大河的屏障，维系了以喙凤蝶属和尾凤蝶属种类为代表的许多珍稀蝶种的生存。尤其值得一提的是我国西南部的喜玛拉雅—横断山地区，是我国珍稀濒危或特产蝴蝶最集中的地区。以四川西部主峰逾7500m的贡嘎雪山为例。从东面海拔仅600m的大渡河谷地，到海拔5500m的雪线，可分6个垂直气候带，即亚热带河谷、山地暖温带、山地温凉带、山地寒温带、高山亚寒带及高山寒带。河谷地带高温干燥，植被较少，多以旱生植物为主，随着海拔增高，热量逐渐减少，湿度增加。在大渡河谷地，粉蝶科粉蝶属和凤蝶科凤蝶属种类占优势，还分布着红锯蛱蝶、虎斑蝶*Danaus genutia*和红珠凤蝶*Pachliopta aristolochiae*等主产于南亚热带的种类；在海拔1000～1500m地带，以绢斑蝶属*Parantica*和豹蛱蝶类占优势；1800～2200m，则出现窄斑翠凤蝶*Papilio arcturus*、克里翠凤蝶*P. krishna*、喙凤蝶、三尾凤蝶和丽斑尾凤蝶*Bhutanitis pulchristata*等珍稀高山蝶种；再往上直至5000m雪线下，则是高山绢蝶和豆粉蝶属种类占优势。

动物地理上，根据各地水热条件、植被特征和地理隔离形成的动物种类组成，在全球范围内划分了六个动物分布大区，即古北区、新北区、东洋区、澳洲区、非洲区和新热带区。大致以中国秦岭、经青藏高原南缘至非洲撒哈拉沙漠为界，以北的整个欧亚大陆和北部非洲属于古北区，这条线以南的非洲地区为非洲区，以南的亚洲地区为东洋区（阿拉伯半岛南部被划入非洲区）。澳洲区包括大洋洲全部，新北区是指墨西哥北部及其以北的北美洲全部，其南部的中南美洲属于新热带区。每一个大区内都有不同的蝴蝶种类构成。中国大陆的动物区系分属于古北区和东洋区两个区，其分界线大致在秦岭至淮河一线。南部属东洋区的一部分，北部（包括青藏高原大部）为古北区的一部分。由于喜马拉雅山脉和中国西南部的横断山区独特的地形条件和物种组成，不少学者主张单独划出一个喜马拉雅—横断区。

7.2 气象因子对于蝴蝶的影响

温度和湿度同时作用于蝴蝶的各个虫期，而光照、降水和风速则主要影响成虫生活。适度的降水减少了天敌危害，对卵和幼虫能起到一定的保护作用，但减少了成虫的交配和产卵等活动。阳光对蝴蝶成虫的交配产卵等活动必不可少，但烈日下蝴蝶的体温急剧升高，从而停止活动。光照还是蝴蝶休眠和解除休眠的关键信号。

7.2.1 气温的影响

蝴蝶是变温动物，调节自身体温的能力很差，卵、幼虫、蛹和成虫的内部温度随着环境温度的升降而升降。在气温过高时，主要通过体内水分的蒸发散热，而在环境温度低时，体内代谢产热的能力很弱，无法以此将体温维持在适宜的水平。在适宜温度范围内，体内代谢随温度升高旺盛，取食速度和取食量上升，发育历期缩短。反之，生长发育速率下降，各种生理机能减弱。陈兴永等（2003）对玉带凤蝶卵、蛹在5～8℃冷藏和越冬蛹的加温试验表明，卵的孵化率随冷藏前发育天数和冷藏时间的延长而降低；发育蛹的耐低温能力比卵弱，已发育1天的蛹冷藏3天后，羽化率为80%。羽化率随蛹冷藏前的发育天数和冷藏时间延长而降低。对越冬的滞育蛹加温可促使其提早羽化。

卵、幼虫期和蛹期发育的适宜温度范围在各蝶种间是不同的，甚至幼虫各龄期之间也存在差异。枯叶蛱蝶的1～4龄幼虫在19～30℃之间都能正常生长发育，但末龄幼虫和蛹期在30℃时死亡率大幅度增加。在自然变温条件下饲养枯叶蛱蝶幼虫，高温导致第二代枯叶蛱蝶4龄和5龄幼虫大量死亡。

金斑蝶是典型的喜高温的蝶种，幼虫在15℃条件下不能正常生长发育，而在34～35℃高温下能良好地发育。同样，青斑蝶*Tirumala limniace*幼虫不能耐受15℃低温，19～30℃条件下发育最好。但在34～35℃高温下，幼虫成活率和蛹的羽化率都明显降低。美凤蝶和枯叶蛱蝶属于典型的中温种类，幼虫在20～28℃间生长发育良好，历期随着温度升高而缩短，但在30℃时饲育，幼虫和蛹的死亡率大幅度上升。

在变温动物的生长发育中，有效积温是一个非常重要的概念。同所有变温动物一样，蝴蝶的卵、幼虫和蛹完成其发育需要一定的热量总和，即“有效积温”。而且各个虫态只有在到达一定温度时才开始发育，这个温度称为“发育起点温度”。有效积温（*K*）就是完成某一阶段发育需要的有效温度的总和，按照下面的公式计算得到：

$$K=N\ (T-C)$$

式中：*N*为某一发育阶段经历的时间，可以天、小时为单位；*T*为每日平均温度，*C*为发育起点温度。

麝凤蝶*Byasa alcinous*是一种分布于我国大部分地区和日本、朝鲜等国的观赏蝴蝶，以马兜铃属*Aristolochia*和木防己属*Cocculus*植物为寄主。陈志兵等人（2004）测定了其卵、幼虫、蛹的发育起点温度分别为9.3℃，7.1℃和6.8℃，有效积温分别为90.2，387.4和227.9日·度。卵、幼虫、蛹在16～31℃范围内均能正常生长发育，而最适温区为25～28℃。在这个范围内，发育速率与温度呈直线关系。

姚洪渭等人（1999）研究了温度对中华虎凤蝶幼虫的生存与生长发育的影响。其卵的发育起点温度为7.68℃，有效积温111.40日·度。1龄幼虫16～32℃范围内的死亡率无显著差异。2龄幼虫死亡率在32℃时达30.92%，显著高于其他温度。3～5龄幼虫32℃时全部死亡，其他温度下多以28℃为高。1～2龄幼虫在16～32℃和3～5龄幼虫在16～28℃范围内的发育历期随温度升高而显著缩短，而平均发育速率则反之。为此他们建议，中华虎凤蝶1～2龄和3～5龄幼虫饲养适宜温度分别为28℃和20～24℃。

对于研究过的绝大多数蝴蝶而言，一般发育起点温度在10～15℃，适宜温度范围为20～28℃。在这个范围内，卵、幼虫等生长发育良好，温度较高时，发育相对整齐，龄期比较一致。高于适温区上限，幼虫表现出焦躁易动，四处爬行，出现饥饿、脱水症状而死；低于适温区下限，幼虫取食活动停止，但生命能较高温区维持更长时间。一般小虫期的适宜温度稍高，大虫偏低，依蝶种、虫期、龄期、营养条件而异。通常1～3龄期幼虫以在25～28℃下饲育为宜，4～5龄期则以23～25℃为佳。

根据蝴蝶在自然界的分布及其各发育阶段对温度条件的需求，可以将我国的蝶类大致分为4种温度适应类型：

低温适应类：主要分布于北方以及南方的高海拔地带，如喙凤蝶属、尾凤蝶属、绢蝶属、麝凤蝶等属的种类。

中温适应类：主要分布于中亚热带和南亚热带海拔600～1200m山地区，如箭环蝶、巴黎翠凤蝶、美凤蝶、枯叶蛱蝶、褐斑凤蝶*Chilasa agestor*、黑脉蛱蝶、琉璃蛱蝶*Kaniska canace*、大绢斑蝶和虎斑蝶等。

高温适应类：主要分布于南亚热带河谷和热带地区，如锯蛱蝶属、金斑蝶、青斑蝶、幻紫斑蝶*Euploea core*、达摩凤蝶*Papilio demoleus*、迁粉蝶*Catopsilia pomona*、异型紫斑蝶*Euploea mulciber*、裳凤蝶、幻紫斑蛱蝶*Hypolimnas bolina*和玉斑凤蝶*Papilio helenus*等。这类蝴蝶的分布一般不超过长江。

广温适应类：分布遍及热带和温带地区，如碧凤蝶、柑橘凤蝶、玉带凤蝶、金凤蝶和钩粉蝶属的种类等。

在规划建立蝴蝶养殖园时，首先应针对不同蝶种的这种温度适应性，在不同纬度和海拔建立成虫繁殖园。

7.2.2 空气湿度和气流

在空气十分干燥时，胚胎发育完成而幼虫不能孵化，生长中的幼虫无法脱皮，以及蛹羽化出畸形成虫都是养殖生产中经常见到的现象。卵和蛹是不能运动的虫态，只能通过体壁自空气或降水获得水分，在干燥环境中容易发生脱水死亡。

幼虫和成虫都可以从食物中获取水，成虫还可以口器直接吸取液态水。在食物充足的情况下，一般低空气湿度比高空气湿度更有利于幼虫阶段的饲育。在低湿环境中，病原物不容易孳生。在适宜高温区的干燥环境中，幼虫在体内水分不足时，能够及时从食物中补充水分，通过体表蒸发和呼吸失水能够降低体温。如果是在室内饲养幼虫，则食物的失水加重，此时幼虫往往厌食，从而不能获得所需要的全部水分，发育成的蛹个体较小。若环境湿度过高，幼虫蒸发失水的生理机制受阻，体质下降，加上病菌在环境中存活率高、繁殖快，容易发生虫病流行。总的来说，1～3龄小虫对高湿的适应能力比大虫要强。

空气的流动（气流）既影响空气湿度，又是一个可以独立起作用的因子。气流可以增加或减少养虫环境中的气态水，增加或降低空气湿度，而且更重要的是，它能带走蝴蝶生活环境中的二氧化碳及食料残渣、粪便发酵产生的硫化氢和胺类等有毒气体。无论卵、幼虫还是蛹，都要进行呼吸，摄入氧气，排出二氧化碳，尤其是高龄期幼虫的呼吸作用比卵期和蛹期都强。在室内大量饲养中，养虫室密闭，尤其在空调养虫室，虫、食料和工作人员的呼吸产生大量二氧化碳，虫粪和食料残余发酵产生氨等对幼虫有害的气体。因此，养虫室通气很重要，特别是在高温高湿时。总的来说，大虫对养虫室的空气质量要求高，小虫相对较低些。

在室外放养蝴蝶幼虫时，高温多雨季节常爆发疾病的流行。这主要是由放养袋内空气湿度过高引起的。选择适宜的放养袋目数、加强寄主树修剪和田间除草都是降低袋内湿度的有效措施。

成虫在微风中活动最为积极，即使植物被轻轻摇动，仍旧继续访花或产卵。在炎热的夏季，由水流带动阵阵凉风的山谷溪沟，成为蝴蝶聚集的场所。大风则阻碍成虫的飞行，使其取食、交配和产卵活动停止。

7.2.3 光照

日光是成虫活动的信号，成虫的飞行、取食和交配等活动在晴朗天气活跃，在阴天活动减少，雨天则大多停止活动。

光辐射是蝴蝶体温的主要热源，但夏季强烈的日光产生的高温又是多数蝴蝶难以忍受的，因此多数雌蝶选择荫蔽的寄主产卵。大多数蝴蝶在小虫期有向光性，而大虫时则有避光性。因此，为保持虫口密度在饲养笼内均匀，室内饲养时应当尽可能保持光照均匀。日光杀灭部分病原物，减少疾病的发生，是养虫器材的天然消毒剂。

光照周期的变化可诱导、阻止和解除幼虫和蛹的滞育。在22℃与30℃条件下，给予13L：11D的长光照时，越冬麝凤蝶蛹分别比10L：14D短光照条件下提前2.1天和2.3天羽化（吕龙石　等，2004）。在22℃温度条件下，光照长度对柑橘凤蝶越冬蛹羽化速率有极显著影响，长光照促进越冬滞育蛹提前羽化（金大勇等，2000）。

光照常与温度联合对蝴蝶的发育起作用。易传辉等（2007）发现，短光照、低温诱导枯叶蛱蝶和美凤蝶的滞育发生，而高温和长光照则抑制滞育发生而促进个体发育。在20℃时，光周期对美凤蝶幼虫和蛹的发育历期影响明显，而在高温区光周期对幼虫和蛹的历期影响较小。

7.3 蝴蝶成虫的活动习性

蝴蝶成虫栖息和活动规律因种类不同而异。成虫羽化与温度密切相关，在夏季和中秋前的晴朗天气，一般蝴蝶的羽化最早始于早晨6:30，最晚终于下午16:45，而集中在9:00～11:00时段。在春季、晚秋以及阴雨天，羽化时间推迟。中华虎凤蝶的羽化一般都在天气晴朗、气温达10℃以上时进行，以10:00～12:00居多。低温阴雨天一般无羽化，而且雄成虫一般比雌成虫提前3天左右羽化。

在自然界，蝴蝶成虫常在大范围内活动，其目的主要是为了找寻配偶和适宜的产卵场所。通常雌蝶的活动范围以寄主为中心，在远离寄主生境的地方很难见到它们；雄蝶在寻找交配机会的过程中需大范围活动，有时远离栖息地而迷失方向，成为“迷蝶”。凤蝶和蛱蝶的雄成虫喜沿山坡和河谷急速飞行，许多种类还有在上午往高处汇集的习性，这使山顶岭脊成了采集它们的最佳场所。喙凤蝶雄成虫大多数时间都在山顶活动，在山麓仅能偶见其闪眼即过，而三尾凤蝶则主要在山坡林缘缓慢飞行。许多种类的雄成虫有占域性，喜守候在林缘溪沟或道路出口的数米高的树木枝叶上，等候雌蝶前来。在蛱蝶中非常普遍，凤蝶中仅见于喙凤蝶类和窄斑翠凤蝶。若见同种的雄蝶或其他种成虫前来，即刻起飞予以驱逐。先占据领地者往往占有优势，会将后来者赶走，但也有反被驱赶的。

成虫的飞行速度和飞行姿势在种属之间差异很大。有的上下或左右急速飞行，有的则缓慢近直线前行；有的成虫飞行距离很短，在灌丛间或地面杂草上活动。苎麻珍蝶成虫则飞行既短促又缓慢，常群集在寄主水麻*Debregeasia orientalis*上，即使受到惊扰离去，也很快回到原来位置，灰蝶、弄蝶和一些小型蛱蝶的成虫只做急促短距离活动，斑蝶科、裳凤蝶属和斑凤蝶属种类则可在空中随风滑翔很远的距离。

对成虫活动影响最大的是日光。蝴蝶是昼出性昆虫，夜间休息，白天活动。在晴朗天气下，成虫的飞行、取食和交配等活动活跃，在阴天活动减少，雨天则躲避在树丛内。蝴蝶成虫对灯光没有趋性（方环蝶属种类例外），这是它们与蛾类的本质区别之一。虽然蝴蝶成虫喜阳光，但其栖息环境则随种类差别很大。有的仅生活在林内，有的喜欢林缘，有的则主要在农田、荒坡和河滩等开阔地活动。蝴蝶成虫活动的空间范围也有差异。有的喜停息在高处的树冠上，而另外一些种类则主要栖息在低矮灌木上。

成虫习性对于一个蝶种人工繁育的成败至关重要。一般喜在高空活动的种类难以繁育成功，因为成虫交配产卵需要巨大的活动空间。而现在繁育比较成功的蝴蝶种类的成虫都是飞行中速、产卵空间低，或喜荫的种类。

大多数凤蝶和粉蝶的雄成虫的活动范围较大，活动剧烈。在天气炎热时，水分丧失快，因而常见其群集河滩和山间道路的低洼处吸水，通常在含有机质丰富的生活废水或被动物排泄物污染的地点较多。

蝴蝶的成虫对气温非常敏感。在气温较低的早春和晚秋，常在岩石或灌丛上晒太阳，以升高体温，促进体内代谢。在炎热的夏日午时，则躲藏在树丛或岩石下，很少飞行。这是因为它们是变温动物，不能靠体内代谢维系体温稳定，而其生理活动需要在一定温度范围内才能正常进行。在这个范围内，温度越高，卵的发育和产卵速度最快，甚至交配时间也会缩短，受精率反而较高。温度过高或过低，都可引起成虫停止活动，直至死亡，尤其是精子在高温下极易失活。

蝴蝶成虫夜间停息下来，不再活动。大型种类常常栖息在较高的树冠下、峭壁空隙中，小型种类则停息在杂草上和灌丛内。枯叶蛱蝶成虫喜栖息在树干上，头部向下。

7.4 幼虫的食性和活动规律

幼虫的食性是指其对食物种类的选择性。在中国分布的蝴蝶中，除了熙灰蝶属*Spalgis*和蚜灰蝶属的种类，其他蝴蝶的幼虫均以植物为食，即是植食性昆虫。蝴蝶幼虫的食性比较狭窄，绝大多数只取食同一个科中的若干属的植物，如柑橘凤蝶取食芸香科柑橘属、花椒属和吴茱萸属等属的植物，金凤蝶幼虫则以伞形科的茴香属*Foeniculum*、胡萝卜属*Daucus*和当归属*Angelica*等属的植物；有的则仅以某个属的植物为食，如美凤蝶在云南和四川的寄主仅限于芸香科的柑橘属。这种食性称为寡食性。少数种类，如幻紫斑蝶，能取食若干个科的植物，其寄主范围包括萝藦科、桑科和夹竹桃科的上百种植物。这种食性可称为多食性。而只取食单独一种植物的蝴蝶很少见。

幼虫主要取食植物的叶片，但有些种类在植物叶片老化或缺乏时也取食茎皮、嫩茎、花蕾、花和幼果。有些灰蝶以蛀食未成熟果实为主，如豆灰蝶*Plebejus argus*和绿灰蝶*Artipe eryx*。

蝴蝶的食性是在长期进化过程中逐渐形成的，有其遗传基础和高度的稳定性。成虫的嗅觉器官能判别特定寄主产生的挥发性次生物质，从而将卵精确地产在其幼虫食料植物上或附近。幼虫即使偶然落在了错误的植物上，也不会盲目取食。它们依靠视觉、嗅觉和味觉判断其所在的植物是否是为它们选定的食物。当然，幼虫的食性也并非一成不变，具有一定的可塑性。虽然野生的巴黎翠凤蝶并不在野外的臭辣吴萸*Evodia fargesii*上产卵，但将其幼虫以放养袋套在这种植物的枝叶上时照样取食，且生长发育良好。虽然野生金凤蝶以伞形科植物为寄主，但在缺乏这种“标准”食料时，幼虫也取食柑橘嫩叶，且能够完成个体发育。在其他昆虫中还有许多这样的例子，哪怕是单食性的种类，在缺少正常食物时，也可以被迫改变食性。取食的植物种类不同，取食量、幼虫历期和蛹的大小都会有所变化。

大多数蝴蝶的幼虫从卵中孵化出来后有取食卵壳的习性。但也有例外。中华虎凤蝶初孵化幼虫先在卵壳周围爬行，并不取食卵壳，约过1h，开始取食叶片。1～3龄小虫的取食能力弱，食量很小，常只能取食嫩叶的叶肉和叶缘等幼嫩的组织。随着龄期的增加，幼虫食量以几何级数增加。日取食次数、取食时间和取食量随龄期增长的增加，5龄幼虫食量约占幼虫期总食量的2/3以上。

多数蝴蝶幼虫分散栖息在不同植株或同植株的不同叶片上，但也有不少种类的幼虫群集在一起生活，尤其是在1～2龄期。这与成虫的产卵习性密切相关，也是体现了不同蝶种的幼虫自我保护对策。有些种类的幼虫喜停息在寄主叶片正面的叶脉附近，有的则主要栖息在叶尖处，还有一些蝴蝶的幼虫则总是停息在叶片背面。大多数种类的幼虫随着龄期增长变换栖息位置，分别在叶背、叶正面、寄主枝干、茎干上，甚至下到寄主附近的地面。弄蝶科的幼虫有卷叶作巢的习性，不取食时隐藏在巢内。

虽然幼虫对日光有一定的正趋性，但多数种类幼虫的取食没有明显的昼夜节律。胡萃等人（1997）研究了中华虎凤蝶的取食行为，发现其5龄幼虫的取食活动是非连续的，且无明显的昼夜节律，每日取食平均18～29.4次，取食间隔19～30.4次。日取食次数、取食总时间和一次取食时间一般随日龄增长而增多或延长，近化蛹时则明显下降；一次取食间隔时间则反之。一次取食时间长短与其前后取食间隔总时间具极显著的相关性，幼虫取食起始与终止受到内在因子的调控。也有一些蝴蝶主要在早晚取食，如枯叶蛱蝶和串珠环蝶属*Faunis*的种类。弄蝶科的幼虫则大多在夜间取食。

营群栖生活的蝶种幼虫在低龄期常有集体取食的习性，取食时间和取食部位非常一致，常将整片叶片食尽后集体转移至另外的叶片上栖息。一些蝶种的幼虫群集吐丝作巢而隐藏在里面取食，如绢粉蝶*Aporia* spp.、孔雀蛱蝶和荨麻蛱蝶等。

7.5 休眠和滞育

在亚热带及其以北地区，蝴蝶需要度过漫长寒冷的冬季，此时寄主植物停止生长或落叶，它们必须进入一种新陈代谢水平很低、生长发育停滞的生理状态。有的种类还在炎热的夏季暂时停滞发育，即越夏。根据产生及消除这种状态的环境条件，可将其分为休眠和滞育两类。休眠是在不良环境条件下昆虫发育临时停止的现象，当抑制生命活动正常进行的不良环境条件解除后，很快即恢复正常生命活动。滞育是比休眠更深的新陈代谢受抑制的状态，常在不良环境条件即将到来或远未到来之前开始。

休眠虫态可以是成虫、蛹或幼虫。在位于中亚热带的四川峨眉山，斐豹蛱蝶、青豹蛱蝶*Damora sagana*、银豹蛱蝶、箭环蝶和大绢斑蝶等种类的幼虫在冬季仍然取食，缓慢生长。但当气温很低时，幼虫取食停止，生理机能仍能持续30天以上。枯叶蛱蝶、圆翅钩粉蝶*Gonepteryx amintha*和大红蛱蝶等的成虫，虽然在1月中旬即开始生殖细胞的发育，但由于气温还低，大多数时间仍处于停息状态。

8月下旬后羽化的绝大多数枯叶蛱蝶成虫的精巢或卵巢都不发育，进入生殖滞育，停止交配产卵，尽管此时气温还很高，寄主植物也很丰富。成虫取食活跃，体内积累大量脂肪。随着气温降低，成虫取食活动减弱，大多数时间处于停息不动的状态。在冬至后，虽然气温仍然很低，若将成虫转入25℃室内，精巢和卵巢迅速发育，开始求偶、交配和产卵活动。但一旦转移到室外自然条件下，大部分活动都会停止，进入休眠状态。这种成虫滞育的现象还见于眼蛱蝶属、红蛱蝶属*Vanessa*和钩粉蝶属蝴蝶中。

黑脉蛱蝶、黑紫蛱蝶和大紫蛱蝶的幼虫以落叶的朴树为寄主。晚秋寄主叶片老硬后，幼虫即转移到树干或大树枝的枝杈处静伏下来，进入滞育状态。此时，即使为幼虫提供新鲜的嫩叶，幼虫也不会恢复取食。凤蝶属的蛹在秋季进入滞育状态后，即使提供最佳的温湿度和光照条件，也不能立即恢复发育，而褐斑凤蝶的蛹一定在5月份全部进入滞育，即使此后的热量条件还足可供其再发生3～4代。

因此，滞育是蝴蝶适应周期性不良环境条件的历史性的反应，在长期进化的过程中形成的，与一般性休眠有着本质的区别。滞育与遗传特性和环境条件密切相关，但常常又不是由不利的环境条件直接引起的。一旦进入滞育，即使环境条件立即恢复正常，蝴蝶也不会立即开始发育。此时其生理上进入滞育代谢状态，需要某种特定的条件，如一定时间的低温刺激，方能解除滞育代谢，恢复生长发育。对于具体的蝶种，滞育固定地发生在某个虫态，而环境因子引发滞育的作用常在该虫态之早期或前一虫态。如美凤蝶蛹滞育发生的敏感虫期为5龄幼虫，而枯叶蛱蝶的敏感虫期是成虫羽化的初期。

光照周期和温度是促使蝴蝶进入滞育的主要因素，其中前者起主导作用。光照周期是指一日内光照时间和黑暗时间的交替，以光照时数表示。在自然界，光周期的变化总伴随着温度的变化，所以滞育昆虫对光周期的反应总是与温度有关。在其他昆虫中的实验表明，在短日照条件下滞育的种类，适当的高温能够抑制滞育的发生。所以，同一种昆虫的低纬度种群会比高纬度地区种群晚一些滞育，在蝴蝶中也是如此。薛芳森等人（1994）研究了大红蛱蝶的滞育和化性的地理变异特点后认为，在北纬28°～32°之间，该虫具有明显的夏季滞育，但无明显的冬季滞育现象，1年发生2代；北纬35°以北，该虫不存在夏季滞育，但可能出现明显的冬季滞育，1年可发生2代或2代以上；北纬25°～27°之间，部分个体在夏季进入滞育，部分个体则能继续繁殖，一年发生3～5代，除以成虫越冬外，亦能以幼虫越冬；北纬25°以南，夏季滞育消失，1年发生5代以上，除以成虫越冬外，尚能以幼虫和蛹越冬；在高海拔地带该虫亦缺乏夏季滞育现象。因此，在一定海拔高度范围内，高海拔地该蝶的年发生世代数反比平地多，但随着海拔高度上升，冬季滞育又开始出现。

在自然界，光周期的变化比任何别的自然因素都稳定，因此其作为滞育信号比任何别的因素都更为可靠。当昆虫个体发育过了对光周期反应最灵敏的临界光照虫态进入滞育以后，它对光周期变化的反应就不再敏感，即使给予平时足以阻止滞育发生的光照条件，也不能使滞育状态立即解除。当经过一段时间的滞育代谢以后，滞育一般都能自动解除。对多数蝴蝶来说，冬至后基本上都已解除滞育，只是这时气温尚低于发育起点温度，或相应的寄主植物尚未萌动，因此保持在一般休眠状态。如果此时提供适当的高温和食料，个体发育可得到立即启动。

蝴蝶的滞育特性，在养殖中可加以利用。进入滞育状态的个体代谢水平极低，便于贮存和运输，滞育成虫在生态观赏园内的使用寿命极长。

7.6 群集性

群集性是有些蝴蝶的某一虫态个体高密度地聚集在一起的习性。它可以发生在成虫期，也可以发生在幼虫中，聚集起来的个体是固定的，聚集时间是持久的。这种生物学特性并非各种蝴蝶被水源、食物等共同资源吸引在一起的临时聚集现象。有聚集习性的种类可以高密度的饲养和放养，是一种对养殖生产有利的特性。

幼虫群集的种类在蝴蝶中并不少见，典型例子是红锯蛱蝶和白带锯蛱蝶。它们的雌成虫将卵数十上百粒成片地产在寄主植物三开瓢*Adenia cardiophylla*叶片的正面或反面，幼虫孵化后群栖在一起，取食同一片叶子，将其食尽后又集体迁移到附近的叶片上（图版7-2）。

白袖箭环蝶*Stichophthalma louisa*的幼虫在竹叶的反面围成一个圆，所有幼虫头部均背向着圆心，分小组顺序取食，决不会一哄而上。转移叶片时也呈一路纵队，接踵而去，情景颇

a

b

图版 7-2 幼虫的群集性

a. 白带锯蛱蝶 *Cethosia cyane* 幼虫 b. 白袖箭环蝶 *Stichophthalma louisa* 幼虫

为壮观。环蝶科的多数种类具有类似习性。中华虎凤蝶的1～2龄幼虫也具群居习性，3龄幼虫开始分散，但仍三五成群，很少单独活动。若同一叶片上有两个卵块，且在不同日期孵化，先孵化的先聚集，后孵化的幼虫也逐头加入，聚成一群。幼虫的群栖性还见于钩蛱蝶属*Polygonia*、丝带凤蝶和尾凤蝶属等许多种类中。斑蝶科成虫有群栖性。每年晚秋时节，台湾岛内的各种紫斑蝶聚集到南部的低山丘陵的河谷林地越冬，形成一个个天然的"紫斑蝶谷"，有时一棵树上停息的紫斑蝶达到1000头以上。

7.7 拟态、保护色和假死

拟态是指一种动物和另外一种动物很相像，因而使自己获得保护的现象。保护色是某种动物具有同它的生活环境中的背景相似的颜色，从而有利于躲避天敌捕食的现象。拟态和保护色是长期进化过程中经由自然选择获得的适应性特征，在蝴蝶中十分常见。枯叶蛱蝶的翅膀正面具有鲜艳的颜色，但翅膀反面却具有枯黄叶片的特征，如叶片的中脉、侧脉、颜色、霉斑和霉点等，合拢竖起后与一片枯叶无异，能有效的躲避鸟类追捕（图版7-3）。那些有利于生存的颜色和斑纹特征几乎都以遗传基因的形式被保留下来，成虫的保护色具有丰富的遗传多样性，即使一种特征的成虫遭到某种天敌的大量危害，其他形态的个体则可能以较高几率存活下来。网丝蛱蝶的成虫喜在河谷开阔地活动，其白色具浅褐色条纹的薄翅使其栖息在卵石上时很难被捕食者发现。

斑蝶的幼虫取食萝藦科植物后，成虫体内积聚了有毒的糖苷类物质，令鸟类捕食后不

图版 7-3 枯叶蛱蝶 *Kallima inachus* 翅反面的拟态和保护色

适，因而成为一些凤蝶和蛱蝶模拟的对象。如金斑蛱蝶*Hypolimnas misippus*对于金斑蝶的模仿，褐斑凤蝶对于大绢斑蝶的模仿等。

凤蝶属种类的幼虫1～4龄时形状与颜色似雀鸟粪便，有利于躲避鸟类捕食。末龄幼虫的体色则与背景的绿色融为一体，后胸背面两侧的暗红色眼状斑，如同张开的眼睛，整个头胸部看起来如蛇头，对天敌有恐吓作用。鹤顶粉蝶幼虫的中胸和后胸侧面分别有一蓝黑色和土黄色突起，腹面有气囊，受惊时头胸部向上抬起，气囊鼓起，如眼镜蛇头状；斑蝶科幼虫具有颜色鲜艳的环状条纹以及长肉刺，对天敌亦有警告作用。

拟态和保护色不仅存在于幼虫和成虫期，蝴蝶的卵和蛹也都有其相应的自我保护机制。如蛱蝶卵上的长毛、蛹的颜色和形态等。

假死是当虫体受到某些化学或机械的作用，突然停止活动，甚至掉落地面，呈死亡状。这种习性广泛存在于蛱蝶和斑蝶的幼虫中，也发生在成虫中。

7.8 迁移

迁移是一些蝴蝶适应环境变化而进行的种群整体长距离周期性的移动，发生在成虫期，与少量个体脱离种群到自然栖息地外的地方形成“迷蝶”不同。蝴蝶迁移的例子不少，如北美洲的君主斑蝶。这种蝴蝶每年秋季从加拿大南部的落基山麓飞行3500km到墨西哥。南迁的成虫在墨西哥北部交配后，雄蝶死亡，雌蝶开始北移。在向北移动的过程中，雌蝶将卵产在沿路的寄主马利筋上，直至死亡。它们的后代羽化为成虫后，沿着既定方向继续北移，直至到达目的地。台湾紫斑蝶南移越冬，大红蛱蝶在夏季向高海拔地区转移，都是典型的迁移。

主要参考文献

彩万志，李淑娟，米青山. 2002. 昆虫拟态的多样性[J]. 昆虫知识，39（5）

冯大庆，方乐金，方新华　等. 2001. 苎麻斑蛱蝶林地栖性的调查研究[J]. 林业科技开发，15（3）

高万鑫. 2002. 蝴蝶谷[J]. 野生动物，（5）

谷泉. 2005. 大桦斑蝶的性灵之旅[J]. 森林与人类，（2）

陈兴永，陈海东，温瑞珍. 2003. 玉带凤蝶羽化时间的控制[J]. 昆虫知识，40（3）

陈志兵，顾凌云，斐恩乐　等. 2004. 麝凤蝶的发育起点温度和有效积温[J]. 昆虫知识，41（5）

侯月利，花蕾. 2003. 昆虫滞育诱导的因素[J]. 陕西林业科技，（3）

胡萃，吴晓晶，王选民. 1992. 珍稀濒危昆虫——中华虎凤蝶的生物学[J]. 昆虫学报，35（2）

胡萃，叶恭银，袁德成. 1997. 珍贵濒危蝴蝶——中华虎凤蝶幼虫的取食行为[J]. 浙江农业大学学报，23（3）

华爱，薛芳森，朱杏芬. 2002. 环境因素对昆虫滞育诱导的影响[J]. 江西农业大学学报（自然科学版），24（4）

黄复生. 1981. 青藏高原的隆起和昆虫区系，西藏昆虫，（第一册）[M]. 北京：科学出版社

黄水金，秦厚国，黄荣华. 2002. 光周期和温度对菜粉蝶滞育的影响[J]. 江西农业学报，14（2）

黄新培，管致和. 1988. 菜粉蝶（*Artogeia rapae* L.）幼虫对若干种植物的嗅觉和拒食反应[J]. 北京农业大学学报，14（1）

贺庆棠（主编）. 1988. 气象学[M]. 北京：中国林业出版社

金大勇，吕龙石，韩辉林. 2000. 不同温度与光照长度对柑橘凤蝶越冬蛹羽化的影响[J]. 延边大学农学院学报，22（3）

刘柱东，吴坤君，龚佩瑜. 2002. 昆虫夏滞育的调控及其遗传基础[J]. 昆虫知识，39（4）

吕龙石，金大勇，朴锦. 2004. 温度与光周期对麝凤蝶生长发育的影响[J]. 昆虫知识，41（6）

阮少江，陈勇. 2002. 蝴蝶拟态的生物学意义[J]. 生物学教学，27（5）

四川植被协作组. 1980. 四川植被[M]. 成都：四川人民出版社

王国红，章士美. 1997. 鳞翅目蝶亚目幼虫期食性分析[J]. 江西农业大学学报，19（1）

魏洪义，薛芳森，朱杏芬. 1996. 光温条件影响黑纹粉蝶夏季滞育和冬季滞育的研究[J]. 江西农业大学学报，18（3）

吴坤君. 2002. 关于昆虫休眠和滞育的关系之浅见[J]. 昆虫知识，39（2）

吴伟坚. 2000. 菜粉蝶食性的研究[J]. 中国昆虫学会2000年学术年会

薛芳森，朱杏芬. 1994. 苎麻赤蛱蝶滞育和化性的地理变异[J]. 江西农业大学学报，16（3）

杨大荣. 1998. 西双版纳片断热带雨林蝶类群落结构与多样性研究[J]. 昆虫学报，41（1）

姚洪渭，叶恭银，胡萃. 1999. 温度对中华虎凤蝶幼虫生存与生长发育的影响[J]. 昆虫知识，36（4）

易传辉，陈晓鸣，史军义 等. 2007. 光周期和温度对美凤蝶滞育的影响[J]. 林业科学研究，20（2）

第三篇

中国观赏蝴蝶资源及主要养殖种的生物学特征

第8章　中国的观赏蝴蝶资源

中国蝴蝶资源十分丰富，许多种类均具有很高的观赏价值。从翅展超过170mm的金裳凤蝶到翅展不足10mm的小灰蝶，从色彩艳丽的热带粉蝶到颜色晦暗的眼蝶，《中国蝴蝶分类与鉴定》中记载了中国产蝴蝶1317种，约占世界蝴蝶总数的10%，居亚洲第一位（周尧，1998b）。特别是西南部的川滇两省，动物地理上属于喜马拉雅—横断山区和滇南亚区，被认为是世界生物多样性最丰富的7个地区之一，蝴蝶种类繁多。仅云南一省，就已记载600余种，而且珍稀、特有种类很多，分布密度和丰富度也均较高，还有大量的种类未被人们认识。本章简要介绍了我国主要观赏蝴蝶资源状况。

8.1 凤蝶科Papilionidae

8.1.1 裳凤蝶 *Troides helena* (Linnaeus) 和金裳凤蝶 *T. aeacus* (Felder et Felder)

裳凤蝶属*Troides*特大型种类。成虫雌雄异形，体颈部和胸部有红色鳞毛。雄蝶前翅正面黑色，后翅正面金黄色，翅脉黑色，各翅室外缘有1列大型三角形黑斑；正面沿内缘有皱褶，内有发香鳞毛。雌蝶后翅外缘和亚外缘各有大型黑斑1列，内缘无皱褶。

（1）裳凤蝶

又名黄翼凤蝶、黄扇凤蝶、金扇凤蝶和翼凤蝶等。雄蝶前翅长约65～72mm，正面漆黑，有光泽，沿翅脉颜色略浅。后翅正面前缘第一个翅室的前约三分之一区域为黑色，外缘黑斑边缘清晰。雌蝶前翅长约75～83mm，后翅正面第一个翅室内黑色，仅有时在外缘区有1小黄斑，内缘的金黄色斑则延伸至翅基部（图版8-1）。

国内分布于云南、广东、广西、香港和海南等地，国外分布于泰国、马来西亚、印度尼西亚、巴布亚新几内亚、缅甸、印度和斯里兰卡等国。

在云南版纳，主要寄主为马兜铃科Aristolochiaceae的耳叶马兜铃*A. tagala*。

a　　　　b

图版 8-1 裳凤蝶 *Troides helena*
a. ♂（正，×3/5） b. ♀（正，×3/5）

（2）**金裳凤蝶**

又名晕翼凤蝶、金翼凤蝶、金鸟蝶、鸟凤蝶、黄裳凤蝶、金裳翼凤蝶、金凤蝶、黄裙凤蝶、黄下凤蝶、下黄凤蝶和恒春凤蝶等。

成虫体型比裳凤蝶略大，雌蝶前翅长可超过90mm，雄蝶71～75mm。雌雄成虫后翅正面靠近臀角处的3个外缘黑斑边缘有向内扩散的黑色鳞。雄蝶后翅正面前缘第一个翅室内几乎全部为金黄色，仅在近外缘有狭小的黑色区域。雌蝶后翅正面第一个翅室内在外缘区和近基部各有金黄色斑1个，内缘的金黄色斑小，未及翅基部（图版8-2）。

自然分布范围远远超过裳凤蝶。国内主要分布于甘肃南部、陕西、四川、西藏、云南、贵州、江西、浙江、福建、广东、广西、台湾和海南等地。国外分布于越南、泰国、马来西亚、缅甸、印度、不丹和斯里兰卡等国。

已知寄主为马兜铃科马兜铃属*Aristolochia*的植物（陈永佳 等，1997；Gaden S. Robinson, *et al.*, 2001）。

a

b

图版 8-2 金裳凤蝶 *Troides aeacus*
a. ♂（正，×3/5） b. ♀（正，×3/5）

裳凤蝶属蝴蝶的成虫体型特大、颜色鲜艳，是中国蝴蝶中观赏价值最高的类群之一，无论在生态蝴蝶观赏、喜庆放飞，还是工艺制作方面均有极高的利用价值。习惯上，将本属和产于东印度群岛的鸟翼凤蝶属*Ornithoptera*、红颈鸟翼凤蝶属*Trogonoptera*的种类合称为鸟翅蝶（Birdwing butterflies）。《中华人民共和国野生动物保护法》并未将其列入重点保护名录，但其属于《濒危动植物种进出口贸易公约》（CITES）附录Ⅱ中的种类，法律上被视为国家二级重点保护物种。本属蝴蝶在中国有3种，分布较广的是裳凤蝶和金裳凤蝶。

荧光裳凤蝶*Troides magellanus* (Felder et Felder)在国内仅分布于台湾东南部的兰屿，雄蝶只在后翅外缘有1列小三角形黑斑，自侧面观察，翅面呈现白色的珍珠光泽。雌蝶中外区黑色，亚缘区有1列大型“U”形纹。记载野生寄主仅有港口马兜铃，人工饲养条件下幼虫也取食耳叶马兜铃（李俊延 等，2002；徐堉峰，2006）。

8.1.2 暖曙凤蝶 *Atrophaneura aidonea* (Doubleday) 和窄曙凤蝶 *A. zaleuca* (Hewitson)

曙凤蝶属*Atrophaneura*大中型种类。成虫体侧面和腹面着生红色软毛，后翅小而窄、无尾，外缘缺刻状，内缘褶内有白色软毛。访花，飞行缓慢，是蝴蝶生态观赏园中的优良蝶种，也有很高的工艺利用价值。

（1）暖曙凤蝶

成虫大型，身体两侧及腹面密生红柔毛，翅正面灰黑色，翅脉显著。后翅无尾突，正面除雄蝶后缘褶白色外，无其他显著色斑（图版8-3）。

国内主要分布于四川、云南、广东、广西和海南，国外分布于中南半岛、缅甸和印度一带。

记载寄主为西藏马兜铃*Aristolochia griffithii*和管兰香*A. cathcartii*（五十岚迈 等，1997）。

（2）窄曙凤蝶

成虫身体两侧及腹面密生红柔毛。翅膀正面黑色，后翅亚外缘和臀角区有3个齿状白色

a b

图版 8-3 暖曙凤蝶 *Atrophaneura aidonea*
a. ♂（正，×2/3） b. ♀（正，×2/3）

a b

图版 8-4 窄曙凤蝶 *Atrophaneura zaleuca*
a. ♂（正，×2/3） b. ♀（正，×2/3）

曙凤蝶属在国内还有另外三种，即曙凤蝶*Atrophaneura horishana* (Matsumura)、瓦曙凤蝶*A. varuna*和玛曙凤蝶*A. nox* (Swainson)。曙凤蝶为台湾特产种，产于岛内中部海拔1000～2500 m的山地。自然状态下仅以大叶马兜铃*Aristolochia kaempferi*（= *A. shimadai*）为寄主，但饲养条件下也取食其他各种马兜铃属植物，如琉球马兜铃*A. liukiuensis*和异叶马兜铃*A. kaempferi* Willd. f. *heterophylla*等。瓦曙凤蝶仅发现于云南和海南，记载寄主为大叶马兜铃和耳叶马兜铃。玛曙凤蝶分布于海南，记载寄主为马兜铃科的马兜铃*A. debilis*（五十岚迈 等，1997；徐堉峰，1999；武春生，2001）。

斑，是与曙凤蝶属其他种类的显著区别（图版8-4）。

中国仅见于云南，国外发现于缅甸。

记载寄主为马兜铃科马兜铃属植物（武春生，2001）。

8.1.3 麝凤蝶类

麝凤蝶属*Byasa*的一类中大型蝴蝶，在一些著作中被包含在曙凤蝶属内。种类较多，中国已知约14种。都有较高或很高的生态观赏、工艺制作上的利用价值，有些种类还是优良的喜

图版 8-5 麝凤蝶 *Byasa alcinous* 和长尾麝凤蝶 *B. impediens*

麝凤蝶（a ~ c）：a. ♂（正，×2/3） b、c. ♀（正，×2/3）

长尾麝凤蝶（d、e）：d. ♂（正，×2/3） e. ♂（反，×2/3）

庆放飞种类。较为常见的种类有：

（1）**麝凤蝶** *Byasa alcinous* (Klug) **和长尾麝凤蝶** *B. impediens* (Rothschild)

两种成虫形态极为相似，后翅无白色斑，尾突上无红斑。

麝凤蝶，又名麝香曙凤蝶、麝香凤蝶、麝馨凤蝶、高砂麝香凤蝶和麝蝶等。

成虫中大型，前翅长约45～55mm，春型个体较小。虫体头、胸和腹侧生有红色绒毛。前后翅狭窄，后翅正面无白色斑，有尾突1根。雄蝶翅正面黑色，后翅内缘有褶，内藏灰白色软毛，散发出麝香气味。雌蝶翅面黄灰色至灰黑色，依产地而异（图版8-5：a～c）。

分布范围广，遍及全国大部分地区，国外分布于朝鲜半岛、日本、越南和老挝。在四川和云南，寄主为马兜铃科马兜铃属的多种植物，如异叶马兜铃、宝兴马兜铃*Aristolochia moupinensis*和马兜铃*A. debilis*等。记载寄主还有马兜铃属的其他种类（王金平 等，1998；徐堉峰，1999；陈志兵 等，2002）。

长尾麝凤蝶，又名台湾麝香凤蝶。成虫与麝凤蝶极为相似，区别在于后翅正反面亚缘新月纹宽大，尾突较长（图版8-5：d、e）。分布于华西、华中、华南、华东和台湾等地。在台

图版 8-6 达摩麝凤蝶 *Byasa daemonius* 和突缘麝凤蝶 *B. plutonius*

达摩麝凤蝶（a～c）：a. ♀（正，×2/3） b. ♂（正，×2/3） c. ♂（反，×2/3）

突缘麝凤蝶（d、e）：d. ♂（正，×2/3） e. ♀（正，×2/3）

湾地区一年至少发生3代，以蛹越冬。报道寄主为马兜铃科的异叶马兜铃、瓜叶马兜铃*Aristolochia cucurbitifolia*和大叶马兜铃等马兜铃属植物（徐堉峰，2006）。

（2）**达摩麝凤蝶** *Byasa daemonius* (Alphéraky) **和突缘麝凤蝶** *B. plutonius* (Oberthür)

达摩麝凤蝶成虫翅正面灰黑色，翅脉清晰。前后翅的中室内和前翅的翅脉间有黑色条纹。后翅无白色斑，正反面的外缘均有新月状粉红色斑纹（图版8-6：a～c）。

中国特有种，分布于四川、云南和西藏等地。生活史和寄主未明。

突缘麝凤蝶成虫翅膀灰黑色至灰白色，翅脉显著。后翅无白色斑，外缘凹刻很深，尾突较短、末端呈圆形（图版8-6：d、e）。

国内分布于云南，国外发现于不丹和印度。生活史和寄主未明。

（3）**粗绒麝凤蝶** *Byasa nevilli* (Wood-Mason) **和云南麝凤蝶** *B. hedistus* (Jordan)

粗绒麝凤蝶，又名糙绒麝凤蝶。成虫大型，前翅长约55～60mm。后翅正面亚外缘前方有2个白色斑，下方及臀角区有不显著的粉红色斑，中室内有2条显著的黑线。尾突较短，臀角缺刻较深。雄蝶后翅内缘褶内有白色软毛（图

图版 8-7　粗绒麝凤蝶 *Byasa nevilli* 和云南麝凤蝶 *B. hedistus*

粗绒麝凤蝶（a、b）：a. ♀（正，×2/3）　b. ♂（正，×2/3）

云南麝凤蝶（c、d）：c. ♀（正，×2/3）　d. ♂（正，×2/3）

a

b

图版 8-8 多姿麝凤蝶 *Byasa polyeuctes*
a. ♂（正，×2/3） b. ♂（反，×2/3）

版8-7：a、b）。

国内分布于四川和云南，国外发现于印度北部。

在云南昆明附近，寄主为云南马兜铃*Aristolochia yunnanensis*和宝兴马兜铃。

云南麝凤蝶成虫形态极似粗绒麝凤蝶，区别在于后翅较宽、尾突较阔，臀角缺刻较浅，雄蝶后翅内缘褶内黑色（图版8-7：c、d）。中国特产种，分布于云南、四川和海南等省。

在昆明附近的寄主为宝兴马兜铃，饲养条件下幼虫也取食云南马兜铃。

（4）**多姿麝凤蝶** *Byasa polyeuctes* (Doubleday)

又名麝凤蝶、白斑麝香曙凤蝶、白斑麝香凤蝶、黄斑黑纹凤蝶和大红纹凤蝶等。成虫大型，后翅亚外缘中室外侧有大型白斑1个，其后常附有1个小白斑；尾突末端上有1个粉红色圆斑（图版8-8）。

国内分布于河南、山西、陕西、四川、云南、西藏、福建和台湾，国外分布于越南、泰国、印度、不丹和尼泊尔。

在四川和云南的已知寄主有宝兴马兜铃、异叶马兜铃和云南马兜铃等，记载寄主还有瓜叶马兜铃、蜂窠马兜铃*A. foveolata*等其他马兜铃属植物（五十岚迈 等，1997；徐堉峰，1999）。

图版 8-9 锤尾凤蝶 *Losaria coon*（♂，正，×2/3）

8.1.4 锤尾凤蝶 *Losaria (Pachliopta, Papilio) coon* (Fabricius)

锤尾凤蝶属*Losaria*大型种类。成虫前翅长约60～65mm。前后翅狭长类似麝凤蝶，中室长度约占前翅的2/3；后翅有长尾突，尾突端部浑圆，翅正面中央密集排布8个白色斑，十分醒目（图版8-9）。

国内仅发现于广东和海南两省，国外分布于泰国、马来西亚、印度尼西亚、缅甸和泰国。

在爪哇和马来半岛，其幼虫寄主为马兜铃科线果兜铃属（阿柏麻属）*Thottea*的密花阿柏麻*Thottea tomentosa*，在饲养条件下不取食马兜铃属植物（五十岚迈　等，1997）。线果兜铃属植物在中国只记载有海南线果兜铃*Thottea hainanensis*（阿柏麻*Apama hainanensis*）1种，分布于海南的崖县、陵水和琼中等县，正好与锤尾凤蝶的分布区吻合，疑为该蝶在国内的寄主。

本种非常适合在观赏园放飞，唯野生数量极少，采种不易。

8.1.5 红珠凤蝶 *Pachliopta* (*Atrophaneura*) *aristolochiae* (Fabricius)

又名红腹凤蝶、红纹曙凤蝶、七星凤蝶和红纹凤蝶等。珠凤蝶属*Pachliopta*中大型种类。有些著作将其归入曙凤蝶属。

成虫前翅长约46～50mm，翅形类似麝凤

图版 8-10 红珠凤蝶 *Pachliopta aristolochiae*

a. ♂（正，×2/3） b. ♂（正，×2/3） c. ♂（反，×2/3） d. ♀（正，×2/3）

蝶，只是圆味重些。前翅正面灰褐色，后翅正面中央有小型白色斑3～5个，亚外缘有一列不规则的暗红色斑（图版8-10）。

国内分布于河北、河南、陕西、四川、云南、湖南、江苏、江西、浙江、福建、广东、香港、广西、台湾和海南。国外分布于泰国、马来西亚、菲律宾、印度尼西亚、缅甸和印度等国。

在云南版纳和四川南部，主要寄主为耳叶马兜铃和大叶马兜铃。记载寄主还有马兜铃属的许多种植物（五十岚迈 等，1997；徐堉峰，1999；应霞玲 等，2002）。

优良的工艺、生态观赏和喜庆放飞三用蝶种。

8.1.6 斑凤蝶类

斑凤蝶属*Chilasa*大型至中小型种类，模拟斑蝶科蝴蝶的形态和行为。前翅顶角较圆，后翅无尾突。飞行缓慢，喜随气流滑翔。部分学者将其归入凤蝶属中。中国已知有5种，观赏价值较高的是褐斑凤蝶*C. agestor* (Gray)、斑凤蝶*C. clytia* (Linnaeus)和翠蓝斑凤蝶*C. paradoxa* (Zinkin)3种。

（1）褐斑凤蝶

又名茶褐斑凤蝶、褐拟斑凤蝶和斑凤蝶等。因成虫拟态斑蝶科的大绢斑蝶*Parantica sita*而得名。成虫大型，前翅长约55～60mm。前翅翅脉

图版 8-11 褐斑凤蝶 *Chilasa agestor*（♂，正，×2/3）

黑色，翅室灰白色，后翅赭黄色（图版8-11）。

国内分布于四川、云南、浙江、福建、广东、广西、台湾和海南等地，国外分布于泰国、马来西亚、缅甸、印度和尼泊尔。

在四川峨眉，幼虫寄主主要为樟科Lauraceae的樟*Cinnamoneum camphora*和楠木*Phoebe zhennan*等。记载寄主还有樟科的其他种植物，如红楠*Machilus thunbergii*、芳香润楠*M. odoratissima*等（五十岚迈 等，1997；徐堉峰，2006）。

工艺用材、生态观赏和喜庆放飞三用优良蝶种。

（2）斑凤蝶

又名拟斑凤蝶、黄边凤蝶等。成虫中大型、后翅无尾，前翅长约48～55mm。普通型个

a

b

图版 8-12 斑凤蝶 *Chilasa clytia*
a. ♂（普通型，正，×2/3） b. ♂（黑化型，正，×2/3）

体翅脉黑色，翅室内散布灰白色横向排列的斑纹。黑化型个体前后翅的大部分翅室内黑色，亚缘和后翅外中区有大型灰白色斑列。雌蝶翅面颜色略暗，且随产地变化很大（图版8-12）。

国内分布于云南、福建、广东、香港、广西、台湾和海南，国外分布于泰国、马来西亚、菲律宾、缅甸、印度、不丹、尼泊尔和巴基斯坦。

在云南南部的主要寄主为玉兰叶木姜子*Litsea magnoliifolia*、钝叶桂*Cinnamomum bejolghota*（= 大叶桂*C. iners*）和潺槁木姜子*Litsea glutinosa*。记载寄主主要还有樟科的樟属*Cinnamomum*和楠木属*Phoebe*等属植物（五十岚迈 等，1997；Gaden S. Robinson, *et al*., 2001）。

生态观赏优良蝶种，也被作为工艺用材。

（3）翠蓝斑凤蝶

成虫大型，前翅具有强烈的紫色光泽，后翅黑褐色或棕褐色（图版8-13）。

国内分布于云南和海南，国外分布于马来西亚、缅甸和印度。

生活史不明，记载寄主为樟（武春生，2001）。

图版 8-13 翠蓝斑凤蝶 *Chilasa paradoxa*（♂，正，×2/3）

8.1.7 凤蝶属 *Papilio* 的种类

凤蝶属的蝴蝶均为大型或中大型种类，观赏价值很高，大多为优良的生态观赏和工艺两用蝶种。成虫喜光，多在晴天活动，常在开阔地带疾速前飞。以花蜜为补充营养，炎热时雄蝶常群聚在地面汲食污水。喜访芸香科Rutaceae、忍冬科Caprifoliaceae、马鞭草科Verbenaceae和伞形科Umbelliferae等科植物的花。多化性种类，在各地一年至少发生2代，以蛹越冬。中国已知24种，主要介绍以下19种。

（1）碧凤蝶 *Papilio* (*Achillides, Princeps*) *bianor* Cramer

别名很多，如中华翠凤蝶、浓眉凤蝶、乌凤蝶、乌鸦凤蝶、碧翠凤蝶、翠凤蝶、孔雀凤蝶和琉璃带凤蝶等。凤蝶属翠凤蝶亚属*Princeps*大型种类。

成虫前翅长约55～66mm。体翅黑色，覆盖黄绿色或青绿色鳞。后翅正面亚外缘有数个新

图版 8-14 碧凤蝶 *Papilio bianor*
a. ♂（春型，正，×2/3） b. ♀（夏型，正，×3/5）

月形粉红色斑，反面尤为显著，有尾突1根。雄蝶前翅正面在Cu_2～M_3室内有黑色绒毛状性标记（图版8-14）。

各地的常见种，我国除新疆外各地区都有分布。国外分布于俄罗斯东部、朝鲜半岛、日本至印度的广大地区。

寄主广泛，确认或记载种类包括芸香科黄檗属*Phellodendron*、吴茱萸属*Evodia*、花椒属*Zanthoxylum*、柑橘属*Citrus*和枳属*Poncirus*等属中的许多种植物（如川黄檗*Phellodendron chinense*、黄檗*Ph. amurense*、臭辣吴萸*Evodia fargesii*、吴茱萸*E. rutaecarpa*），以及飞龙掌血属*Toddalia*的飞龙掌血*T. asiatica*等（卢东升，1997；五十岚迈 等，2000；Gaden S. Robinson, et al., 2001）。

工艺和生态观赏两用的优良蝶种，一般不用于喜庆放飞。

（2）**波绿凤蝶** *Papilio* (*Ach., Pr.*) *polyctor* Boisduval

又名波绿翠凤蝶。凤蝶属翠凤蝶亚属大型种类。

成虫极似碧凤蝶，但前翅正面亚外缘的金绿色带清晰、宽大，后翅青蓝色斑显著，边缘较为清晰（图版8-15）。有证据表明，本种可能只是前种的一个亚种。

国内仅分布于云南，国外分布于越南、泰国、缅甸、印度、不丹等国。

记载幼虫寄主为芸香科花椒属、柑橘属和黄皮属*Clausena*的种类，以及飞龙掌血等（Igarashi S., 1979）。

生态观赏与工艺制作两用蝶种，也可用于喜庆放飞。

（3）**绿带翠凤蝶** *Papilio* (*Ach., Pr.*) *maackii* Ménétriès

又名马氏翠凤蝶、深山碧凤蝶、深山乌鸦凤蝶和深山凤蝶等。凤蝶属翠凤蝶亚属大型种类。

成虫形态与碧凤蝶相似。翅正面绿色鳞更密集，金绿色至青绿色。前翅的亚外缘及后翅外中区具醒目的绿色横带纹，前翅的较黄。雄蝶在前翅正面亦有4条黑色天鹅绒状性标记，

图版 8-15 波绿凤蝶 *Papilio polyctor*（♂，正，×3/5）

而雌蝶的前翅各条翅脉清晰，色调较浅（图版8-16）。

国内分布于黑龙江、辽宁、吉林、河北、北京、四川、云南、贵州、湖北、江西、浙江和台湾等地，常与碧凤蝶混合发生。国外仅分布在东北亚的日本、朝鲜半岛和俄罗斯东部。

主要记载寄主为芸香科黄檗属和吴茱萸属等属的植物（袁荣才 等，1996；武春生，2001）。

生态观赏与工艺制作两用蝶种。

（4）**西番翠凤蝶** *Papilio* (*Ach., Pr.*) *syfanius* Oberthür

又名华西翠凤蝶、白斑黑凤蝶、白斑凤蝶和白斑翠凤蝶等。凤蝶属翠凤蝶亚属大型种类。

成虫前翅长48～52mm。前翅正面蓝黑色，似碧凤蝶；后翅外缘区有新月形紫红色斑，中室外常有两个大型并列白斑，有时模糊，随产地而异（图版8-17）。

国内分布于西南部的四川、云南和西藏等地，国外未见报道。

在云南，生活在海拔1500～2800m地带，一年只有在5月间有一个成虫高峰期。确认幼虫寄主为芸香科的刺花椒*Zanthoxylum acanthopodium*和川黄檗。

在工艺和生态观赏中有较高利用价值，但不适宜在低海拔地区开展人工繁育。

a b

图版 8-16 绿带翠凤蝶 *Papilio maackii*

a. ♂（春型，正，×2/3） b. ♂（夏型，正，×3/5）

a b c

图版 8-17 西番翠凤蝶 *Papilio syfanius*

a. ♂（白斑型，正，×2/3） b. ♂（白斑型，反，×2/3） c. ♂（白斑退化型，正，×2/3）

(5) **巴黎翠凤蝶** *Papilio* (*Ach., Pr.*) *paris* Linnaeus

又名宝镜翠凤蝶、巴黎绿凤蝶、大宝镜凤蝶、大琉璃凤蝶、巴里翠凤蝶、琉璃纹凤蝶、琉璃翠凤蝶和大琉璃纹凤蝶等。凤蝶属翠凤蝶亚属大型华丽种。

成虫前翅长约45～52mm，春型个体较小。体、翅黑色，密布金绿色鳞。前翅亚外缘区有1条黄绿色带，由后缘向前逐渐变窄，消失在翅的中部；反面亚外缘区有1由后缘向前逐渐扩展的白色带。后翅正面中室外侧有一大块醒目的蓝色或蓝绿色斑，边缘清晰；反面亚外缘有1列新月形至圆形的暗红色斑（图版8-18）。

国内分布于秦岭淮河以南的中国广大地区，包括河南、陕西、四川、云南、贵州、浙江、福建、广东、广西、台湾和海南等地，国外从印度到印度尼西亚均有分布。

a　　b

图版 8-18 巴黎翠凤蝶 *Papilio paris*
a. ♂（正，×2/3） b. ♀（正，×2/3）

主要记载寄主为芸香科柑橘属、花椒属和吴茱萸属植物，以及飞龙掌血等（Igarashi S., 1979；杨萍 等，2005b；刘东明 等，2006）。

生态观赏、工艺制作与喜庆放飞三用蝶种。

（6）窄斑翠凤蝶 *Papilio* (*Ach., Pr.*) *arcturus* Westwood

又名青蓝翠凤蝶、华丽绿凤蝶和华丽翠凤蝶等，凤蝶属翠凤蝶亚属大型华美种。

成虫后翅正面有醒目的青蓝色斑，似巴黎翠凤蝶。区别在于：前翅顶角较尖，后翅中室外蓝色斑破碎或缩小为侧卧“V”字形（图版8-19）。

国内分布于陕西、四川、云南和江西等地。国外分布于泰国北部、缅甸、印度和尼泊

a　　b

图版 8-19 窄斑翠凤蝶 *Papilio arcturus*
a. ♂（正，×2/3） b. ♂（反，×2/3）

a

b

图版 8-20　克里翠凤蝶 *Papilio krishna*
a. ♂（正，×2/3）　b. ♂（反，×2/3）

尔等国。

在四川峨眉，确认寄主为芸香科的竹叶花椒*Zanthoxylum armatum*和刺花椒。

有极高的工艺利用价值，但成虫适应中高山气候条件，交配产卵需要极大空间，近期开展养殖尚有困难。

（7）**克里翠凤蝶** *Papilio* (*Ach.*, *Pr.*) *krishna* Moore

又名琉璃纹凤蝶、琉璃翠凤蝶等，凤蝶属翠凤蝶亚属大型华美种。

成虫后翅外缘和亚外缘的红色斑十分醒目，前翅正面外中区有1条清晰而狭窄的黄绿色带，可以此与巴黎翠凤蝶区别开（图版8-20）。

国内分布于四川、云南和西藏，国外分布于印度北部和不丹等地。

在印度北部的当地寄主为芸香科的无腺吴萸*Evodia fraxinifolia*，而在饲养条件下也取食黄檗（五十岚迈　等，2000）。无腺吴萸在国内仅分布于云南西北部和西藏东南部。

野生数量稀少，十分珍贵，目前尚难大量养殖。

（8）**穹翠凤蝶** *Papilio* (*Ach.*, *Pr.*) *dialis* Leech

又名南亚翠凤蝶、台湾乌鸦凤蝶等，凤蝶属翠凤蝶亚属大型种类。成虫前翅宽大，长约54～58cm，后翅颜色浓黑，尾突短（图版8-21）。

国内分布于江西、浙江、福建、广西和台湾等地，国外分布于中南半岛和缅甸。

主要记载寄主为芸香科的吴茱萸属、花椒

图版 8-21　穹翠凤蝶 *Papilio dialis*（♂，正，×3/5）

a

b

图版 8-22 达摩凤蝶 *Papilio demoleus*
a. ♂（正） b. ♂（反）

属植物和飞龙掌血，以及漆树科Anacardiaceae漆属*Toxicodendron*的一些种类（Igarashi S., 1979；周尧，1998a）。

有一定的生态观赏价值，工艺价值略低。野生个体数少，种源获得难。

（9）**达摩凤蝶** *Papilio* (*Pr.*) *demoleus* Linnaeus

又名花凤蝶、无尾凤蝶、黄花凤蝶、黄斑凤蝶、达摩翠凤蝶和花翠凤蝶等。凤蝶属翠凤蝶亚属中大型种类。

成虫前翅长约46～50mm。翅正面黑色至黑褐色，中部至亚外缘散布许多大小不等的黄白色斑。前翅外缘中段向内凹陷，基部有7～8根由间断的黄白色短线排列成的弧形细纹。后翅无尾突，近基部有一浅黄色宽斜带，带外侧靠近前缘有1大型深色眼状纹，亚外缘区6个淡黄斑排成1列，臀角处1个红色圆形斑（图版8-22）。

国内分布于四川、云南、贵州、湖北、江西、浙江、福建、广东、广西、台湾和海南等地，国外分布于从印度到澳大利亚的广大地区。

主要记载寄主为芸香科的柑橘属、花椒属、黄皮属、山小橘属*Glycosmis*、金橘属*Fortunella*植物和飞龙掌血等（五十岚迈 等，2000；陈兴永 等，2004）。

优良的工艺材料和生态观赏蝶种，亦用于喜庆放飞。

（10）**柑橘凤蝶** *Papilio* (*Sinoprinceps, Princeps*) *xuthus* Linnaeus

又名花椒凤蝶、橘凤蝶、凤蝶、橘黄凤蝶、燕尾蝶、春凤蝶、凤子蝶和燕凤蝶等。凤蝶属华凤蝶亚属*Sinoprinceps*中大型种类。

成虫前翅长约36～50mm，春型个体较小。翅面黑白相间，后翅有尾突1根，臀角有淡黄色斑（图版8-23）。

东亚的特有种，广布全国各地。国外分布于朝鲜半岛、日本、越南到缅甸一带。

主要记载寄主为芸香科花椒属、黄檗属和柑橘属植物（袁荣才 等，1997；卢东升，1999；Gaden S. Robinson, *et al.*, 2001）。

工艺和生态观赏两用的优良蝶种。由于幼虫对多种经济林木有害，不应开展室外放飞。

（11）**金凤蝶** *Papilio machaon* Linnaeus

又名黄凤蝶、茴香凤蝶和胡萝卜凤蝶等，凤蝶属凤蝶亚属*Papilio*中大型种类。

成虫前翅长约40～48mm，后翅有尾突1根。翅正面淡黄色至深黄色，前翅基部黑褐色，中室内无条纹，后翅臀角有圆形醒目的赭黄色斑，可以此两者与柑橘凤蝶相区别（图版8-24）。

a　　b

图版 8-23 柑橘凤蝶 *Papilio xuthus*

a. ♂（春型，正） b. ♀（夏型，正）

a　　b

图版 8-24 金凤蝶 *Papilio machaon*

a. ♂（长尾型，正） b. ♂（短尾型，正）

产于青藏高原的个体尾突较短，曾被作为独立种对待。

除海南外，全国各地都有分布。国外分布于从日本到英国的广阔地区，以及北非和北美洲。

主要记载寄主为伞形科 Umbelliferae(Apiaceae) 的茴香 *Foeniculum vulgare*、胡萝卜 *Dancus carota* 和当归属 *Angelica* 植物等（Gaden S. Robinson, *et al.*, 2001）。

优良的工艺用材蝶种，但不适用于生态观赏和喜庆放飞。

（12）**美凤蝶** *Papilio* (*Menelaides, Princeps*) *memnon* Linnaeus

又名多型蓝凤蝶、多型大凤蝶、柑凤蝶、瓯蝶、长崎凤蝶、白衽黑凤蝶、多型美凤蝶和大凤蝶等。凤蝶属美凤蝶亚属*Menelaides*大型种类。

成虫前翅长约56～69mm，春型个体较小。雌雄异型。雄蝶正面蓝黑色，基部暗红色。后翅无尾突，翅膀反面基部橙红色。雌蝶多态，

a　b　c　d　e

图版 8-25 美凤蝶 *Papilio memnon*

a. ♂（正，×3/5） b. ♀（无尾型，正，×3/5） c. ♀（白化无尾型，正，×3/5）
d. ♀（有尾型，正，×3/5） e. ♀（有尾型，正，×3/5）

分无尾型和有尾型，前者多见。前翅灰白色，翅脉及翅膀外缘和顶角区黑色，基部橙红色，中域有并列人型白色斑4～6个（图版8-25）。

国内分布于四川、云南、湖北、湖南、江西、浙江、福建、台湾、广东、广西和海南等地，国外分布于日本、泰国、缅甸、印度和斯里兰卡等国。

已知主要幼虫寄主为芸香科柑橘属植物（Igarashi S., 1979；Gaden S. Robinson, *et al.*, 2001）。

生态观赏和工艺品制作的优良蝶种，雌成虫亦是喜庆放飞的优良蝶种，但应限于封闭环境内，或在柑橘种植区以外。

（13）**蓝凤蝶** *Papilio* (*Menelaides*, *Princeps*) *protenor* Cramer

又名无尾黑凤蝶、黑凤蝶、蓝美凤蝶和无尾美凤蝶等，凤蝶属美凤蝶亚属大型种类。

夏型成虫前翅长约50～60mm。翅正面蓝黑色，后翅无尾。雄蝶似美凤蝶雄蝶，后翅正面前缘有浅黄色长条形性标，可以此与前者区别开；雌蝶灰黑色，翅脉及后翅端半部黑色，后翅臀角有圆形红色斑，中域无白斑（图版8-26）。

国内分布于长江以南，以及陕西、河南、山东和西藏等地区，国外分布于朝鲜、韩国、日本至尼泊尔的广大地区。

记载幼虫寄主主要有芸香科柑橘属、花椒属和枳属等属的植物（Igarashi S., 1979；Gaden S. Robinson, *et al.*, 2001）。

适用于蝴蝶生态观赏园，工艺价值略低。

（14）**玉带凤蝶** *Papilio* (*M.*, *Pr.*) *polytes* Linnaeus

又名玉带蓝凤蝶、缟凤蝶、白带凤蝶、白带蝶、黑凤蝶和玉带美凤蝶等，凤蝶属美凤蝶亚属中大型种类。

成虫前翅长约46～55mm。身体和翅膀黑色，后翅有尾突1根，雌雄异型。雄蝶前翅外缘有1列白色斑，展翅后与后翅中域的白斑列相连。雌蝶有三型：白带型与雄蝶相似，赤斑型后翅中域无白色斑、也无白色带，白斑型在后翅中域则有齿状白色斑1～5个（图版8-27）。

国内分布于青海、甘肃、陕西、山西和河北以南的广大地区（包括西藏），国外分布于日本南部、中南半岛、印度尼西亚和印度一带。

主要已知寄主为芸香科柑橘属、花椒属、枳属和金橘属的野生及栽培植物（Igarashi S., 1979；Gaden S. Robinson, *et al.*, 2001）。

a

b

图版 8-26 蓝凤蝶 *Papilio protenor*

a. ♂（正，×3/5） b. ♀（正，×3/5）

a

b

图版 8-27 玉带凤蝶 *Papilio polytes*
a. ♂（正，×2/3） b. ♀（正，×2/3）

生态观赏的优良蝶种，工艺价值也很高，可在北方柑橘区以外开展喜庆放飞。

（15）**玉牙凤蝶** *Papilio*(*M.*, *Tamera*) *castor* Westwood

又名无尾白斑凤蝶、无尾白纹凤蝶和玉牙美凤蝶等，凤蝶属美凤蝶亚属中型种类。

成虫无尾。翅正面似玉带凤蝶的雄蝶。雄蝶体、翅黑色，前翅外缘有1列小白点，有时不明显。后翅外缘波纹状，外缘区有1列小白斑，有时退化为白点，中外区有并列4大1小5个白色斑（图版8-28）。

国内分布于四川、云南、福建、广东、广西、台湾和海南，国外分布于越南、马来西亚、缅甸、印度。

记载幼虫寄主有芸香科的小花山小柑*Glycosmis parviflora*和酒饼叶*Glycosmis pentaphylla*等种类（五十岚迈 等，2000）。

优良的生态观赏和工艺两用蝶种，在北方柑橘区以外可开展室外放飞。

（16）**玉斑凤蝶** *Papilio* (*M.*, *Pr.*) *helenus* Linnaeus

又名红缘蓝凤蝶、白纹凤蝶、黄纹凤蝶、楞凤蝶、玉斑美凤蝶、白纹美凤蝶和红缘凤蝶等。凤蝶属美凤蝶亚属大型种类。

成虫前翅长约54～60mm，后翅有尾突1根。雄蝶体翅皆黑色，后翅中室外有3个前后相接的白色斑，反面亚外缘有1列新月形或“U”形红斑，臀角处有圆形红色斑。雌蝶颜色略褐（图版8-29）。

图版 8-28 玉牙凤蝶 *Papilio castor*（♂，正，×2/3）

国内分布于四川、云南、贵州、福建、广东、广西、台湾和海南等地，国外分布于韩国、日本、泰国、印度尼西亚、缅甸、印度和斯里兰卡。

主要记载寄主为芸香科的柑橘属和花椒属植物（五十岚迈 等，2000；Gaden S. Robinson, *et al.*, 2001）。

生态观赏和工艺制作的优良蝶种，在北方

a　　b

图版 8-29　玉斑凤蝶 *Papilio helenus*
a. ♂（夏型，正，×2/3）b. ♂（反，×2/3）

柑橘区以外可开展室外放飞。

(17) **宽带凤蝶** *Papilio (M., Pr.) nephelus* Boisduval

又名黄缘蓝凤蝶、台湾白纹凤蝶、台湾黄纹凤蝶、白斑蝶、宽带美凤蝶、白斑美凤蝶、黄缘凤蝶和大白纹凤蝶等。凤蝶属美凤蝶亚属大型种类。

夏型成虫前翅长约 60mm，后翅有尾突 1 根。

a　　b

图版 8-30　宽带凤蝶 *Papilio nephelus*
a. ♂（夏型，正，×3/5）b. ♂（反，×3/5）

雄蝶体、翅正面黑色，雌蝶黑褐色，体型略大。后翅中室外有大型白色斑4～5个，外缘和臀角处无红色斑，背面亚外缘斑列为乳白色至浅黄色（图版8-30）。

国内分布于山西、四川、云南、江西、福建、广东、广西、台湾和海南等地，国外分布于越南、泰国、柬埔寨、马来西亚、印度尼西亚、印度、不丹和尼泊尔。

主要记载寄主为芸香科的花椒属和柑橘属植物（五十岚迈 等，2000）。

生态观赏和工艺制作的优良蝶种，在北方柑橘区以外可开展室外放飞。

（18）**红基美凤蝶** *Papilio*(*M.*) *alcmenor* Felder et Felder

又名红基蓝凤蝶、白斑凤蝶，凤蝶属美凤蝶亚属大型种类。

成虫雌雄异型。雄蝶前翅长约38～45mm，正面蓝黑色，基部有1红色条纹，后翅似蓝凤蝶。雌蝶前翅长约44～55mm，后翅有宽短的尾突，中室端部及端外有大型白色斑，有时模糊或退化（图版8-31）。

国内分布于河南、陕西、甘肃、四川、云南、西藏、湖南和海南等地，国外分布于缅甸、印度、不丹和尼泊尔。

a b c

图版 8-31 红基美凤蝶 *Papilio alcmenor*
a. ♂（春型，正，×4/5） b. ♂（春型，反，×4/5） c. ♀（夏型，正，×3/5）

a b c

图版 8-32 牛郎凤蝶 *Papilio bootes*
a. ♂（正，×2/3） b. ♂（反，×2/3） c. ♂（白斑退化型，正，×2/3）

已知寄主为芸香科的竹叶花椒和柑橘属植物（方健惠 等，2005）。

工艺、生态观赏两用优良蝶种，尤以雌蝶观赏价值高。

(19) **牛郎凤蝶** *Papilio(M.) bootes* Westwood

又名红尾蓝凤蝶、黑凤蝶和黑美凤蝶等，凤蝶属美凤蝶亚属中型种类。成虫有尾突1根。体黑色，翅黑褐色。翅狭长，前翅基部红色。后翅中室端外多有2～3个白色斑，有时消失。臀角及亚臀角有红色弯月形斑纹及红斑（图版8-32）。

国内分布于河南、陕西、四川和云南，以滇西北地区较多。国外分布于缅甸。

记载寄主为芸香科的竹叶花椒、两面针*Zanthoxylum nitidum*和柑橘属植物（Igarashi S., 1979；武春生，2001）。工艺和生态观赏两用优良蝶种。

8.1.8 宽尾凤蝶 *Agehana (Papilio) elwesi* (Leech)

又名中国宽尾凤蝶、大尾凤蝶等，宽尾凤蝶属*Agehana*大型种类。

夏型雄蝶前翅长约60～65mm，雌蝶约70mm，春季羽化个体较小。翅正面灰黑色，翅脉黑色。后翅外缘区有5个红色新月形斑。白斑型个体后翅正面中室端半部白色。尾突硕大，M_3和Cu_1脉延伸到其内（图版8-33）。

中国特有种，主要分布于四川、云南、贵州、湖北、安徽、湖南、浙江、江西、福建、广东和广西等南方地区，陕西和北京也有记载。

主要记载寄主有樟科的檫木*Sassafras tzumu*，以及木兰科Magnoliaceae的鹅掌楸

a

b

图版 8-33　宽尾凤蝶 *Agehana elwesi*
a. ♂（正，×2/3）　b. ♂（白斑型，正，×2/3）

台湾宽尾凤蝶*A. maraho* (Shiraki et Sonan)，为台湾岛内特有种，分布于岛内中部和北部海拔1000～2000m山地。成虫后翅正面整个中室区均为白色，外缘、尾突和臀角区的红色斑呈倒“U”形。唯一报道寄主是樟科檫木属*Sassafras*的台湾檫木*S. randaiense*（五十岚迈 等，1997；徐堉峰，2006）。

*Liriodendron chinense*和厚朴*Magnolia officinalis*等植物（Igarashi S., 1979；张潮巨 等，1991；陈汉林 等，1993）。

工艺和生态观赏两用蝶种。

8.1.9 燕凤蝶 *Lamproptera curia* (Fabricius) 和绿带燕凤蝶 *L. meges* (Zinkin)

燕凤蝶属*Lamproptera*小型种类，成虫是世界凤蝶中最小的，前翅长仅约9～11mm。翅室半透明，后翅尾突细长，端部白色，如同燕尾。飞行时似蜻蜓，十分珍奇。各地均一年发生1代，成虫访花，发生期在6～7月。在工艺和生态观赏中均有一定利用价值。

（1）燕凤蝶

又名白带燕凤蝶、燕尾凤蝶、粉白燕凤蝶、珍蝶、蜻蜓蝶和白带燕尾凤蝶等（图版8-34，a）。

国内分布于四川、云南、广东、香港、广西和海南等地，国外分布于越南、泰国、柬埔寨、马来西亚、缅甸、印度、不丹、菲律宾和印度尼西亚。

记载寄主为莲叶桐科Hernandiaceae青藤属*Illigera*的宽药青藤*I. celebica* (= *I. platyandra*)、心叶青藤*I. cordata*和台湾青藤*I. luzonensis*等（五十岚迈 等，2000）。

（2）绿带燕凤蝶

又名绿带燕尾凤蝶、粉绿燕凤蝶等。成虫大小和翅形都同前种。但前翅中域近基部的横带为浅蓝绿色，雄蝶后翅臀角区无白色香鳞毛（图版8-34，b）。

国内分布于云南、广东、广西和海南，国外分布于越南、泰国、马来西亚、缅甸、菲律宾和印度尼西亚。

记载寄主为莲叶桐科青藤属植物（五十岚迈 等，2000；Gaden S. Robinson, *et al.*, 2001）。

8.1.10 青凤蝶类

青凤蝶属*Graphium*中型或中大型种类，翅面绿色或蓝色，后翅有尾或无尾。访花，但飞行急速。主要用作工艺材料，一般不用在生态蝴蝶园内，也不用于喜庆放飞。中国已知有7种。

a

b

图版 8-34 燕凤蝶 *Lamproptera curia* 和绿带燕凤蝶 *L. meges*
a. 燕凤蝶（♂，正） b. 绿带燕凤蝶（♂，正）

a

b

图版 8-35　宽带青凤蝶 *Graphium cloanthus*
a. ♂（宽带型，正）b. ♂（窄带型，正）

(1)**宽带青凤蝶** *Graphium cloanthus* (Westwood)

又名长尾青凤蝶、宽青带樟凤蝶、长尾凤蝶、宽带凤蝶、宽带樟凤蝶和宽青带凤蝶等。成虫中型，前翅长约38～46mm。翅面黑色，中域带宽阔，浅蓝色；后翅有刀状尾突（图版8-35）。

国内分布于陕西、四川、云南、湖北、湖南、江西、浙江、福建、广东、广西和台湾等地，国外分布于日本、泰国、缅甸、印度、尼泊尔、不丹和印度尼西亚。

记载寄主主要为樟科的润楠属*Mac-hilus*和樟属植物（五十岚迈 等，2000）。

(2) **青凤蝶** *Graphium sarpedon* (Linnaeus)

又名蓝带青凤蝶、青带樟凤蝶、竹凤蝶、樟青凤蝶和青带凤蝶等。成虫中小型，前翅长约35～40mm。翅面黑色，中域带较宽，由一系列青蓝色矩形斑组成。后翅无尾，反面基部和中外区散布不规则的红色斑纹（图版8-36）。

国内分布于陕西、四川、云南、西藏、湖北、湖南、江西、浙江、福建、广东、香港、广西、台湾和海南，国外分布于日本、泰国、马来西亚、缅甸、印度、不丹、尼泊尔、斯里兰卡、菲律宾、印度尼西亚和澳大利亚等国。

记载寄主主要有樟科的油丹属*Alseodaphne*、樟属、润楠属、木姜子属*Litsea*、山胡椒属*Lindera*、厚壳桂属*Cryptocarya*和新木姜子属*Neolitsea*，以及番荔枝科Annonaceae的部分植物（Igarashi S., 1979；Gaden S. Robinson, *et al.*, 2001）。

(3) **碎斑青凤蝶** *Graphium chironides* (Honrath)

又名八字纹青凤蝶、碎斑樟凤蝶和大花青凤蝶等。成虫翅正面黑褐色。前翅除有与青凤蝶相近的中域带外，在亚外缘和中室内还各有1列青蓝色小斑（图版8-37）。

国内分布于四川、贵州、湖南、浙江、福建、广东、广西和海南等地，国外分布于越南、泰国、马来西亚、缅甸、印度和印度尼西亚等国。

主要记载寄主为木兰科含笑属*Michelia*、鹅掌楸属*Liriodendron*和木兰属*Magnolia*植物（陈汉林 等，1997a；刘光华 等，1999；武春生，2001）。

a　　b

图版 8-36 青凤蝶 *Graphium sarpedon*
a. ♂（正） b. ♂（反）

a　　b

图版 8-37 碎斑青凤蝶 *Graphium chironides*
a. ♂（正） b. ♂（反）

(4)**黎氏青凤蝶** *Graphium leechi* (Rothschild)

成虫与碎斑青凤蝶极似，唯前翅中域斑列各小斑狭窄、细长，相距较远（图版8-38）。

中国特有种，分布于四川、云南、湖北、湖南、江西、浙江和海南等地。

记载寄主植物为木兰科的鹅掌楸和厚朴，以及樟科的檫木等（陈汉林 等，1997b）。

（5）**木兰青凤蝶** *Graphium doson* (Felder et Felder)

又名逗号青凤蝶、木兰樟凤蝶、瑶凤蝶、小青凤蝶、青斑凤蝶、木兰凤蝶、多斑青凤蝶和青蓝青凤蝶等。成虫前后翅中域青蓝色斑

a　　b

图版 8-38 黎氏青凤蝶 *Graphium leechi*

a. ♂（正） b. ♂（反）

a　　b

图版 8-39 木兰青凤蝶 *Graphium doson*

a. ♂（正） b. ♂（反）

宽大、后翅中域带仅在中后方处断裂，最前面1个向外突出。后翅反面有红色线纹（图版8-39）。

国内分布于陕西、四川、云南、江西、浙江、福建、广东、广西、台湾和海南，国外分布于日本、越南、泰国、马来西亚、缅甸、印度。

记载寄主主要有木兰科的木兰属和含笑属，番荔枝科的番荔枝属*Annona*、假鹰爪属*Desmos*、紫玉盘属*Uvaria*和暗罗属*Polyalthia*等属的植物（Igarashi S., 1979；Gaden S. Robinson, *et al.*, 2001；佘德松 等，2003）。

(6)**银钩青凤蝶** *Graphium eurypylus* (Linnaeus)

又名Y纹青凤蝶、Y纹樟凤蝶、花青凤蝶和Y字青凤蝶等。成虫与木兰青凤蝶的区别在于，后翅正面青蓝色带较短，由较为离散的、长方形斑组成，前面数个等大；反面基部有1个三角形小白斑（图版8-40）。

国内分布于云南、广东、广西和海南等地，国外分布于越南、泰国、马来西亚、缅甸、印度、斯里兰卡和澳大利亚。

主要寄主为番荔枝科番荔枝属、银钩花属Mitrephora和暗罗属等属的植物（五十岚迈 等，2000；武春生，2001）。

（7）**统帅青凤蝶** *Graphium agamemnon* (Linnaeus)

又名短尾青凤蝶、黄蓝樟凤蝶、绿斑凤蝶、短尾凤蝶、黄蓝凤蝶、翠斑青凤蝶和绿斑青凤蝶等。成虫中大型，前翅长约45～50mm。翅膀正面黑褐色，散布黄绿色斑，后翅有短尾突1根（图版8-41）。

国内分布于云南、浙江、福建、广东、广西、台湾和海南，国外分布于泰国、马来西亚、缅甸、印度、印度尼西亚、巴布亚新几内亚、所罗门群岛和澳大利亚等地。

主要幼虫寄主为木兰科的含笑属，番荔枝科的番荔枝属、鹰爪花属*Artabotrys*和哥纳香属*Goniothalamus*等属的植物（五十岚迈 等，2000；王梅松 等，2000；武春生，2001）。

8.1.11 纹凤蝶 *Paranticopsis macareus* (Godart) 和客纹凤蝶 *P. xenocles* (Doubleday)

纹凤蝶属*Paranticopsis*的2种中大型蝴蝶。二者成虫形态极为相似，翅正面浅青色，后翅

a

b

图版 8-40 银钩青凤蝶 *Graphium eurypylus*

a. ♂（正） b. ♂（反）

a　　b

图版 8-41　统帅青凤蝶 *Graphium agamemnon*
a. ♂（正）　b. ♂（反）

无尾突。成虫访花，飞行缓慢，是蝴蝶生态园中的适宜蝶种，也可用于喜庆放飞。工艺价值略低。生活史和寄主均未明。

（1）纹凤蝶

翅前缘、外缘及前后翅沿翅脉深黑色，后翅臀角处有1不显著的淡黄色斑（图版8-42，a、b）。

在国内分布于云南、广西和海南等地，国外分布于印度尼西亚、缅甸至印度一带。

（2）客纹凤蝶

翅正面黑带颜色较浅，边缘模糊，后翅臀角处淡黄色斑显著（图版8-42，c、d）。

在国内分布于云南和海南，国外分布于缅甸到不丹一带。

8.1.12 绿凤蝶类

绿凤蝶属*Pathysa*中大型种类，部分学者将其归入青凤蝶属中。成虫翅面色彩鲜艳，后翅有尾，是优良的工艺用材蝶种。成虫习性类似青凤蝶，飞行急促，喜大范围活动，一般不适宜用于生态观赏和喜庆放飞。中国已知4种，主要是斜纹绿凤蝶*P. agetes* (Westwood)、绿凤蝶*P. antiphates* (Cramer)和红绶绿凤蝶*P. nomius* (Esper)3种。

（1）斜纹绿凤蝶

又名四纹绿凤蝶、黑褐带樟凤蝶、褐带绿凤蝶等。成虫中型，前翅长约33～38mm。翅正面白色，外缘黑色，亚外缘区至基部有四条黑色横带。后翅臀角有一醒目的粉红色窄斑（图版8-43）。

国内分布于云南、福建、广东和海南，国外分布于越南、泰国、柬埔寨、马来西亚、缅甸和印度尼西亚。

记载寄主为萝藦科Asclepiadaceae的古钩藤*Cryptolepis buchananii*（过去被归入杠柳科Periplocaceae）（Pisuth Ek-Amnuay, 2006）。

有极高的工艺价值，也可在生态蝴蝶园中使用及用于喜庆放飞。

图版 8-42 纹凤蝶 *Paranticopsis macareus* 和客纹凤蝶 *P. xenocles*
纹凤蝶（a、b）：a. ♂（正） b. ♂（反）
客纹凤蝶（c、d）：c. ♂（正） d. ♂（反）

（2）绿凤蝶

又名五纹绿凤蝶、虎纹剑尾樟凤蝶、玉盘凤蝶、虎纹剑尾凤蝶和虎纹绿凤蝶等。成虫中大型，翅正面乳黄色，前翅中室内和中室端有5条黑色宽横带，外缘黑色带宽，亚外缘区黑带不达后角（图版8-44）。

国内分布于云南、江西、福建、广东、广西和海南，国外分布于越南、泰国、马来西亚、缅甸、印度、斯里兰卡和印度尼西亚等国。

主要记载幼虫寄主为番荔枝科紫玉盘属和番荔枝属的植物（五十岚迈 等，2000；Gaden S. Robinson, *et al.*, 2001）。

a　　b

图版 8-43 斜纹绿凤蝶 *Pathysa agetes*
a. ♂（正） b. ♂（反）

a　　b

图版 8-44 绿凤蝶 *Pathysa antiphates*
a. ♂（正） b. ♂（反）

a　　b

图版 8-45 红绶绿凤蝶 *Pathysa nomius*
a. ♂（正） b. ♂（反）

（3）**红绶绿凤蝶**

又名珠缘绿凤蝶、杠纹剑尾樟凤蝶、暗罗凤蝶、杠纹剑尾凤蝶和杠纹绿凤蝶等。成虫中大型，前翅长约35～40mm。翅正面亚外缘区黑色带达后角，与外缘区黑带平行。翅中部乳白色至浅青色，有黑色条纹；后翅尾突狭长似剑（图版8-45）。

国内分布于云南、福建、广东、广西和海南，国外分布于泰国和印度等地。

记载主要幼虫寄主为番荔枝科的番荔枝属和暗罗属植物（五十岚迈 等，2000）。

8.1.13 剑凤蝶类

剑凤蝶属*Pazala*中型或中小型种类，在部分著作中被归入青凤蝶属。成虫翅面白色，有黑色条纹，十分素雅。成虫习性似青凤蝶，一般不用于生态园观赏或喜庆放飞。中国已知6种，主要是铁木剑凤蝶*P. timur* (Ney)、升天剑凤蝶*P. euroa* (Leech)、华夏剑凤蝶*P. mandarina* (Oberthür) 和乌克兰剑凤蝶*P. tamerlana* (Oberthür) 4种：

（1）**铁木剑凤蝶**

又名孔雀凤蝶、高岭凤蝶、木生凤蝶、叉纹剑凤蝶、高岭剑凤蝶和黑尾剑凤蝶等。成虫中型，翅面乳白色，有黑色条纹和鳞粉区。后翅臀角区突出呈瓣状，亚外缘有蓝色鳞，具一根长似宝剑的长尾突（图版8-46）。

中国特有种，分布于四川、云南、江苏、浙江、福建和台湾。

寄主为樟科的楠木和樟等。

（2）**升天剑凤蝶**

又名六斑剑凤蝶、升天樟凤蝶、升天凤蝶和剑凤蝶等。成虫中大型，近似铁木剑凤蝶，但后翅反面中域有1淡黄色带，带边缘黑色（图版8-47）。

国内分布于四川、云南、西藏、湖北、江西、浙江、福建、 广东、广西和台湾，国外分布于缅甸、印度、不丹、尼泊尔和巴基斯坦。

记载寄主为楠木、樟和土肉桂*Cinnamomeum osmophloeum*等樟科植物（潜祖琪　等，1998；五十岚迈 等，2000）。

（3）**华夏剑凤蝶**

成虫中型，翅面乳白色，亚外缘区2黑色条带在后角区相交。翅背面翅脉浅黑色（图版8-48，a、b）。

图版 8-46 铁木剑凤蝶 *Pazala timur*
a. ♂（正） b. ♀（正）

图版 8-47 升天剑凤蝶 *Pazala euroa*
a. ♂（正） b. ♂（反）

分布于四川、贵州、云南、湖南和浙江等地。生活史和寄主未明。

(4) 乌克兰剑凤蝶

翅膀乳白色，前翅顶角较圆，后翅臀角区斑纹浅黄色，外缘黑色鳞区狭窄，亚外缘区2黑色条带平行，不在后角区相交。后翅背面翅脉白色（图版8-48，c）。

产于河南和四川等地。生活史和寄主未明。

a

b

c

图版 8-48 华夏剑凤蝶 *Pazala mandarina* 和乌克兰剑凤蝶 *P. tamerlana*
华夏剑凤蝶（a、b）：a. ♂（正） b. ♂（反）
乌克兰剑凤蝶（c）：♂（正）

8.1.14 褐钩凤蝶 *Meandrusa sciron* (Leech) 和钩凤蝶 *M. payeni* (Boisduval)

钩凤蝶属Meandrusa大型种类。优良的工艺用材蝶种，但成虫飞行急速，活动范围大，不适宜用于生态观赏和喜庆放飞。

（1）褐钩凤蝶

又名栗色纵带凤蝶、英雄基凤蝶、黄斑樟凤蝶等。成虫翅膀正面黑褐色，前后翅亚外缘区和中室端部有黄色斑，中域有1黄色横带从前翅中室端脉下方直达后翅内缘。后翅有尾突1根（图版8-49）。

国内分布于陕西、四川、西藏、江西和福建等地，国外分布于不丹和印度一带。

生活史和寄主未明，但有记载其寄主为樟科植物（武春生，2001）。

（2）钩凤蝶

又名尖翅黄凤蝶、黄钩凤蝶。成虫雌雄异形。雄蝶前翅顶角向外突出呈钩状，后翅尾突向外弯出。翅膀正面黄褐色，外缘及亚外缘有模糊的黑褐色斑纹。雌蝶似褐钩凤蝶，但前后翅中域带宽、白色（图版8-50）。

国内分布于云南和海南，国外分布于马来西亚、缅甸和印度等地。

a

b

图版 8-49 褐钩凤蝶 *Meandrusa sciron*

a. ♂（正） b. ♂（反）

a

b

图版 8-50 钩凤蝶 *Meandrusa payeni*

a. ♂（正，×4/5） b. ♂（反）

记载寄主为樟科木姜子属*Litsea*的山鸡椒*Litsea cubeba*和楠属*Phoebe*的部分植物（Pisuth Ek-Amnuay, 2006）。

8.1.15 喙凤蝶 *Teinopalpus imperialis* Hope 和金斑喙凤蝶 *T. aureus* Mell

喙凤蝶属*Teinopalpus*2种世界著名的珍稀蝴蝶。成虫奇异华美，同为《濒危动植物种进出口贸易公约》（CITES）限制贸易名单附录Ⅱ种类，引种和开展人工繁育需要办理严格的审批手续。养殖成本高昂，不是在普通蝴蝶观赏园使用的常规蝶种，只可用以制作成高档工艺礼品。

（1）喙凤蝶

又名金带喙凤蝶、皇喙凤蝶。成虫大型，雌雄异型。雄蝶翅膀正面密布金绿色鳞，后翅有端部黄色的长尾突1根，中部有靴形金黄色斑1个；雌蝶翅膀正面有灰色、绿色和黄色等各色鳞片组成的迷幻色彩，后翅外缘有尾突3根（图版8-51）。

国内分布于四川、云南、湖北和广西等地，国外分布于泰国、缅甸、印度、尼泊尔和不丹。

日本学者五十岚迈曾在印度北部对本种的生活史和习性做过深入研究（Igarashi S. *et al*., 1987）。在当地的野生寄主为滇藏木兰*Magnolia campbellii*，但在饲养条件下，幼虫亦取食北美鹅掌楸*Liriodendron tulipfera*和紫玉兰*Magnolia liliflora*等其他木兰科植物，且生长发育正常。滇藏木兰在国内分布于西藏东南部、云南西北和四川的西南部。因此，其野生寄主范围可能还包括木兰属或含笑属的其他植物。在四川峨眉山，该种1年2代，以第一代为主。雌雄蝶均只在明媚的阳光下活动，一旦阳光被云层遮挡，即便是稍微减弱，活动也立即停止。雄蝶有强烈的占域性，山脊的小山包常由单只雄蝶占据，停息在杂草、灌丛或高大树木上。在较大的山顶，可同时停息多达7～8头雄蝶。雌蝶罕见，飞行缓慢如金裳凤蝶雌性，在山顶岭脊之间周游，但并不停息下来。很少见其摄取补充营养，偶见雄蝶访花，并曾于1993年在四川峨眉山发现雌蝶在河谷吸食动物粪液。

（2）金斑喙凤蝶

成虫形态与喙凤蝶十分近似。雄蝶后翅正面中部的金黄色斑呈五角形，中室端脉有黑色斑1个；雌蝶显著大于雄蝶，后翅中部黄白色，基部黑色斑外缘尖形内凹，有尾突5根，其中自M_1和M_3脉末端发出的2根最长（图版8-52）。

a　　　　b

图版 8-51 喙凤蝶 *Teinopalpus imperialis*
a. ♂（正，×2/3） b. ♀（正，×2/3）

a

b

图版 8-52 金斑喙凤蝶 *Teinopalpus aureus*
a. ♂（正，×2/3） b. ♀（正，×2/3）

国内分布于湖南、江西、浙江、福建、广东、广西和海南，国外在越南有发现（Igarashi S., 2001）。

广西师范大学的周善义和曾菊萍等人近年对其生物学进行了卓有成效的研究。在广西大瑶山区，该种1年发生2代。第1代发生期为5～9月中旬，第2代发生期在8月中旬～翌年6月上旬。成虫分别出现于4月上旬～6月下旬和8月下旬～9月中旬。雄蝶活动高峰期在上午7:00～9:00，17～24℃温度范围内活跃，在寻偶行为方面属于典型的等候型，并表现出明显的领域行为。雄蝶的蜜源植物为杜鹃花科的珍珠花（小果南烛）*Lyonia ovalifolia*。雌蝶活动晚些，9:00后、在19℃以上才开始。雌蝶产卵多在中午多云、气温19～28℃时进行，喜选择开阔处生长茂盛的寄主产卵，通常只在1根树枝上1片叶产1粒卵。雌蝶产卵期可长达1周以上，天气条件对于产卵量影响很大。第1代雌蝶将卵产在木兰科植物光叶拟单性木兰*Parakmeria nitida*和乐昌含笑（广东含笑）*Michelia chapensis*叶面上，第2代雌蝶则很少在该种植物上产卵。在自然条件下，卵孵化率低于75%。卵期14～15天（曾菊平，2005）。

其寄主除了以上两种木兰科植物，五十岚迈发现金斑喙凤蝶的幼虫还取食木兰科植物*Magnolia candlli*（Igarashi S., 2001）。黄寿山等（2002）在广东南岭国家森林公园发现当地种群的野生寄主为一种含笑属植物*Michelia* sp.。

本种被认为是世界上最珍贵的蝴蝶之一，被列入国家一级保护野生动物名录。

8.1.16 丝带凤蝶 *Sericinus montelus* Gray

又名马兜铃绢蝶、软尾亚凤蝶、软尾凤蝶和马兜铃凤蝶等，凤蝶科丝带凤蝶属中小型种类。部分学者将其归入绢蝶科。

成虫体翅纤弱，前翅长约32～42mm，后翅有长尾突1根。触角短，端部膨大不显著，颈部有红柔毛。雌雄异型，雄蝶翅正面颜色较浅，常呈乳白色至淡黄色，雌蝶颜色较深，多黑褐色斑纹（图版8-53）。

国内分布于黑龙江、辽宁、吉林、河北、北京、河南、山西、宁夏、甘肃、陕西、四川、山东、湖北、安徽、湖南、江苏和广西等地，国外分布于俄罗斯东部、朝鲜半岛和日本。

记载寄主为马兜铃科的北马兜铃*Aristolochia contorta*和马兜铃，以及防己科Menispermaceae的蝙蝠葛*Menispermum dauricum*等（袁荣才 等，1998；罗志文 等，2005）。

春季蝴蝶园不可多得的优良蝶种，在工艺和喜庆放飞中也有较高价值。

a

b

图版 8-53 丝带凤蝶 *Sericinus montelus*
a. ♂（正） b. ♀（正）

8.1.17 尾凤蝶类

尾凤蝶属*Bhutanitis*珍稀濒危蝶种，成虫中型至大型，奇异美观，可用于制作精美高档礼品。《濒危动植物种进出口贸易公约》（CITES）限制贸易名单附录Ⅱ种类，法律地位等同于国家二级重点保护物种，引种和开展人工繁育需要办理相关审批手续。

（1）**多尾凤蝶** *B. lidderdalii* Atkinson

又名褐凤蝶、尖三尾褐凤蝶和丽褐绢蝶等。成虫触角短，端部锯齿状，身体多柔毛。翅形奇异，正面黑色，有浅黄色横向条纹；后翅外缘有3根末端尖锐的尾突，臀角1红色斑醒目（图版8-54）。

国内分布于四川和云南，国外分布在泰国

图版 8-54 多尾凤蝶 *Bhutanitis lidderdalii*（♂，正）

北部、缅甸至印度北部的山区。

该种在印度北部生活在海拔2000m以上的高山林区，唯一被证实的野生寄主为西藏马兜铃。在饲养条件下幼虫也取食大叶马兜铃和木通马兜铃*Aristolochia manshuriensis*，但不取食马兜铃和北马兜铃。一年1代，卵聚产，幼虫在叶背面营群居生活（五十岚迈 等，1997）。

（2）**三尾凤蝶** *B. thaidina* (Blanchard)

又名三尾褐凤蝶、三尾褐绢蝶、中华褐凤蝶等。与前种相比，成虫翅正面黄白色横带较宽。后翅窄长，前缘平直，正面臀角有1向翅中部延伸的红色带；外缘直，有尾突3根，最外面1根粗长，端部膨大（图版8-55）。

中国特有种，其分布区北起秦岭山脉主峰太白山，南至云南西部。《中华人民共和国野生动物保护法》将其东川亚种*B. thaidina dongchuanensis* Lee列为国家二级重点保护野生动物。在四川西部，确认当地寄主为宝兴马兜铃。栖息高山1500m以上的林地，1年1代，成虫出现于6～7月间。卵聚产，幼虫营群居生活。

（3）**丽斑尾凤蝶** *B. pulchristriata* Saigusa *et* Lee

成虫中型，翅正面灰黑色，有浅黄色横带。后翅臀角凸出呈指状，有尾突2根，外面1根基部细长，端部膨大呈匙形。前翅第六条黄色带外侧有模糊的阴影部（图版8-56）。

原为二尾凤蝶*B. mansfieldi* Riley的1个亚种（丽斑亚种），最近对部分线粒体基因的序列测定结果对此予以了支持（诸立新 等，2006）。

分布于四川西南部横断山区，一年1代。在贡嘎山东坡，当地寄主为宝兴马兜铃。五十岚迈曾对其幼期形态进行了研究（Igarashi S., 2003）。

a

b

图版 8-55　三尾凤蝶 *Bhutanitis thaidina*
a. ♂（正）　b. ♀（正）

图版 8-56 丽斑尾凤蝶 *Bhutanitis pulchristata*（♀，正）

图版 8-57 中华虎凤蝶 *Luehdorfia chinensis*（♂，正）

8.1.18 虎凤蝶类

虎凤蝶属*Luehdorfia*中小型种类，仍有部分学者将其归入绢蝶科。成虫体胸部背面有绯红色长毛，翅正面底色黑色，有黄色横带，因似虎皮而得名。均为“三有”保护种类，其中的中华虎凤蝶为野生动物保护法规定的国家二级重点保护野生动物。有较高的工艺和生态观赏价值，尤其在早春是蝴蝶园不可多得的品种。也是优良的喜庆放飞蝶种。

（1）**中华虎凤蝶** *L. chinensis* Leech

又名中华虎绢蝶、虎凤蝶等。成虫中小型，前翅长约30mm。后翅外缘至亚缘区有红色、蓝色和橙黄色斑，有短尾突1根（图版8-57）。

中国特有种，分布在秦岭山脉和长江中下游一带，包括河南、山西、陕西、四川、湖北、安徽、江苏、江西和浙江等地。

报道寄主主要是马兜铃科细辛属*Asarum*的细心（华细辛或盆草细辛）*A. sieboldii*和杜衡（马辛或双龙麻消）*A. forbesii*。在饲养条件下，也取食福建细辛*A. fukienense*和尾花细辛*A. caudigerum*（童雪松 等，1991；胡翠 等，1992；牛琼 等，1995；许雪峰 等，1998）。

国内最早开展人工繁育的观赏蝴蝶种类之一，主要在华东一带有养殖。但作为国家二级

a　　　　b

图版 8-58 太白虎凤蝶 *Luehdorfia taibai* 和虎凤蝶 *L. puziloi*

a. 太白虎凤蝶（♂，正） b. 虎凤蝶（♂，正）

重点保护野生动物，以及一年只有一代限制了其开发利用。

（2）**太白虎凤蝶** *L. taibai* Chou（= **长尾虎凤蝶** *L. longicaudata* Lee）

成虫似中华虎凤蝶，但翅正面黑带较宽，后翅外缘尾突较长，刀状（图版8-58，a）。

已知仅分布于秦岭山地海拔1000～1500m疏林地带。其仅知野生寄主为马兜铃科马蹄香属*Saruma*的马蹄香（冷水丹，高脚细辛）*S. henryi*，但提供给幼虫细辛属的植物也取食，且生长发育正常（五十岚迈 等，1997）。

（3）**虎凤蝶** *L. puziloi* (Erschoff)

又名乌苏里虎凤蝶。成虫与虎凤蝶相比，差别仅翅面颜色黄白色，后翅正面亚外缘区的红色带模糊（图版8-58，b）。

国内分布于黑龙江、吉林和辽宁，国内分布于俄罗斯、朝鲜半岛和日本。

记载寄主马兜铃科的细辛属植物（袁荣才 等，1995；周䌷，2002；五十岚迈 等，1997）。

8.2 绢蝶科Parnassiidae

绢蝶科蝴蝶成虫多中型或小型，身体覆盖有与体表紧密结合的细长鳞毛。乳白色翅面上散布着边缘黑色的红色斑。中国约35种，多为国家保护的有益的或者有重要经济、科学研究价值的陆生野生动物（“三有种类”）。绝大多数种类生活在中亚内陆和西南高山地区，多1年1代。由于世代周期过长，低海拔地区和南方难以养殖，短期内不宜开展规模化的繁育利用。

著名的阿波罗绢蝶*Parnassius apollo* (Linnaeus)（图版8-59，a）是世界上第一种受到立法保护的昆虫，在中国被列为国家二级重点保护动物。主要分布在西部的新疆、青海和甘肃等地，向西一直到欧洲西部。小红珠绢蝶*P. nomion* Fischer et Waldheim（图版8-59，b）是我国分布最广的绢蝶之一，大至在秦岭以北都有分布，国外分布于朝鲜、日本和俄罗斯。成虫正面乳白色翅膀上散布若干鲜艳的红色斑，十分醒目，是工艺品制作的优良蝶种。君主绢蝶*P. imperator* Oberthür（图版8-60，a），又名康定绢蝶，双珠大绢蝶，为本科中另一个著名的“大型”珍稀种类，分布于甘肃、青海、四川、云南和西藏。红珠绢蝶*P. bremeri* Bremer（图版8-60，b），国内主要分布于东北、内蒙古至西北一带，国外分布于朝鲜半岛至欧洲中部的广大地区。中亚丽绢蝶*P. actius* Eversmann（图版8-61，a），分布于青藏高原和西北地区，国外分布于中亚至巴基斯坦一带。珍珠绢蝶*P. orleans* Oberthür（图版8-61，b），体型较小，分布于北方和青藏高原。冰清绢蝶*P. glacialis* Butler（图版8-61，c），又名白绢蝶，黄毛白绢蝶，是为数不多的生活在低海拔和华东一带的绢蝶。翅

a　　　　b

图版 8-59 阿波罗绢蝶 *Parnassius apollo* 和小红珠绢蝶 *Parnassius nomion*

a. 阿波罗绢蝶（♂，正） b. 小红珠绢蝶（♂，正）

a　　　b

图版 8-60　君主绢蝶 *Parnassius imperator* 和红珠绢蝶 *Parnassius bremeri*
a. 君主绢蝶（♂，正）　b. 红珠绢蝶（♂，正）

a　　　b

近透明，无红色圆斑，前翅中室端和中部有水浸状斑纹。分布于东北三省、河南、山东、山西、陕西、甘肃、四川、云南、贵州、安徽和浙江，国外分布于朝鲜半岛和日本。

8.3 粉蝶科Pieridae

8.3.1 迁粉蝶 *Catopsilia pomona* (Fabricius)

又名迁飞粉蝶、银纹淡黄粉蝶、淡黄蝶、无纹淡黄蝶、果神蝶、无纹薄黄蝶、淡黄白蝶和铁刀木粉蝶等。迁粉蝶属中型或中小型种类。

成虫前翅长约25～38mm。体胸部背面密被黄色绒毛，腹部被浅黄色鳞，翅膀正面橙黄色

c

图版 8-61　中亚丽绢蝶 *Parnassius actius*、珍珠绢蝶 *Parnassius orleans* 和冰清绢蝶 *Parnassius glacialis*
a. 中亚丽绢蝶（♂，正）
b. 珍珠绢蝶（♂，正）
c. 冰清绢蝶（♂，正）

图版 8-62 迁粉蝶 *Catopsilia pomona*

a. ♂（无纹型，正） b. ♂（无纹型，反） c. ♀（黑斑型，正） d. ♀（黑斑型，反） e. ♀（血斑型，正） f. ♀（血斑型，反） g. ♀（银斑型，正，×2/3） h. ♀（银斑型，反，×2/3） i. ♂（银斑型，正，×2/3） j. ♂（银斑型，反，×2/3）

或黄白色，触角暗褐色至褐色。雌雄异型，且具有多个变型。有纹型*C. pomona pomona* (Fabricius) f. *pomona* (Fabricius)雄蝶翅正面黄白色，前翅前缘、顶角和外缘黑色，中室端脉上有1个醒目的黑斑。后翅正面外缘有黑点，反面前缘有铁锈色小斑，中室端脉上有圆形锈斑2个，中心银白色。雌蝶翅正面黄色，体型较大。常在低温期世代中出现。血斑型*C. pomona pomona* (Fabricius) f. *catilla* (Cramer)雌雄翅反面中室外侧都有大型铁锈色污斑。无纹型*C. pomona pomona* (Fabricius) f. *crocale* (Fabricius)雄蝶翅正面中内区黄色，外侧黄白色。前翅外缘黑色部分向顶角收缩，除此无其他斑纹。雌蝶前翅前缘和外缘全部及顶区黑化，后翅有黑色外缘带，有时四翅亚外缘区也有黑色鳞。常出现在高温期世代中。银斑型*C. pomona pomona* (Fabricius) f. *jugurtha* (Cramer)似无纹型，但翅反面有银色斑（图版8-62）。

国内分布于四川、云南、福建、广东、广西、台湾和海南，国外分布于日本南部、中南半岛和南亚各地。

记载寄主为豆科决明属*Cassia*植物，如铁刀木*C. siamea*和翅荚决明*C. alata*等（五十岚迈等，1997；Gaden S. Robinson, *et al.*, 2001）。

为世界著名的观赏蝶种。长期以来，大量被用作工艺材料；温顺素雅，是蝴蝶园和喜庆场合放飞的优良蝶种，尤其在温带地区室外放飞没有生态风险。野生资源丰富，也是营造热带天然蝴蝶景观的首选蝶种之一。

8.3.2 黑角方粉蝶 *Dercas lycorias* (Doubleday) 和檀方粉蝶 *D. verhuelli* (van der Hoeven)

方粉蝶属*Dercas*中型种类，成虫翅膀黄色或橙黄色，均为优良的工艺、生态观赏和喜庆放飞三用蝶种，极具开发利用潜力。

（1）黑角方粉蝶

成虫中型，前翅亚顶区橙红色，前缘、顶角及外缘黑色，M_3室内有时有黑褐色圆斑。雌蝶翅正面浅黄色，外缘前方向内凹入，顶角显得格外尖突（图版8-63）。

国内分布于陕西、四川、浙江、福建和广西，国外分布于印度、尼泊尔。

幼虫寄主为豆科的红豆树属*Ormosia*和黄檀属*Dalbergia*植物。

（2）檀方粉蝶

又名矩翅粉蝶。雄蝶前翅明黄色，顶角近直角，向外突出较短；雌蝶体型略大，翅淡黄色，顶角尖出、向后弯曲。两性前翅顶角区皆黑色。后翅外缘中部有1个显著的尖突（图版8-64）。

国内分布于四川、福建、广东、香港、广西和海南，国外分布于南亚和中南半岛。

记载寄主为豆科红豆树属*Dalbergia*的两粤黄檀*D. benthami*等（五十岚迈 等，2000；Gaden S. Robinson, *et al.*, 2001）。

a　　　　b

图版 8-63 黑角方粉蝶 *Dercas lycorias*

a. ♂（正） b. ♀（正）

图版 8-64　檀方粉蝶 *Dercas verhuelli*

a. ♂（正）　b. ♂（反）

图版 8-65　豆粉蝶属 *Colias* 和黄粉蝶属 *Eurema* 的代表种类

豆粉蝶 *Colias hyalea*（a）：♂（正）　黧豆粉蝶 *Colias richthofeni*（b、c）：b. ♂（正）　c. ♂（反）
西番豆粉蝶 *Colias sifanica*（d）：♂（正）　橙黄豆粉蝶 *Colias fieldii*（e）：♀（正）
斑缘豆粉蝶 *Colias erate*（f）：♀（正）　宽边黄粉蝶 *Eurema hecabe*（g）：♀（正）

8.3.3 豆粉蝶和小黄粉蝶

豆粉蝶属*Colias*和黄粉蝶属*Eurema*的小型种类。成虫翅浅黄色、黄色至橙黄色，访花，常在农田、草坡和河滩贴近地面活动。主要以豆科的大豆*Glysine max*、南苜蓿*Medicago polymorpha*等多种植物为寄主。由于成虫活动范围小，能在蝴蝶园中起点缀作用，也有一定的工艺价值。

种类很多，主要生活在北方或高海拔地区的有豆粉蝶*Colias hyale* (Linnaeus)（图版8-65，a）、黧豆粉蝶*C. richthofeni* Bang-Haas（图版8-65，b、c）和西番豆粉蝶*C. sifanica* Grum-Grshmailo（图版8-65，d）等。广布全国各地、常见的如橙黄豆粉蝶*Colias fieldii* (Ménétriès)（图版8-65，e）、斑缘豆粉蝶*C. erate* (Esper)（图版8-65，f）、宽边黄粉蝶*Eurema hecabe* (Linnaeus)（图版8-65，g）等。

8.3.4 圆翅钩粉蝶 *Gonepteryx amintha* Blanchard 和钩粉蝶 *G. rhamni* (Linnaeus)

钩粉蝶属*Gonepteryx*中型种类。成虫翅膀黄色，飞行低矮，是生态观赏、工艺制作和喜庆放飞等三用的优良蝶种，尤其是冬季蝴蝶园中难得的色彩艳丽种类。

（1）圆翅钩粉蝶

又名橙翅鼠李粉蝶、红点粉蝶、山黄蝶和台湾山黄蝶等。成虫中型，前翅顶角尖出、向后弯曲，后翅近圆形。雄蝶正面黄色，雌蝶白色或浅绿色（图版8-66）。

分布于河南、陕西、四川、云南、西藏、浙江和台湾等地。

记载寄主主要为鼠李科的鼠李属*Rhamnus*植物（五十岚迈 等，2000）。

（2）钩粉蝶

成虫与圆翅钩粉蝶十分近似，唯后翅外缘在Cu_1脉端显著地向外尖出（图版8-67，a）。国内分布于东北、西北、西南直到东南沿海的我国大部分地区，国外分布于朝鲜半岛、日本和欧洲。

已知寄主为多种鼠李科鼠李属植物（Gaden S. Robinson, *et al.*, 2001）。

8.3.5 橙粉蝶 *Ixias pyrene* (Linnaeus)

又名黑缘橙粉蝶、雌白黄粉蝶、槌粉蝶、雌白黄蝶和异粉蝶等，橙粉蝶属Ixias中型种类。雄蝶前翅正面顶区、亚顶区及外缘区黑色，中域橙黄色，基部黄色，后翅正面外缘区有黑色鳞分布；雌蝶色彩较淡，但后翅外缘和亚外缘区完全为黑色鳞覆盖。雌雄成虫形态有明显的季节变异，低温型成虫后翅正面外缘区黑色带退化为一列黑色斑点（图版8-68）。

国内分布于云南、江西、福建、广东、广西、台湾和海南，国外分布于中南半岛、菲律宾、印度尼西亚、缅甸和南亚各地。

a

b

图版 8-66 圆翅钩粉蝶 *Gonepteryx amintha*
a. ♂（正） b. ♀（正）

a

b

图版 8-67　钩粉蝶 *Gonepteryx rhamni* 和尖钩粉蝶 *Gonepteryx mahaguru*
a. 钩粉蝶（♂，正） b. 尖钩粉蝶（♂，正）

尖钩粉蝶*G. mahaguru* (Gistel)，成虫较前面两种体型较小、色彩较浅，前翅顶角尖锐、向外弯出（图版8-67，b）。我国东北到西南、东南的绝大部分地区都有分布。

主要记载寄主为山柑科Capparidaceae的山柑属*Capparis*和鱼木属*Crateva*植物（五十岚迈等，1997；Gaden S. Robinson, *et al*., 2001）。

生态观赏、工艺制作和喜庆放飞三用的优良蝶种。

8.3.6 斑粉蝶类

斑粉蝶属*Delias*一类中型或中小型美丽粉蝶。成虫翅膀红色、黄色、黑色至白色，变化极大，当属中国产粉蝶中最漂亮的一类。幼虫寄主为桑寄生科Loranthaceae和檀香科Santalaceae

a

b

c

图版 8-68　橙粉蝶 *Ixias pyrene*
a. ♂（正） b、c. ♀（正）

a　　b

图版 8-69 报喜斑粉蝶 *Delias pasithoe*
a. ♂（正） b. ♂（反）

的寄生、半寄生植物。均为优良的工艺、生态观赏和喜庆放飞三用蝶种。在云南和广西一些地方，部分种类的野生资源极为丰富，成虫常被大量采集用于制作工艺品。

主要分布于印度至印度尼西亚一带。中国已知10种，较为常见的有以下5种。

（1）**报喜斑粉蝶** *D. pasithoe* (Linnaeus)

又名红肩斑粉蝶、红肩粉蝶、褐基斑粉蝶、艳粉蝶、基红粉蝶和藤粉蝶等。成虫翅正面灰黑色至黑色，有青灰色斑纹，后翅正面内缘臀角区黄色，反面翅基部红色，中域至亚缘多大型黄斑（图版8-69）。

国内分布于云南、福建、广东、香港、广西、台湾和海南，国外分布于中南半岛、菲律宾、印度尼西亚、缅甸、印度等地。

在台湾的已知寄主为桑寄生科的大叶桑寄生 *Taxillus liquidambaricolus*、毛叶钝果寄生 *Taxillus nigrans*（= 忍冬叶桑寄生 *T. lonicerifolius*）、木兰寄生 *T. limprichtii* 和高雄钝果寄生 *T. pseudochinensis* 等。全年可见成虫和各虫期（徐堉峰，1999）。

山地种类，生活在海拔500～2000m林区，偶尔有雄蝶飞到平原农区。成虫访花，不取食时多在高处飞行，活动时间很长，可从清晨一直到黄昏。卵数十上百粒聚产于寄主叶片正面、反面或茎干上，幼虫群栖，离开群体的幼虫往往会死亡。有的种类到化蛹时也是集体行动。老熟幼虫在寄主植物上或远离寄主化蛹（五十岚迈 等，1997）。

图版 8-70 红腋斑粉蝶 *Delias acalis*
a. ♂（正） b. ♂（反）

（2）**红腋斑粉蝶** *D. acalis* (Godart)

又名条斑粉蝶。成虫与报喜斑粉蝶近似，但正面颜色较浅，体型略大。后翅正面基部鲜红色（图版8-70）。

国内分布于云南、广东和海南，国外分布于中南半岛至印度、不丹一带。寄主未明。

（3）**优越斑粉蝶** *D. hyparete* (Linnaeus)

又名红缘斑粉蝶、红纹粉蝶、黑脉粉蝶和红纹斑粉蝶等。雄蝶翅膀正面白色，前翅翅脉黑色，亚缘区以外黑色鳞向翅脉两侧散布。后翅反面有黑色外缘带，亚外缘有1列鲜红色斑。雌蝶翅正面灰黑色。成虫形态随产地变异较大（图版8-71）。

国内分布于云南、广东、广西、台湾和海南，国外分布于中南半岛、菲律宾、印度尼西亚、缅甸、孟加拉国、印度和不丹等地。

记载寄主包括桑寄生科桑寄生属*Loranthus*、大苞鞘花属*Elytranthe*、梨果寄生属*Scurrula*、槲寄生属*Viscum*、鞘花属*Macrosolen*、钝果寄生属*Taxillus*，以及檀香科的寄生藤属*Dendrotrophe*和檀香属*Santalum*植物（五十岚迈等，1997；Gaden S. Robinson, *et al.*, 2001）。

（4）**隐条斑粉蝶** *D. subnubila* Leech

雄蝶翅正面黑色，雌蝶颜色略浅。前翅正面中室内密布黑色鳞，无白色细条纹。前后翅亚缘白色斑纹清晰，后翅肩角处有椭圆形黄色斑，臀角区黄色，中域4个白色斑清晰（图版8-72）。

a

b

图版 8-71 优越斑粉蝶 *Delias hyparete*

a. ♂（正） b. ♂（反）

a

b

图版 8-72 隐条斑粉蝶 *Delias subnubila*

a. ♂（正） b. ♂（反）

a b

图版 8-73 奥古斑粉蝶 *Delias agostina*
a. ♂（正） b. ♂（反）

国内分布于陕西、四川、云南、湖北、江西、浙江、福建、广东和台湾，国外分布于中南半岛、印度尼西亚、印度和不丹等地。

在云南版纳，寄主为桑寄生科的钝果寄生属的一种植物。

（5）**奥古斑粉蝶** *D. agostina* (Hewitson)

又名里黄斑粉蝶。雄成虫翅膀正面白色，前翅正面翅脉端黑色，亚顶区有1列黑色斑。雌蝶翅正面颜色较暗，翅脉黑色，翅室内散布黑色鳞。雌雄后翅反面浅黄色（图版8-73）。

国内分布于四川、云南和海南，国外分布于中南半岛和南亚地区。

记载寄主为桑寄生科桑寄生属*Loranthus*植物（Gaden S. Robinson, *et al*., 2001）。

8.3.7 尖粉蝶类

尖粉蝶属*Appias*中型种类，多数翅面白色、黑色，个别种类红色。均为优良的生态观赏用蝶种，在工艺和喜庆放飞中也有一定价值。国内已知10种，主要有以下5种。

a b

图版 8-74 灵奇尖粉蝶 *Appias lyncida*
a. ♂（正） b. ♂（反）

（1）**灵奇尖粉蝶** *A. lyncida* (Cramer)

又名灰角尖粉蝶、台湾粉蝶、牙斑粉蝶、黑白蝶、黄底蝶、异色尖粉蝶、雌黑白蝶、台湾白蝶和雌紫粉蝶等。成虫雌雄异型。雄蝶翅正面白色，前翅前缘及顶角散布黑色鳞，外缘有锥形黑色斑列。前翅反面前缘、顶角和外缘黑色，亚顶区有1个黄色椭圆形斑，其余区域白色；后翅外缘带黑褐色，其内至翅基黄色。雌蝶前翅顶角较为圆钝，正面大部黑色至灰黑色，翅室内有灰白色长条形斑。后翅正面外缘黑色，中部灰白色，散布有黄色鳞（图版8-74）。

国内分布于云南、广东、香港、广西、台湾和海南，国外分布于中南半岛、菲律宾、印度和斯里兰卡。

记载寄主为山柑科的鱼木属和山柑属植物（五十岚迈 等，1997）。

（2）**红翅尖粉蝶** *A. nero* (Fabricius)

又名红绢粉蝶、红粉蝶等。成虫雌雄异型，雄蝶橘红色至浅黄色，雌蝶暗红。前翅顶区、翅脉和翅脉末端有黑色鳞分布（图版8-75）。

国内分布于云南、广东、广西、台湾和海南，国外分布于中南半岛、印度尼西亚和印度。

记载幼虫寄主为山柑科的树头菜*Crateva unilocularis*和小刺山柑（槌果藤）*Capparis micracantha*（Gaden S. Robinson, *et al*., 2001）。

在工艺、生态观赏和喜庆放飞中均具有极高应用价值。

（3）**白翅尖粉蝶** *A. albina* (Boisduval)

又名尖翅尖粉蝶、尖粉蝶、尖翅粉蝶等。成虫翅正面白色，雄蝶仅前翅顶角区有黑色鳞区，雌蝶则在前翅前缘、顶角、外缘和后翅的外缘均为黑色（图版8-76，a）。

国内分布于云南、广东、广西、台湾和海南，国外分布于日本南部、经菲律宾、中南半岛至印度、斯里兰卡的广大地区。

主要记载寄主为山柑科的山柑属、鱼木属，以及大戟科的滨海核果木（铁色）*Drypetes littoralis*和台湾假黄杨*Liadendron formosanum*等植物（五十岚迈 等，2000；李俊延 等，2002；

图版 8-75 红翅尖粉蝶 *Appias nero*
a. ♀（正） b～d. ♂（正）

a

b

c

图版 8-76 白翅尖粉蝶 *Appias albina*、
雷震尖粉蝶 *Appias indra* 和兰西尖粉蝶 *Appias lalassis*
a. 白翅尖粉蝶（♂，正）
b. 雷震尖粉蝶（♂，正）
c. 兰西尖粉蝶（♂，正）

徐堉峰，2006）。

主要在生态蝴蝶观赏园内使用。

（4）雷震尖粉蝶 *A. indra* (Moore)

又名云纹尖粉蝶、云纹粉蝶。成虫与白翅尖粉蝶相似，但雄蝶前翅正面顶角黑色鳞区宽而色浓，外缘内凹。雌蝶翅面颜色较暗（图版8-76，b）。

国内分布于云南、广西、台湾和海南等地，国外分布于菲律宾、印度尼西亚、中南半岛至印度一带。

记载寄主为大戟科核果木属*Drypetes*的滨海核果木、交力坪铁色*D. karapinensis*，以及台湾假黄杨等（Gaden S. Robinson, *et al.*, 2001；李俊延 等，2002）。

可在生态蝴蝶观赏园内使用。

（5）兰西尖粉蝶 *A. lalassis* Grose-Smith

成虫近似雷震尖粉蝶，但前翅顶区和外缘的黑色鳞区较窄，中室端和中室端外m_3室内各有1个黑点，在翅反面尤为清晰（图版8-76，c）。

国内分布于云南、广西和广东，国外分布于中南半岛。寄主未明。

8.3.8 锯粉蝶 *Prioneris thestylis* (Doubleday) 和红肩锯粉蝶 *P. clemanthe* (Doubleday)

锯粉蝶属*Prioneris*中型美丽种类，均为优良的工艺、生态观赏和喜庆放飞三用蝶种。

（1）锯粉蝶

又名斑粉蝶、锯缘粉蝶等。成虫雌雄异型。雄蝶翅正面白色，前翅顶角尖锐，前缘、外缘和翅脉黑色。后翅正面外缘翅脉末端有黑斑1列，反面黄色。雌蝶前翅顶角圆钝，沿翅脉两侧翅脉黑色鳞密集。后翅外缘区黑色，内有白斑1列（图版8-77，a、b）。

主要分布于云南、福建、广东、广西、台湾和海南等地。

记载寄主为山柑科的独行千里*Capparis acutifolia*和鱼木*Crateva formosensi*等（五十岚迈等，1997）。

（2）红肩锯粉蝶

成虫与前种近似，但前翅顶角较圆钝。最显著的区别在于，后翅反面基部有红色斑。雌蝶颜色较暗，前翅正面各翅室散布黑色鳞（图

图版 8-77　锯粉蝶 *Prioneris thestylis* 和红肩锯粉蝶 *Prioneris clemanthe*
a. 锯粉蝶（♂，正，×2/3）　b. 锯粉蝶（♂，反，×2/3）
c. 红肩锯粉蝶（♂，正，×2/3）　d. 红肩锯粉蝶（♂，反，×2/3）

版8-77，c、d）。

主要分布于云南、广东和海南等地。

记载寄主山柑科山柑属植物（Gaden S. Robinson, *et al.*, 2001）。

8.3.9 绢粉蝶类

绢粉蝶属*Aporia*中型至中小型种类，少数中大型。成虫前翅顶角圆钝，翅正面以黑色和白色为主调，有绢质感。

（1）**绢粉蝶** *Aporia crataegi* (Linnaeus)

又名山楂绢粉蝶、树粉蝶等，粉蝶科绢粉蝶属。成虫中型，前翅长约33～35mm。翅膀卵圆形、半透明，无显著斑纹（图版8-78，a）。

国内分布于东北、西北、西南和华中各地，国外分布于东亚、非洲西北部和欧洲西部。

幼虫是苹果*Malus pumila*、山楂*Crataegus pinnatifida*、花红*Malus asiatica*、杏*Armeniaca vulgaris*、李*Prunus salicina*和樱桃*Cerasus pseudocerasus*等蔷薇科Rosaceae果树害虫之一。以幼虫危害芽、花蕾及叶片。在甘肃省东南部，1年1代，以3龄幼虫群集于树冠上吐丝缀叶成巢，藏在其中越冬。越冬幼虫次年4月中旬陆续出巢活动。成虫访花，在晴朗无风时，穿行在林缘、花丛、杂草间。雄蝶常聚集在水糖、水沟及有积水的山路上汲水（姜双林，2001；李莉 等，1999）。

a b c

图版 8-78 绢粉蝶 *Aporia crataegi* 和暗色绢粉蝶 *Aporia bieti*

a. 绢粉蝶（♀，正） b、c. 暗色绢粉蝶（♂：b，正；c，反）

a b c d

e f g h

中国产绢粉蝶种类很多，已知大约有20种，全国各地都有分布，主要寄主为小檗科和蔷薇科的植物。成虫有群集性，飞行姿势优雅，均为生态蝴蝶园中使用的优良蝶种，有的还有较高的工艺价值。较为常见的还有酪色绢粉蝶*Aporia potanini* Alphéraky（图版8-79，a、b）、三黄绢粉蝶*Aporia larraldei* (Oberthür)（图版8-79，c、d）、Y纹绢粉蝶*A. delavayi* (Oberthür)（图版8-79，e、f）、黑边绢粉蝶*A. acraea* (Oberthür)（图版8、79，g、h）、巨翅绢粉蝶*A. largeteaui* Koiwaya（图版8-80，a、b）和完善绢粉蝶*Aporia agathon* (Gray)（图版8-80，c）等。

图版 8-79 绢粉蝶属 *Aporia* 的其他种类

酪色绢粉蝶 *Aporia potanini*（a、b）：a. ♂（正，×2/3） b. ♂（反，×2/3）
三黄绢粉蝶 *Aporia larraldei*（c、d）：c. ♂（正，×2/3） d. ♂（反，×2/3）
Y 纹绢粉蝶 *Aporia delavayi*（e、f）：e. ♂（正，×2/3） f. ♂（反，×2/3）
黑边绢粉蝶 *Aporia acraea*（g、h）：g. ♂（正，×2/3） h. ♂（反，×2/3）

a　　b

c

图版 8-80 巨翅绢粉蝶 *Aporia largeteaui* 和
完善绢粉蝶 *Aporia agathon*
巨翅绢粉蝶（a、b）：a. ♂（正） b. ♂（反）
完善绢粉蝶（c）：♂（正）

适宜在北方或南方山地生态蝴蝶园中使用，也可用于工艺制作。可在其成虫发生期采捕野生个体加以利用。

（2）**暗色绢粉蝶** *Aporia bieti* (Oberthür)

成虫中小型，翅正面白色，翅脉、外缘和前翅顶区黑色。翅反面沿翅脉散布黑色鳞，后翅浅黄色（图版8-78，b、c）。

分布于西北和西南地区，多见于海拔1200m以上山地。

记载寄主为小檗科小檗属*Berberis*植物（曹天文 等，1994）。

8.3.10 黑脉园粉蝶 *Cepora nerissa* (Fabricius) 和青园粉蝶 *C. nadina* (Lucas)

园粉蝶属*Cepora*两种中小型种类，可在生态观赏园内使用，工艺上也有一定价值。

（1）**黑脉园粉蝶**

成虫翅正面白色，前翅顶角和外缘黑色，后翅外缘翅脉末端有黑斑。翅反面浅黄色，沿翅脉密布水浸状黑色鳞。雌蝶翅正面略黄（图版8-81，a、b）。

主要分布于云南、湖北、福建、广东、广西、台湾和海南等地。

记载寄主为山柑科山柑属植物，如青皮刺*Capparis sepiaria*、蓝屿山柑*C. lanceolaris*和牛眼睛*C. zeylanica*等（五十岚迈 等，1997）。

（2）**青园粉蝶**

翅正面较前种黑化，尤其是雌蝶（图版8-81，c、d）。

分布于四川、云南、广东、广西、台湾和海南等地。

记载寄主为山柑科山柑属植物（五十岚迈 等，2000；徐堉峰，2006）。

图版 8-81 黑脉园粉蝶 *Cepora nerissa* 和青园粉蝶 *Cepora nadina*
黑脉园粉蝶（a、b）：a. ♂（正） b. ♂（反） 青园粉蝶（c、d）：c. ♂（正） d. ♂（反）

8.3.11 青粉蝶 *Pareronia anais* (Lasson) 和云粉蝶 *Pontia daplidice* (Linnaeus)

（1）青粉蝶

青粉蝶属中型种类，雄蝶翅正面青白色，翅脉黑色。前翅前缘、外缘和后翅外缘有宽的黑色缘带（图版8-82，a）。

分布于广东和海南。因其同属的*Pareronia valeria*和*P. tritaea*的寄主均为山柑科山柑属植物，故推测本种寄主亦为该科植物（五十岚迈等，2000）。可在生态观赏园内使用。

（2）云粉蝶

云粉蝶属小型纤美种类。翅正面白色，前翅顶区、中室端和后翅外缘散布黑色斑。后翅反面散布墨绿色水浸状斑（图版8-82，b、c）。

广布欧亚大陆和非洲北部，全国大部分地区都有分布。寄主未明。

8.3.12 鹤顶粉蝶 *Hebomoia glaucippe* (Linnaeus)

又名赤顶大粉蝶、赤顶粉蝶、端红蝶、襟红粉蝶、橙端粉蝶、栖红蝶、台湾栖红蝶、红衽蝶和红衽粉蝶等。鹤顶粉蝶属*Hebomoia*大型种类。

成虫是粉蝶科种类中最大的，前翅长约

图版 8-82 青粉蝶 *Pareronia anais* 和云粉蝶 *Pontia daplidice*
a. 青粉蝶（♂，正）　b、c. 云粉蝶（♂：b，正；c，反）

图版 8-83 鹤顶粉蝶 *Hebomoia glaucippe*（♂，正）

40～50mm，越冬代成虫较小。前翅顶角向外突出，前缘和外缘黑色，亚顶区至中室端外三角形区域红色至橙红色，亚缘各翅室内有1黑色锥形斑。后翅圆，正面乳白色，反面有枯叶纹理的保护色。雌蝶颜色较暗，后翅正面外缘和亚缘各有1列黑色锥形斑（图版8-83）。

国内分布于四川、云南、福建、广东、广西、台湾和海南，国外分布于日本、中南半岛、菲律宾、印度尼西亚和南亚各地。

主要寄主为山柑科的鱼木属和山柑属的植物（五十岚迈　等，1997；刘光华　等，1999）。

生态观赏、工艺制作和喜庆放飞等三用的优良蝶种。

8.3.13 菜粉蝶 *Pieris* (*Artogeia*) *rapae* (Linnaeus)、东方菜粉蝶 *P. canidia* (Sparrman) 和黑纹粉蝶 *P. melete* Ménétriès

粉蝶属*Pieris* 中小型种类，翅面以白色为主调。广布全国各地，国外分布于印度以北的欧亚大陆北部和北美。寄主为十字花科Cruciferae的许多栽培和野生植物，幼虫历来是重要的蔬菜害虫。但其成虫色彩素雅，活动范围小，在蝴蝶工艺品制作和生态观赏园内有一定利用价值。

（1）菜粉蝶

成虫翅正面白色，前翅顶区黑色，中域有黑斑2个，中室和翅基散布黑色鳞（图版8-84，a、b）。

全国各地都有分布。自有农业历史以来即被视为害虫，因此，只用于制作工艺品和在生态蝴蝶园中。各地野生资源丰富，春季是采集成虫的最佳时期，此时十字花科作物田间羽化的成虫极多。

图版 8-84 菜粉蝶 *Pieris rapae*、东方菜粉蝶 *Pieris canidia* 和黑纹粉蝶 *Pieris melete*

菜粉蝶（a、b）：a. ♂（正） b. ♂（反） 东方菜粉蝶（c、d）：c. ♂（正） d. ♀（正） 黑纹粉蝶（e、f）：e. ♀（正） f. ♀（反）

（2）东方菜粉蝶

又名缘点白粉蝶、台湾纹白蝶和白粉蝶等。成虫与前种近似，但后翅外缘翅脉末端有显著的黑斑（图版8-84，c、d）。

分布于我国除黑龙江和内蒙古以外的我国大部分地区。寄主为十字花科栽培和野生植物。

（3）黑纹粉蝶

成虫前翅后缘有黑色缘带，前后翅的翅脉黑色（图版8-84，e、f）。

分布于东北到西南和东南部的大部分地区。

主要记载寄主为十字花科的硬毛南芥*Arabis hirsuta*、白花碎米荠*Cardamine leucantha*、圆齿碎米荠*Cardamine scutata*、蔊菜*Rorippa indica*和云南大蒜芥*Sisymbrium luteum*等（Gaden S. Robinson, *et al*., 2001）。

8.3.14 黄尖襟粉蝶 *Anthocharis scolymus* Butler 和橙翅襟粉蝶 *A. bambusarum* Oberthür

图版 8-85　黄尖襟粉蝶 *Anthocharis scolymus* 和橙翅襟粉蝶 *Anthocharis bambusarum*
黄尖襟粉蝶（a、b）：a. ♂（正）　b. ♂（反）　橙翅襟粉蝶（c、d）：c. ♂（正）　d. ♂（反）

襟粉蝶属*Anthocharis*小型美丽种类，可以在生态蝴蝶园中使用，是春季蝴蝶园中的优良蝶种。

（1）黄尖襟粉蝶

又名钩角襟粉蝶。成虫小型美丽，虫体纤细。翅正面乳白色，前翅顶角尖出向后弯曲呈钩状，雄蝶黄色，雌蝶乳白色。后翅反面有黄绿色网状纹（图版8-85，a、b）。

国内分布于东北、西北、华北、华中、浙江和福建，国外分布于俄罗斯东部、朝鲜半岛和日本。

记载寄主为弹裂碎米荠*Cardamine impatiens*和诸葛菜*Orychophragmus violaceus*等十字花科植物。各地均1年发生1代，以蛹越夏、越冬。在上海地区，成虫始见于3月底，至5月上旬结束。成虫访花，喜产卵于阳光直接照射到的寄主植物上（赵梅君 等，2006）。

（2）橙翅襟粉蝶

又名黄襟粉蝶。成虫小型纤美，前翅顶角浑圆，不呈尖角，正面除基部浅黄色外，其余部分皆橙红色（图版8-85，c、d）。

国内分布于河南、陕西、江苏和浙江等地，国外分布于朝鲜半岛、日本和欧洲。

记载幼虫寄主为十字花科野生植物。各地一年1代，成虫发生期在早春，以蛹越夏、越冬（周尧 等，1998a）。

8.4 斑蝶科Danaidae

8.4.1 金斑蝶 *Danaus* (*Anosia*) *chrysippus* (Linnaeus) 和虎斑蝶 *D.* (*Salatura*) *genutia* (Cramer)

斑蝶属*Danaus*中型至中大型种类。成虫色彩鲜艳，飞行缓慢、姿势优雅，均为生态观赏、工艺制作和喜庆放飞等三用的优良蝶种。

（1）金斑蝶

又名金青斑蝶、阿檀蝶、桦斑蝶、黑脉斑蝶和蜜黄蝶等。成虫中型至中大型，前翅长约32～37mm。翅正面橙黄色，前翅前缘、顶角和外缘黑褐色，亚顶区有中小型白色斑1列，外缘有1列白点；后翅前缘和外缘黑褐色，有白色小点1列，中室端脉上有小黑斑3个。雄蝶在后翅中室下方Cu_2脉中部还有黑斑1个，为性标（图版8-86，a～c）。

国内分布于陕西、四川、云南、湖北、湖南、江西、福建、广东、广西、台湾和海南，在热带和南亚热带地区是常见种。国外分布于欧洲南部、非洲、亚洲西部、南亚、东南亚至澳大利亚一带。

记载寄主有萝藦科的牛角瓜属*Calotropis*、马利筋属*Asclepias*、鹅绒藤属*Cynanchum*、吊灯华属*Ceropegia*、钉头果属*Gomphocarpus*、牛奶菜属*Marsdenia*、大花藤属*Raphistemma*、鲫鱼藤属*Secamone*和娃儿藤属*Tylophora*等属的植物（五十岚迈 等，1997；Gaden S. Robinson, *et al.*, 2001）。

（2）虎斑蝶

又名粗脉棕斑蝶、黑脉桦斑蝶、拟阿檀蝶、虎纹青斑蝶和青红条红斑蝶等。成虫翅膀

图版 8-86 金斑蝶 *Danaus chrysippus* 和虎斑蝶 *D. genutia*

金斑蝶（a ~ c）：a. ♀（正） b. ♀（反） c. ♂（反）

虎斑蝶（d、e）：d. ♂（正） e. ♂（反）

正面红褐色，沿翅脉两侧密布黑色鳞，使翅脉显得粗大。前翅前缘、顶区、外缘及后缘黑色，亚顶区并列有5个大型白色斑，外缘和亚外缘还有若干小白点；后翅外缘和亚外缘区黑化，有白点2列。雄蝶在后翅中室下方Cu_2脉中部有1个耳状性标记（图版8-86，d、e）。

国内分布于河南、四川、云南、西藏、江西、浙江、福建、广东、广西、台湾和海南等地。国外分布于中南半岛、西太平洋诸岛和澳大利亚。

记载寄主包括萝藦科鹅绒藤属、吊灯花属、娃儿藤属、鹅绒藤属、匙羹藤属*Gymnema*、大花藤属和马利筋属等属中的许多植物（五十岚迈 等，2000）。

8.4.2 青斑蝶 *Tirumala limniace* (Cramer) 和啬青斑蝶 *T. septentrionis* (Butler)

青斑蝶属*Tirumala*中、大型种类，翅面黑色，散布浅青色斑。均为生态观赏、工艺制作和喜庆放飞等三用的优良蝶种。

（1）青斑蝶

又名宽纹黑斑蝶、粗纹斑蝶、淡色小纹青斑蝶、淡斑青蝶、淡纹青斑蝶和淡小纹青斑蝶等。成虫中大型，翅正面黑褐色，自翅基部发

a b c

出若干浅青蓝色条斑，中域及以外各翅室内均散布浅蓝色斑。雄蝶后翅反面cu_2室中部有1个耳状性标记（香鳞袋），在翅正面呈现为一小块灰黑色印记（图版8-87，a～c）。

国内分布于云南、西藏、湖北、湖南、广东、广西、台湾和海南，国外分布于南亚、中南半岛和菲律宾等地。记载寄主为萝藦科的南山藤属*Dregea*、醉魂藤属*Heterostemma*和球兰属*Hoya*等属的植物（Gaden S. Robinson, *et al.*, 2001）。

（2）**啬青斑蝶**

又名细纹黑斑蝶、细纹斑蝶、蓝条青蝶、小纹青斑蝶、小纹淡青斑蝶和小纹浅黄斑蝶等。成虫与前种极为相似，区别在于翅膀正面青黑色，斑纹较细，前翅中室后白斑远离翅膀基部（图版8-87，d）。

国内分布于四川、云南、江西、广东、广西、台湾和海南，国外分布于阿富汗、印度到印度尼西亚一带。记载寄主为萝藦科的醉魂藤属和南山藤属，以及夹竹桃科Apocynaceae的纽子花*Vallaris solanacea*和同心结属*Parsonsia*植物等（Gaden S. Robinson, *et al.*, 2001）。

8.4.3 大绢斑蝶 *Parantica sita* (Kollar) 和黑绢斑蝶 *P. melanea* (Cramer)

绢斑蝶属*Parantica*大型种类，翅面褐色至黑褐色，生态观赏、工艺制作和喜庆放飞等三用的优良蝶种。

（1）**大绢斑蝶**

又名后褐青斑蝶、大透翅斑蝶、青斑蝶、淡青斑蝶、云斑蝶和浅黄斑蝶等。成虫大型，前翅长约45～55mm，雌蝶略大。翅脉黑色，翅室青灰色半透明状；后翅褐色、黑褐色，有半透明斑，雄蝶在反面Cu_2、2A和3A脉的臀角处有黑色性标记（香鳞斑）（图版8-88）。

国内分布于陕西、四川、云南、西藏、江西、浙江、福建、广东、广西、台湾和海南。国外分布于朝鲜半岛、日本、印度尼西亚、中南半岛、南亚至阿富汗东部。

记载寄主为萝藦科的牛奶菜属、鹅绒藤属和娃儿藤属等属植物（五十岚迈 等，2000）。

生态观赏、工艺制作和喜庆放飞等三用的

d

图版 8-87 青斑蝶 *Tirumala limniace* 和啬青斑蝶 *T. septentrionis*
青斑蝶（a ~ c）：a. ♀（正，×4/5） b. ♂（正，×4/5）
c. ♂（反，×4/5）
啬青斑蝶（d）：♀（正，×4/5）

a　b

图版 8-88 大绢斑蝶 *Parantica sita*
a. ♂（正） b. ♀（正）

优良蝶种。

（2）黑绢斑蝶

又名橙青斑蝶、暗透翅斑蝶、透翅斑蝶、淡斑蝶、小青斑蝶和斯氏绢斑蝶等。成虫发生期和形态近似前种，但体型较小，后翅正面黑褐色（图版8-89，a）。

国内分布于四川、云南、西藏、广东、广西、台湾和海南，国外分布于南亚、中南半岛和印度尼西亚一带。

记载寄主为萝藦科的牛奶菜属、娃儿藤属和鹅绒藤属等属植物（Gaden S. Robinson, *et al.*, 2001）。

a　b

图版 8-89 黑绢斑蝶 *Parantica melanea* 和绢斑蝶 *P. aglea*
a. 黑绢斑蝶（♂，正） b. 绢斑蝶（♂，正）

同属的绢斑蝶*P. aglea* (Stoll) 成虫中型，翅膀正面灰白色至灰黑色，前翅中室内有显著的黑色条纹（图版8-89，b）。国内分布于四川、云南、福建、广东、广西、台湾和海南，国外分布于中南半岛、缅甸至印度、斯里兰卡等地。主要寄主为萝藦科的娃儿藤属和鹅绒藤属的植物（五十岚迈 等，2000）。也是生态观赏用优良蝶种，但少用于喜庆放飞和工艺制作。

a　　b

图版 8-90 拟旖斑蝶 *Ideopsis similis*

a. ♂（正） b. ♂（反）

生态观赏用途同大绢斑蝶，工艺和喜庆放飞价值略低。

8.4.4 拟旖斑蝶 *Ideopsis similis* (Linnaeus)

旖斑蝶属*Ideopsis*中大型种类。成虫形态近似青斑蝶属种类，翅正面黑褐色，各翅室斑纹浅蓝色、半透明状，其中自前翅基部发出的条形斑有4条。雄蝶后翅无耳状性标（图版8-90）。

国内分布于湖北、江西、浙江、福建、广东、广西、台湾和海南，国外分布于印度尼西亚、中南半岛、缅甸和斯里兰卡等地。

记载寄主为夹竹桃科的同心结属，以及萝藦科的白薇*Cynanchum atratum*、蓝叶藤*Marsdenia tinctoria*和娃儿藤*Tylophora ovata*等（Gaden S. Robinson, *et al.*, 2001）。

生态观赏和工艺两用蝶种，喜庆放飞价值略低。

图版 8-91 大帛斑蝶 *Idea leuconoe*（♂，正，×2/3）

a　　b

图版 8-92 幻紫斑蝶 *Euploea core*
a.（♀，正） b.（♂，正）

8.4.5 大帛斑蝶 *Idea leuconoe* (Erichson)

又名大白斑蝶、黑点大白斑蝶、大胡麻斑蝶和白纹蝶等。成虫大型，翅正面白色至乳白色，前翅长约55～75mm。翅脉和翅缘黑色，各翅室内有黑色斑纹。尤以前翅中室内、中室端和亚外缘的粗大、奇异（图版8-91）。

国内仅分布于台湾，国外分布于日本南部（冲绳）、菲律宾、马来半岛和印度尼西亚。唯一已知野生寄主为夹竹桃科的同心结*Parsonia laevigata*（五十岚迈　等，1997；徐堉峰，1999）。

飞行优雅，停息时翅膀半张开，是一种观赏和工艺价值均极高的斑蝶，亦可用于喜庆放飞。最近被引入大陆养殖。

8.4.6 紫斑蝶类

紫斑蝶属*Euploea*中型至大型种类，翅正面黑色，有强弱不等的紫色光泽。蝴蝶生态园的首选蝶种类群之一，也有较高的工艺价值，但一般不用于喜庆放飞。种类较多，国内已知11种，主要介绍以下5种。

（1）幻紫斑蝶 *E. core* (Cramer)

又名褐紫斑蝶、柯氏紫斑蝶和黑紫斑蝶等。成虫中型，前翅长约41～45mm。雌雄斑纹相似，翅膀正面有微弱紫红色光泽，前翅顶角灰白色至灰黑色，有小型白色斑3个，亚外缘有小白斑1列，后角弧形；后翅前缘灰白色。雄蝶前翅正面Cu_2室内有短条状的灰白色性标（图版8-92）。

国内分布于云南、广东、广西、台湾和海南，国外分布于南亚、中南半岛、印度尼西亚至菲律宾一带。

记载寄主为萝藦科的白叶藤属*Cryptolepis*、弓果藤属*Toxocarpus*、马利筋属、钉头果属和鹅绒藤属等属，以及桑科Moraceae的榕属*Ficus*和鹊肾树属*Streblus*等属植物（五十岚迈　等，2000；Gaden S. Robinson, *et al.*, 2001）。

（2）异型紫斑蝶 *E. mulciber* (Cramer)

又名线纹紫斑蝶、端紫斑蝶、紫端斑蝶和白线斑蝶等。成虫前翅正面泛强烈紫色光泽，散布许多白色小点，基部黑褐色至深灰色；后翅正面前缘灰白色，向臀角渐次过渡到黑色。雌雄异型，雌蝶紫色光泽较弱，后翅多由基部放射状发出的、沿翅脉走向的白色细条纹（图版8-93）。

国内分布于中国南部、西南部（含西藏）、台湾和海南，国外分布于南亚、中南半岛、印度尼西亚至菲律宾一带。

a　　　　b

图版 8-93 异型紫斑蝶 *Euploea mulciber*

a. ♂（正，×2/3） b. ♀（正，×2/3）

主要记载幼虫寄主为桑科的榕属、夹竹桃科的夹竹桃属*Nerium*、萝藦科的弓果藤属和白叶藤属的许多种植物（五十岚迈 等，1997）。

（3）**蓝点紫斑蝶** *E. midamus* (Linnaeus)

成虫大型，翅正面中域黑褐色，向外颜色略浅。前翅中室端部及端外有数个蓝紫色小斑，雄蝶在前翅Cu_2室内有1个短线状浅紫色性标（图版8-94）。

国内分布于云南、浙江、广东、广西和海南，国外分布于菲律宾、中南半岛至印度、尼泊尔一带。

记载寄主主要有羊角拗*Strophanthus divaricatus*、卵萼羊角拗*S. caudatus*、欧洲夹竹桃*Nerium oleander*等夹竹桃科，以及菲律宾榕*Ficus ampelas*等桑科植物（五十岚迈 等，2000）。

（4）**默紫斑蝶** *E. klugii* (Moore)

成虫大型，前翅正面紫色光泽微弱，顶角和亚外缘有1列蓝紫色小斑，有时只存在于顶角区（图版8-95，a）。

国内分布于云南和海南，国外分布于中南半岛、印度尼西亚和印度等地。

记载寄主为桑科榕属的对叶榕*Ficus hispida*和鹊肾树*Streblus asper*（Gaden S. Robinson, *et al.*, 2001）。

（5）**白璧紫斑蝶** *E. radamantha* (Fabricius)

成虫中型，翅正面黑色，有弱紫色光泽。中室端部有大型白色斑1个，其前方还有1个较

图版 8-94 蓝点紫斑蝶 *Euploea midamus*（♂，正）

a　　　　b

图版 8-95 默紫斑蝶 *Euploea klugii* 和白璧紫斑蝶 *Euploea radamantha*
a. 默紫斑蝶（♂，正） b. 白璧紫斑蝶（♂，正）

小的条形白斑，外下方有1～2个小白斑。后翅亚缘有浅蓝色小白斑2列，中室及后面各翅室从翅基发出多条白斑。雌蝶颜色略浅（图版8-95，b）。

国内分布于云南和海南，国外分布于中南半岛、缅甸和印度尼西亚等地。

记载寄主为桑科榕属的心叶榕*Ficus rumphii*（Gaden S. Robinson, *et al.*, 2001）。

生态观赏和工艺两用的优良蝶种，也可用于喜庆场合放飞。

8.5 环蝶科Amathusiidae

8.5.1 月纹矩环蝶 *Enispe lunatus* Leech

又名新月环蝶，环蝶科矩环蝶属*Enispe*。成虫大型，翅正面黄褐色，前翅顶角及外缘带黑色，亚缘有1列峰形纹，后翅亚缘有2列并行的峰形纹（图版8-96）。

国内分布于四川、云南和海南。在四川峨眉，一年发生2代以上。

在四川峨眉，雌成虫在人工繁殖园内产卵在禾本科Gramineae竹类植物上，幼虫取食苦竹*Pleioblastus amarus*后生长发育良好。

在工艺制作和生态观赏中都有很高的利用价值，也可用于喜庆放飞。

8.5.2 凤眼方环蝶 *Discophora sondaica* Boisduval 和惊恐方环蝶 *D. timora* Westwood

方环蝶属*Discophora*大型种类，在生态观赏园中有很高的利用价值。

（1）凤眼方环蝶

又名排点竹环蝶、方环蝶等，环蝶科方环蝶属。成虫前翅长约45～55mm，短阔，顶角近直角，外缘平直。雄蝶前翅正面黑褐色，亚缘区有2列小白斑；后翅近圆形，中室端有黑色香鳞区。雌蝶较大，色彩较淡，正面土黄色，后翅亚缘和中域有3列黄褐色小斑（图版8-97，a、b）。

国内分布于云南、福建、广东、广西、台湾和海南，国外分布于中南半岛和菲律宾等地。记载幼虫寄主主要是禾本科竹亚科Bambusoideae的各种竹类，如佛竹*Bambusa ventricosa*、孝顺竹*Bambusa multiplex*、簕竹*Bambusa stenostachya*、龙丝竹*Bambusa vulgaris*等。在台湾全年可见

a

b

图版 8-96　月纹矩环蝶 *Enispe lunatus*

a. ♂（正，×2/3）　b. ♀（正，×2/3）

a

b

c

d

图版 8-97　凤眼方环蝶 *Discophora sondaica* 和惊恐方环蝶 *Discophora timora*

凤眼方环蝶（a、b）：a. ♂（正，×2/3）　b. ♂（反，×2/3）

惊恐方环蝶（c、d）：c. ♂（正，×2/3）　d. ♂（反，×2/3）

成虫及各虫态，以北部平原及低海拔丘陵地最多。成虫在黄昏及夜晚活动，有趋光性。飞行迅速、敏捷，喜食腐烂水果。卵数十粒聚产于寄主叶片背面。幼虫群居，卷叶吐丝作巢藏于其中。老熟后在寄主细枝下化蛹（五十岚迈 等，2000；徐堉峰，2006）。

（2）惊恐方环蝶

又名“之”字竹环蝶。成虫翅正面墨绿色至黑褐色，前翅亚顶区有浅黄色带，在雌蝶中尤为宽大。雄蝶后翅中室下角有深黑色香鳞区（图版8-97，c、d）。

国内仅发现于云南。报道幼虫寄主主要为禾本科的竹类以及棕榈科Palmae的椰子*Cocos nucifera*等（五十岚迈 等，1997）。

图版 8-98 尖翅纹环蝶 *Aemona lena*（♀，正）

8.5.3 尖翅纹环蝶 *Aemona lena* Atkinson

成虫大型，前翅正面灰褐色，顶角向外尖出，顶区灰黑色，外中区有1浅黑色斜横线。后翅正面灰黄色。雌蝶体型略大，翅面色彩较暗，翅脉两侧灰黑色（图版8-98）。

国内分布于四川、贵州、云南、广西、广东和福建等地，国外分布于中南半岛。

记载寄主为棕榈科的椰子等（Gaden S. Robinson, *et al.*, 2001）。

在生态蝴蝶园中有较高的观赏价值。

8.5.4 紫斑环蝶 *Thaumantis* (Nandogea) *diores* (Doubleday)

又名彩蓝环蝶、圆翅环蝶等，环蝶科斑环蝶属*Thaumantis*。成虫大型华丽，前翅长约50mm。触角细长，翅膀正面黑褐色，有强烈的紫色光泽，四翅合拢呈圆形（图版8-99）。

国内分布于云南、西藏、广西和海南，国外分布于泰国、缅甸、印度和斯里兰卡。

生活史和寄主不明。但在马来半岛，其同属的*Thaumantis odana* (Godart)幼虫寄主为棕榈科的*Ptychosperma elegans*。在云南版纳，多栖息于海拔1000m以下的热带季雨林和雨林内，成虫发生期在4～10月，因此估计一年发生2～3代。成虫取食多在傍晚，白天很少活动，翅反面有很好的保护色，常在地面杂草和低矮灌丛内停息，遇到惊扰才会起飞（杨大荣，1998；五十岚迈 等，2000）。

工艺制作和生态观赏两用的优良蝶种。我国云南和海南热带林区资源较为丰富，但最近20年来采集强度很大，是一个急需加强资源保护的珍贵观赏蝶种。

图版 8-99 紫斑环蝶 *Thaumantis diores*（♂，正）

a

b

图版 8-100 斜带环蝶 *Thauria lathyii*
a. ♀（正，×2/3） b. ♀（反，×2/3）

8.5.5 斜带环蝶 *Thauria lathyii* Fruhstorfer

又名疏毛大环蝶，环蝶科带环蝶属*Thauria*。成虫大型华丽，前翅长约55～62mm。前翅三角形，中域有1宽大的白色斜带，后翅近圆形；前翅和后翅大部黑褐色，后翅外缘和后角区黄褐色（图版8-100）。

国内分布于云南和广西，国外分布于缅甸、泰国和新加坡。生活史和寄主未明。五十岚迈等人（1997）发现，同属的*Thauria aliris*幼虫取食棕榈科植物，如短穗鱼尾葵*Caryota mitis*，后生长发育良好。在云南版纳，生活在海拔500～1000m密林中，很少离开栖息地。成虫取食腐烂水果，白天多数时间合拢翅膀，停息在地面枯枝落叶上，临近黄昏才开始活动。

工艺制作和生态观赏两用的优良蝶种。

8.5.6 串珠环蝶 *Faunis eumeus* (Drury) 和灰翅串珠环蝶 *F. aerope* (Leech)

串珠环蝶属*Faunis*大型种类，翅面灰色或灰褐色，喜阴暗生境。在生态观赏园中有一定利用价值，工艺上少用。

（1）串珠环蝶

又名珠仔蝶、串珠环纹蝶等，成虫大型，前翅长约48～52mm。前后翅近圆形，翅正面黄褐色，反面亚外缘有1列小型白色斑自前翅顶角延伸至后翅臀角，自翅基到亚缘有黑色的基线、中线和亚缘线（图版8-101，a）。

国内分布于四川、云南、广东、香港、台湾和海南，国外分布于中南半岛、缅甸和印度。

在台湾，寄主为百合科Liliaceae的肖菝葜*Heterosmilax japonica*和大叶仙茅*Curculigo capitulata*等。多化性种类，除严寒时节外均可见成虫及其他虫态。成虫飞行缓慢，喜食腐烂水果。卵聚产于寄主叶背，幼虫有明显的群居习性，多栖息于叶背（徐堉峰，2006）。

（2）灰翅串珠环蝶

又名灰色链珠环蝶、赭珠环蝶等。成虫翅膀正面灰白色，前翅顶角灰黑色，无其他显著斑纹（图版8-101，b）。

国内分布于陕西、四川、云南、贵州、湖南、广西和海南，国外分布于越南。

记载幼虫寄主为百合科的菝葜*Smilax china*和露兜树科Pandanaceae的分叉露兜*Pandanus furcatus*等（五十岚迈 等，2000）。在四川峨眉山，生活于500～2000m的阔叶林内，在丛林以外极少见到。一年1代，成虫发生期在6月下旬至10月中旬，大发生年份数量惊人。常在地面作低速短距飞行，若受到惊扰亦能迅速飞去。取食腐烂水果和树液，雌蝶将卵聚集产在寄主叶片反面，幼虫群栖，有假死习性。

a

b

图版 8-101 串珠环蝶 *Faunis eumeus* 和灰翅串珠环蝶 *Faunis aerope*
a. 串珠环蝶（♂，正，×2/3） b. 灰翅串珠环蝶（♂，正，×2/3）

8.5.7 箭环蝶 *Stichophthalma howqua* (Westwood) 和白袖箭环蝶 *S. louisa* Wood-Mason

箭环蝶属*Stichophthalma*特大型种类。成虫翅面暗黄色，飞行轻缓，均生态观赏、工艺制作和喜庆放飞等三用的优良蝶种。

（1）箭环蝶

又名大鱼纹环蝶、箭纹环蝶、鱼纹环蝶、鱼尾竹环蝶和环纹蝶等。成虫大型或特大型，前翅长约55～65mm，雌蝶体型较大。翅膀正面黄褐色或土黄色，外缘至亚缘区有1列大型黑色箭头纹；翅反面中内区有若干细长的波浪横线，中外区有1列大型眼斑（图版8-102）。

国内分布于陕西、四川、云南、贵州、湖北、江西、浙江、福建、广东、广西、台湾和海南，国外分布于中南半岛、缅甸和印度。

寄主为禾本科竹类，可能还有棕榈科的一些种类（五十岚迈 等，2000；陈秀龙 等，2004；李百万 等，2005）。

a

b

图版 8-102 箭环蝶 *Stichophthalma howqua*
a. ♂（正，×2/3） b. ♂（反，×2/3）

图版 8-103　白袖箭环蝶 *Stichophthalma louisa*
（♂，正，×3/5）

图版 8-104　双星箭环蝶 *Stichophthalma neumogeni*
（♂，正，×2/3）

同属的双星箭环蝶*S. neumogeni* Leech，又名小鱼纹环蝶、鱼纹环蝶、箭纹环蝶和峨眉环蝶等。成虫大型，但明显较前面2种小，翅正面暗黄褐色，前翅亚顶区近前缘有1～2个小白斑，有时退化。后翅反面亚缘有2列平行的波状纹（图版8-104）。国内分布于陕西、四川、云南、浙江、福建和海南。在四川峨眉的幼虫寄主为禾本科竹类。

（2）**白袖箭环蝶**

又名路易箭环蝶。成虫前翅长约58～70mm，体型较箭环蝶略大，前翅中外侧主要为白色；反面中部有一列鱼眼状的圆斑自前翅前缘直达后翅臀角处（图版 8-103）。

国内分布于云南，国外分布于越南、老挝和柬埔寨。

在云南南部，主要寄主包括苦竹和麻竹*Dendrocalamus latiflorus*，大发生时，可对竹类植物造成严重危害。成虫食腐，常在竹林内部灵活飞行。幼虫多体毛，有群集性，悬蛹硕大。1年1代，以幼虫越冬。

8.6 蛱蝶科 Nymphalidae

8.6.1 尾蛱蝶类

尾蛱蝶属*Polyura*中型至大型种类。成虫翅面浅青色，飞行急速，主要用作工艺材料，不宜在生态观赏园和喜庆放飞中使用。

（1）**大二尾蛱蝶** *P. eudamippus* (Doubleday)

又名二列双尾蛱蝶、Y字二尾蛱蝶、白柱蝶、双尾蛱蝶和双尾蝶等。成虫大型，前翅长约40～50mm，雌蝶较雄蝶大。翅正面黑色，中域有浅青色宽带，后翅有短尾突2根（图版8-105）。

国内分布于四川、云南、贵州、湖北、江西、浙江、福建、广东、广西、台湾和海南。国外分布于日本南部、越南、老挝、泰国、马来西亚、缅甸和印度等国。

记载寄主主要有豆科的网络崖豆藤*Milletia reticulata*，鼠李科的翼核果*Ventilago leiocarpa*和小叶鼠李*Rhamnus parvifolia*，榆科Ulmaceae的榉树*Zelkova serrata*和蔷薇科的腺叶野樱*Prunus phaeosticta*等（五十岚迈　等，1997；徐堉峰，2006）。

（2）**二尾蛱蝶** *P. narcaea* (Hewitson)

又名H纹双尾蛱蝶、姬双尾蝶、小双尾蛱蝶和双尾蝶等。成虫中型。前翅前缘、外缘黑

a　　b

图版 8-105　大二尾蛱蝶 *Polyura eudamippus*
a. ♂（正）　b. ♂（反）

a　　b

c

图版 8-106　二尾蛱蝶 *Polyura narcaea* 和凤尾蛱蝶 *P. arja*
二尾蛱蝶（a、b）：a. ♂（正）　b. ♂（反）
凤尾蛱蝶（c）：♂（正）

色，亚外缘区有1黑色横带，在该带与外缘带之间是1列浅绿色斑。中室端脉上有黑色短横带，该带与M_3脉上的黑色带和亚缘带构成H形结构（图版8-106，a、b）。

国内分布于河北、山东、河南、山西、陕西、甘肃、四川、云南、贵州、湖北、湖南、江西、江苏、浙江、福建、广东、广西和台湾，国外分布于越南、泰国、缅甸和印度。

记载寄主主要为榆科的异色山麻黄*Trema orientalis*和台湾朴*Celtis formosana*。在台湾一年大约发生3代，成虫出现期在3～10月。成虫飞行急速，食树液和其他腐物（五十岚迈 等，1997；徐堉峰，1999）。

（3）**凤尾蛱蝶** *P. arja* (Felder et Felder)

成虫中型，翅膀正面黑色，前后翅的中域有1宽阔的浅绿色中横带（图版8-106，c）。

国内分布于云南、广西和海南的热带地区。

记载寄主为豆科的尖叶相思*Acacia caesia*等金合欢属*Acacia*植物（Gaden S. Robinson, *et al.*, 2001）。

多见于热带丛林地带，活动时多停息在树冠，休息时栖息于叶下，取食树液。

（4）**忘忧尾蛱蝶** *P. nepenthes* (Grose-Smith)

成虫大型，前翅前缘、顶区及外缘黑色，中内区及后翅正面黄白色。后翅外缘区和亚外缘有1列括号形的黑色斑列（图版8-107）。

在国内分布于四川、云南、江西、浙江、福建、广东、广西和海南，国外分布于越南、老挝、泰国和缅甸。

记载寄主为豆科的*Archidendron lucidum*和鼠李科的翼核果（Gaden S. Robinson, *et al.*, 2001）。

（5）**针尾蛱蝶** *P. dolon* (Westwood)

成虫与前种很相似，但前翅正面亚外缘只有1列白色斑，后翅亚缘有1黑色带，带中央1列浅蓝色小斑点（图版8-108）。

国内分布于四川和云南，国外分布于中南半岛、缅甸至印度一带。

在四川峨眉，已知寄主为豆科的阔荚合欢*Albizia lebbeck*。

a

b

图版 8-107 忘忧尾蛱蝶 *Polyura nepenthes*

a. ♂（正） b. ♂（反）

a　　b

图版 8-108 针尾蛱蝶 *Polyura dolon*
a. ♂（正，×2/3） b. ♂（反，×2/3）

（6）黑凤尾蛱蝶 *P. schreiber* (Godart)

成虫大型，翅正面黑色，前后翅正面中域带较窄，反面中外区有1列黑褐色“V”形纹。后翅正面外缘有1列黄褐色斑，亚缘有1列小白斑（图版8-109）。

国内仅发现于云南，国外分布于印度、中南半岛至印度尼西亚、菲律宾一带。

记载寄主范围很广，主要有豆科、无患子科Sapindaceae和番荔枝科等科的植物（五十岚迈等，1997；Gaden S. Robinson, *et al.*, 2001）。

8.6.2 白带螯蛱蝶 *Charaxes bernardus* (Fabricius) 和螯蛱蝶 *C. marmax* Westwood

螯蛱蝶属*Charaxes*大型种类。成虫翅面茶褐色，体翅强健，飞行急速，主要用作工艺材料，不宜在生态观赏园和喜庆放飞中使用。交配产卵需要很大空间，近期大量人工繁育尚有困难。

（1）白带螯蛱蝶

又名茶褐樟蛱蝶、茶色蛱蝶、柚蛱蝶等。成虫大型，前翅长约42～50mm，雌蝶远大于雄

a　　b

图版 8-109 黑凤尾蛱蝶 *Polyura schreiber*
a. ♂（正，×2/3） b. ♂（反，×2/3）

a

b

图版 8-110 白带螯蛱蝶 *Charaxes bernardus*
a. ♂（正，×2/3） b. ♀（正，×2/3）

蝶。翅正面黄褐色，中域有宽的白色带，前翅外半部和后翅亚外缘区黑色。后翅有短突，雌蝶中较长（图版8-110）。

国内分布于四川、云南、湖南、江西、浙江、福建、广东、香港和海南，国外分布于东南亚、南亚和澳大利亚等地。

记载幼虫寄主为樟科樟属和木姜子属的多种植物，主要是樟和楠木。南方低海拔常绿阔叶林区和城市附近都能见到。成虫取食树液、腐烂水果和动物粪液，常在高空急速飞行，雄蝶常到路上积水处汲水（谭济才，1995；五十岚迈 等，1997）。

（2）螯蛱蝶

又名黄樟蛱蝶。成虫中型，翅膀正面褐色。前后翅中域无白色中横带，前翅外缘带黑色、狭窄，后翅亚外缘区为1列中有白点的黑色离斑（图版8-111）。

国内分布于云南、广西和海南，国外产于越南、缅甸、印度。

在云南景洪，寄主为樟科的樟和潺槁木

a

b

图版 8-111 螯蛱蝶 *Charaxes marmax*
a.（♂，正，×2/3） b.（♀，正，×2/3）

图版 8-112 亚力螯蛱蝶 *Charaxes aristogiton* 和花斑螯蛱蝶 *Charaxes kahruba*
亚力螯蛱蝶（a、b）：a. ♂（正） b. ♂（反）　花斑螯蛱蝶（c、d）：c. ♂（正） d. ♂（反）

螯蛱蝶属中另外两种，亚力螯蛱蝶*Charaxes aristogiton* (Felder et Felder)和花斑螯蛱蝶*Ch. kahruba* (Moore)，成虫形态极似螯蛱蝶。国内仅发现于云南，生活史和寄主均不明。亚力螯蛱蝶后翅正面亚外缘斑列相互连接成1黑色带，黑斑内除臀角区外无白点或白点不明显（图版8-112，a、b）。花斑螯蛱蝶翅正面黄棕色，反面有黑褐色波状横纹（图版8-112，c、d）。

姜子*Litsea glutinosa*。记载寄主还有大戟科的巴豆*Croton tiglium*（Gaden S. Robinson, *et al.*, 2001）。

8.6.3 红锯蛱蝶 *Cethosia biblis* (Drury) 和白带锯蛱蝶 *C. cyane* (Drury)

锯蛱蝶属*Cethosia*中大型种类。成虫翅面色彩鲜艳，当属蛱蝶中最美丽的种类之一。性情温和，是生态观赏、喜庆放飞和工艺制作三用的优良蝶种。

（1）红锯蛱蝶

又名华西裙纹蛱蝶、齿缘红蛱蝶、黑缘红蛱蝶、花裙蛱蝶和梦露蝶等。成虫中大型，前翅长约33～38mm。翅膀正面外缘区、前翅顶区和前缘黑色，前翅外缘镶嵌1列白色“V”形纹；翅反面中外区有1列类似人头像的斑纹。雄蝶翅面红色至橙黄色，雌蝶色暗（图版8-113）。

国内分布于四川、云南、江西、福建、广东、广西和海南，国外分布于印度、尼泊尔至马来西亚一带。

图版 8-113　红锯蛱蝶 *Cethosia biblis*

a. ♂（正） b. ♂（反） c. ♀（正） d. ♀（正） e. ♀（正）

图版 8-114 白带锯蛱蝶 *Cethosia cyane*
a. ♂（正） b. ♂（反） c. ♀（正）

在云南版纳，幼虫寄主为西番莲科Passifloraceae的蒴莲属*Adenia*植物，如三开瓢*Adenia cardiophylla*和滇南蒴莲*A. penangiana*。记载寄主还有西番莲科的许多种类（五十岚迈等，1997；Gaden S. Robinson, *et al*., 2001；杨萍 等，2006）。

（2）白带锯蛱蝶

又名泰裙纹蛱蝶、齿缘白带蛱蝶和紫白蝶等。成虫中型，翅形与红锯蛱蝶相同，雌雄异型。雄蝶前翅中后部分及后翅中域橙黄色，亚顶区有1白色宽斜横带。雌蝶前翅中后区及后翅中域灰白色至乳黄色，亚顶区有1白色宽横带，其余区域黑色（图版8-114）。

国内分布于四川、云南、广东、广西和海南，国外分布于中南半岛和印度尼西亚。

在云南南部，幼虫寄主为西番莲科的三开瓢和滇南蒴莲等蒴莲属植物。

8.6.4 柳紫闪蛱蝶 *Apatura ilia* (Denis et Schiffermüller) 和紫闪蛱蝶 *A. iris* (Linnaeus)

闪蛱蝶属*Apatura*中型种类。成虫翅面黑褐色至黄褐色，泛紫色光泽。主要适用于生态园观赏，在工艺制作上也有较高利用价值。

（1）柳紫闪蛱蝶

又名柳闪蛱蝶、淡紫蛱蝶、小紫蛱蝶等。雄蝶翅膀正面黑褐色，前后翅中域泛弱紫色光泽，并有1条白色宽中横带。前翅顶角平截，亚顶区有1列白色斑。雌蝶翅面黄褐色，几乎看不见紫色光泽（图版8-115）。

国内分布于黑龙江、吉林、辽宁、河北、河南、山东、山西、陕西、甘肃、青海、新疆、四川、云南、江苏、浙江、福建和海南，国外分布于朝鲜半岛、日本至欧洲的广大地区。

记载寄主为杨柳科Salicaceae的柳属*Salix*和杨属*Populus*植物，如垂柳*Salix babylonica*、银白杨*Populus alba*、钻天杨*Populus nigra*和欧洲山杨*Populus tremula*等（五十岚迈 等，2000；刘玉 等，2004）。

a　　b

图版 8-115　柳紫闪蛱蝶 *Apatura ilia*

a. ♂（正）　b. ♂（反）

c　　d

图版 8-116　紫闪蛱蝶 *Apatura iris* 和曲带闪蛱蝶 *Apatura laverna*

紫闪蛱蝶（a、b）：a. ♂（正）　b. ♂（反）　曲带闪蛱蝶（c、d）：c. ♂（正）　d. ♂（反）

同属的曲带闪蛱蝶*A. laverna* Leech，后翅中横带弯曲呈“S”形，雄蝶翅面光泽较弱（图版8-116，c、d）。分布于河南、陕西、四川和云南等地。报道寄主为杨柳科的杨属和柳属植物（五十岚迈 等，2000）。

(2) **紫闪蛱蝶**

又名虹幻蛱蝶。成虫前翅长约32～35mm。雌雄异型，雄蝶翅膀正面黑色，泛强烈紫色光泽；雌蝶翅面黑褐色，无紫色光泽，后翅亚外缘有1列浅黄色斑（图版8-116，a、b）。

国内分布于吉林、河南、宁夏、陕西、甘肃和四川，国外分布于朝鲜半岛、日本至欧洲各地。

记载寄主为垂柳、黄花柳*Salix caprea*、红皮柳*Salix purpurea*、细柱柳*Salix gracilistyla*和钻天杨等（五十岚迈 等，2000）。

8.6.5 迷蛱蝶类

迷蛱蝶属*Mimathyma*大型至中小型种类，成虫形态和习性差异很大，翅正面常有紫色光泽。部分学者将其归入闪蛱蝶属中。

(1) **白斑迷蛱蝶** *Mimathyma* (*Apatura*) *schrenckii* (Ménétriès)

又名大闪蛱蝶、大紫闪蛱蝶。成虫前翅长约38～52mm，雌蝶较雄蝶大，南方产个体较北方大。翅正面蓝黑色，前翅中室外前缘至中室外下方有1列白色斑，亚顶区有2个小型白斑。后翅正面中部有1圆形大白斑，边缘浅青蓝色。反面银白色，有褐色外缘带和中横带（图版8-117）。

国内广范分布于长江流域及其以北地区，国外分布于俄罗斯东部及朝鲜半岛。

在四川峨眉，幼虫寄主为榆科的榆树*Ulmus pumila*。1年1代，以2～4龄幼虫越冬，越冬期间常因干燥大量死亡。成虫出现于6月上旬至7月下旬。山地种类，生活在300～1000m的低海拔地带。成虫多在上午至正午活动，下午取食。

a

b

图版 8-117 白斑迷蛱蝶 *Mimathyma schrenckii*
a. ♂（正） b. ♂（反）

a

b

图版 8-118　环带迷蛱蝶 *Mimathyma ambica*
a. ♂（正）　b. ♂（反）

雄蝶有占域性，喜在高3～5m高处守候，行动极为迅猛。雌蝶较温顺，常围绕寄主树冠在10余米高处徘徊，将卵产在寄主叶片反面，单产，极少下到地面，从不离开栖息地。1～3龄幼虫栖息在叶尖正面丝垫上，老熟幼虫在寄主老叶下化蛹。两性成虫均不访花，只汲取树液为补充营养。

其他记载寄主还有榆科的黑榆*Ulmus davidiana*和榉树（五十岚迈 等，2000）。

适宜在工艺制作上使用，不宜在蝴蝶园内使用。

（2）**环带迷蛱蝶** *M.* (*A.*) *ambica* (Koller)

又名印度紫蛱蝶。成虫中小型，翅膀正面具紫色光泽，前后翅白色中横带相接，呈一直线（图版8-118）。

主要分布于云南、广西和海南等热带地区。

记载寄主为榆科的黑榆、裂叶榆*Ulmus laciniata*和榔榆*Ulmus parvifolia*等（五十岚迈 等，2000）。

工艺和生态观赏两用蝶种，也可用于喜庆放飞。

（3）**迷蛱蝶** *M. chevana* (Moore)

成虫中型，翅正面黑色。前翅中室内有白色棒状纹，亚缘、亚顶区和中外区有白色斑列。后翅正面有白色基带和亚缘带。翅反面白色，前后翅外缘带褐色，中外侧有褐色斜横带（图版8-119，a、b）。

国内分布于河南、陕西、四川、云南、湖北、江西、浙江和福建等地。

记载寄主为榆科的黑榆和榔榆（五十岚迈 等，2000）。

8.6.6 武铠蛱蝶 *Chitoria ulupi* (Doherty) 和明窗蛱蝶 *Dilipa fenestra* (Leech)

（1）**武铠蛱蝶**

又名蓬莱小紫蛱蝶，铠蛱蝶属*Chitoria*中大型种类。成虫雌雄异形，雄蝶翅正面黄褐色，前翅顶角、外缘和后翅外缘黑色。雌蝶体型略大，翅膀正面青黑色（图版8-120）。

同属的夜迷蛱蝶*M. neicteis* Ménétriès成虫中小型，正面与迷蛱蝶相似。反面褐色，前翅亚顶区、中域和后翅亚缘、中内区均有大型白色斑列（图版8-119，c、d）。主要分布于黑龙江至河南、陕西一带。记载寄主为榆科的榆属*Ulmus*植物（五十岚迈 等，2000）。

a

b

c

d

图版 8-119 迷蛱蝶 *Mimathyma chevana* 和夜迷蛱蝶 *Mimathyma neicteis*
迷蛱蝶（a、b）：a. ♂（正） b. ♂（反） 夜迷蛱蝶（c、d）：c. ♂（正） d. ♂（反）

a

b

图版 8-120 武铠蛱蝶 *Chitoria ulupi*
a. ♂（正） b. ♀（正）

a

b

图版 8-121　明窗蛱蝶 *Dilipa fenestra*

a. ♂（正）　b. ♂（反）

国内分布于辽宁、河南、四川、云南、西藏、江西、浙江、福建和台湾，国外分布于朝鲜半岛和日本。

记载寄主为榆科朴属*Celtis*的朴树*C. sinensis*和黑弹树*C. bungeana*（五十岚迈 等，2000）。

主要用于蝴蝶观赏园中，在工艺上也有较高利用价值。

（2）明窗蛱蝶

窗蛱蝶属*Dilipa*中小型种类。成虫翅膀正面橙黄色，外缘带黑褐色，后翅反面有类似叶脉的网状纹（图版8-121）。

主要分布于中国北方和湖北、浙江一带。

记载寄主为榆科朴属的黑弹树和紫弹树*Celtis biondii*（五十岚迈 等，2000）。

在生态观赏和工艺制作中均有一定利用价值。

8.6.7 黄帅蛱蝶 *Sephisa princeps* (Fixen) 和帅蛱蝶 *S. chandra* (Moore)

帅蛱蝶属*Sephisa*中小型种类。成虫翅面黄色，虽飞行急速，但喜在低矮灌丛上停息。可作生态观赏和工艺材料蝶种，也可用于喜庆放飞。

（1）黄帅蛱蝶

又名黄纹蛱蝶。成虫前翅长约30～37mm。雌蝶较大，色彩略淡，前翅基部黄色，其余翅面黑色，有白色和蓝色斑纹。雄蝶翅正面黄色和黑色斑纹相嵌。身体粗壮，翅膀强健（图版8-122，a～c）。

国内分布于从东北到西南和东南部的广大地区，国外分布于俄罗斯东部和朝鲜半岛。

在四川峨眉，幼虫寄主为壳斗科Fagaceae栎属*Quercus*植物，主要是麻栎*Quercus acutissima*和青冈*Q. glauca*。1年1代，以3龄幼虫群栖越冬，越冬幼虫在5月下旬化蛹。成虫发生期在6～8月，以树液、腐烂水果为食。雄蝶有占域性，飞行急速。卵聚产，幼虫营群集生活。

（2）帅蛱蝶

又名东方帅蛱蝶、缤纷蛱蝶、雌黑黄斑蛱蝶、灿蛱蝶和黄斑蛱蝶等。成虫中小型，雌雄异型。雄蝶翅膀正面黑底色，前翅中域有5个白色斑组成的斜向斑列，内侧有3～4个黄色斑，其中只有1个在中室内。雌蝶略大，翅膀正面泛弱紫色光泽，后翅正反两面都有浅黄色斑以翅基为圆心排列成环形（图版8-122，d、e）。

国内分布于云南、江西、浙江、福建、广东、广西、台湾和海南，国外分布于中南半岛和南亚一带。

记载寄主为壳斗科的栎属植物，如青冈（五十岚迈 等，2000）。

8.6.8 傲白蛱蝶 *Helcyra superba* Leech

又名白蛱蝶、黑顶白蛱蝶，白蛱蝶属*Helcyra*中大型种类。成虫前翅长约35～38mm，翅正

a

b

c

d

e

图版 8-122 黄帅蛱蝶 *Sephisa princeps* 和帅蛱蝶 *S. chandra*
黄帅蛱蝶（a ~ c）：a. ♂（正） b. ♂（反） c. ♀（正）
帅蛱蝶（d、e）：d. ♂（正） e. ♂（反）

面白色、有光泽，前翅正面中外区至顶角黑色。后翅外缘区有黑色锯齿纹（图版8-123，a）。

国内分布于陕西、四川、江西、浙江、福建、广东、广西和台湾。

在四川峨眉的唯一确认寄主是榆科的朴树。生活在海拔500～2000m地带，绝不离开林区。5～8月均有成虫活动，高峰期在6～7月间。飞行急速，吸食树液，但未见其汲食粪液，取食多在下午进行。雄蝶有强烈占域性。雌蝶常将卵散产于峭壁上较为矮小的寄主叶片下方，在山路两旁生长良好的寄主上很少发现卵或幼虫。卵、幼虫和蛹极似黑脉蛱蝶。1～3龄幼虫息于叶尖正面丝垫上，以免被雨水冲落。老熟后在寄主叶片下化蛹。1年1代，以2～4龄幼虫匍匐在寄主枝杈处越冬。

a

同属的银白蛱蝶*Helcyra subalba* (Poujade)，成虫中小型，翅膀正面黑褐色，背面银白色（图版8-123，b、c）。主要分布于河南、陕西、四川、浙江和福建等地。记载寄主为榆科的朴树和紫弹树（五十岚迈 等，2000）。

b

c

图版 8-123 傲白蛱蝶 *Helcyra superba* 和银白蛱蝶 *H. subalba*
a. 傲白蛱蝶（♂,正） b. 银白蛱蝶（♂,正） c. 银白蛱蝶（♂,反）

记载寄主还有杨柳科的细柱柳，以及榆科的紫弹树等（周尧 等，1998a；五十岚迈 等，2000）。

在工艺制作中有特殊价值，亦可用于生态观赏。

8.6.9 黑脉蛱蝶 *Hestina (Hestinalis) assimilis* (Linnaeus) 和蒺藜纹脉蛱蝶 *H. nama* (Doubleday)

脉蛱蝶属*Hestina*中大型种类。均为生态观赏园中的优良蝶种，亦常用于工艺制作和喜庆放飞。

（1）黑脉蛱蝶

又名红星蛱蝶、红星拟斑蛱蝶、红环蛱蝶、星脉蛱蝶、红星斑蛱蝶、红星脉蛱蝶、红珠蛱蝶和红星胡麻斑蝶等。成虫前翅长约40～46mm。翅脉黑色，翅室白色至浅青色，后翅正面亚外缘自臀角向前分布红色斑4～5个，颇具特色。春季羽化个体翅膀白色，红斑退化，常被误作变型甚至新种（图版8-124）。

分布极广，国内从黑龙江直到云南。黑龙江、辽宁、河北、河南、山东、山西、陕西、甘肃、四川、云南、西藏、贵州、湖北、湖南、江西、浙江、福建、广东、广西和台湾都

a　　b

图版 8-124　黑脉蛱蝶 *Hestina assimilis*

a. 夏型（♀，正，×2/3）b. 春型（♀，正，×2/3）

a　　b　　c　　d

图版 8-125　蒺藜纹脉蛱蝶 *Hestina nama* 和拟斑脉蛱蝶 *Hestina persimilis*

蒺藜纹脉蛱蝶（a、b）：a. ♀（正，×2/3）b. ♀（反，×2/3）

拟斑脉蛱蝶（c、d）：c. ♂（正）d. ♀（正）

同属的拟斑脉蛱蝶*H. persimilis* (Westwood)，成虫中小型，翅膀正面黑色，散布浅青色（图版8-125，c、d）。国内分布于河北、河南、陕西、四川、云南、湖北、浙江、福建、广西、台湾和海南，国外分布于朝鲜半岛、日本和印度。寄主为榆科的朴属植物。

有分布，国外分布于朝鲜半岛和日本。已知寄主为榆科的朴属植物。

（2）蒺藜纹脉蛱蝶

又名褐脉拟斑蛱蝶、箭纹拟斑蛱蝶等。成虫前翅正面青黑色，后翅暗褐色，雌蝶体型略大，颜色略浅（图版8-125，a、b）。

国内分布于四川、云南、贵州、广东、广西和海南等地，国外分布于泰国至印度、尼泊尔一带山区。

在四川峨眉，幼虫寄主为榆科的朴树。多化性种，成虫最早出现于5月中旬，7～8月为高峰期，不访花，吸食树液和动物粪液。

报道寄主还有荨麻科Urticaceae的舌株麻*Archiboehmeria atrata*和紫麻属*Oreocnide*植物（五十岚迈 等，2000）。

8.6.10 黑紫蛱蝶 *Sasakia funebris* (Leech) 和大紫蛱蝶 *S. charonda* (Hewitson)

紫蛱蝶属*Sasakia*的两种著名大型观赏蝴蝶，在工艺制作上有较高利用价值，在生态观赏园内也十分壮观。但成虫不适应较小的活动空间，在当前人工大量繁育尚有难度。

（1）黑紫蛱蝶

又名黑大紫蛱蝶、黑皇后蛱蝶。成虫大型，前翅长约60～70mm。雌蝶显著大于雄蝶。翅膀正面黑色，泛弱紫色光泽，前翅中室内有1自基部发出的红色斑；反面前翅中室基部有1纵向的红色短带，后翅基部靠前方有1红色圆圈，四翅带圈的组合犹如1对圆睁的眼睛，有人称之“关公眼”（图版8-126）。

中国特有种，主要分布于四川、浙江和福建等省。

寄主为榆科的朴属植物，常见的是朴树。

一化性种类，以4～5龄幼虫越冬。在浙江丽水，该种主要生活在800～1200m山地。雄蝶比雌蝶提前5～7天羽化。飞翔迅速，喜食腐烂的果汁和阔叶树干伤口渗出液。一天中以12:00～15:00时段活动最盛。雌蝶产卵在14:00～18:00之间，以13:00左右最盛。卵散产于寄主叶片正、反两面的边缘、叶柄或细枝干上，每次产1～2粒。卵在白天孵化。初孵幼虫取食卵壳，然后爬到叶尖取食。1龄期幼虫取食和栖息在同一叶片，自2龄后，远离栖息叶片取食，具有重复取食同一叶片和返回原位栖息的习性。进入4龄后，随着气温的下降，虫体由绿变黄，在寄主叶片掉落之前，逐渐离开叶片，环绕在寄主小枝干上，体色再由黄变成褐色，开始冬眠。翌年春季气温回升，寄主长出新芽嫩叶时，幼虫体变为褐绿色，从枝干上迁到叶片上开始取食。老熟幼虫在寄主叶片下化蛹。冬季严寒和春季寒流能造成大量越冬幼虫死亡。室外饲养时，卵期6.5～7天，幼期约300天，预蛹期2天，雄蛹历期12天，雌蛹13天，成虫寿命10～13天（潜祖琪 等，1999）。

a

b

图版 8-126 黑紫蛱蝶 *Sasakia funebris*

a. ♂（正，×2/3）　b. ♂（反，×2/3）

a

b

图版 8-127 大紫蛱蝶 *Sasakia charonda*
a. ♂（正，×2/3） b. ♀（正，×2/3）

（2）**大紫蛱蝶**

成虫大型，前翅长约50～65mm。雄蝶翅膀正面灰黑色，中央泛强紫光泽。后翅臀角有1醒目的粉红色斑。雌蝶体型较大，正面紫色光泽弱（图版8-127）。

分布非常之广，大致以长江为界向北分布，远及西北利亚，东至日本列岛和我国台湾岛内，在日本被封为“国蝶”。

已知幼虫寄主均为榆科的朴属植物。

在四川盆周，产于海拔500～1800m山地林区，常与黑紫蛱蝶混合发生。一化性种类，以4～5龄幼虫越冬。成虫发生期在6月初～8月底，常在10余米高的树冠上盘旋，活动时间多在上午9:00至下午17:00之间。成虫食腐，不访花。雄蝶有强烈的占域性，常下到地面汲食动物粪便中的液体。雌蝶产卵常在下午进行，卵则30～60粒成团堆积在一起。幼虫分散栖息在叶正面。秋季寄主落叶前，幼虫离开老叶，匍匐在寄主枝杈处越冬。次年4月上旬，新叶萌发后幼虫又重新爬上叶片，脱皮后虫体转为鲜绿色。老熟幼虫在寄主下部的叶片下化蛹。

8.6.11 电蛱蝶 *Dichorragia nesimachus* (Boisduval) 和素饰蛱蝶 *Stibochiona nicea* (Gray)

（1）**电蛱蝶**

又名流星蛱蝶、墨蝶，电蛱蝶属*Dichorragia*中大型种类。成虫翅膀正面黑色，散布有浅蓝色小斑点。前翅外缘和亚外缘区有2列叠置的窄长白色“V”形纹，犹如电光。雌蝶体型较大，斑纹相同（图版8-128）。

国内分布于陕西、四川、云南、湖南、江西、浙江、福建、台湾和海南，国外分布于朝鲜半岛、中南半岛至印度的亚洲东部和南部。

记载寄主包括清风藤科Sabiaceae的泡花树属*Meliosma*，如笔罗子*Meliosma rigida*、腋毛泡花树*Meliosma rhoifolia*、紫珠叶泡花树*Meliosma callicarpaefolia*、樟叶泡花树*Meliosma sqnamulata*和单叶泡花树*Meliosma simplicifolia*等（五十

图版 8-128 电蛱蝶 *Dichorragia nesimachus*（♀，正）

岚迈 等，1997）。

工艺用材蝶种，不宜在生态蝴蝶园中使用。

（2）素饰蛱蝶

又名白点黑蛱蝶，饰蛱蝶属*Stibochiona*小型种类。成虫翅膀正面黑色，前翅外缘区自顶角至后角有1列小白斑，其内翅中部还散布一些白点。后翅外缘区有1列中黑的白色圆圈（图版8-129）。

国内分布于秦岭淮河以南各地（包括西藏），国外分布于中南半岛和南亚一带。

记载寄主为荨麻科的长叶苎麻 *Boehmeria penduliflora*和桑科榕属的部分植物（五十岚迈 等，1997）。

生态观赏用蝶种，在工艺制作上也有利用价值。

图版 8-129 素饰蛱蝶 *Stibochiona nicea*（♂，正）

8.6.12 彩蛱蝶 *Vagrans egista* (Moore) 和黄襟蛱蝶 *Cupha erymanthis* (Drury)

（1）彩蛱蝶

又名假尾蛱蝶，彩蛱蝶属*Vagrans*中小型种类。成虫翅膀正面黄褐色，边缘黑色。后翅有短尾突1根（图版8-130）。

国内分布于四川、云南、广西和海南，国外分布于南亚、中南半岛至澳大利亚一带。

记载寄主为大风子科Flacourtiaceae的大叶刺篱木*Flacourtia rukam*、卵叶柞木*Xylosma ovatum*、天料木属*Homalium*，以及五桠果科Dilleniaceae五桠果属*Dillenia*的部分植物等（五十岚迈 等，1997；Gaden S. Robinson, *et al.*, 2001）。

工艺、生态观赏和喜庆放飞三用蝶种。

（2）黄襟蛱蝶

又名台湾黄斑蛱蝶、柞蛱蝶、鲁花黄斑蝶和黄斑蝶等，襟蛱蝶属*Cupha*中小型种类。成虫翅膀正面黄褐色，前翅顶区和外缘黑色。雌蝶色彩略暗（图版8-131）。

国内分布于云南、广东、广西、台湾和海南等地，国外分布于中南半岛、缅甸、菲律宾、东印度群岛至澳大利亚的广大地区。

记载幼虫寄主包括大风子科的鲁花树*Scolopia oldhamii*和杨柳科的垂柳等。在台湾为多化性种，成虫和各虫期全年可见（五十岚迈 等，

a

b

图版 8-130 彩蛱蝶 *Vagrans egista*
a. ♂（正） b. ♂（反）

1997；Gaden S. Robinson, *et al.*, 2001；徐堉峰，2002）。

工艺、生态观赏和喜庆放飞三用蝶种。

8.6.13 珐蛱蝶 *Phalanta phalantha* (Drury) 和幸运辘蛱蝶 *Cirrochroa tyche* (Felder et Felder)

（1）珐蛱蝶

又名拟豹纹蛱蝶、冬青蛱蝶、母生蛱蝶和红拟豹斑蝶等，珐蛱蝶属*Phalanta*中小型种类。翅正面橙黄色，类似斐豹蛱蝶的雄蝶。前翅长约26～35mm，雌蝶略大（图版8-132，a）。

国内分布于四川、云南、福建、广东、广西和海南，国外分布于日本、中南半岛和南亚。在热带地区十分普遍。

记载寄主包括杨柳科的柳属，大风子科的鲁花树，以及天料木科Samydaceae的母生树*Homalium harnanense*等（Gaden S. Robinson, *et al.*, 2001；陈泽坦，2002）。

生态观赏用蝶种。

（2）幸运辘蛱蝶

辘蛱蝶属*Cirrochroa*中大型种类。成虫翅膀正面浅黄色至橙黄色，前翅亚外缘至中外区有波状线纹，有时内侧一条不显著（图版8-132，b）。

分布于云南、广东、广西和海南等地。

图版 8-131 黄襟蛱蝶 *Cupha erymanthis*（♀，正）

记载寄主为大风子科的大叶刺篱木等（五十岚迈 等，2000）。

工艺和生态观赏两用蝶种，也可用于喜庆放飞。

8.6.14 文蛱蝶 *Vindula erota* (Fabricius)

又名角翅橙蛱蝶、鸳鸯蛱蝶，文蛱蝶属*Vindula*大型种类。成虫前翅长约44～52mm。雌雄异型，雄蝶翅面赭黄色，外缘区和亚外缘有黑色波状条纹；雌蝶青灰色，中域有大片白色

a　　　　b

图版 8-132 珐蛱蝶 *Phalanta phalantha* 和幸运辘蛱蝶 *Cirrochroa tyche*
a. 珐蛱蝶（♂，正） b. 幸运辘蛱蝶（♂，正）

a　b　c　d

图版 8-133　文蛱蝶 *Vindula erota*

a. ♂（正，×2/3）　b. ♂（反，×2/3）　c. ♀（正，×2/3）　d. ♀（反，×2/3）

区，体型较雄蝶大（图版8-133）。

国内分布于云南、广东、广西和海南，国外分布于缅甸、印度。

在云南南部，幼虫寄主为西番莲科的蒴莲属植物。

工艺、生态观赏和喜庆放飞三用的优良蝶种。

8.6.15 斐豹蛱蝶 *Argyreus hyperbius* (Linnaeus) 和绿豹蛱蝶 *Argynnis paphia* (Linnaeus)

（1）斐豹蛱蝶

又名黑端豹蛱蝶、斐背蛱蝶、黑端豹纹蝶和异端豹纹蝶等，蛱蝶科斐豹蛱蝶属*Argyreus*中大型种类。成虫前翅长约39～42mm。雌雄异型，雄蝶翅面橙黄色，散布黑色斑点，雌蝶前半部黑色，亚顶区有1条白色斜带（图版8-134）。

分布遍及中国各地区，国外分布于朝鲜半岛、日本、菲律宾、印度尼西亚、泰国直到阿富汗的广阔地区。

在四川和云南，幼虫寄主为堇菜科Violaceae的堇菜属*Viola*植物。

工艺、生态观赏和喜庆放飞三用的优良蝶种。

a b c

图版 8-134 斐豹蛱蝶 *Argyreus hyperbius*
a. ♂（正，×2/3） b. ♂（反，×2/3） c. ♀（正，×2/3）

a b

图版 8-135 绿豹蛱蝶 *Argynnis paphia*
a. ♂（正） b. ♂（反）

（2）绿豹蛱蝶

又名绿豹斑蝶，豹蛱蝶属*Argynnis*中大型种类。成虫前翅长约40mm。雌雄异型，雄蝶翅面赭黄色，在M_3、Cu_1、Cu_2和2A脉上有4条黑色性标记，雌蝶青黑色（图版8-135）。

国内除海南外的大部分地区都有分布，国外产于东亚、欧洲和非洲。

幼虫寄主为堇菜科堇菜属植物。报道寄主还有蔷薇科的旋钩子属*Rubus*（Gaden S. Robinson, *et al*., 2001）。

工艺、生态观赏和喜庆放飞三用的优良蝶种。

8.6.16 老豹蛱蝶 *Argyronome laodice* (Pallas) 和青豹蛱蝶 *Damora sagana* (Doubleday)

（1）老豹蛱蝶

又名东方豹蛱蝶，蛱蝶科老豹蛱蝶属*Argyronome*中型种类。成虫极似绿豹蛱蝶，但雌雄正面都是赭黄色，雄蝶前翅只在Cu_1和Cu_2上有2条性标（图版8-136）。

国内大部分地区都有分布，国外产于中亚和欧洲各地。

记载幼虫寄主为堇菜科堇菜属植物和蔷薇科的蚊子草属*Filipendula*种类（周尧，1998a）。

a b c

图版 8-136 老豹蛱蝶 *Argyronome laodice*
a. ♂（正） b. ♂（反） c. ♀（正，×2/3）

a b

图版 8-137 青豹蛱蝶 *Damora sagana*
a. ♂（正） b. ♀（正）

工艺、生态观赏和喜庆放飞三用的优良蝶种。

(2) **青豹蛱蝶**

又名异型豹蛱蝶，青豹蛱蝶属*Damora*中大型种类。成虫雌雄异型。雄蝶翅面赭黄色，在Cu$_1$、Cu$_2$和2A脉上有3条黑色性标记，雌蝶青黑色（图版8-137）。

国内分布于黑龙江、吉林、河南、陕西、四川、浙江、福建和广西，国外分布于西伯利亚东部、蒙古、朝鲜半岛、日本。

幼虫寄主为堇菜科堇菜属。工艺、生态观赏和喜庆放飞三用的优良蝶种。

8.6.17 银豹蛱蝶 *Childrena (Argynnis) childreni* (Gray) 和曲纹银豹蛱蝶 *Ch. zenobia* (Leech)

(1) **银豹蛱蝶**

又名大银豹蛱蝶、大豹蛱蝶，银豹蛱蝶属*Childrena*大型种类。成虫翅正面橙黄色至赭黄色蛱蝶，前翅长约40～50mm。后翅外缘中下方有宽的青蓝色鳞区，反面灰绿色，有阔银白色条纹；雄蝶在Cu$_1$、Cu$_2$和2A脉上有黑色性标记（图版8-138，a～c）。

图版 8-138 银豹蛱蝶 *Childrena childreni* 和曲纹银豹蛱蝶 *Childrena zenobia*
银豹蛱蝶（a ~ c）：a. ♂（正，×2/3） b. ♀（正，×2/3） c. ♂（反，×2/3）
曲纹银豹蛱蝶（d、e）：d. ♂（正） e. ♂（反）

国内分布于陕西、四川、云南、西藏、江西、浙江、福建和广东，国外分布于缅甸和印度。

幼虫寄主为堇菜科堇菜属植物。

工艺、生态观赏和喜庆放飞三用的优良蝶种。

（2）曲纹银豹蛱蝶

成虫与银豹蛱蝶的区别在于，后翅正面外缘无青蓝色鳞区，后翅反面中域外侧白色带显著扭曲（图版8-138，d、e）。主要分布于北京、河南、陕西、四川、云南和西藏等地。幼虫寄主为堇菜科堇菜属。

8.6.18 银斑豹蛱蝶 *Speyeria aglaja* (Linnaeus) 和灿福蛱蝶 *Fabriciana adippe* Denis et Schiffermüller

（1）银斑豹蛱蝶

斑豹蛱蝶属*Speyeria*中小型种类。成虫翅面橙黄色，后翅反面横向散布一系列白色斑列，雄蝶前翅有3条性标记（图版8-139，a、b）。

国内分布于东北至西南各地，广布亚洲北

图版 8-139 银斑豹蛱蝶 *Speyeria aglaja* 和灿福蛱蝶 *Fabriciana adippe*
银斑豹蛱蝶（a、b）：a. ♂（正） b. ♂（反）
灿福蛱蝶（c、d）：c. ♂（正） d. ♂（反）

部、北非至西欧。

幼虫寄主为堇菜科堇菜属植物。记载寄主还有蓼科Polygonaceae的支柱蓼*Polygonum suffultum*（周尧，1998a）。

工艺、生态观赏和喜庆放飞三用的优良蝶种。

（2）灿福蛱蝶

又名凸纹豹蛱蝶、捷豹蛱蝶，福蛱蝶属*Fabriciana*中大型种类。成虫后翅反面多零散白色斑，雄蝶前翅在Cu_1、和Cu_2脉上有2条黑色性标（图版8-139，c、d）。

国内分布于黑龙江、河南、山东、陕西、四川、云南、西藏、湖北和江苏，国外分布于朝鲜半岛、日本、西伯利亚、中亚直到西亚地区。

幼虫寄主为堇菜科堇菜属植物。

工艺、生态观赏和喜庆放飞三用的优良蝶种。

8.6.19 翠蛱蝶类

翠蛱蝶属*Euthalia*中型至大型种类。已知种类很多，翅面色彩各异，但大多呈黄绿色；喜在阳光下活动，飞行急速，但距离较短。《中国蝶类志》（1998年修订版）记载有28种，都有较高的生态观赏和工艺价值，有些还是优良的喜庆放飞种类。主要介绍以下11种。

（1）嘉翠蛱蝶 *Euthalia* (*Dophla*) *kardama* (Moore)

又名联珠绿蛱蝶、珠翠绿蛱蝶。成虫大

a　　b

图版 8-140　嘉翠蛱蝶 *Euthalia kardama*
a. ♂（正，×2/3）　b. ♀（正，×2/3）

型，前翅长约39～48mm。雌雄斑纹相同，但雌蝶体型远大于雄蝶。翅正面橄榄绿色，前翅亚顶角区有白色斑2个，前后翅中域有1列白斑（图版8-140）。

国内分布于甘肃、陕西和河南以南除台湾和海南外的各地区。

记载寄主为棕榈科的棕榈*Trachycarpus fortunei*（方健惠 等，2004）。

成虫常见于林缘和林间行道上，炎热时喜在阴凉的疏林下活动，取食树液和腐烂水果，飞行急促、短距。各地均1年1代，以末龄幼虫越冬。

适宜在生态蝴蝶园中使用，亦有较高的工艺价值。

（2）**西藏翠蛱蝶** *E. thibetana* (Poujade)

又名西藏绿蛱蝶、中带绿蛱蝶、白带翠蛱蝶和翠蛱蝶等。成虫中大型，翅膀正面暗黄绿色。前翅亚顶区有小型白色斑2个，中域1列黄白色横带；后翅中域有1列醒目的大型白色横带（中带）。雌蝶体型较大（图版8-141）。

主要分布于陕西、四川、云南、贵州、台湾和海南等地。

a　　b

图版 8-141　西藏翠蛱蝶 *Euthalia thibetana*
a. ♂（正，×2/3）　b. ♀（正，×2/3）

a b

图版 8-142 黄铜翠蛱蝶 *Euthalia nara*
a. ♂（正） b. ♀（正）

记载寄主为大戟科的粗糠树*Mallotus phillippensis*，壳斗科的赤皮青冈 *Cyclobalanopsis gilva* 和长果青冈*C. longinux*等（Gaden S. Robinson, *et al*., 2001）。

适宜在生态蝴蝶园中使用，也有一定的工艺价值。

图版 8-143 孔子翠蛱蝶 *Euthalia confucius*（♂，正）

（3）**黄铜翠蛱蝶** *E*. (*Dophla*) *nara* Moore

又名古铜翠蛱蝶、峨眉绿蛱蝶和峨眉棕椆蛱蝶等。成虫中到大型，雌雄异型。雄蝶正面亮黄绿色，后翅前方有大块黄色斑，臀角尖锐；雌蝶体型较大，亮黄绿色，前翅亚顶区有2个小白斑，中域有1列斜向的大型白色斑。后翅臀角圆钝（图版8-142）。

国内分布于四川、云南、浙江、广西和海南，国外分布于缅甸、印度、不丹和尼泊尔。

在四川峨眉，寄主为壳斗科的栎属植物。

极其适宜在蝴蝶生态园内使用，也是优良的喜庆放飞蝶种。

（4）**孔子翠蛱蝶** *E*. *confucius* (Westwood)

又名黄斑绿蛱蝶。成虫大型，翅膀正面黄绿色。前翅亚顶区有3个小白斑，组成中域斜带的白斑宽大。后翅有1始于前缘、向后延伸、渐细、向内缘弯曲的白色带（图版8-143）。

国内分布于陕西、四川、西藏和浙江，国外无记载。

在四川峨眉山，寄主为蔷薇

a

b

图版 8-144 鹰翠蛱蝶 *Euthalia anosia*
a. ♂（正） b. ♀（正）

科的枇杷*Eriobotrya japonica*。

工艺、生态观赏和喜庆放飞三用的优良蝶种。

（5）**鹰翠蛱蝶** *E. anosia* (Moore)

成虫翅正面灰黑色，有灰白色鳞散布。前翅顶角尖出如鹰嘴。翅反面灰白色。雌蝶前翅中室端外和外下方有白色斑数个（图版8-144）。

国内分布于云南和浙江，国外分布于印度尼西亚、中南半岛至印度一带。

记载寄主为漆树科杧果属*Mangifera*的杧果*Mangifera indica*（五十岚迈 等，2000）。

适宜在生态蝴蝶园中使用，也有一定的工艺价值。

图版 8-145 矛翠蛱蝶 *Euthalia aconthea*（♂，正）

（6）**矛翠蛱蝶** *E. aconthea* (Cramer)

翅正面灰黑色，前翅基部和亚缘有暗色带，中室端外有小白斑，后翅亚缘有1列黑色斑点。雄蝶体型较小，后翅臀角尖锐，雌蝶后翅臀角钝圆（图版8-145）。

国内分布于四川、云南、浙江、福建和海南，国外分布于中南半岛至印度、斯里兰卡一带。

主要记载寄主为漆树科的腰果*Anacardium occidentale*和杧果，桑寄生科的红花寄生*Scurrula parasitica*、王蕊寄生*Dendrophthoe pentandra*，桑科的桑属*Morus*和鹊肾树，以及蔷薇科的蔷薇属*Rosa*等（五十岚迈 等，1997；Gaden S. Robinson, *et al.*, 2001）。

适宜在生态蝴蝶园中使用，也有一定的工艺价值。

（7）**红裙边翠蛱蝶** *E. irrubescens* Grose-Smith

又名闪电绿蛱蝶、闪电蛱蝶。中型蛱蝶，成虫翅膀正面黑色至黑褐色。前翅中室中部和端脉上各有1条短红斑，臀角处有1个小红斑。后翅反面基部有4～5个散布的小红色斑，内缘和外缘都有醒目的红色斑。雌蝶较大，臀角圆钝（图版8-146）。

a

b

c

图版 8-146 红裙边翠蛱蝶 *Euthalia irrubescens*
a. ♂（正） b. ♀（正） c. ♀（反）

稀有种，分布于四川、浙江、福建和台湾。

在四川峨眉的寄主为桑寄生科鞘花属*Macrosolen*一种植物。记载寄主还有钝果寄生属*Taxillus*的木兰寄生和毛叶钝果寄生（Gaden S. Robinson, *et al.*, 2001）。

（8）**红斑翠蛱蝶** *E. lubentina* (Cramer)

成虫中型或中小型，翅膀正面暗绿褐色。雌雄异型。雄蝶较小，前翅亚外缘区有1列“S”形排列的细小白斑，中室内端部有窄短白斑1个，在其外侧和内侧各有1红色短横斑；中室端脉外有小白斑3个。后翅外缘、亚外缘及臀角处都有红色斑，反面基部、亚外缘和外缘红色斑更为醒目。雌蝶较大，各斑纹的位置与雄蝶相同，中室内和中外区白色斑大型（图版8-147）。

a

b

图版 8-147 红斑翠蛱蝶 *Euthalia lubentina*
a. ♂（正） b. ♀（正）

a　　b

图版 8-148 尖翅翠蛱蝶 *Euthalia phemius*
a. ♂（正） b. ♀（正）

国内分布于云南、广东、广西和海南，国外分布于越南、泰国、马来西亚、缅甸和印度。

记载寄主为桑寄生科的桑寄生属的红花寄生，梨果寄生属*Scurrula*的锈毛梨果寄生*S. ferruginea*，鞘花属的鞘花*M. cochinchinensis*和大苞鞘花属*Elytranthe*的苞花寄生*E. cochinchinensis*等（Gaden S. Robinson, *et al.*, 2001）。

（9）**尖翅翠蛱蝶** *E. phemius* (Doubleday)

中大型种类，成虫雌雄异形。雄蝶前翅顶角和后翅臀角尖，前翅正面中室外有纵向排列的白色细线纹，后翅臀角和外缘区青蓝色。雌蝶前翅中域自前缘中部到后角有1列大型的白色斜向斑列。后翅圆，臀角无青色斑（图版8-148）。

国内分布于云南、广西、广东和海南，国外分布于印度和东南半岛一带。

记载寄主为漆树科的杧果属植物（五十岚迈 等，1997）。

（10）**白裙翠蛱蝶** *E. lepidea* (Butler)

成虫中大型，前翅顶角平截，雌雄异型。

a　　b

图版 8-149 白裙翠蛱蝶 *Euthalia lepidea*
a. ♂（正） b. ♀（正）

a　　　　b

图版 8-150 珐琅翠蛱蝶 *Euthalia franciae*

a. ♂（正） b. ♂（反）

雄蝶翅正面黑色，前翅外缘区、后翅亚缘区及其外侧为青灰色，翅反面暗褐色。雌蝶体型较大，色彩较淡（图版8-149）。

国内分布于云南、广西和广东，国外分布于中南半岛至尼泊尔一带。

寄主未明。

(11) **珐琅翠蛱蝶** *E. franciae* (Gray)

大型种类，翅正面暗绿褐色，组成中域带各白色斑排列整齐。翅反面粉白色（图版8-150）。

国内仅发现于云南，国外分布于印度和中南半岛一带。寄主未明。

8.6.20 黑角律蛱蝶 *Lexias dirtia* (Fabricius)

律蛱蝶属*Lexias*大型种类。成虫翅面黑色或黑褐色，有青蓝色带。雄蝶翅正面黑色，前翅正面有宽阔的蓝灰色外缘带，后翅中外区有1蓝色宽横带，反面黄褐色。雌蝶体型较大，翅膀正面散布浅黄色斑点，排列成带状或半环状（图版8-151）。

a　　　　b

图版 8-151 黑角律蛱蝶 *Lexias dirtia*

a. ♂（正，×2/3） b. ♀（正，×2/3）

a

b

图版 8-152 穆蛱蝶 *Moduza procris*
a. ♂（正） b. ♂（反）

国内分布于云南和广东，国外分布于马来西亚、菲律宾和印度。

主要记载寄主为金丝桃科Guttiferae的藤黄属*Garcinia*和黄牛木属*Cratoxylum*（黄牛木*C. cochinchinense*），南洋杉科Araucariaceae贝壳杉属*Agathis*（五十岚迈 等，1997；Gaden S. Robinson, *et al.*, 2001）。

成虫习性近似翠蛱蝶类，为工艺和生态观赏两用优良蝶种。

8.6.21 穆蛱蝶 *Moduza procris* (Cramer)

又名白珠蛱蝶，穆蛱蝶属*Moduza*中型种类。成虫前翅长约30～35mm。翅正面褐色，中域由大型白色斑组成的中带醒目，外缘波状凹凸，亚外缘波形纹黑色（图版8-152）。

国内分布于云南、广东、广西和海南，国外分布于越南、泰国、马来西亚、菲律宾、印度尼西亚、印度和斯里兰卡。

记载幼虫寄主包括茜草科Rubiaceae的帽蕊木属*Mitragyna*、新乌檀属*Neonauclea*、海茜树属*Timonius*、水锦树*Wendlandia uvariifolia*、乌檀*Nauclea officinalis*、洋玉叶金花*Mussaenda frondosa*和毛土连翘*Hymenodictyon orixense*，以及桃金娘科Myrtaceae和使君子科Combretaceae的多种植物（五十岚迈 等，2000；Gaden S. Robinson, *et al.*, 2001）。

8.6.22 Y纹伲蛱蝶 *Parasarpa dudu* (Westwood) 和白斑伲蛱蝶 *P. albomaculata* (Leech)

伲蛱蝶属*Parasarpa*中大型或中型种类。成虫翅面黑色或黑褐色，中横带发达。喜在河谷林缘开阔地活动，均为生态蝴蝶园中的优良蝶种，亦可用于工艺品制作。

（1）Y纹伲蛱蝶

又名紫单带蛱蝶。成虫翅膀正面黑褐色，前后翅明丽的白色中横带连成一线，在前翅中室外分叉（图版8-153，a、b）。

国内分布于云南、广东、台湾和海南，国外分布于泰国、缅甸、印度和不丹等国。

记载寄主有忍冬科的华南忍冬*Lonicera confusa*、菰腺忍冬*Lonicera hypoglauca*和大花忍冬*Lonicera macrantha*等（Gaden S. Robinson, *et al.*, 2001）。

（2）白斑伲蛱蝶

成虫雌雄异型，雄蝶翅膀正面黑色，前后翅中域有1醒目的白斑，前翅顶区还有1个小白斑（图版8-153，c～f）。翅膀反面黑褐色。雌蝶翅正面黑褐色，中室内有1个棒状黄色斑，中外侧和顶区、后翅中内侧有黄色横带。

主要分布于陕西和四川。

记载寄主为板栗*Castanea mollisima*和茅栗*C. seguinii*等壳斗科植物（周尧，1998a）。

图版 8-153 Y 纹伧蛱蝶 *Parasarpa dudu* 和白斑伧蛱蝶 *Parasarpa albomaculata*
Y 纹伧蛱蝶（a、b）：a. ♂（正） b. ♂（反）
白斑伧蛱蝶（c ~ f）：c. ♂（正） d. ♀（正） e. ♀（反） f. ♂（反）

a

b

图版 8-154 彩衣俳蛱蝶 *Parasarpa hourberti*
a. ♂（正） b. ♂（反）

同属的彩衣俳蛱蝶*P. hourberti* (Oberthür)较为少见，成虫也很美观（图版8-154）。主要分布于产四川和云南。寄主未明。

图版 8-155 丽蛱蝶 *Parthenos sylvia*（♂，正）

8.6.23 丽蛱蝶 *Parthenos sylvia* Cramer

又名云南丽蛱蝶，蛱蝶科丽蛱蝶属大型华丽种类。成虫前翅长约45～50mm，翅正面橄榄绿色，前翅有黑色外缘带和亚缘带，中域有大型白斑1列。后翅外缘波状，外缘带黑色，亚缘有1列三角形黑色斑（图版8-155）。

国内分布于云南和海南，国外分布于越南、泰国、马来西亚、缅甸、印度和斯里兰卡。

在云南版纳，寄主为西番莲科的长叶西番莲（毛蛇王藤）*Passiflora siamica*。

工艺、生态观赏和喜庆放飞三用的优良蝶种。

8.6.24 枯叶蛱蝶 *Kallima inachus* Doubleday 和蠹叶蛱蝶 *Doleschallia bisaltide* Cramer

（1）枯叶蛱蝶

又名木叶蝶、枯叶蝶、木叶蛱蝶、中华枯叶蝶和树叶蝶等，枯叶蛱蝶属大型种类。成虫前翅长约40～46mm，产于云南南部的个体显著大于四川产的个体。翅形模拟枯叶的形态，反面具有逼真的枯叶纹理、霉斑等保护色。翅正面蓝黑色，黄色中横带宽、鲜艳。须长，

a

b

图版 8-156 枯叶蛱蝶 *Kallima inachus*

a. ♂（正，×2/3） b. ♂（反，×2/3）

伸出头前方。前翅前缘强度弧形弯曲，顶角尖出，外缘在Cu_2脉处突出，后翅有短尾突1根（图版8-156）。

国内自然分布于秦岭—淮河一线以南各地区，而主要产于长江流域，其他各地的数量很稀少。其在国外的分布，东始于日本的琉球、石垣岛、西表岛，西至喜马拉雅山脉西北段的南麓。

主要寄主为爵床科Acanthaceae马蓝亚族Strobilanthinae的各种植物（五十岚迈 等，1997；Gaden S. Robinson, *et al.*, 2001；杨萍等，2005a）。

工艺和生态观赏两用的优良蝶种，尤其在科普教育上有独特价值。

（2）蠹叶蛱蝶

又名秋叶蛱蝶、截顶枯叶蛱蝶，蠹叶蛱蝶属中型种类。典型拟态蛱蝶之一。成虫翅形和反面颜色模仿枯叶，前翅长约34～40mm，顶

a

b

图版 8-157 蠹叶蛱蝶 *Doleschallia bisaltide*

a. ♂（正） b. ♂（反）

角平截而非尖出，乃与枯叶蛱蝶的最显著差别（图版8-157）。

国内分布于云南、华南和台湾，国外分布于从印度到澳大利亚的广大区域。

在云南西双版纳，主要寄主为爵床科山壳骨属*Pseuderanthemum*的植物。生活在林区，成虫常在林缘地带活动，也见于居民点周围。访花，也取食树液和腐烂水果。雄蝶有占域性，常在溪谷和林缘灌丛上守候。雌蝶将卵散产于寄主叶片背面，卵淡黄色，球形；幼虫息于叶片背面，后期转移至茎干上。若卵数粒产在一起，则初孵幼虫有一定的群集居性。

工艺和生态观赏两用蝶种，也可用于喜庆放飞。

8.6.25 幻紫斑蛱蝶 *Hypolimnas bolina* (Linnaeus) 和金斑蛱蝶 *H. misippus* (Linnaeus)

斑蛱蝶属*Hypolimnas*中大型种类，成虫模拟斑蝶形态。工艺和生态观赏两用优良蝶种，也可用于喜庆放飞。

（1）幻紫斑蛱蝶

又名晕紫蛱蝶、幻紫蛱蝶、琉球紫蛱蝶、幻蛱蝶、琉球紫蛱蝶和幻紫蝶等。成虫雌雄异型，都模拟了紫斑蝶的形态。翅正面黑色，雄

图版 8-158 幻紫斑蛱蝶 *Hypolimnas bolina* 和金斑蛱蝶 *Hypolimnas misippus*
幻紫斑蛱蝶（a、b）：a. ♂（正） b. ♀（正）
金斑蛱蝶（c、d）：c. ♂（正） d. ♀（正）

蝶泛较强的紫色光泽，前翅中室外和后翅正面中域有大型蓝紫色圆斑1个；雌蝶远较雄蝶大，翅正面紫色光泽较弱，后翅正面蓝色圆斑缩小甚至消失。高海拔和高纬度个体比低海拔和低纬度个体大（图版8-158，a、b）。

国内分布于四川、云南、江西、浙江、福建、广东、香港、广西、台湾和海南，国外分布于南亚、中南半岛和印度尼西亚。

记载寄主范围极其广泛，包括马齿苋科Portulacaceae、爵床科、荨麻科、苋科Amaranthaceae、旋花科Convolvulaceae、菊科Compositae、锦葵科Malvaceae、蓼科和茜草科的许多种植物（五十岚迈 等，1997；Gaden S. Robinson, *et al.*, 2001；徐堉峰，2006）。

（2）金斑蛱蝶

又名拟金斑紫蛱蝶、马齿苋蛱蝶、雌红紫蛱蝶、黄蛱蝶、雌拟幻蛱蝶和拟阿檀斑蛱蝶等。成虫雌雄异型。雄蝶模拟了紫斑蝶形态，翅正面泛强烈紫色光泽，前翅顶角、中室外和后翅中室附近有大型耀眼的白色斑。雌蝶则模拟了金斑蝶的形态，前翅亚顶区有大型白色斑1列，基部前缘至顶角、外缘和亚顶区黑色，中后区、基部和后翅大部橙黄色（图版8-158，c、d）。

国内分布于陕西、四川、云南、浙江、福建、广东、广西、台湾和海南。国外分布于日本至印度、缅甸至澳大利亚北部，热带非洲和南美洲等地。

记载幼虫寄主为马齿苋科的马齿苋*Portulaca oleracea*，爵床科的十万错属*Asystasia*、假杜鹃属*Barleria*、百簕花属*Blepharis*、山壳骨属、楠草属*Dipteracanthus*等属，以及锦葵科的部分种类（Gaden S. Robinson, *et al.*, 2001）。

8.6.26 荨麻蛱蝶 *Aglais urticae* (Linnaeus) 和大红蛱蝶 *Vanessa indica* (Herbst)

（1）荨麻蛱蝶

又名麻秆蛱蝶。蛱蝶科麻蛱蝶属小型美丽种类。成虫翅膀外缘区黑色，中部橙红色至橙黄色（图版8-159，a）。

国内分布于除海南外的大部分地区，国外分布于东亚、中亚和欧洲中部。

记载寄主为荨麻科的狭叶荨麻*Uritica angustifolia*和桑科的啤酒花*Humulus lupulus*（袁荣才等，1994；周尧，1998a）。

工艺和生态观赏两用的优良蝶种，亦用于喜庆场合放飞。

（2）大红蛱蝶

又名印度赤蛱蝶、红蛱蝶、橙蛱蝶、赤蛱蝶、苎麻蛱蝶、苎麻赤蛱蝶、印度赤蛱蝶和麻红蛱蝶等，红蛱蝶属中小型种类。成虫前翅长约27～30mm。前翅端半部黑色，其余橙黄色至棕褐色（图版8-159，b）。

广布全国各地，国外分布于亚洲东部、非洲西北部和欧洲大部分地区。

记载的主要寄主为荨麻科的异叶蝎子草*Girardinia heterophylla*、大蝎子草*G. diversifolia*、

a

b

图版 8-159 荨麻蛱蝶 *Aglais urticae* 和大红蛱蝶 *Vanessa indica*
a. 荨麻蛱蝶（♀，正） b. 大红蛱蝶（♂，正）

青叶苎麻*Boehmeria nivea*、大叶苎麻*B. longispica*和咬人荨麻*Uritica thunbergiana*等（Gaden S. Robinson, *et al.*, 2001；荣秀兰 等，2005；徐堉峰，2006）。

工艺和生态观赏两用的优良蝶种，亦用于喜庆场合放飞。

小红蛱蝶*V. cardui* (Linnaeus)（图版8-160），翅膀正面浅橙黄色至浅橙红色，反面颜色较淡、斑纹破碎。广布全国各地，世界上分布于南美洲和南极洲以外的各大洲。主要记载寄主为菊科蒿属*Artemisia*的五月艾*A. indica*和锦葵科的锦葵*Malva sinensis*等（Gaden S. Robinson, *et al.*, 2001）。

图版 8-160 小红蛱蝶 *Vanessa cardui*（♀，正）

8.6.27 黄缘蛱蝶 *Nymphalis antiopa* (Linnaeus) 和朱蛱蝶 *N. xanthomelas* Denis et Schiffermüller

蛱蝶科蛱蝶属*Nymphalis*中型种类。均为优良的工艺和生态观赏两用蝶种，也可用于喜庆放飞。

（1）黄缘蛱蝶

成虫翅正面黑褐色，前后翅有黄白色外缘带，亚外缘有1列蓝色小斑点。前翅顶角平截，下方尖出。后翅外缘中部向外尖出（图版8-161，a）。

主要分布于东北、华北、西北和四川等地。

记载寄主为杨柳科的银白杨，榆科的榆属*Ulmus*，荨麻科的荨麻属*Urtica*和桦木科Betulaceae的坚桦*Betula chinensis*等（Gaden S. Robinson, *et al.*, 2001）。

（2）朱蛱蝶

成虫翅正面红褐色，外缘灰白色。前翅中室中部、端脉和亚顶区有黑色短横带。中后区和后翅前缘下方有黑色横斑（图版8-161，b）。

国内分布于东北、华北、西北和台湾等地，国外分布于朝鲜半岛、日本和欧洲中部。主要记载寄主为杨柳科的杨属和漆树科的黄连木属*Pistacia*植物，以及榆科的朴树和榔榆等（Gaden S. Robinson, *et al.*, 2001）。

a

b

图版 8-161 黄缘蛱蝶 *Nymphalis antiopa* 和朱蛱蝶 *Nymphalis xanthomelas*
a. 黄缘蛱蝶（♀，正） b. 朱蛱蝶（♀，正）

白矩朱蛱蝶*N. vau-album* (Schiffermüller)，成虫与前种近似，后翅正面前缘下黑斑外侧有白色短横带（图版8-162）。产于吉林、山西、新疆和云南等地，国外分布于亚洲北部、中亚和东欧一带。记载寄主为杨柳科的杨属和柳属植物（Gaden S. Robinson, *et al.*, 2001）。

图版 8-162 白矩朱蛱蝶 *Nymphalis vau-album*（♀，正）

8.6.28 琉璃蛱蝶 *Kaniska canace* (Linnaeus)

又名琉璃纹蛱蝶、蓝带蛱蝶，琉璃蛱蝶属中小型种类。成虫前翅顶角平截，外缘中部向内弧形凹入。翅正面蓝黑色，亚缘区有1条蓝色宽带纵贯前后翅（图版8-163）。

中国绝大部分地区都有分布，国外分布于东亚、东南亚、南亚和中亚地区。

在四川和云南，已知寄主为百合科的菝葜属*Smilax*和肖菝葜属*Heterosmilax*的多种植物。

生态观赏用蝶种，在工艺制作上也有利用价值，一般不用于喜庆放飞。

8.6.29 眼蛱蝶类

眼蛱蝶属*Junonia*中小型或小型种类，成虫形态各异，习性相近。

(1)**美眼蛱蝶** *Junonia* (*Precis*) *almana* (Linnaeus)

又名孔雀眼蛱蝶、孔雀纹蛱蝶、猫眼蛱蝶、孔雀眼纹蝶、眼蛱蝶、孔雀拟蛱蝶、拟蛱蝶、蓑衣蛱蝶和无纹拟蛱蝶等。成虫中小型，前翅长约25～32mm。翅正面橙黄色至橙红色，有大型紫蓝色眼状纹，内有白色瞳点。有明显的季节变型：秋型（低温型）前翅顶角突出，正面橙红色，翅反面似枯叶状；夏型（高温型）前翅顶角平截，翅正面橙黄色（图版8-164，a、b）。

广布全国各地，国外分布于日本、中南半岛、东印度群岛和南亚地区。

记载寄主为爵床科的水蓑衣*Hygrophila salicifolia*和马蓝亚族的各种植物，以及玄参科Scrophulariaceae的母草属*Lindernia*等属的植物（五十岚迈 等，1997；Gaden S. Robinson, *et al.*, 2001）。

a

b

图版 8-163 琉璃蛱蝶 *Kaniska canace*

a. ♀（正） b. ♀（反）

图版 8-164 眼蛱蝶属 *Junonia* 各种

美眼蛱蝶 *Junonia almana*（a、b）：a. 高温型（♂，正） b. 低温型（♀，正） 翠蓝眼蛱蝶 *J. orithya*（c、d）：c. ♂（正） d. ♀（正）
黄裳眼蛱蝶 *J. hierta*（e）：♀（正） 蛇眼蛱蝶 *J. lemonias*（f）：♂（正）

同属的蛇眼蛱蝶*J. lemonias* (Linnaeus)（图版8-164，f）主要分布于热带、南亚热带地区，翅面色彩虽略暗淡，但斑纹奇特，也可用于生态观赏园中。

工艺、生态观赏和喜庆放飞三用的优良蝶种。

（2）**翠蓝眼蛱蝶** *J. orithya* (Linnaeus)

又名蓝地蛱蝶、孔雀青蛱蝶、金鱼草蝶、彩雀蝶、青眼蛱蝶和青拟蛱蝶等。成虫小型，前翅长约20～26mm。翅面蓝色至蓝紫色，后翅有大型眼状纹，也有季节变型：秋型翅反面似枯叶状，前翅顶角突出（图版8-164，c、d）。

广布秦岭—淮河以南各地，国外分布于日本、中南半岛、南亚、西南太平洋诸岛、澳大利亚和南北美洲。

确认或记载寄主主要有车前科Plantaginaceae的车前属*Plantago*和爵床科的鳞花草属*Lepidagathis*植物（五十岚迈　等，1997；Gaden S. Robinson, *et al.*, 2001）。

生态观赏用优良蝶种，在工艺制作上也有一定价值。

（3）**黄裳眼蛱蝶** *J. hierta* (Fabricius)

小型种类，成虫前后翅正面有大型浅黄色斑，后翅前方有1椭圆形蓝色斑（图版8-164，e）。

国内分布于四川、云南、广东和海南等地，国外分布于泰国、缅甸、印度、斯里兰卡等国。

主要记载寄主有爵床科的十万错属、楠草属、假杜鹃属、水蓑衣属*Hygrophila*和瘤子草属*Nelsonia*等（五十岚迈　等，1997；Gaden S. Robinson, *et al.*, 2001）。

生态观赏用蝶种，在工艺制作上也有利用价值。

8.6.30 网丝蛱蝶 *Cyrestis thyodamas* Boisduval 和孔雀蛱蝶 *Inachis io* (Linnaeus)

（1）**网丝蛱蝶**

又名丝纹蛱蝶、崖胥蛱蝶、石墙蝶、地图蝶和石崖蝶等，丝蛱蝶属*Cyrestis*中型种类。成虫前翅长约30mm。翅正面白色或乳黄色，翅脉黑褐色、清晰，与翅面上的黑褐色细线条交织成网状，犹如地图，故又名“地图蝶”（图版8-165，a）。

国内分布于四川、云南、西藏、江西、浙江、福建、广东、广西、台湾和海南，国外分布于日本、中南半岛、东印度群岛和南亚地区。

记载主要幼虫寄主为桑科榕属植物，如无花果*Ficus carica*、尖叶榕*F. henryi*、和榕树*F. microcarpa*等（五十岚迈　等，2000）。

生态观赏用蝶种，在工艺制作上也有利用价值，一般不用于喜庆放飞。

（2）**孔雀蛱蝶**

又名榆蛱蝶，孔雀蛱蝶属*Inachis*小型种

a

b

图版 8-165　网丝蛱蝶 *Cyrestis thyodamas* 和八目丝蛱蝶 *C. cocles*

a. 网丝蛱蝶（♂，正）　b. 八目丝蛱蝶（♂，正）

八目丝蛱蝶*C. cocles* (Fabricius)（图版8-165，b），成虫小型，仅发现于海南。也是生态蝴蝶园的优良蝶种。记载寄主为桑科的鹊肾树属*Streblus*、榕属*Ficus*和桑属*Morus*植物（五十岚迈 等，2000）。

类。成虫前翅长约25～30mm，翅正面朱红色，外缘色稍暗（图版8-166）。

国内主要分布于秦岭—淮河以北的东北、华北和西北地区，国外分布于东亚、地中海沿岸和西欧各国。主要记载寄主有荨麻科的咬人荨麻、狭叶荨麻、异株荨麻*U. dioica*和桑科的葎草和啤酒花等（袁荣才 等，1993；Gaden S. Robinson, *et al.*, 2001）。

工艺、生态观赏和喜庆放飞三用的优良蝶种。

图版 8-166 孔雀蛱蝶 *Inachis io*（♀，正）

图版 8-167 线蛱蝶属 *Limenitis* 的代表种类
残锷线蛱蝶 *Limenitis sulpitia*（a、b）：a. ♀（正，×2/3） b. ♀（反，×2/3）
戟眉线蛱蝶 *Limenitis homeyeri*（c、d）：c. ♂（正，×2/3） d. ♂（反，×2/3）
扬眉线蛱蝶 *Limenitis helmanni*（e、f）：e. ♂（正，×2/3） f. ♂（反，×2/3）

8.6.31 其他常见中小型观赏蛱蝶

蛱蝶科中还有许多中小型种类，由于其成虫适应在较小空间内生活，在生态蝴蝶园中可起到一定的点缀和烘托气氛的作用，在蝴蝶开发利用中不应当被忽视。这些种类主要有以下15类。

（1）线蛱蝶类

线蛱蝶属*Limenitis*的中小型蝴蝶。翅正面多为黑底色，多有环形排列的白色斑列。翅膀反面铁锈色、黄褐色等。种类较多，中国已知约14种。不同种类的寄主也很不相同。较为常见的如残锷线蛱蝶*Limenitis sulpitia* (Cramer)（图版8-167，a、b）、戟眉线蛱蝶*Limenitis homeyeri* Tancré（图版8-167，c、d）和扬眉线蛱蝶*Limenitis helmanni* Lederer（图版8-167，e、f）等。

在生态蝴蝶观赏园中有很好的点缀效果，工艺制作和喜庆放飞中少用。

（2）带蛱蝶类

带蛱蝶属*Athyma*的中型或小

图版 8-168 带蛱蝶属 *Athyma* 的代表种类

离斑带蛱蝶 *Athyma ranga*（a、b）：a. ♂（正） b. ♂（反） 双色带蛱蝶 *Athyma cama*（c、d）：c. ♂（正） d. ♂（反）
新月带蛱蝶 *Athyma selenophora*（e、f）：e. ♂（正） f. ♂（反） 玄珠带蛱蝶 *Athyma perius*（g、h）：g. ♀（正） h. ♀（反）
珠履带蛱蝶 *Athyma asura*（i、j）：i. ♂（正） j. ♂（反） 玉杵带蛱蝶 *Athyma jina*（k、*l*）：k. ♀（正） *l*. ♀（反）

型种类。成虫翅膀正面黑色，大多有白色或黄色的环形斑列。部分种类雌雄异型。常见种类如离斑带蛱蝶*A. ranga* Moore（图版8-168，a、b）、双色带蛱蝶*A. cama* Moore（图版8-168，c、d）、新月带蛱蝶*A. selenophora* (Kollar)（图版8-168，e、f）、玄珠带蛱蝶*A. perius* (Linnaeus)（图版8-168，g、h）、珠履带蛱蝶*A. asura* Moore（图版8-168，i、j）和玉杵带蛱蝶*A. jina* Moore（图版8-168，k、*l*）等，主要以大戟科和茜草科的植物为寄主。适宜在生态蝴蝶园中使用。

（3）环蛱蝶和菲蛱蝶

蛱蝶科环蛱蝶族Neptini中的一大类小型或中小型蝴蝶。翅膀正面多黑底色，少数黄褐色，有排列成环状的白色或黄色条带。种类很多，分布很广，区分比较困难，常见的如链环蛱蝶*Neptis pryeri* Butler（图版8-169，a、b）、五段环蛱蝶*N. divisa* Oberthür（图版8-169，c、d）、娑环蛱蝶*N. soma* Moore（图版8-169，e、f）、泰环蛱蝶*N. thestias* Leech（图版8-169，g、

图版 8-169 环蛱蝶属 *Neptis* 和菲蛱蝶属 *Phaedyma* 的代表种类

链环蛱蝶 *Neptis pryeri*（a、b）：a. ♂（正） b. ♂（反） 五段环蛱蝶 *Neptis divisa*（c、d）：c. ♂（正） d. ♂（反）
娑环蛱蝶 *Neptis soma*（e、f）：e. ♂（正） f. ♂（反） 泰环蛱蝶 *Neptis thestias*（g、h）：g. ♂（正） h. ♂（反）
阿环蛱蝶 *Neptis ananta*（i、j）：i. ♂（正） j. ♂（反） 蔼菲蛱蝶 *Phaedyma aspasia*（k、*l*）：k. ♀（正） *l*. ♀（反）

h）、阿环蛱蝶*N. ananta* Moore（图版8-169，i、j）和蔼菲蛱蝶*Phaedyma aspasia* (Leech)（图版8-169，k、*l*）等。

工艺价值较低，但其成虫喜在开阔地活动，飞行低矮，是一类极其适宜在生态观赏园中使用的优良蝶种。翅面黄色系列种类亦是喜庆放飞的优良蝶种。

（4）盛蛱蝶类

盛蛱蝶属*Symbrenthia*的一类小型美丽蛱蝶。翅正面黑色，有黄色环形带。成虫活泼，喜在林缘灌丛草地上活动。常见的是散纹盛蛱蝶*S. lilaea* (Hewitson)（图版8-170，a、b）、花豹盛蛱蝶*S. hypselis* (Godart)（图版8-170，c、d）和云豹盛蛱蝶*S. niphanda* Moore（图版8-170，e、f）等。

图版 8-170　盛蛱蝶属 *Symbrenthia* 的代表种类

散纹盛蛱蝶 *Symbrenthia lilaea*（a、b）：a. ♂（正）　b. ♂（反）　花豹盛蛱蝶 *Symbrenthia hypselis*（c、d）：c. ♂（正）　d. ♂（反）
云豹盛蛱蝶 *Symbrenthia niphanda*（e、f）：e. ♀（正）　f. ♀（反）

a　　b

图版 8-171 芒蛱蝶 *Euripus nyctelius*

a. ♂（正） b. ♂（反）

散纹盛蛱蝶又名黄三线蝶、金带蝶等。国内产于南方各地，记载寄主主要为荨麻科的苎麻属*Boehmeria*和水麻属*Debregeasia*植物（Gaden S. Robinson, *et al.*, 2001）。

（5）**芒蛱蝶** *Euripus nyctelius* Doubleday

又名雌多态蛱蝶，芒蛱蝶属*Euripus*中型种类。成虫雌雄异型。雄蝶翅膀正面黑底色，散布乳白色斑纹。雌蝶多态，多数翅膀正面黑褐色，有弱紫色光泽。反面前翅中室外和后翅中内区有大型白色斑（图版8-171）。

国内分布于云南、广东和海南，国外分布于泰国、马来西亚、缅甸、印度。记载寄主为榆科的山黄麻*Trema orientalis*（五十岚迈　等，2000）。

有较高生态观赏价值，也可用于工艺制作。

（6）**爻蛱蝶** *Herona marathus* Doubleday

爻蛱蝶属*Herona*小型种类。成虫翅膀正面黑褐色，有环状排列的橙黄色带（图版8-172）。

主要分布于云南、广东、广西和海南等地。

记载寄主为榆科的朴属植物（五十岚迈　等，2000）。

在生态观赏中有一定利用价值。

a　　b

图版 8-172 爻蛱蝶 *Herona marathus*

a. ♀（正） b. ♀（反）

a　　b

图版 8-173　婀蛱蝶 *Abrota ganga*

a. ♂（正）　b. ♀（正）

（7）**婀蛱蝶** *Abrota ganga* Moore

又名瑙蛱蝶、雄红三线蝶，婀蛱蝶属*Abrota*中大型蝴蝶。雄蝶翅膀正反面橙黄色，翅正面有环形的黑色条纹。雌蝶翅膀正面灰黑色，前翅中室内有浅黄色纵带，中室端外有1个黄斑，前后翅都有黄色的环形浅黄色条带（图版8-173）。

国内分布于陕西、四川、江西、浙江、福建、广东、台湾和海南，国外分布于越南、缅甸、印度和不丹等地。

记载寄主为金缕梅科Hamamelidaceae的秀柱花*Eustigma oblongifolium*和壳斗科的青冈等（五十岚迈 等，2000）。

可在生态观赏园内使用，也有一定工艺价值。

（8）**耙蛱蝶** *Bhagadatta austenia* (Moore)

耙蛱蝶属*Bhagadatta*中大型种类。成虫翅

a　　b

图版 8-174　耙蛱蝶 *Bhagadatta austenia*

a. ♀（正）　b. ♀（反）

a　　　　b

图版 8-175 中华黄葩蛱蝶 *Patsuia sinensis*
a. ♂（正） b. ♂（反）

膀正面灰黑色，前后翅中域有灰白色或灰黄色带，亚外缘区有黑色“V”形纹（图版8-174）。

国内分布于江西、广东和广西等地，国外发现于越南、缅甸和印度。

记载寄主为樟科的油丹属*Alseodaphne* 的长柄油丹*A. petiolaris*（五十岚迈 等，2000）。

在生态观赏园内有一定的使用价值。

（9）**中华黄葩蛱蝶** *Patsuia sinensis* Oberthür

葩蛱蝶属*Patsuia*中型种类。翅面黑褐色，散布黄色斑纹。后翅反面黄褐色（图版8-175）。

中国特产种，分布于山西、河南、陕西、甘肃、四川和云南等省。寄主未明。

（10）**秀蛱蝶** *Pseudergalis wedah* (Kollar)

秀蛱蝶属*Pseudergalis*小型种类。成虫翅膀正面棕褐色，背面黑褐色，中外侧至亚缘有3根平行的黑色条纹（图版8-176）。

分布于陕西、四川、云南、西藏和湖北等地。

记载寄主为荨麻科的水麻属植物，如水麻*Debregeasia orientalis*（五十岚迈 等，2000）。

在蝴蝶生态园中表现良好。

（11）**绢蛱蝶** *Calinaga buddha* Moore

绢蛱蝶属*Calinaga*中型种类。成虫翅形和触角似粉蝶，胸部两侧有棕色绒毛。翅正面灰白色，半透明状（图版8-177）。

图版 8-176 秀蛱蝶 *Pseudergalis wedah*（♂，正）

主要分布于四川、云南和台湾等地。

幼虫寄主为鸡桑*Morus australis*等桑科植物（周尧，1998a）。

可在生态蝴蝶园中使用。

（12）**珠蛱蝶** *Issoria lathonia* (Linnaeus)

珠蛱蝶属*Issoria*小型蝴蝶。成虫翅正面浅黄色，散布黑色斑点，后翅外缘中部向外突出，反面具大型银白色斑（图版8-178）。

主要分布于四川、云南、西藏和新疆等地。

记载寄主为堇菜科的三色堇*Viola tricolor*和豆科的驴食草属*Onobrychis*（Gaden S. Robinson, *et al.*, 2001）。

a

b

图版 8-177　绢蛱蝶 *Calinaga buddha*

a. ♀（正）　b. ♀（反）

a

b

图版 8-178　珠蛱蝶 *Issoria lathonia*

a. ♀（正）　b. ♀（反）

工艺和生态观赏两用蝶种，也可用于喜庆放飞。

（13）**蜘蛱蝶类**

蜘蛱蝶属*Araschnia*小型种类。翅正面黄褐色，散布黑色斑纹，反面基部有蛛网状细纹。南北各地都有分布，常见于农田和林缘灌丛活动，主要是曲纹蜘蛱蝶*A. doris* Leech（图版8-179，a、b）和直纹蜘蛱蝶*A. prorsoides* (Blanchard)（图版8-179，c、d）2种。主要寄主为荨麻科植物，如狭叶荨麻*Urtica angustifolia*等（Gaden S. Robinson, *et al.*, 2001；袁荣才　等，1994）。

（14）**网蛱蝶类**

网蛱蝶族Melitaeini小型种类。翅面黄褐色，翅脉黑色，常与翅室内的线纹形成网格状斑纹。主要分布在北方地区以及南方的高海拔地带。较为常见的种类有中堇蛱蝶*Euphydryas intermedia* Ménétriès（图版8-180，a）、帝网蛱蝶*Melitaea diamina* Lang（图版8-180，b）、圆翅网蛱蝶*Melitaea yuenty* Oberthür（图版8-180，c）、大网蛱蝶*Melitaea scotosia* Butler（图版8-180，d、e）和罗网蛱蝶*Melitaea romanovi* Grum-Grshimailo（图版8-180，f、g）等。主要寄主为菊科、玄参科和川续断科Dipsacaceae的

图版 8-179 蜘蛱蝶属 *Araschnia* 的代表种类

曲纹蜘蛱蝶 *Araschnia doris*（a、b）：a. ♂（春型，正） b. ♀（春型，正）

直纹蜘蛱蝶 *Araschnia prorsoides*（c、d）：c. ♂（正） d. ♂（反）

图版 8-180 网蛱蝶族 Melitaeini 蝴蝶的代表种类

中堇蛱蝶 *Euphydryas intermedia*（a）：♀（正） 帝网蛱蝶 *Melitaea diamina*（b）：♀（正） 圆翅网蛱蝶 *Melitaea yuenty*（c）：♂（正）

大网蛱蝶 *Melitaea scotosia*（d、e）：d. ♀（正） e. ♀（反） 罗网蛱蝶 *Melitaea romanovi*（f、g）f. ♂（正） g. ♂（反）

植物，如漏芦*Stemmacantha uniflora*和华北蓝盆花*Scabiosa tschiliensis*等（Gaden S. Robinson, *et al.*, 2001；陈洁君 等，2004）。

（15）**珍蛱蝶类**

珍蛱蝶属*Clossiana*小型种类。翅正面黄褐色，散布黑色斑纹。主要分布于南方高海拔地区和北方。常见种类是女神珍蛱蝶*Clossiana dia* (Linnaeus)（图版8-181，a、b）和珍蛱蝶*Clossiana gong* Oberthür（图版8-181，c、d）。寄主为杜鹃花科Ericaceae和岩高兰科Empetraceae等科的植物（周尧，1998a）。

图版 8-181　珍蛱蝶属 *Clossiana* 的代表种类

女神珍蛱蝶 *Clossiana dia*（a、b）：a. ♂（正）　b. ♂（反）

珍蛱蝶 *Clossiana gong*（c、d）：c. ♂（正）　d. ♂（反）

8.7 其他科的观赏蝴蝶

8.7.1 眼蝶科 Satyridae

眼蝶科的蝴蝶大多为中小型，色彩晦暗，多不访花，喜栖阴暗环境。但也有一些美观种类，能在一定的环境中营造独特的景观，具有较高的利用价值。本科的观赏蝴蝶主要属于锯眼蝶属*Elymnias*、斑眼蝶*Penthema*、艳眼蝶属*Callerebia*、林眼蝶属*Aulocera*、黛眼蝶属*Lethe*、带眼蝶属*Chonala*、黑眼蝶属*Ethope*、红眼蝶属*Erebia*和白眼蝶属*Melanargia*等属。重要种类有以下11种。

（1）**闪紫锯眼蝶** *Elymnias malelas* (Hewitson)

又名端点椰眼蝶。成虫前翅正面黑色，雄蝶有较强烈的蓝紫色光泽，后翅外缘浅锯齿状，总体平直。雌蝶较大，前翅正面泛紫色光泽，后翅翅脉灰黑色，翅室灰白色（图版8-182）。

图版 8-182　闪紫锯眼蝶 *Elymnias malelas*

a. ♂（正）　b. ♀（正）

a

b

图版 8-183 龙女锯眼蝶 *Elymnias nesaea*
a. ♀（正） b. ♀（反）

主要分布于云南、西藏，国外分布于南亚次大陆。记载幼虫寄主为棕榈科的棕榈、椰子、槟榔*Areca catechu*和香蕉*Musa paradisiaca* var. *sapientum*等（周尧，1998a；Gaden S. Robinson, *et al.*, 2001）。

在云南西双版纳，发生在600m以下的低海拔地带，尤其在平原地区常见。成虫喜光，常在庭院和疏林内活动，飞行缓慢、低矮，类似紫斑蝶属种类，取食树液和腐烂水果。

本种是眼蝶科中较有观赏价值的种类之一，在工艺制作和生态观赏中都有一定的利用价值。

（2）**龙女锯眼蝶** *Elymnias nesaea* (Linnaeus)

又名黑脉椰眼蝶、黑脉眼蝶、白带眼蝶等。成虫翅正面灰白色，翅脉两侧黑色，雄蝶在翅室内有浅青色鳞。后翅外缘中部有1小尖突（图版8-183）。

国内分布于云南和湖北，国外分布于中南半岛、印度尼西亚和印度等地。

记载寄主为棕榈科的棕榈、槟榔和椰子等（五十岚迈 等，1997）。

生态观赏用优良蝶种。

（3）**彩裳斑眼蝶** *Penthema darlisa* Moore

又名台湾斑眼蝶、白条斑荫蝶，斑眼蝶属大型种类。成虫大型，前翅长约46～55mm。翅正面青白色，模拟青斑蝶的形态（图版8-184）。

国内分布于云南和广东，国外分布于泰国、缅甸和印度。

生活史和寄主未明，但其同属的近似种*Penthema formosana* (Rothschild) 在台湾的幼虫寄主为禾本科竹亚科箣竹属*Bambusa*的孝顺竹（凤凰竹）*B. multiplex*等（五十岚迈 等，1997）。

在云南西双版纳比较普遍，在1000m海拔以下都能见到成虫。不同于眼蝶中的大多数种类，该种成虫喜在阳光下活动，常在疏林地和大路上近地缓慢飞行，姿态如同青斑蝶，取食树液和腐烂水果。

图版 8-184 彩裳斑眼蝶 *Penthema darlisa*（♂，正，×2/3）

工艺和生态观赏两用蝶种，有较高的利用价值。

（4）**白斑眼蝶** *Penthema adelma* (Felder)

斑眼蝶属大型种类。翅面黑色，前翅正面中域有1宽阔的斜向白色斑列，外缘和亚缘区各有1列小型白色斑。前翅顶角钝圆（图版8-185）。

主要分布于陕西、四川、广西、湖北、江西、浙江、福建和台湾等地。记载寄主为禾本科竹类（周尧，1998a）。

工艺和生态观赏两用蝶种，有较高的利用价值。

图版 8-185 白斑眼蝶 *Penthema adelma*（♂，正）

（5）**凤眼蝶** *Neorina patria* Leech

凤眼蝶属*Neorina*大型种类。翅面黑色，前翅正面中域有1宽阔的白色斜带，后翅外缘中部向外形成1小尖突。前后翅反面的亚顶区各有1个大型眼斑（图版8-186）。

国内分布于四川、云南、广西和江西，国外分布于缅甸和印度等地。寄主未明。

工艺和生态观赏两用蝶种，有较高的利用价值。

（6）**大艳眼蝶** *Callerebia suroia* Tytler

艳眼蝶属中大型种类。翅面黑褐色，前翅亚顶区有1个具2个瞳点的眼状斑，边缘黄色。后翅反面有云雾状纹（图版8-187）。

主要分布于四川、云南和浙江等地。寄主未明。

a　　b

图版 8-186 凤眼蝶 *Neorina patria*

a. ♂（正）　b. ♂（反）

a b

图版 8-187 大艳眼蝶 *Callerebia suroia*
a. ♂（正） b. ♂（反）

（7）**大型林眼蝶** *Aulocera padma* (Kollar)

林眼蝶属大型种类。翅正面黑色，中域有1列大型白色斑纵贯前后翅，翅反面有密集的细波纹。正反面均无明显的眼状斑纹（图版8-188）。

国内分布于西南地区，国外分布于缅甸、印度东北和不丹等地。记载寄主为禾本科植物（周尧，1998a）。

（8）**蓝斑丽眼蝶** *Mandarinia regalis* (Leech)

丽眼蝶属*Mandarinia*中小型种类。翅面蓝黑色，前翅正面中外区有1宽阔的蓝色斜带，前后翅反面亚缘有1列眼状斑（图版8-189）。

国内在长江流域及其以南地区多有分布，国外分布于中南半岛。寄主未明。

（9）**曲纹黛眼蝶** *Lethe chandica* Moore

黛眼蝶属中型种类。翅正面褐色，前翅亚

a b

图版 8-188 大型林眼蝶 *Aulocera padma*
a. ♂（正） b. ♂（反）

图版 8-189 蓝斑丽眼蝶 *Mandarinia regalis*（♂，正）

顶区有1宽的白色斜带，后翅亚缘有1列多瞳点的眼状斑（图版8-190）。

国内在长江流域及其以南地区多有分布，国外分布于印度、中南半岛、印尼和菲律宾等地。寄主为禾本科竹类植物，如龙竹*Dendrocalamus giganteus*、马来甜龙竹*D. asper*和玉山竹*Yushania niitakayamensis*等（五十岚迈 等，1997）。

（10）**棕带眼蝶** *Chonala praeusta* Leech

带眼蝶属中小型种类，翅面棕黑色，前翅正面亚顶区和亚缘有黄色斜带。后翅反面亚缘有1列眼状斑（图版8-191）。

a b

图版 8-190 曲纹黛眼蝶 *Lethe chandica*

a. ♀（正） b. ♀（反）

a b

图版 8-191 棕带眼蝶 *Chonala praeusta*

a. ♂（正） b. ♂（反）

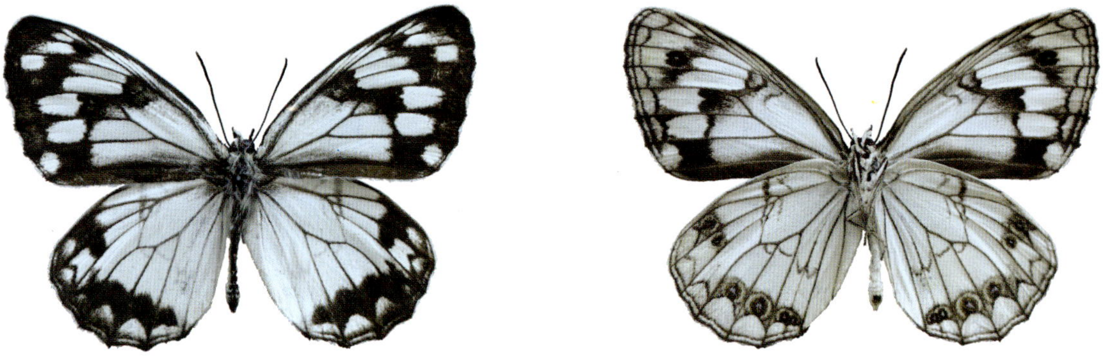

a b

图版 8-192 白眼蝶 *Melanargia halimede*
a. ♂（正） b. ♂（反）

主要分布于云南和四川两省的高海拔地区。寄主未明。

（11）**白眼蝶** *Melanargia halimede* Ménétriès

白眼蝶属中小型种类。翅正面白色，翅脉、顶区及外缘区黑色，后翅反面亚缘有1列眼状斑（图版8-192）。

国内分布于东北至西南、华中一带，国外分布于朝鲜、蒙古和俄罗斯东部。

寄主为禾本科芨芨草属*Achnatherum*植物。

8.7.2 珍蝶科 Acraeidae

本科在国内只有2种，即斑珍蝶*Acraea violae* Fabricius和苎麻珍蝶*A. issoria* (Hübner)。成虫中型或中小型，翅正面红色至浅黄色，触角形态与蛱蝶相近，而身体和翅形则似斑蝶科种类，故又名"斑蛱蝶"。成虫访花，飞行缓慢，有群集习性，非常适合在蝴蝶园中和喜庆放飞时使用，也有较高的工艺价值。

斑珍蝶，又名黑点斑蛱蝶。成虫中小型，前翅顶角较锐，羽化初期翅正面红色，消褪后呈浅橙色。前翅中室内、中室端脉和中室端外都有黑色斑，后翅正面有黑色宽外缘带，带中央有橙红色斑点。国内分布于云南和海南，国外分布于缅甸、印度。在云南西双版纳，寄主为西番莲科蒴莲属植物。

苎麻珍蝶，又名苎麻斑蛱蝶、斑蛱蝶、荨麻黄蛱蝶、黄斑蛱蝶、细蝶和细蛱蝶等。成虫中型，前后翅椭圆形，正面淡黄色。前翅正面

a b

图版 8-193 苎麻珍蝶 *Acraea issoria*
a. ♂（正） b. ♀（正）

外缘带宽、浅黑色，中室中部、端脉和端外各有1浅黑色横带。雌蝶翅面颜色略深，体型较大（图版8-193）。国内分布于四川、云南、西藏、湖北、湖南、江西、浙江、福建、广东、广西、台湾和海南，国外分布于中南半岛、菲律宾、印度尼西亚、缅甸和印度等地。主要寄主是荨麻科的水麻属和冷水花属*Pilea*各种植物（五十岚迈　等，2000；Gaden S. Robinson, *et al.*, 2001）。

8.7.3 灰蝶科 Lycaenidae 和蚬蝶科 Riodinidae

蚬蝶科和灰蝶科的小型、微型蝶种过去统称小灰蝶类。其中包括了一些极为美丽的属种，如翠蝴蝶属*Neozephyrus*、金灰蝶属*Chrysozephyrus*、艳灰蝶属*Favonius*、银线灰蝶属*Spindasis*、银灰蝶属*Curetis*、玛灰蝶属*Mahathala*、鹿灰蝶属*Loxura*、娆灰蝶属*Arhopala*、花灰蝶属*Flos*、双尾灰蝶属*Tajuria*、罕莱灰蝶属*Helleia*和尾蚬蝶属*Dodona*等。它们有的具有鲜艳的结构色，有的具有奇异的形态，具有极高的观赏价值（图版8-194）。它们的成虫活动范围小，多访花，在蝴蝶园中别具一格。但这类蝴蝶的人工繁育大多还有许多技术难题需要解决。

8.7.4 弄蝶科 Hesperiidae

本科的常见种大多为小型种类，翅面以黑白色为主调，身体粗壮，密生松散结合的细毛，在蝴蝶生态观赏和工艺制作上很少使用。伞弄蝶属*Bibasis*、绿弄蝶属*Choaspes*、星弄蝶属*Celaenorrhinus*和飒弄蝶属*Satarupa*等属的一些种类在观赏蝴蝶业中有一定的潜在利用价值（图版8-195）。

图版 8-194　灰蝶科 Lycaenidae 和蚬蝶科 Riodinidae 的几个观赏蝶种

闪光翠蝴蝶 *Neozephyrus coruscans*（a）：♂（正）　亲艳灰蝶 *Favonius cognatus*（b）：♂（正）
鹿灰蝶 *Loxura atymnus*（c）：♂（正）　银灰蝶 *Curetis bulis*（d、e）：d. ♂（正）　e. ♂（反）
白燕尾蚬蝶 *Dodona henrici*（f）：♂（正）

图版 8-195 弄蝶科 Hesperiidae 的几种观赏蝴蝶

白粉大弄蝶 *Capila pieridoides*（a、b）：a. ♂（正） b. ♂（反） 蛱型飒弄蝶 *Satarupa nymphalis*（c、d）：c. ♂（正） d. ♂（反）
绿弄蝶 *Choaspes benjaminii*（e）：♂（正） 白伞弄蝶 *Bibasis gomata*（f、g）：f. ♂（正） g. ♂（反）

主要参考文献

白九维，王效岳. 1996. 中国珍稀与观赏蝴蝶（Ⅰ）[M]. 台北：淑馨出版社

曹天文，盖强，王根 等. 1994. 酷色苹粉蝶研究初报[J]. 山西农业大学学报（自然科学版），14（4）

陈汉林，黄水生. 1993. 中华宽尾凤蝶的生物学特性[J]. 浙江农业大学学报，19（2）

陈汉林，王根寿. 1997a. 八字纹青凤蝶生物学特性的研究[J]. 浙江林业科技，17（6）

陈汉林，王根寿. 1997b. 黎氏青凤蝶的初步研究[J]. 森林病虫通讯，1

陈洁君，王义飞，雷光春 等. 2004. 栖息地质量对两种网蛱蝶集合种群结构和分布的影响[J]. 昆虫学报，47（1）

陈兴永，温瑞珍，陈海东. 2004. 广州地区达摩凤蝶生物学特性观察[J]. 昆虫知识，41（2）

陈秀龙，陈李红，李苏萍 等. 2004. 鱼尾竹环蝶生物学特性与防治[J]. 中国森林病虫，23（3）

陈永佳，陈锡昌. 1997. 金裳凤蝶与裳凤蝶的生物学特性观察[J]. 昆虫天敌，19（2）

陈泽坦. 2002. 珐蛱蝶——母生树上的一种新害虫[J]. 植物保护，28（5）

陈志兵，裴恩乐，段华荣 等. 2002. 麝凤蝶形态观察及生物学特性[J]. 昆虫知识，39（2）

丁冬荪. 1996. 江西武夷山自然保护区蝶类区系结构及垂直分布[J]. 昆虫学报，39（4）

方健惠，李秀山. 2004. 嘉翠蛱蝶的生物学特性初步观察[J]. 昆虫知识，41（6）

方健惠，田椰，孙天鑫. 2005. 巴黎翠凤蝶、红基美凤蝶生物学特性初步观察[J]. 甘肃林业科技，30（1）

黄寿山，田明义，王敏 等. 2002. 中国金斑喙凤蝶研究进展[J]. 武夷科学，18

顾茂彬，陈佩珍. 1997. 海南岛蝴蝶[M]. 北京：中国林业出版社

胡萃，吴晓晶，王选民. 1992. 珍稀濒危昆虫——中华虎凤蝶的生物学[J]. 昆虫学报，35（2）

姜双林. 2001. 山楂绢粉蝶的生物学及防治[J]. 昆虫知识，38（2）

李百万，沈强，熊小平 等. 2005. 竹箭环蝶的生物学特性及其防治[J]. 华东森林经理，19（1）

李昌廉. 1994. 云南绢蝶一新种及四新亚种(锤角亚目：绢蝶科)[J]. 西南农业大学学报，16（2）

李传隆，朱宝云. 1992. 中国蝶类图谱[M]. 上海：上海远东出版社

李传隆，主编. 1995. 云南蝴蝶[M]. 北京：中国林业出版社

李俊延，王效岳. 2002. 台湾蝴蝶宝鉴[M]. 台北：猫头鹰出版社

李莉，孙旭，韩淑英. 1999. 树粉蝶生物特性及防治方法的研究[J]. 内蒙古科技与经济（1999年科技文献版）：57～58

刘东明，陈红锋，易绮斐 等. 2006. 巴黎翠凤蝶的生物学特性与防治[J]. 昆虫知识，43（2）

刘光华，曾玲. 1999. 碎斑青凤蝶和鹤顶粉蝶幼期形态描述及生物学特性研究初报[J]. 仲恺农业技术学院学报，12（4）

刘玉，曲爱军，张鲜明，宫俊华. 2004. 柳紫闪蛱蝶幼期形态描述[J]. 林业科技，29（1）

卢东升. 1997. 信阳碧凤蝶人工饲养初步观察[J]. 信阳师范学院学报（自然科学版），10（2）

卢东升. 1999. 信阳地区柑橘凤蝶生物学特性[J]. 昆虫知识，36（5）

罗志文，李世震，李春丰 等. 2005. 丝带凤蝶的生物学特性研究初报[J]. 佳木斯大学学报（自然科学版），3

牛琼，牛瑶，梁宏斌 等. 1995. 河南珍稀濒危蝶类——中华虎凤蝶李氏亚种的研究[J]. 河南科学，13（2）

潜祖琪，童雪松. 1998. 铁木剑凤蝶的生物学习性观察[J]. 昆虫知识，35（5）

潜祖琪，童雪松. 1999. 黑紫蛱蝶生物学特性的研究[J]. 华东昆虫学报，9（1）

荣秀兰，周兴苗，雷朝亮 等. 2005. 苎麻赤蛱蝶生物学特性和有效积温的研究[J]. 华中农业大学学报，24（2）

佘德松，冯福娟. 2003. 木兰青凤蝶生物学特性的初步研究[J]. 福建林业科技，30（2）

沈光普，丁冬荪，郭起荣 等. 1998. 樟树主要害虫的形态和生物学特性/樟树害虫（专辑）[J]. 江西农业大学学报，第20卷增刊

谭济才. 1995. 茶褐樟蛱蝶的初步观察[J]. 中国茶叶，17（6）

童雪松，潜祖祺. 1991. 中华虎凤蝶的生态研究[J]. 丽水农业科技，1

王金平，卢东升. 1998. 信阳麝凤蝶人工饲养初步观察[J]. 信阳师范学院学报（自然科学版）：11（3）

王梅松，何学友，杨希 等. 2000. 统帅青凤蝶生物学特性的初步研究[J]. 福建林业科技，27（2）

武春生. 2001. 中国动物志：昆虫纲·鳞翅目·凤蝶科[M]. 北京：科学出版社.

许雪峰，孙希达，楼信权. 1998. 中华虎凤蝶生物学特性的研究[J]. 宁德师专学报（自然科学版），10（3）

徐堉峰. 1999. 台湾蝶图鉴.第一卷[M]. 南投：凤凰谷鸟园

徐堉峰. 2002. 台湾蝶图鉴.第二卷[M]. 南投：凤凰谷鸟园

徐堉峰. 2006. 台湾蝶图鉴.第三卷[M]. 南投：凤凰谷鸟园

杨大荣. 1998. 西双版纳片断热带雨林蝶类群落结构与多样性研究[J]. 昆虫学报，41（1）

杨萍，漆波，邓合黎 等. 2005a. 枯叶蛱蝶的生物学特性及饲养[J]. 西南农业大学学报（自然科学版），27（1）

杨萍，邓合黎，漆波 等. 2005b. 巴黎翠凤蝶*Papilio paris* linnaeus生物学与养殖[J]. 西南农业大学学报（自然科学版），27（5）

杨萍，邓合黎，漆波，刘琼. 2006 红锯蛱蝶*Cethosia biblis* (Drury)的生物学研究[J]. 西南农业大学学报（自然科学版），28（4）

应霞玲，曾玲，黄寿山. 2002. 金扇凤蝶和红纹凤蝶生物学特性观察[J]. 武夷科学，18

袁德成，买国庆，薛大勇 等. 1998. 中华虎凤蝶栖息地、生物学和保护现状[J]. 生物多样性，6（2）

袁荣才，张富满，文贵柱. 1993. 孔雀蛱蝶研究初报[J]. 吉林农业科学，3

袁荣才，文贵柱. 1994. 荨麻上六种蛱蝶幼虫和蛹的识别[J]. 吉林农业科学，2

袁荣才，张富满，夏景岐 等. 1995. 虎凤蝶临江亚种研究初报[J]. 吉林农业科学，2

袁荣才，李晓光，王晓强 等. 1996. 长白山区绿带翠凤蝶研究初报[J]. 吉林农业科学，2

袁荣才，李晓光. 1997. 长白山区柑橘凤蝶的研究[J]. 吉林农业科学，4

袁荣才，李晓光，罗焱. 1998. 长白山区丝带凤蝶的研究[J]. 农业与技术，18（3）

曾菊平. 2005. 金斑喙凤蝶广西亚种生物学研究[J]. 广西师范大学硕士论文.

张潮巨，卢福生，陈顺立 等. 1991. 中国宽尾凤蝶的研究[J]. 福建林学院学报，11（1）

章士美，赵泳祥. 1996. 中国农林昆虫地理分布[M]. 北京：中国农业出版社.

赵梅君. 2006. 黄尖襟粉蝶的生物学特性[J]. 昆虫知识，43（4）

中国科学院中国植物志编辑委员会. 1988. 中国植物志. 第24卷[M]. 北京：科学出版社

周尧. 1998a. 中国蝶类志（修订版）[M]. 郑州：河南科学技术出版社

周尧. 1998b. 中国蝴蝶分类与鉴定[M]. 郑州：河南科学技术出版社

周繇. 2002. 乌苏里虎凤蝶临江亚种的生活习性[J]. 昆虫知识，39（4）

诸立新，吴孝兵，晏鹏. 2006. 基于CoI 基因部分序列对尾凤蝶属（鳞翅目，凤蝶科）四种蝴蝶分子系统关系及相关问题的探讨[J]. 动物分类学报，31（1）

五十岚迈，福田晴夫. 1997. *The life histories of asian butterflies*, Vol.1. 东京：东海大学出版社

五十岚迈，福田晴夫. 2000. *The life histories of asian butterflies*, Vol.2. 东京：东海大学出版社

Gaden S. Robinson, Phillip R. Ackery, Ian J. Kitching, *et al*. 2001. *Hostplants of the moth and butterfly caterpillars of the Oriental Region*. London: The Natural History Museum

Igarashi S. 1979. *Papilionidae and their early stages*. Tokyo: Kodansha

Igarashi S. 1987. *On the life history of Teinopalpus imperialis Hope in Northern India and its Phylogenetic Position in the Papilionidae*. Tyô to Ga, 38 (3):115-151

Igarashi S. 2001. *Life history of Teinopalpus aureus in Vietnam in comparison with that of T. imperialis*. Butterflies, 30: 4-24

Igarashi, S. 2003. *Life history of Bhutanitis mansfieldi in comparison with those of related species*. Butterflies, 36: 20-39

Pisuth EK-Amnuay. 2006. *Butterflies of Thailand*. Bangkok: Baan lae Suan

第9章　主要养殖蝶种的生物学

掌握蝴蝶的生物学特征是开展蝴蝶养殖的基础。认识各种蝴蝶的生活史、成虫和幼虫习性、寄主范围等主要生物学特征需要作较长时间的观察。近20年来，国内在蝴蝶分类学上的研究较多，而对于中国观赏蝴蝶中的大部分种类的生物学特征、寄主植物等的研究还很不充分。在世界范围内看，当前人工繁育技术较为成熟的观赏蝶种主要属于凤蝶科、粉蝶科、蛱蝶科、斑蝶科、闪蝶科和袖蝶科的种类，其中闪蝶科和袖蝶科在中国没有分布。在国内，当前人工养殖较为成功的蝴蝶主要集中在凤蝶科、粉蝶科、蛱蝶科和斑蝶科等5个科中。绢蝶科、环蝶科、灰蝶科和蚬蝶科等科的许多种类虽然美丽，由于对其生物学特性了解较少，目前尚很少成功繁育的经验。大多数适宜开展人工繁育的观赏蝴蝶具备雌蝶在人工繁殖园中的繁殖力高、主要寄主植物产叶量高、卵的收集和保育容易、卵的孵化率和幼虫成活率高，以及年世代数多等特点。本章就适宜当前在中国大陆开展人工繁育的部分观赏蝶种的生物学作一简要介绍。

9.1 裳凤蝶 *Troides helena* 和金裳凤蝶 *T. aeacus*（图版9-1）

（1）**裳凤蝶**（图版 9-1，a ～ f）

卵　大型，直径约1.9～2.2mm，高约1.6～1.9mm。橘红色，近球形，表面覆盖粘液固化物。壳坚硬，不易破损。

幼虫　5龄。1龄棕色，体表多棘，棘基部锥状，端部有细毛；中胸、第4及第7～9腹节棘黄色。2龄暗红色，体表棘为肉刺取代。3龄棕黑色，第3腹节足基部肉刺和第4腹节背面2肉刺粉红色。中后胸和第7～9腹节肉刺大部分为粉红色，基部黑色，其余肉刺棕黑色，顶端暗红色。4龄棕褐色，中胸至第1腹节肉刺8列，第2～9腹节肉刺6列。第3腹节足基部肉刺和第4腹节背面两肉刺变白，略带粉红色。第4腹节背面两肉刺以一浅粉红色带相连。其余刺棕褐色，顶端粉红色。5龄体表灰褐色，临近老熟时，表皮半透明状。其余特征与4龄近似。

蛹　缢蛹大型，长44～52mm，宽24～27mm，表面有叶脉状纹理。中胸背面隆起，腹部背面凹陷，两侧向外突出，背中线两侧有两排共6个锥形突起。分绿色型和黄色型两种。绿色型通体绿色，黄色型整体大部分浅灰黄色，背面黄褐色。

生物学　在西双版纳关坪（海拔约 1000m），1 年可发生 4 ～ 5 代，以蛹越冬。第 1 代历期为 54 ～ 68 天。第 2 代的卵期约为 6 ～ 7 天，幼虫期为 22 ～ 31 天，蛹期 20 ～ 25 天，历期约为 50 ～ 66 天。越冬蛹于 3 ～ 4 月间羽化，第 1 代在 4 月上旬至 5 月上旬出现，第 2 代 6 月上旬至下旬出现，第 3 代 7 月中下旬出现，第 5 代于 10 ～ 11 月间化蛹越冬。成虫访花，飞行缓慢，野外常在高处活动。卵散产，幼虫分散栖息，有咬食茎皮习性，造成寄主上部枝叶枯萎。

在海南儋州，该种1年发生6代，无越冬、越夏现象，世代重叠，全年均可见各虫态。各世代历期与气温有关，从11月到次年3月，由于气温较低，在近5个月中只发生2代，而在气温较高的5～7月1代只需约50天。成虫访花，喜在晴朗而有微风的天气活动，羽化后1～2天即可交配，产卵前期1～2 天。卵散产于寄主叶片、嫩茎和寄主植物缠绕的物体上，一次产卵8～22粒（黄光斗　等，2002）。陈永佳等（1997）认为，该种在广州1年可以发生6～7代。在气温为24～30℃条件下，卵期为3～6天，幼虫期16～20天，蛹期为18～25天。而应霞玲等（2002）认为，该种在广州1年只有5～6代。

对于本种的人工繁育，国内有过不少研究。一般认为，成虫需要较大的活动空间，在狭小繁殖园内不能完成交配或产卵甚少。报道单雌产卵量仅40～60粒，产卵量低可能主要与空间小有关，也发现近亲交配导致后代卵的孵化率不断下降。雌成虫寿命为12～18天，雄成虫为11～15天（陈永佳 等，1997；应霞玲 等，2002；蔡月仙 等，2003）。

寄主范围 本种在云南的唯一已知野生寄主为马兜铃科Aristolochiaceae的耳叶马兜铃*Aristolochia tagala*（又称卵叶马兜铃、黑面防己或卵叶雷公藤）。这种缠绕藤本植物主要分布在云南文山、红河、版纳和瑞丽等地的低海拔季雨林中。记载寄主还有马兜铃科的蜂窠马兜铃*A. foveolata*、变色马兜铃*A. versicolor*、大叶马兜铃*A. kaempferi*和线果兜铃属*Thottea*的*Thottea wallichii*（Igarashi S., 1979；五十岚迈 等，1997；Gaden S. Robinson, *et al.*, 2001；陈明勇 等，2002）。

推荐寄主 耳叶马兜铃。

（2）**金裳凤蝶（图版 9-1，g～i）**

幼期与裳凤蝶极为相近，区别在于：卵浅

图版 9-1 裳凤蝶 *Troides helena* 和金裳凤蝶 *T. aeacus* 各虫期形态

裳凤蝶（a～f）：a. 成虫（♂，正面） b. 成虫（♀，反面） c. 卵（上）和 1 龄虫（下） d. 3 龄虫 e. 5 龄虫 f. 蛹（绿色型）
金裳凤蝶（g～i）：g. 卵（右下）和 5 龄幼虫 h. 成虫 i. 蛹（褐色型）

黄色至灰白色，幼虫体色更鲜艳，尤其是肉刺的上部为紫红色。

生物学 多化性种类，以蛹越冬。在长江上游流域，一年只有1代，但在云南版纳可能发生3～4代，因为自4月至8月都有成虫活动。据报道在广州地区该种1年可发生6～7代，在江西1年2代，以蛹在9月下旬开始越冬。成虫飞行能力极强，常见其在林冠上访花，或沿河谷长时间飞行。交配、取食和产卵时也下到地面。雌蝶将卵分散产于寄主叶片背面，多位于嫩叶和新梢上，有时也产卵于临近杂物上（陈永佳 等，1997；刘良源 等，1999）。在台湾，产于全岛的平地至1000m左右的山地，主要分布于南部。成虫全年可见，尤以春季3～4月和秋季9～10月间发生量最大（徐堉峰，1999）。

寄主范围 确认和记载寄主均为马兜铃科马兜铃属*Aristolochia*植物。在四川峨眉，已知寄主为宝兴马兜铃*Aristolochia moupinensis*和异叶马兜铃*A. kaempferi* Willd. f. *heterophylla*，在云南版纳则为耳叶马兜铃。本种在台湾的主要野生寄主为异叶马兜铃和港口马兜铃*A. zollingeriana*（= *A. kankauensis*，*A. roxburgiana*，*A. tagala* Cham. var. *kankauensis*，或*Hocquartia kankauensis*）（徐堉峰，1999），后者与耳叶马兜铃很相似。其他记载寄主还有马兜铃属的大叶马兜铃、琉球马兜铃*A. liukiuensis*、西藏马兜铃*A. griffithii*、管兰香*A. cathcartii*、美丽马兜铃*A. elegans*、瓜叶马兜铃*A. cucurbitifolia*，以及线果兜铃属的*Thottea tricornis*（Igarashi S., 1979；五十岚迈 等，1997；周尧，1998；Gaden S. Robinson, *et al.*, 2001）。成虫在人工繁殖园内，也产卵在广西马兜铃*A. kwangsiensis*上，幼虫取食该种植物后生长发育正常。虽然幼虫在人为条件下也取食马兜铃*A. debilis*和北马兜铃*A. contorta*，但发育出的成虫体型小。

推荐寄主 耳叶马兜铃和广西马兜铃。

这两种凤蝶是中国蝴蝶中观赏价值最高的种类之一，无论在生态蝴蝶观赏、喜庆放飞，还是工艺制作方面均有极高的价值。寄主植物容易大量培育，在南方各地已广为养殖。幼虫对经济和园林植物无风险。

9.2 粗绒麝凤蝶*Byasa nevilli*和麝凤蝶*B. alcinous*

（1）粗绒麝凤蝶（图版 9-2）

卵 近球形，直径1.50～1.76mm，高1.56～1.80mm，顶部有小乳状突。表面有不显著的纵向脊纹，覆盖雌蝶产卵时留下的红褐色分泌物。

幼虫 5龄。初孵化时暗红色，渐转为黑褐色；头壳黑色，体表多棘刺，棘上生毛。第

a　　b　　c

图版 9-2 粗绒麝凤蝶 *Byasa nevilli* 各虫期形态

a. 卵（上）和 1 龄虫（下） b. 5 龄虫 c. 成虫和蛹（左上）

3、第4和第7腹节的棘白色。2～5龄期体表灰白色，多肉刺，腹部第3和第4节有白色斑纹，第4和第7腹节肉刺白色。其余肉刺端部粉红色。臭角黄色。

蛹 缢蛹，长约27～28mm，褐色。蛹体"S"形，头部前方二分叉，中胸背面有1对三角形片状突起，腹部第4～9节背侧各有1对片状凸起。

生物学 在云南昆明，多生活在海拔1900～2000m灌丛石坡和疏林地，估计一年发生2～3代，以蛹越冬。第一次、也是最大一次成虫高峰期在5～6月间。成虫访花，活动起始很早，多在上午8:00～12:00。常沿直线飞行，高度很低，速度缓慢。卵单产在寄主叶片背面、叶柄和茎干上，有时也在附近杂物上产卵。1～4龄幼虫栖息在叶片背面取食，5龄幼虫有时转移到茎干栖息，但绝不在叶片正面。老熟幼虫化蛹在寄主附近石缝或其他杂物内。

寄主范围 在云南昆明附近，寄主为云南马兜铃*Aristolochia yunnanensis*。在人工繁殖园内，雌蝶也产卵在宝兴马兜铃上，幼虫取食耳叶马兜铃和宝兴马兜铃后生长发育良好。

推荐寄主 宝兴马兜铃和云南马兜铃。

工艺和生态观赏两用的优良蝶种，也可用于喜庆放飞。对经济和园林植物无危害记录。

（2）**麝凤蝶**

卵 近球形，暗红色，直径1.42～1.50mm，表面有毛。

幼虫 5龄。1龄体表多毛，棕黄色。自2龄后，体表颜色鲜艳，多肉刺，腹部各节背面有灰白色三角形纹。2龄虫体粉红色，肉刺端部生细毛，体长3.5～4.5mm；3龄棕红色，体长7～7.5mm，肉刺顶毛消失；4龄暗红色，体长14～17mm；5龄暗红色，体长35～40mm。臭角黄色。

蛹 缢蛹，长约26mm，最宽处约14mm。腹部背面凹陷，腹面突出，蛹体呈"S"形。新化时粉红色，壳硬化后转为暗黄色。

生物学 多化性种类。在河南南部，自然条件下一年发生3 代，以蛹越冬。越冬蛹翌年4月羽化，第1代卵期约7天，幼虫期约30天，蛹期约10天，成虫寿命可长达20多天，全代历期约2个月。在浙江一年发生3代，成虫始见于4月中旬。在台湾一年发生3代以上。

在19～22 ℃条件下，1龄历期为3.85天，2龄5.95天，3龄4.95天，4龄5.0天，5龄历期7.2天，预蛹期2.15天，蛹期17.7天。卵、幼虫、蛹的发育起点温度分别为9.3℃、7.1℃和6.8℃，有效积温分别为90.2，387.4和227.9日·度。卵、幼虫和蛹在16～31℃范围内均能正常生长发育，但25～28 ℃是其生长发育的最适温区。

成虫访花，飞行缓慢、姿势优美。交配多发生在晴天上午8:00～11:00，初羽化的雌蝶即可行交配，交配后2～3天产卵。卵数粒一片产于叶背，每次产3～14 粒。幼虫栖息在寄主叶片背面，1～3期龄幼虫具明显群集性。老熟幼虫在寄主叶片下或附近化蛹（徐堉峰，1999；王金平 等，1998，2000；陈志兵 等，2002，2004）。

寄主范围 在四川峨眉山，确认寄主为宝兴马兜铃、异叶马兜铃和马兜铃等。本种在台湾的唯一已知野生寄主为异叶马兜铃，但幼虫在饲养条件下也取食其他马兜铃属植物（徐堉峰，1999）。

推荐寄主 马兜铃、宝兴马兜铃和异叶马兜铃。

生态蝴蝶园中的优良蝶种，工艺价值也较高。在华东和华北地区有养殖，但规模不大。幼虫轻度危害药用植物马兜铃，但对其他经济和园林植物无风险。

9.3 红珠凤蝶*Pachliopta aristolochiae*（图版9-3）

卵 近球形，直径1.36～1.46mm，表面有刻纹。初产时红褐色，后变为金黄色，外有一层红色粘附物包裹。

幼虫 5龄。初孵时褐色，体表多棘，分别位于各体节气门下线、腹侧线，中胸、后胸及腹部各节背侧线，棘上具毛。2龄黑褐色，体表棘转为肉刺，中、后胸及第3、第6、第8腹节背侧肉刺暗红色。3龄红褐色，腹部第3节及其上肉刺白色。4～5龄暗红色，肉棘端部红色、半

图版 9-3 红珠凤蝶 *Pachliopta aristolochiae*

a. 1 龄虫（上）和 3 龄虫（下） b. 5 龄虫 c. 蛹 d. 成虫

透明状。

蛹 缢蛹，黄褐色，长约25mm，似麝凤蝶属种类的蛹。第4～7腹节各有1对扇状背脊，前端二分叉。

生物学 在云南西双版纳，常与裳凤蝶混合发生。生活在海拔1200m以下地带，一年发生7～8代，以蛹越冬。第3代卵期约4天，幼虫期18～23天，蛹期7～10天。在广州一年发生9～10代，越冬蛹历期83～114天。卵期约3.63天，幼虫期约12.8天，蛹期约11.8天（应霞玲等，2002）。在四川盆地一年发生2～3代，而在台湾成虫全年可见。

成虫访花，常见于林缘或河谷开阔地带，阴天、清晨和傍晚都见活动。雄蝶有时下到地面汲水。性温顺，交配产卵不需要很大活动空间，在150m^{2}的繁殖园内积极产卵。卵散产在寄主叶片背面或新梢上。1～2龄幼虫在叶片背面取食叶肉，留下上表皮和叶脉，3龄以后取食叶片的全部。5龄幼虫除了栖息于叶片背面，也有时栖息于叶柄下方，老熟后在寄主的细枝条和叶柄处化蛹。

寄主范围 在西双版纳，确认寄主为耳叶马兜铃。在台湾的已知寄主为异叶马兜铃和港口马兜铃（徐堉峰，1999）。其他记载寄主还有马兜铃属的大叶马兜铃、高氏马兜铃*A.kaoi*、瓜叶马兜铃、美丽马兜铃、琉球马兜铃和马兜铃，以及线果兜铃属的*Thottea philippinensis*等（五十岚迈 等，1997；周尧，1998）。

推荐寄主 耳叶马兜铃。

工艺用材、生态观赏和喜庆放飞三用的优良蝶种，云南和海南等南方地区有养殖。幼虫可轻度危害马兜铃，对其他经济和园林植物无风险。

9.4 褐斑凤蝶*Chilasa agestor*和斑凤蝶*C. clytia*(图版9-4)

（1）**褐斑凤蝶（图版 9-4，a ～ e）**

卵 近球形，黄绿色，直径1.5～1.6mm，表面覆有浅黄色物质。

幼虫 5龄。1～4龄幼虫似鸟粪，2～4龄虫表皮油浸状，有光泽。5龄幼虫多肉刺，表皮干燥，颜色鲜艳刺目。

蛹 缢蛹，黑褐色，类似一小段枯枝。

生物学 一化性种类，以蛹越夏、越冬，蛹期长达10个月。在四川峨眉，生活在海拔450～2500m平原和山地，尤以有樟科Lauraceae植物的地点为多。在低海拔地带，成虫始见于3月中旬，4月上旬是其发生高峰期，直到5月中旬仍有活动，寿命较长。喜在高空活动，飞行姿势类似斑蝶，缓慢而平直。喜访萝卜*Raphanus sativus*等十字花科植物的花。在野外，雌蝶常在高大的楠木*Phoebe zhennan*和樟*Cinnamoneum camphora*树冠顶部的新梢上产卵。在人工繁殖园内，雌蝶也在高约2m的樟上产卵，一次产卵1～5粒。所有卵都产在嫩梢的叶柄附近，未见有雌蝶将卵产在叶片正面或背面。1～4龄幼虫栖息在叶片正面，5龄开始转到叶背面栖息。幼虫在寄主枯枝下或附近房屋边缘化蛹。

寄主范围 在云南景洪，其确认寄主是樟科的红楠*Machilus thunbergii*；在四川峨眉，确认幼虫寄主为樟科的樟和楠木。在台湾，本种最喜寄主为红楠和大叶楠*Machilus japonica*（徐堉峰，2006）。记载寄主还有樟科的芳香润楠*Machilus odoratissima*、沉水樟*Cinnamoneum micranthum*、大叶楠和香楠*Aidia canthioides*等（五十岚迈 等，1997；Gaden S. Robinson, *et al.*, 2001）。

推荐寄主 樟和楠木。

本种适宜在生态观赏园和喜庆放飞中使用，也可用于蝴蝶工艺品制作。幼虫对樟和楠木可造成轻度危害，但不影响其正常生长。

（2）**斑凤蝶（图版 9-4，f ～ j）**

卵 近球形，黄褐色，直径约1.2mm，表面覆有黄色黏液干燥物。

幼虫5龄。初龄幼虫鸟粪状，胸背黄褐色，腹部黑褐色，背面有白纹；2～4龄黄褐色，背侧线各有1列黑色棘刺。末龄幼虫头壳黑色，体表花斑状，色彩刺目，刺突基部红色。臭角褐色。

蛹 近似褐斑凤蝶，圆柱形，黑褐色。

生物学 在云南西双版纳山区，本种较为常见。估计一年发生5～6代，以蛹越冬。成虫访花，喜在阳光下活动，飞行缓慢，雄蝶常下到地面汲水。雌蝶将卵散产在嫩叶背面，而对于寄主的高度没有要求。将一根长约40cm、带嫩梢的寄主枝条插在地面，雌蝶仍然积极在其上产卵。幼虫栖息在叶片正面，并不惧烈日暴晒。幼虫生长迅速，老熟幼虫在寄主枝干和附近杂物下化蛹。

寄主范围 在云南南部的主要确认寄主为玉兰叶木姜子*Litsea magnoliifolia*、钝叶桂*Cinnamomum bejolghota*（= 大叶桂*C. iners*）和潺槁木姜子*Litsea glutinosa*。报道寄主还有樟科樟属的樟，木姜子属*Litsea* 的豺皮樟*L. oblongifolia*，油丹属*Alseodaphne* 的*A. semecarpifolia*，鳄梨属*Persea* 的*P. gamblei*，楠属的披针叶楠*Ph. lanceolata*和厚壳桂属*Cryptocarya*的杏仁厚壳桂*C. amygdalina*等（五十岚迈 等，1997；Gaden S. Robinson, *et al.*, 2001）。

推荐寄主 玉兰叶木姜子和潺槁木姜子。

适宜在生态观赏园中使用，也可用于蝴蝶工艺品制作。幼虫对经济林木无严重危害记录。在云南和海南已有少量养殖。

图版 9-4 褐斑凤蝶 *Chilasa agestor* 和斑凤蝶 *C. clytia*

褐斑凤蝶（a ~ e）：a. 卵　b. 2 龄虫　c. 5 龄虫　d. 蛹　e. 成虫（♀）

斑凤蝶（f ~ j）：f. 成虫　g. 卵（上）和 1 龄虫（下）　h. 4 龄虫　i. 5 龄虫　j. 蛹

9.5 碧凤蝶*Papilio bianor*和绿带翠凤蝶*P. maackii*和波绿凤蝶*P. polyctor*（图版9-5）

（1）**碧凤蝶（图版 9-5，a ～ e）**

卵 近球形，底部平，中心浅凹，直径1.10～1.25mm，表面无明显脊纹。初产时乳白色至浅绿色，随胚胎发育进行渐至深灰色。未受精的卵颜色不发生变化。

幼虫 5龄。1～4龄鸟粪状。1龄虫初孵时黄褐色，数小时后变为黑褐色，体表生黄褐色棘毛，前胸及腹部第9节的2对较长。2龄黄褐色，第2～3 腹节及第8～9 腹节有白纹。3龄黄绿色，前胸棘1对，第9腹节背侧棘2对，其余棘刺退化，仅在体表面剩下瘤。4龄深绿色至黄绿色，腹部背面有白色网状纹，体表光亮，前胸和腹部第9节背侧棘退化为短突。5龄黄绿色，足基线白色，第4和第5腹节侧面具1黑色斜带，第1腹节背面后缘白点不连续。假眼下半部棕红色，上半部黑色，中部有白色瞳点。臭角黄色。

蛹 缢蛹，分绿色和褐色两型。前端二分叉，腹面突出，背面中间凹陷。凹陷处背中线两侧各有1个显著的黑点，可以此与巴黎翠凤蝶的蛹相区别。

生物学 多化性种类，以蛹越冬。在四川峨眉山，一年发生4代。越冬蛹于3月上中旬开始羽化，4月上中旬为产卵高峰期。第2代卵始见于5月中旬，成虫高峰期在7月下旬～8月上旬，也是一年中的成虫高峰期。第3代卵始见于7月上旬，9月上中旬为成虫高峰期。第4代的卵始产于8月上旬，幼虫于9月中旬至10月上旬化蛹，大部分蛹滞育越冬。个别蛹于10月上中旬羽化，交配产卵，形成一个数量不大的残余世代，但终因气温迅速降低而无法完成，绝大多数幼虫在12月间死亡。第1代历期为41～55天，第2代历期为30～38天， 第3代历期为40～48天。第2代的卵期约4～6天， 幼虫期约23～27天，蛹期约10～15天，成虫寿命约7～14天，雄蝶寿命比雌蝶略长。若缺少雄蝶或遇连续阴雨天气无法交配时，雌成虫寿命延长。该种在河南信阳，一年只能发生3代（卢东升，1997）。

成虫喜在晴天阳光下活动，常在开阔地带急速前飞。春季和晚秋有晒太阳的习性，气温低于20℃时多不活动。白天停息在灌丛上时，双翅平展开；晚上则是将双翅合拢垂吊在植物枝叶下。炎热时雄蝶常群聚在地面汲食污水，雌成虫无此习性。访花，上午9:00～13:00取食活跃，13:00以后至15:00多休息，此后活动增加。18:00后大多停止活动。喜访忍冬科Caprifoliaceae的忍冬属*Lonicera*和接骨木属*Sambucus*、马鞭草科Verbenaceae的大青属*Clerodendrum*和马缨丹属*Lantana*等多种植物的花，常见的有忍冬（金银花）*Lonicera japonica*、接骨草*Sambucus chinensis*、臭牡丹*Clerodendrum bungei*和马缨丹*Lantana camara*等。红色对其有强烈诱引作用。

雄蝶在羽化第2天才能求偶交配，多数发生在羽化第3天后。而雌蝶羽化后数分钟即可与雄蝶交配。绝大多数情况下，雌蝶只交配一次，而雄蝶则可多次重复交配。交配场所多在僻静处的灌丛中，或繁殖园的边上，距地面1.5～2m处。

卵散产，多分布在成熟叶片反面，有时也产在叶的正面、嫩叶、树干和寄主附近杂草上。产卵时间从上午8:30开始，可以持续到18:00，集中在10:00～13:00时段。雌蝶产卵时的最低气温是22℃，最高是35.6℃，在28～33℃时产卵活跃。从雌蝶接触寄主叶片始，产下1粒卵的时间最短约为7秒，最长约为15秒。雌蝶产卵是间歇性的，每产下2～8粒即停息下来休息或取食。若天气晴朗，雌蝶产卵顺利，寿命和产卵期缩短，反之延长。死亡雌蝶体内仍有许多已发育成熟的卵。

幼虫孵化多在上午9:00～12:00进行，幼虫直接以上颚咬破卵壳爬出。初孵幼虫取食卵壳，然后爬到附近较幼嫩的叶上定栖。1～3龄幼虫取食幼嫩叶片，随着龄期增长，逐渐向枝条下部的成熟叶转移。上午露水干后及下午16:00以后取食活跃，中午时分多静息。不取食时，幼虫栖息在其分泌形成的丝垫上，腹足紧钩丝垫，需用力才能将幼虫移开，而这会导致腹足损伤。遇雨天或秋季降露，如其栖居处积水，则胸足离开叶面，虫体前半部抬起，使其不致被水淹死。在阳光强烈照射时，幼虫也转移至寄主下部和背阴的叶片上，但极少会栖息在叶片反面。厌食失水的叶片，虽能勉强取食，但龄期延长，蛹小。老熟幼虫多在寄主植物叶片下化蛹。在室内饲养时，多在饲养笼的边角处结蛹，极少在宽阔的平面下化蛹。

在温度7～31 ℃，湿度52 %～97 %的范围内，幼虫都能正常生长发育，发育速度显著地随温度的升高而升高，幼虫饲育的最适温度在25 ℃左右（杨萍 等，2004）。

寄主范围 在四川和云南的确认寄主有：芸香科Rutaceae黄檗属*Phellodendron*的川黄檗（黄柏）*Ph. chinense*和黄檗（关黄柏）*Ph. amurense*，吴茱萸属*Evodia*的臭辣吴萸*E. fargesii*和吴茱萸*E. rutaecarpa*，花椒属*Zanthoxylum*的竹叶花椒*Z. armatum*、花椒*Z.bungeanum*和两面针（双面刺）*Z. nitidum*，飞龙掌血属*Toddalia*的飞龙掌血*T. asiatica*，枳属*Poncirus*的枳*P. trifoliata*，以及柑橘属*Citrus*的甜橙*C. sinensis*和柑橘*C. reticulata*等。

在台湾地区的已知主要寄主为芸香科的贼仔树*Evodia glabrifolium*和椿叶花椒*Zanthoxylum ailanthoides*，偶尔也在栽培柑橘类植物上产卵（徐堉峰，1999）。

其他记载寄主主要是芸香科花椒属、吴茱萸属和柑橘属植物（五十岚迈 等，2000；Gaden S. Robinson, *et al.*, 2001）。

推荐寄主 川黄檗、黄檗、臭辣吴萸和吴茱萸。

工艺和生态观赏两用的优良蝶种。野外生境广泛，从农区到林区均可采集到成虫，种源获得相对容易，是目前人工繁育最为成功的凤蝶之一，南北各地广为养殖。幼虫对花椒属和黄檗属栽培植物有一定危害，而较少危害柑橘类果树。

（2）绿带翠凤蝶（图版 9-5，f ～ h）

卵 近球形，直径约1.2 mm，初产时乳白色、有光泽。

幼虫 5龄，极似碧凤蝶。末龄幼虫体表青绿色，1对浅黄色带自前胸气门上线，经后胸的眼状纹下方到第1腹节背面后缘交汇。

蛹 缢蛹，较碧凤蝶粗壮、略呈黄色。头部2突起短，末端尖。中胸背隆起，无尖锐突起；第9腹节背侧各有1个小突。腹部表面粗糙，凹凸不平。蛹体颜色多变化，分绿色和褐色两种基本型。

生物学 多化性种类，以蛹越冬。北京地区一年发生2～3代。越冬蛹在次年4～5月间羽化，第1代成虫出现于6月底、7月初。在长白山区一年可发生2～3代，一般年份2代。成虫访花，雄蝶喜汲食粪液和污水。卵散产在寄主叶片背面。1～4龄幼虫早晚或气温低时停息在叶背，在温度高或阳光照射时转移到叶片正面取食。初夏日平均气温为19.6℃时幼虫历期约29天，盛夏日平均温度为23.8℃时幼虫期约22天。日平均气温22.6℃时，蛹期约11天（袁荣才 等，1996；武春生，2001）。

寄主范围 在辽宁，已知寄主主要是黄檗（袁荣才 等，1996）。在四川峨眉，确认自然寄主为芸香科的川黄檗和臭辣吴萸。在饲育状态下，幼虫也取食芸香科的柑橘属植物等。

推荐寄主 川黄檗、黄檗和臭辣吴萸。

在中温带及其以北地区的蝴蝶中，本种体形最大、颜色也十分艳丽，是工艺制作和生态观赏的优良蝶种，也是在中国大陆最早养殖的观赏蝴蝶之一。适宜在中亚热带以北地区养殖。幼虫对黄檗属药用植物能造成一定的危害，但不影响其生长。

翠凤蝶亚属中的波绿翠凤蝶与前两种的幼虫、成虫形态极为近似，习性大同（图版9-5：i～l）。国内野生仅发现于云南。记载幼虫寄主有芸香科的竹叶花椒等花椒属植物，飞龙掌血，以及柑橘属的一些种类（Igarashi S., 1979；五十岚迈 等，2000）。川黄檗和臭辣吴萸都是其优良寄主种类。虽然其自然分布范围较窄，但仍不失为在长江流域及其以南地区开展养殖的好蝶种。

图版 9-5 碧凤蝶 *Papilio bianor*、绿带翠凤蝶 *P. maackii* 和波绿凤蝶 *P. polyctor*

碧凤蝶（a ~ e）：a. 卵（上）和 1 龄虫（下） b. 4 龄幼虫 c. 5 龄幼虫 d. 蛹 e. 成虫（♀）

绿带翠凤蝶（f ~ h）：f. 成虫（♂） g. 卵（左上）和 5 龄虫 h. 蛹

波绿凤蝶（i ~ *l*）：i. 3 龄虫 j. 5 龄虫 k. 蛹（背面） *l*. 成虫（♂）

9.6 巴黎翠凤蝶*Papilio paris*（图版9-6）

卵　近球形，底面浅凹，直径1.20～1.40mm，高约1.1mm，表面光滑，有珍珠光泽。初产时白色至浅绿色，随着胚胎发育渐至深灰色。

幼虫　1～4龄幼虫鸟粪状。初孵幼虫头部褐色，有黑褐色斑。胸腹部背面有棘刺2列，前胸及腹末端的2对较长，其次是中、后胸和第1腹节的3对；第2～3 腹节及第8～9 腹节有白纹。2龄幼虫黄绿色，前胸及第9腹节的棘仍发达，中、后胸和第1腹节的3对棘仍在，其余退化。3龄黄绿色，只有前胸和第9腹节上的2对棘，其余退化。4龄幼虫深绿色，表皮光滑，前胸和第9腹节上的2对棘，相对于虫体已很短。末龄幼虫黄绿色，体色鲜艳，胸背有线纹，呈污斑状；后胸两侧假眼红色，有瞳点；第1腹节的后缘有白色线；第4～5腹节及第6腹节侧面各有一条浅黄色斜线。随着龄期增长，臭角由浅黄色渐至橙黄色。

本种5龄幼虫与碧凤蝶极为相似，唯以后胸假眼上缘无黑眉和第1腹节背面后缘的白色线可与之区分。

蛹　缢蛹，长约25～29mm。与碧凤蝶蛹相比，较扁平。背中部凹陷处无黑褐色斑点。也有绿色和褐色2种基本型。

生物学　多化性种类，以蛹越冬。在四川峨

图版 9-6　巴黎翠凤蝶 *Papilio paris*

a. 卵（上）和1龄虫（下）　b. 2龄虫　c. 4龄虫　d. 5龄虫　e. 蛹　f. 成虫（♂）

眉，自然条件下一年发生3代。越冬蛹于4月上旬至中旬羽化，4月下旬至5月上旬为其产卵高峰期。第1代发生于4月上旬至8月上旬，成虫出现于6月中旬至8月上旬。第2代卵始见于7月上旬，成虫于8月中旬至10月上旬出现。第3代始于8月中旬，9月下旬至10中旬化蛹越冬。在室内饲养时，幼虫生长发育极不整齐，第2代卵期约4～6天，幼虫期约21～48天，蛹期约13～18天。

在甘肃东南部，1年发生2代。在重庆三峡库区，该种1年可能发生3代，以蛹越冬，而在广州，则1年可发生5代。在台湾，本种一年至少发生3代，成虫高峰期在6～9月间。

在野外，成虫多见于山地林区，主要生活在1200m下低海拔地带，与碧凤蝶混合发生，但飞行更为疾速，活动范围更大。访花，常见蜜源植物有金银花、臭牡丹、马缨丹，以及茜草科Rubiaceae的龙船花*Ixora chinensis*，木犀科Oleaceae的扭肚藤*Jasminum elongatum*等（徐堉峰，1999；方健惠　等，2005；杨萍　等，2005；刘东明　等，2006）。雄蝶常到地面汲食污水。红色布料能很好地吸引其取食，但必须放置在较高的位置。雌蝶喜在花椒和飞龙掌血上产卵，常产在新展开叶的反面，也产在嫩叶和树干上。幼虫更厌食失水食物，室内饲养时死亡率极高。

寄主范围　在四川和云南的确认寄主为芸香科柑橘属的柚*Citrus maxima*、温州蜜柑*C. raticulata* cv. Unshiu、甜橙，花椒属的竹叶花椒、两面针和花椒，以及飞龙掌血等。在甘肃东南部白水江自然保护区，幼虫寄主为飞龙掌血和柑橘属植物（方健惠　等，2005）。在重庆，主要野生寄主为飞龙掌血（杨萍　等，2005），而在广州的主要寄主为三桠苦*Evodia lepta*（刘东明　等，2006）。在台湾的已知寄主为吴茱萸属的三桠苦（徐堉峰，1999）。

在四川峨眉和云南景洪，幼虫取食臭辣吴萸能正常生长发育，但取食吴茱萸则发育不良，死亡率极高，蛹小。虽然臭辣吴萸为其幼虫的优良食料，但雌蝶不选择在其上产卵。

推荐寄主　温州蜜柑。

著名珍贵观赏蝶种，广泛用于工艺制作、生态观赏和喜庆放飞。唯野生数量较少，获得种源不易。现南方各地多有养殖，但产量都不大。对经济和园林芸香科植物有危害记录，但不会影响其生长。

9.7 达摩凤蝶*Papilio demoleus*（图版9-7）

卵　近球形，直径约0.80～1.05mm，表面光滑，初产时白色至淡黄色。

幼虫　5龄。1～4龄鸟粪状。1龄初为黑褐色，渐变为黄褐色，多棘毛，第1胸节和第8～9腹节棘发达，黄色。第2腹节侧面和第3～4腹节背面有白色纹。2龄黄褐色，棘毛发达，4列，第2腹节侧面和第3～4腹节背面白色。3～4龄体表颜色加深，腹部背面白斑更大，其余特征与2龄相近。5龄为黄绿色至深绿色，假眼黑色，中央有一白带。第4～5腹节侧面至背面有两条相连的褐带，呈倒“八”字形，第6腹节背面中部有呈倒八字形2条褐带，或退化成两褐点，其侧面各有一褐带。前胸和中胸节间暗褐色，其后中胸上有间断黄色斑，第1 腹节后缘黄褐色。

蛹　缢蛹，长约32～35mm。绿色或黄褐色，前端分叉短，中胸背板突起呈锥状。蛹体背面曲度较大。

生物学　多化性种类，以蛹越冬。在云南西双版纳，1年发生5～6代。第2代卵期2～3天，幼虫期16～25天，蛹期14～16天，全代历期为34～44天。第3代历期29～41天，第4代为28～38天。而在云南元江河谷，1年可发生6～7代。

热带和南亚热带地区的常见蝶种，尤其在柑橘种植区，是当地的优势凤蝶种之一。成虫常在开阔地急速飞行，喜访臭牡丹、马缨丹和马利筋*Asclepias curassavica*的花。雄蝶夏季常群集在潮湿的砂地上汲水。雌蝶喜产卵在香橼*Citrus medica*和实生柚树上，卵主要产在嫩叶的反面，其次是嫩芽上。幼虫栖息在叶片正面，1～4龄幼虫喜光，耐热，即使在炎热的夏季仍停栖在叶片正面，在潮湿环境中生长不良。成

图版 9-7 达摩凤蝶 *Papilio demoleus*

a. 卵（上）和 1 龄虫（下） b. 4 龄虫　c. 5 龄虫　d. 蛹　e. 成虫（♀）　f. 成虫交配

虫和幼虫都对干热环境有极强的耐受力，是典型的高温适应种。末龄幼虫仍会躲避强烈阳光直射，并寻找阴凉处化蛹。幼虫的体色常随取食的植物种类而变化。

据陈兴永等人（2004）的观察，在广州地区人工饲养条件下，每年发生5 代以上，11月底以蛹越冬，翌年3 月开始羽化。雌雄性比为1：1.3～1：1.6。羽化后2～3天即行交配，交尾时间一般在中午12:00～14:00，一次交配持续0.5～1h。交配后第3天开始产卵，产卵期4天，后即死亡。每雌产卵约30 粒。

寄主范围　在云南元江和西双版纳的确认寄主为芸香科的柠檬*Citrus limon*、柚、甜橙、香橼、柑橘和佛手柑*Citrus medica* var. *sarcodactylis*等柑橘属植物，金橘属*Fortunella*的金柑*F. japonica*，酒饼簕属*Atalantia*的酒饼簕*A. buxifolia*和黄皮属*Clausena*的假黄皮*C. excavata*等。在台湾的已知寄主包括芸香科的柑橘（各品种和变种）、酸橙*Citrus aurantium*、来檬*Citrus aurantifolia*、柚、香橼、柠檬、佛手柑、假黄皮、酒饼簕和金柑等（徐堉峰，1999）。

推荐寄主　温州蜜柑。

优良的工艺材料和生态观赏蝶种，亦用于喜庆放飞。南方各地已广为养殖。幼虫危害柑橘类植物，在南方的养殖利用中需防止逃逸，禁止在柑橘种植区开展室外放飞。

9.8 柑橘凤蝶Papilio xuthus (图版9-8)

卵 近球形，直径约0.9～1.2mm，表面近光滑。初产时乳白色至淡黄色，渐变为黑褐色。

幼虫 1～4龄鸟粪状，暗褐色至黄褐色，多棘。5龄黄绿色，体表光滑，中胸宽大。假眼黑色，中横线褐色。第1腹节后缘黄褐色，呈刻齿状。1深褐色带自第4腹节腹足基线斜向上延伸至第5腹节后缘背中线处，并与另一侧的色带交汇。第5腹节足基线至该节后缘背中线处尚有一深褐色带，在背面形成2驼峰状斑。

蛹 缢蛹，前端二分叉，中胸背板凸起，但不具尖角。腹部较宽、背面曲度大。分绿色和褐色2型。在室外寄主上所化的蛹常为绿色型，在室内所化蛹则多数为褐色型。

生物学 多化性种类，以蛹越冬。在四川峨眉，1年发生5代。第1代的历期约37～47天，第2代历期约为30～38天，第3代26～31天，第4代28～42天。第2代的卵期约为3～5天，幼虫期为17～29天，蛹期为11～15天。

3月上旬即可见越冬代成虫活动，但前期卵有时遇寒潮而难以成活。第1代卵最早出现于3月中旬，止于6月下旬；第2代发生于5月中旬至8月上旬；第3代6月下旬至9月上旬；第4代7月下旬至10月上旬；第5代是越冬代，卵最早见于8月中旬，大多数幼虫在9月中旬至10月中旬化蛹越冬，少部分幼虫因低温于10月下旬后死亡。

在吉林长白山区，该种一年发生2～3代（袁荣才 等，1997）。而在河南信阳地区，越冬蛹在次年4月中下旬羽化，自然条件下一年可以养殖5代（卢东升，1999）。

图版 9-8 柑橘凤蝶 *Papilio xuthus*
a. 卵（上）和1龄虫（下） b. 3龄虫 c. 5龄虫 d. 蛹（绿色型） e. 蛹（褐色型） f. 成虫（♀）

成虫习性似碧凤蝶。雌蝶将卵分散产在寄主幼嫩叶片反面，不在寄主植物外的其他物体和地面产卵。幼虫分散栖息在寄主叶片正面。1～4龄幼虫取食柚树嫩叶生长良好，5龄幼虫取食嫩叶后常腹泻，但又很难取食老叶。

寄主范围 确认寄主有川黄檗、臭辣吴萸、吴茱萸、枳、多种栽培及野生的花椒属和柑橘属植物。各地记载寄主还有芸香科的黄檗、云南吴萸*Evodia ailanthifolia*、山小橘属*Glycosmis*、金柑和飞龙掌血等（袁荣才 等，1997；周尧，1998；卢东升，1999；Gaden S. Robinson, *et al.*, 2001）。

推荐寄主 川黄檗、黄檗和臭辣吴萸。

工艺用材和生态观赏皆宜，南北各地已广为养殖。幼虫为害柑橘、花椒、黄檗和吴茱萸等经济植物，在南方的养殖利用中需防止逃逸。禁止在全国各地开展室外放飞。

9.9 金凤蝶*Papilio machaon*（图版9-9）

卵 淡黄色，近球形，直径0.8～0.9mm，表面光滑。

幼虫 5龄。1龄幼虫黑色，密生体毛。2～3龄以黑色为主，多黑色棘毛。中胸至第3腹节、第6～10腹节棘基部金黄色，第4～5腹节棘基部颜色较浅，乳黄色。第3～9腹节侧面白色。4龄与3龄近似，仅棘基部全为金黄色。5龄体表黄绿色，各体节有黑色斑列，表面光滑。

蛹 缢蛹，前端短二分叉，背面平直。分绿色和褐色两型。

生物学 多化性种类，在四川峨眉一年发生5代，以蛹越冬。第1代历期为38～49天，第2代历期为33～44天，第3代历期为32～43天，第4

图版 9-9 金凤蝶 *Papilio machaon*

a. 卵 b. 3 龄幼虫 c. 5 龄幼虫 d. 蛹（褐色型） e. 蛹（绿色型） f. 成虫（♂）

代历期为34～47天。越冬代成虫出现于3月中旬至5月上旬。第1代发生在3月下旬至6月中旬；第2代5月下旬至7月上旬出现；第3代6月下旬至8月下旬出现；第4代7月下旬至10月上旬出现；第5代卵始产于8月中旬，大部分幼虫在9月中下旬化蛹越冬。早期的蛹在9月中旬还可羽化为成虫，交配产卵，形成局部世代。

该种在吉林长白山区1年发生3代（袁荣才等，2000）。

成虫喜在明朗阳光下活动，常在开阔地带疾速飞行，极少下到地面。在繁殖园内空间狭小时，外逃趋向强烈，尤其在下午15:00以后。喜访金银花、臭牡丹和马缨丹等植物的花。雌蝶将卵散产于叶、芽、花和花芽上。幼虫散栖、喜光，不惧烈日。

寄主范围 确认寄主为伞形科Umbelliferae的茴香*Foeniculum vulgare*、胡萝卜*Dancus carota*和当归*Angelica sinensis*等。偶尔也以芸香科的柑橘属植物和伞形科的旱芹*Apium graveolens*作为寄主。报道寄主也主要为伞形科的种类，如芫荽*Coriandrum sativum*、鸭儿芹*Cryptotaenia japonica*和台湾前胡*Peucedanum formosanum*等（Gaden S. Robinson, *et al.*, 2001）。

推荐寄主 茴香和胡萝卜。

优良的工艺用材蝶种，幼虫在中医上入药，但不适宜在观赏蝴蝶园中使用。各地有少量养殖。对茴香和胡萝卜等伞形科蔬菜和药用植物可造成一定危害。

9.10 美凤蝶*Papilio memnon*和蓝凤蝶*P. protenor*（图版9-10）

（1）美凤蝶（图版 9-10，a ～ f）

卵 近球形，表面光滑，直径约 1.6 ～ 1.7mm，初产时淡黄色至乳白色，渐至深灰色。

幼虫 5龄。1～4龄鸟粪状。初龄头壳黑褐色，随龄期增长渐渐变淡，至末龄呈绿色。初孵时体灰白色，有黑褐色斑纹，前胸背侧棘发达；2～3龄黄褐色，除前胸节和第8、9腹节棘仍显著，其余棘刺退化。第2～4和第7～9腹节侧面有白色带，第8～10腹节连同其上的棘白色。4龄幼虫深绿色，前胸棘绿色，端部半透明。5龄幼虫第4～5腹节有白色斜带，有时会在背面相接，带上有墨绿色小斑纹，第6腹节侧面也有1同色斑纹。臭角初时浅黄色，末龄时呈橙红色。

蛹 缢蛹，大型，长约36～38mm。前端有1对长突起，末端钝圆，第3腹节后缘及第4腹节前缘向两侧突出。分绿色型和褐色型两种。绿色型蛹背面有宽大的黄绿色菱形纹，翅芽上则有褐色不规则斑纹；褐色型蛹的斑纹似木材的颜色和纹理。

生物学 多化性种类，在四川峨眉1年发生3代，以蛹越冬。越冬蛹于4月中下旬羽化，第1代卵始见于4月下旬，第2代卵始见于6月下旬。第3代卵出现于7月下旬，绝大多数幼虫于9月上旬至10月中旬化蛹越冬。少数在9月上旬化的蛹可在9月下旬至10月上旬羽化，交配产卵，但已不能完成1代。第2代卵期约4～6天，幼虫期约21～38天，蛹期约14～18天，全代历期约38～49天。越冬代的蛹期长达7个月。

在台湾，一年内至少发生3代，6～9月为成虫发生高峰，冬季以蛹越冬（徐堉峰，1999）。

成虫访花，尤喜访臭牡丹花。雄蝶在野外飞行急速，下到地面汲食污水。雌蝶飞行低缓，将卵散产在当年生成熟叶反面，极少在嫩叶、嫩芽和树干上产卵，在人工繁殖园内偶尔也产在寄主附近物体上。

寄主范围 在四川和云南的确认寄主均为芸香科柑橘属植物，包括柚、甜橙和柑橘等的各种栽培品种。报道寄主还有芸香科的金柑、枳等。存疑记载种类有芸香科的两面针、酒饼簕、飞龙掌血等，以及马兜铃科的马兜铃属，以及木兰科Magnoliaceae的黄兰*Michelia champaca*（周尧，1998；Gaden S. Robinson, *et al.*, 2001）。在四川和云南，本种幼虫不取食两面针、飞龙掌血、竹叶花椒和吴茱萸等非柑橘属植物。

推荐寄主 琯溪蜜柚、沙田柚*Citrus maxima* cv. Shatian Yu和甜橙等。

图版 9-10 美凤蝶 *Papilio memnon* 和蓝凤蝶 *P. protenor*

美凤蝶（a ~ f）：a. 卵（上）和 1 龄虫（下） b. 3 龄虫 c. 5 龄虫 d. 前蛹和蛹 e. 成虫（♀） f. 成虫（♂）

蓝凤蝶（g ~ i）：g. 4 龄虫 5 龄虫（左下） h. 蛹 i. 成虫和卵（左上）

本种成虫翅展硕大，色彩素雅，飞行姿势优美，是生态观赏和工艺品制作的优良蝶种，雌蝶在喜庆放飞中也有很高价值。雌蝶寿命较长，产卵量高，幼虫抗病力较强。在亚洲东南部热带和亚热带地区已广为养殖。幼虫可对柑橘类果树造成一定危害，但种群数量不至影响其生长。

（2）**蓝凤蝶**（**图版** 9-10，g～i）

卵浅黄色，直径1.2～1.5mm。幼虫类似玉带凤蝶，但体表较黄，末龄幼虫腹侧黑色斜带在背面相接。蛹似美凤蝶，但背面较平直。

生活史、幼虫和成虫习性等都与美凤蝶相近。推荐寄主同美凤蝶。

已知幼虫寄主均为芸香科植物，包括柑橘属的枳、甜橙、柚和香橼，花椒属的两面针、竹叶花椒和花椒等。记载寄主还有芸香科的吴茱萸和楝叶吴萸*Evodia glabrifolia*，金柑和飞龙掌血等（Igarashi S., 1979；Gaden S. Robinson, *et al.*, 2001）。

适宜在生态观赏园中使用，工艺价值略低。南方各地已有少量养殖。幼虫对柑橘和花椒类植物有一定危害。

9.11 玉带凤蝶*Papilio polytes*和玉斑凤蝶*P. helenus*（图版9-11）

（1）**玉带凤蝶**（**图版** 9-11，a～f）

卵 近球形，淡黄色，底部凹陷，表面光滑，直径约0.8～0.9mm。

幼虫 5龄。1～4龄鸟粪状。1龄黄褐色，多棘毛。2～3龄黄褐色，一白色斜带自第2腹节足基线起斜向上至第4腹节背侧线，在背面相交。前胸棘黄色，第7～9腹节背面及其上的2对棘白色。其余棘不发达。4龄幼虫嫩绿色或黄褐色，前胸棘淡黄色，第8～9腹节上的2对棘白色，其余棘全部退化，只余下瘤。末龄幼虫绿色至蓝绿色，后胸背前缘有1齿形黑色横纹，中间有4个灰紫色斑点，假眼黑色。第2腹节背面前缘有1黑色横带。臭角紫红色。

蛹 缢蛹，前端2分叉，中胸背板突起尖锐，蛹体曲度较大。有绿色和褐色两种基本型。

生物学 多化性种类，以蛹越冬。在四川峨眉，1年可发生4代。越冬蛹4月中旬开始羽化。第1代卵始见于4月中旬，第2代卵始见于6月下旬，第3代卵开始于在7月下旬，第4代始于8月下旬。大部分第4代蛹滞育越冬，小部分于9月中旬羽化，交配产卵，但幼虫不再能化蛹。第3代的卵期为3～4天，幼虫期为19～32天，蛹期为13～15天，全代历期为37～54天。

在广州地区1年发生5 代以上，以蛹于11月开始越冬，次年3月初始见成虫活动。有些年份在12 月上旬仍可见到成虫（陈兴永　等，2003）。在浙江，一年发生4代（陈志兵　等，1998），而在印度则1年可以发生11～12代，成虫终年可见（Atluri J. B., *et al.*, 2002）。

成虫访花。在晴朗天气，产卵自早上8:30开始，到下午18:00左右结束，有时阴天也较活跃。卵散产在嫩芽、嫩叶上，叶的正面和树干上较少。幼虫分散栖息在寄主叶片正面，取食能力强，1龄期即能取食成熟的柚叶，取食轻微失水叶片后也能较好地生长。5龄幼虫喜在完整叶片上栖息，转而到临近叶片上取食。

寄主范围 确认寄主为芸香科柑橘属及花椒属的多种野生和栽培植物，包括柑橘、枳、甜橙、柚、香橼、佛手柑、两面针、竹叶花椒、花椒和金橘*Fortunella margarita*等。幼虫在饲养条件下也取食川黄檗和臭辣吴茱萸，但在自然条件下未在这两种植物上发现其卵和幼虫。记载寄主还有芸香科的黄皮*Clausena lansium*、假黄皮、金柑、酒饼叶*Glycosmis pentaphylla*、千里香（月桂、长果月桂）*Murraya paniculata*、飞龙掌血和楝叶吴萸等（Igarashi S., 1979；Gaden S. Robinson, *et al.*, 2001）。

推荐寄主 温州蜜柑和甜橙。

成虫较为温驯，是蝴蝶生态观赏的优良蝶种，工艺价值也很高。南方各地已广为养殖。幼虫可对柑橘类果树造成一定危害。

（2）**玉斑凤蝶**（**图版** 9-11，g～i）

卵 淡黄色，近球形，直径1.20～1.30mm，表面光滑。

幼虫 5龄。1～4龄呈鸟粪状。1龄暗褐色至黄褐色，多棘毛。2～4龄黄褐色，1白色带自第

图版 9-11　玉带凤蝶 *Papilio polytes* 和玉斑凤蝶 *P. helenus*

玉带凤蝶（a ~ f）：a. 卵　b. 3 龄虫　c. 5 龄幼虫　d. 蛹　e. 成虫（♀）　f. 成虫（♂）

玉斑凤蝶（g ~ i）：g. 3 龄幼虫（上）和 5 龄幼虫（下）　h. 蛹（绿色型）　i. 成虫和卵（左上）

2腹节气门线起斜向上至第4腹节背侧线。5龄黄绿色，体表光滑，中胸宽大。假眼黑色，假眼中线褐色；两假眼之间有污斑状花纹，边线黑色，有突起8个。第1腹节后缘黄褐色，呈刻齿状。1深褐色斜带从第4腹节腹足基线斜向上延伸，至第5腹节后缘背中线处，与另一侧的色带交汇。第5腹节足基线至该节后缘背中线处，也有一深褐色带，其在背面形成2驼峰状斑。

蛹 缢蛹，前端分叉尖长，蛹体较宽、曲度大。中胸背板凸起，不具尖角。有绿色和褐色2型。在室外寄主植物上化蛹时形成绿色型，在室内化蛹则多形成褐色型。

生物学 多化性种类，以蛹越冬。成虫访花。在云南西双版纳，1年可发生4～5代。第1代历期为44～63天，第2代历期为41～56天，第3代历期为37～54天。自然条件下，第2代的卵期约4～5天，幼虫期22～33天，蛹期13～15天。在台湾，成虫终年可见，主要发生期在3～9月。成虫和幼虫习性与玉带凤蝶十分相近。卵单产在寄主嫩叶背面，幼虫喜栖息在荫蔽的叶面、叶柄或小枝处，老熟后在寄主枝叶或附近物体上化蛹。在25℃下，卵期约4天，幼虫期约27天，蛹期约9天（武春生，2001）。

寄主范围 确认幼虫寄主为芸香科的枳、柑橘、甜橙、柚、香橼、两面针、竹叶花椒、花椒、佛手柑和金橘等。在云南景洪，幼虫在饲养条件下也取食吴茱萸，能正常生长发育，但不取食飞龙掌血。报道寄主还有芸香科的楝叶吴萸、酒饼叶、黄皮、酒饼簕、金柑、飞龙掌血和黄檗等（Igarashi S., 1979；五十岚迈 等，2000；Gaden S. Robinson, *et al.*, 2001）。

推荐寄主 温州蜜柑和甜橙。

生态观赏和工艺制作的优良蝶种。成虫适应人工繁殖园内小生境，繁殖力强，目前在南方各地已广为养殖。在柑橘种植区养殖和活体利用时应防止其逃逸。

9.12 宽尾凤蝶 *Agehana elwesi*

卵 球形，表面光滑，直径约1.86mm。初产时黄绿色，渐变为紫黄色。

幼虫 5龄。初孵时体长3.44～4.36mm，头黑色，体黄棕色。老熟幼虫体长约60mm，头灰褐色，虫体棕绿色至咖啡色，腹面浅褐色。前胸背板有1半圆形斑，前半部灰褐色，后半部棕褐色。后胸背面有两个肾形黑褐色斑。腹部第2腹节背面有两个近三角形的黑褐色斑，第4～6腹节背侧各有相连的棕褐色花斑，边缘黑色。1条较宽的黑褐色带自头部沿气门线延伸至腹末。臭角乳黄色。

蛹 缢蛹，圆柱形，灰褐色至灰白色，长约33～45mm，宽约11.00mm。前端近平截、浅陷，有4个短突起，形似枯枝折断面。

生物学 在福建光泽，1年发生2代。越冬蛹在4月下旬至5月上旬羽化，第1代成虫发生期为6月下旬至7月中旬，第2代卵始见于7月中旬，在9月上旬至下旬化蛹越冬。在浙江松阳县1年2代。个别年份只有1代，均以蛹越冬。在室内饲养时，越冬代蛹于3月中旬至5月上旬羽化，第1代成虫6月中旬至8月中旬羽化。部分6月中旬化的第1代蛹当年不羽化，需经270多天的蛹期，越冬后于次年3月中旬与正常的第2代越冬蛹同时羽化。在饲养条件下，个别第2代蛹于9～10月间陆续羽化，但第3代已不能完成。第1代卵期6～8天，幼虫期31～49天，蛹期14～25天；第2代卵期约5天，幼虫期29～46天（前蛹期2～3天），蛹期164～228天，成虫期12～15天（张潮巨 等，1991；陈汉林 等，1993；沈光普 等，1998）。

成虫多在清晨4:00～5:00间羽化，羽化第2天即可交配。成虫飞行力强，在野外常在树冠高处活动，访花。卵散产于寄主嫩叶正面中脉附近，单雌产卵量20～60粒。幼虫白天多停息，清晨和傍晚取食。老熟幼虫常在寄主侧枝、主干或寄主附近杂灌中化蛹（沈光普 等，1998）。

寄主范围 报道寄主有樟科的檫木*Sassafras tzumu*，木兰科的鹅掌楸*Liriodendron chinense*、北美鹅掌楸*L. tulipfera*、厚朴*Magnolia officinalis*、凹叶厚朴*M. officinalis* subsp. *biloba*、黄山木兰*M. cylindrica*、天女木兰*M. sieboldii*、紫玉兰*M. liliflora*、玉兰*M. denudata*、深山含笑花*Michelia maudiae*、白兰*M. alba*等植物（张潮巨 等，

a　　b　　c

图版 9-12　宽带青凤蝶 *Graphium cloanthus*
a. 成虫和卵（右下）　b. 5 龄幼虫　c. 蛹

1991；陈汉林 等，1993；Igarashi S., 1979）。有报道本种在江西还以樟科的樟为寄主（沈光普等，1998）。伞形科植物为存疑记载寄主（周尧，1998）。

推荐寄主 鹅掌楸（马褂木）和檫木。

工艺和生态观赏两用蝶种。稀有种类，尚无大量人工繁育。幼虫可对檫木、鹅掌楸等绿化或用材林木造成轻度危害，但不影响其生长。

9.13 宽带青凤蝶*Graphium cloanthus*和青凤蝶*G. sarpedon*

（1）宽带青凤蝶（图版 9-12）

卵 近球形，表面光滑，直径约1.20～1.35mm，高约1.1～1.2mm。

幼虫 5龄。初龄时头壳暗褐色、有光泽，前胸背板橙黄色，两侧各有1个较大的橙黄色突起，顶端着生“Y”字形黑毛。虫体其余部分暗褐色。2龄虫体浅黑色，3龄期转为绿色。末龄幼虫头壳浅绿色，前胸背板深绿色，胸部各节棘刺消失。后胸背面后缘隆起1条金黄色线，两端各有1小突起，突起基部有黑色环。臭角黄色、透明。

蛹 缢蛹，较为狭长，绿色或灰褐色。中胸背面突起呈角状，角突基部向后发出4条浅黄色棱线延伸至蛹体末端。

生物学 多化性种，以蛹越冬。在四川峨眉，一年发生3～4代。主要产于山地海拔1800m下的天然林区，平原地区也偶尔可见。雌雄成虫访花，飞行急促，雄蝶喜下到地面汲食污水。卵散产于寄主嫩叶背面，幼虫栖息于叶片正面，老熟后在叶背面化蛹。

寄主范围 确认寄主为樟和楠木。报道寄主还有樟科的芳香润楠*Machilus odoratissima*、红楠和黑壳楠*Lindera megaphylla*等（五十岚迈等，2000）。

推荐寄主 樟和楠木。

工艺和生态观赏两用蝶种，也可用于喜庆放飞，对经济林木无严重危害记录。

（2）青凤蝶

幼期形态特征和成虫习性都极似前种。

在四川峨眉，从海拔2500m的中山到450m的平原地区都能见到。成虫访花，飞行急速，常出现在城市的公园和风景区内。雄蝶有占域性，炎热时下到地面汲水。雌蝶将卵散产于寄主嫩叶或芽上。1～3龄幼虫取食幼嫩叶，常将叶片咬出穿孔或在叶缘取食。4～5龄期转移成熟叶片取食，栖息于完整叶片正面。老熟幼虫在寄主老叶下化蛹。

寄主范围 确认寄主为樟和楠木。记载寄主范围非常广，主要有樟科的油丹属、樟属、润楠属、木姜子属、山胡椒属*Lindera*、厚壳桂属和新木姜子属*Neolitsea*，番荔枝科Annonaceae的牛心番荔枝*Annona reticulata*和长叶暗罗*Polyalthia longifolia*等（Igarashi S., 1979；Gaden S. Robinson, *et al.*, 2001）。

推荐寄主 樟和楠木。

工艺和生态观赏两用蝶种，也可用于喜庆放飞。但成虫性急燥，在人工繁殖园中的产卵量有待进一步提高。幼虫对樟可造成轻度危害，但不影响其生长。

9.14 碎斑青凤蝶*Graphium chironides*和统帅青凤蝶*G. agamemnon*

（1）碎斑青凤蝶（图版 9-13）

卵 近球形，直径约1.2～1.3mm。初产时乳白色，渐变为褐色，孵化前暗褐色。

幼虫 1龄虫体黑褐色，各节有分枝棘毛，胸部各节及腹末臀节棘毛发达，浅黄色或白色。其余褐色。2龄虫体背面褐色，腹面白色。棘毛转变为刺。前胸和腹部臀节棘刺白色，中后胸刺褐色。其余各节表面光滑。3龄虫体背面棕揭色，胸部各节具黑褐色棘刺。臀节枝刺分叉、白色。4龄体背深棕色，前胸具蓝色疣突，后胸疣突发达，基部隐约可见眼状斑。末龄幼虫长30～42mm，体背青绿色。各胸节背侧有刺突1对，其中前胸刺突蓝色。后胸刺突基部红色，外有1圈黑色线纹。臀节二分叉，足基线白色。

蛹 缢蛹，似青凤蝶。长28～36mm，乳黄至草绿色。中胸背锥形突出。

生物学 在浙江松阳，1年4代，以蛹越冬。越冬蛹4月中旬开始羽化，第1代成虫发生于于5月下旬～6月下旬，第2代成虫于7月上旬～8月中旬出现，第3代羽化于8月下旬～9月下旬，第4代幼虫于9月下旬～10月下旬化蛹越冬（陈汉林 等，1997）。

寄主范围 在四川峨眉，唯一确认寄主为栽培的台湾含笑*Michelia compressa*。记载寄主有木兰科的深山含笑花、凹叶厚朴、鹅掌楸、玉兰，以及番荔枝科和樟科的某些植物（陈汉林 等，1997；刘光华 等，1999；武春生，2001）。

推荐寄主 台湾含笑。

生态观赏和工艺两用蝶种，不宜用于喜庆放飞。幼虫对木兰科含笑属观赏和药用林木有轻度危害记录。

（2）统帅青凤蝶

卵 近球形，直径约1.4mm，光滑，初产乳白色。

幼虫 5龄。1龄虫体浅褐色，体表覆稀疏黑色刚毛，胸部各节背侧有褐色刺突1对。臀节刺突乳白色。2龄虫体深褐色，腹部第5～8节背面有相连接的白色斑。3龄虫体浅黄绿色，后胸刺突基部粉红色，腹部背面白色斑列退化。臀棘基部黄白色，端部白色。4龄虫体亮绿色，腹部背面白色斑列消失。老熟幼虫体暗绿色，胸部刺突黑色，后胸刺突基部桃红色，腹部黄绿色。

蛹 缢蛹，长约31mm。灰绿色，胸部背面、头前缘两侧各有角状突1个，胸背面的较长，翅芽边缘及角状突起的端半部灰褐色，腹部尖削。

生物学 多化性种类，以蛹越冬。在福建省福州1年4代，翌年3月羽化。第1代卵始见于3月下旬，4月下旬开始化蛹，成虫5月中旬羽化。第2代卵始见于5月中旬，成虫于7月上旬羽化。第3代卵始见于7月中旬，成虫出现于9月上旬。第4代卵始见于9月中旬，幼虫于11月上旬开始化蛹越冬（王梅松 等，2000）。在台湾南部，终年可见成虫活动，中北部则在冬季以蛹越冬（徐堉峰，1999）。

在热带和南亚热带地区是一种常见的蝴蝶。成虫访花，飞行极为迅速灵活。雄蝶下到地面汲水，但持续时间很短，迅即飞走，换到前面一个地方重新停下来。雌蝶将卵散产于嫩叶缘背面，每棵寄主上产卵数粒。幼虫自初龄始即栖息于叶片正面，1～3龄期取食嫩叶，4龄后开始取食成熟叶。老熟幼虫在寄主老叶下化蛹。

寄主范围 记载寄主主要有木兰科的荷花玉兰*Magnolia grandiflora*、白兰、台湾含笑，番荔枝科的番荔枝*Annona squamosa*、刺果番荔枝

a　b　c　d　e

图版 9-13　碎斑青凤蝶 *Graphium chironides*

a. 卵（上）和 1 龄虫（下）　b. 4 龄初（左）和 3 龄末幼虫　c. 5 龄虫　d. 蛹　e. 成虫（♂）

A. muricata、假鹰爪*Desmos chinensis*、紫玉盘*Uvaria microcarpa*和长叶暗罗，以及樟科的黑木姜子*Litsea atrata*（Igarashi S., 1979；Gaden S. Robinson, *et al.*, 2001；佘德松 等，2003）。

推荐寄主　番荔枝科暗罗属各种植物、牛心番荔枝和台湾含笑。

工艺和生态观赏两用蝶种。寄主范围广，种源容易获得，南方各地都可开展养殖。对木兰科园林植物有轻度危害记录，但不影响其生长。

9.15 铁木剑凤蝶*Pazala timur*和丝带凤蝶*Sericinus montelus*

（1）铁木剑凤蝶（图版 9-14）

卵　白色至浅绿色，近球形，直径约1.0mm，表面光滑。

幼虫　7龄。从初龄到末龄，虫体由黑褐色渐变为深绿色。末龄幼虫中、后胸背侧各有1小刺突，基部粉红色、端部黑色。体表散布多列细小黑点。

蛹　缢蛹，较为瘦长，长约26～28mm，浅绿色。前胸背面突起长，并向后弯曲（潜祖琪 等，1998）。

生物学　一化性种类，以蛹越夏、越冬。生活在海拔1400m以下至平原地区。在低海拔地带，成虫出现于早春，与其喜访的萝卜、青菜等十字花科植物的花期吻合，雄蝶常下到农地汲取粪液。不同于其他许多蝴蝶的是，本种成虫访花时完全停息在花上，呈悬挂状。雄成虫活动范围极大，喜在开阔向阳的山坡活动，飞行迅速，曾在海拔约2500m的山顶采集到，而这里已经是喙凤蝶等高山蝶类的生活场所。在

a

b

c

d

e

图版 9-14 铁木剑凤蝶 *Pazala timur*
a. 1 龄虫（上）和 3 龄虫（下） b. 5 龄虫 c. 7 龄虫 d. 蛹 e. 成虫（♂）

野外，雌蝶将卵产在高大楠木的嫩梢上，卵单产，位于叶缘背面。在人工条件下，雌蝶也在约2m高的寄主上产卵。幼虫栖息在叶片正面，有时也在背面，并在老叶下或附近其他杂物下化蛹。

在浙江丽水，1年1代，以蛹越冬。越冬蛹在3月下旬至4月初羽化，幼虫于5月下旬化蛹后越夏、越冬（潜祖琪 等，1998）。

寄主范围 确认寄主为樟科的楠木。其记载寄主还有樟科的樟、大叶楠和香润楠（潜祖琪 等，1998；五十岚迈 等，2000）。

推荐寄主 楠木。

色彩素雅，飞行姿态优美，无论工艺制作还是生态观赏都较适合。一化性种类，幼虫期长，成虫发生期短，限制了其用途。如能人工解除其蛹的滞育，则不失为一种良好的贮存备用蝶源，适宜在南方山地500～1000m地段养殖。

（2）**丝带凤蝶**

卵 馒头型，直径约0.9mm，高约0.7mm，表面光滑，初产时乳黄色，有珍珠光泽。

幼虫 5龄，虫体黑色，老熟后体长约25mm。1～2龄背面有2列黄色毛，3～5龄期前胸背侧向外显著突出：3龄突出长约1mm，4龄长约2mm，5龄长约4mm。臭角红色。

蛹 黄褐色或灰黄色，圆柱形，长约17～23mm，最宽处5～7mm，头部有2深色突起，胸背有2小尖突，表面粗糙。

生物学 多化性种类。在吉林，1年发生3代，虽然个别第3代蛹继续羽化，但不能交配和产卵。越冬蛹于次年5月中旬羽化，成虫羽化当日即可交配，交配后1～3天内即把卵产完。卵聚产在寄主叶背或茎杆上。早春第1代卵一般产在寄主破土而出的茎杆上，卵粒排列成环状或半环状。这时寄主的叶尚未展开。此后两代的卵一般都产在叶片上。在同一卵块内，相邻卵粒之间距离几乎相等，卵粒极少有重叠现象。在人工养殖时，个别卵产在寄主叶片附近其他植物的叶片上。每个卵块中的卵粒数1～154粒不等。第1代卵期约22天，第2～3代卵期约6天，幼虫历期16～20天，蛹期6～9天。初孵幼虫并不取食卵壳（袁荣才　等，1998），群居生活，栖息在叶片反面取食叶肉，仅留下叶脉。幼虫群集生活保持到3龄末，脱离群体的幼虫将会死亡。4龄以后分散独栖。因为其野生寄主植物的地上部分在冬季死亡，幼虫常在附近其他物体上化蛹。

在黑龙江佳木斯，该种一年发生2代，以蛹越冬。第1代成虫（春型）出现于4～5月间，第2代（夏型）出现于6～7月。春型个体略小于夏型。成虫访花，喜在阳光下开阔地活动，飞行低矮、缓慢（罗志文 等，2005）。

寄主范围 报道寄主有马兜铃科的北马兜铃和马兜铃，以及防己科Menispermaceae的蝙蝠葛*Menispermum dauricum*等（袁荣才　等，1998；罗志文　等，2005）。在日本，据报幼虫在饲养条件下并不取食大叶马兜铃（五十岚迈　等，1997）。

推荐寄主 马兜铃。

适宜在观赏园中使用，也可用于制作工艺品。在中国北方已养殖多年。马兜铃在华北和东北一些地区被作为药用植物栽种，此时该种蝴蝶被视为害虫。对其他经济和园林植物无危害记录。

9.16 迁粉蝶*Catopsilia pomona*（图版9-15）

卵 炮弹形，有纵脊和不显著的横纹，直径0.36～0.42mm，高1.30～1.48mm。初产时白色，发育中渐变为淡黄色。

幼虫 5龄。初孵化时乳白色，渐变为黄绿色、黄褐色。头部淡黄色，多短小刺突。胸腹部背侧有黑色宽带，沿气门线有浅黄色纵线。各体节背面有横向环状沟，背面和侧面多黑色小瘤突。

蛹 缢蛹，梭形，浅绿色。头部前端有1尖突，胸部背面隆起，腹部背面平直，腹面凸出。蛹体侧面有1条纵向淡黄色线自头部直达腹末。蛹壳脆薄，容易在运输过程中受伤。

生物学 世代周期短，繁殖力强，世代重叠严重。在云南西双版纳，一年可发生11代，5～7月间完成一代仅需要20天，而在11月至次年1月间完成1代需要40天左右。在自然条件下，6月下旬后，野外虫口大幅下降，到次年3月又开始上升。5～6月间，树上、树下及周边的路面和建筑上都爬满幼虫，枝梢上满挂蝶蛹（张丽霞　等，2003）。在云南元江河谷，4～6月成虫大发生期间，雄蝶成千上万群集河边湿地汲水，蔚为壮观。成虫访花，雌蝶将卵产于寄主新叶和嫩芽上，对公路两侧种植的铁刀木等行道树造成一定危害，但这类树木生长极快，不会因此死亡。

在台湾，全年可见本种成虫活动，在冬季气温较低的地区则以蛹越冬（徐堉峰，2002）。

寄主范围 在云南元江和景洪，寄主为豆科Leguminosae决明属*Cassia*的铁刀木和翅荚决明*C. alata*等多种植物。在台湾，已知幼虫寄主主要是铁刀木和腊肠树*C. fistula*，偶尔也见幼虫于黄槐决明*C. surattensis*和粉叶决明*C. glauca*上面（徐堉峰，2002）。

a　b　c　d　e

图版 9-15　迁粉蝶 *Catopsilia pomona*

a. 2 龄幼虫和卵（左下）　b. 5 龄幼虫　c. 蛹　d. 成虫（无纹型，♂）　e. 成虫（银斑型，♀）

其他报道寄主还有豆科的沼生田菁*Sesbania javanica*、紫檀*Pterocarpus indicus*、总状羊蹄甲*Bauhinia racemosa*和紫矿*Butea monnosperma*等（五十岚迈　等，1997；周尧，1998；Gaden S. Robinson, *et al*., 2001）。

推荐寄主　铁刀木和翅荚决明。

世界著名的观赏蝶种。长期以来，大量被用作工艺材料；温顺素雅，是蝴蝶园和喜庆场合放飞的优良蝶种，尤其在温带地区室外放飞没有生态风险；野生资源丰富，也是营造热带天然蝴蝶景观的首选蝶种之一。在云南南部，可严重影响决明属行道树景观，但不会造成树木死亡或严重影响其生长。

9.17 圆翅钩粉蝶*Gonepteryx amintha*（图版9-16）

卵　花瓶形，表面有纵向脊和不显著横纹，直径0.46～0.54mm，浅黄色。

幼虫　5龄。末龄幼虫蓝绿色散生蓝灰色颗粒且体侧有灰白色细纵带。虫体扁平，头部黄绿色，胸腹部体侧淡黄色，多黑色瘤突。

蛹　缢蛹，梭状。体表淡绿色至黄白色，头部前端尖突弯曲，胸部背面略向上突出，腹部背面平直，腹面凸出、扁平。随着发育，翅芽基部和末端有红色斑纹。

a

b

c

图版 9-16 圆翅钩粉蝶 *Gonepteryx amintha*
a. 5龄虫和卵（左上） b. 蛹 c. 成虫（♂）

生物学 多化性种类，以滞育成虫越冬。生活在山区海拔200～3000m森林地带。成虫访花，飞行缓慢，雄蝶常下到地面汲水。卵散产于寄主嫩叶或茎干上，幼虫栖息于叶片正面，大多老熟后就在寄主枝叶下化蛹。

寄主范围 在四川峨眉的已知种类为鼠李科Rhamnaceae的刺鼠李*Rhamnus dumetorum*等鼠李属植物。在台湾的主要寄主是台湾鼠李*R. formosana*（徐堉峰，2002）。记载寄主还有豆科的黄槐决明*Cassia surattensis*（五十岚迈 等，2000；Gaden S. Robinson, *et al.*, 2001）。

推荐寄主 刺鼠李。

工艺、生态观赏和喜庆放飞三用蝶种，是冬季蝴蝶园中不可多得的种类。对经济和园林植物无危害记录。

9.18 灵奇尖粉蝶*Appias lyncida*和橙粉蝶*Ixias pyrene*

（1）灵奇尖粉蝶（图版 9-17）

卵 炮弹形，直径约0.40～0.55mm，高约1.50mm。表面有纵脊，壳柔嫩，初产时乳白色，渐变为浅黄色。

幼虫 5龄。初孵化时黄白色，可见粉红色中肠，取食植物后转变为浅绿色。2～5龄幼虫类似菜粉蝶的幼虫，表面有蓝黑色瘤突。末龄虫体表青黄绿色，背中线黄色，老熟时略带紫色。头部及胸腹部密布黑色瘤状突起，腹部末端有1对锥形突。

蛹 缢蛹。半透明状，体色依化蛹场所而异。头部前端有1长尖突，末端微向上弯曲。中胸背面突起，中间呈锥状。腹部前方向两侧突出，在第3腹节外形成刺突。

生物学 多化性种类，在云南西双版纳，成虫3～11月均可见，准确世代数未明。夏季气温高时，卵期仅需2天，幼虫期8～12天，蛹期4～6天。成虫常见于开阔明亮的季雨林缘，也到居民区活动。访花，活泼、飞行低矮，炎热时雄蝶群集地面汲水。成虫发生期常与寄主抽梢期吻合，雌蝶将卵集中产在寄主嫩叶和芽上，但卵粒并不呈块状分布。1～3龄幼虫取食嫩叶，通常不取食老叶。常在野外寄主嫩叶上发现大量卵和幼虫，有时会误认为其有群集性。幼虫沿中脉栖息于叶片正面，老熟后在寄主或附近植物叶片下化蛹。

寄主范围 在云南景洪，确认寄主为山柑科Capparidaceae鱼木属*Crateva*的多种植物，尤喜树头菜。

记载寄主大多为山柑科植物，主要有鱼木*Crateva formosensis*、台湾山柑*Capparis formosana*、小刺山柑*C. micracantha*、苦子马槟榔*C. yunnanensis*和牛眼睛*C. zeylanica*等。在饲养条件下，幼虫也取食山柑科的醉蝶花*Cleome spinosa*，以及十字花科的野甘蓝*Brassica oleracea*和蔊菜*Rorippa indica*等（五十岚迈 等，

a b c

图版 9-17 灵奇尖粉蝶 *Appias lyncida*
a. 5 龄虫和卵（左上） b. 蛹（绿色型） c. 成虫（♂）

1997；周尧，1998；徐堉峰，2002）。

推荐寄主 树头菜。

可用于工艺制作、生态观赏和喜庆场合放飞。世代周期短，极具开发潜力，目前尚未大量繁育利用。对经济和园林植物无严重危害记录。

（2）**橙粉蝶**

卵 瓶形，有约12条纵脊，直径约0.6cm，高约1.3cm。初产时黄色，在发育过程中出现红色斑纹。

幼虫 5龄，似灵奇尖粉蝶。体表暗绿色，体侧有褐色纵线。

蛹 缢蛹。浅绿色，头部前端有1个尖锐、向上的突起，背面平坦，腹部突出。

生物学 多化性种，在台湾除1~2月间，全年可见成虫。成虫访花，飞行低缓。卵多散产于寄主成熟叶背面。

寄主范围 在云南西双版纳，主要寄主是树头菜*Crateva unilocularis*和野香橼花*Capparis bodinieri*。在台湾，已知野生寄主只有山柑科的独行千里*Capparis acutifolia*。其他记载寄主还有山柑科的青皮刺*C. sepiaria*、广州山柑*C. cantoniensis*、牛眼睛和鱼木等（五十岚迈 等，1997；周尧，1998；Gaden S. Robinson, *et al.*, 2001；徐堉峰，2002）。

推荐寄主 树头菜。

喜庆放飞和生态观赏的优良蝶种，也广泛用于工艺品制作。在台湾蝴蝶加工业的鼎盛时期，曾是蝴蝶工艺品制作的大宗原料蝶（徐堉峰，2002）。对经济和园林植物无严重危害记录。

9.19 鹤顶粉蝶*Hebomoia glaucippe*（图版9-18）

卵 炮弹形，直径1.00~1.12mm，高1.66~2.02mm。表面多纵向脊纹，顶部受精孔明显。初产时乳白色，渐变为浅黄色。壳柔嫩易破。

幼虫 5龄。1~2龄多毛，初孵时黄褐色，渐变为黄绿色，表皮多突起小点。3~5龄绿色，体表粗糙，有黑色小刺突。虫体扁平，背侧线锯齿状，黄褐色。中胸和后胸背侧分别有一蓝黑色和土黄色突起，腹面有气囊，受惊时头胸部向上抬起，气囊胀鼓如眼镜蛇头状。

蛹 缢蛹，梭形，表面光滑，杂有黑色斑纹。头部前端1突起尖出，似叶柄状；背面平直，中部腹面弧形隆起。分绿色型和白色型两种。发育后期，前胸两侧出现红色斑纹。

生物学 多化性种类。在云南昆明，一年3代。第1代历期45~51天，第2代的卵期约5~6天，幼虫期约16~23天，蛹期14~17天，全代历期约39~47天。在西双版纳自然保护区关坪管理站（海拔约1000m），一年发生约5代。在台

a　　b　　c

图版 9-18　鹤顶粉蝶 *Hebomoia glaucippe*
a. 1 龄虫和卵（左上）　b. 5 龄虫和蛹（右上）　c. 成虫（♂）

湾，在山地区和中北部地区，以蛹越冬，在南部低地全年可见成虫活动（徐堉峰，2002）。

成虫喜访马缨丹花，野外常在高空疾速飞行，但在人工繁殖园内习性则转温顺，多栖息在低矮灌丛上。雄蝶常在溪谷湿地上汲水，双翅合拢，翅反面的保护色使其很难被发现。雌蝶多将卵散产在寄主当年生成熟叶的正面，其次是嫩叶和树干上。幼虫常沿主脉分散栖息在叶片正面。老熟后在寄主叶片下化蛹。叶片轻微失水也不影响幼虫的取食和生长发育。若将蛹的缢丝弄断，与其所附着的叶片分离后平放在木板上，羽化出的成虫多为畸形。故羽化时需要将采摘的蛹以其臀棘悬挂在其他物体下。

寄主范围　在云南元江和景洪，确认寄主是山柑科的树头菜和野香橼花。在广州附近，主要寄主植物为鱼木和广州山柑（刘光华 等，1999）。在台湾的寄主则主要有独行千里、台湾山柑、小刺山柑和鱼木等（徐堉峰，2002）。其他记载寄主也都是山柑科的植物（五十岚迈 等，1997；周尧，1998）。据报幼虫也取食某些十字花科植物，但发育成的成虫较小。

推荐寄主　树头菜。

工艺制作、生态观赏和喜庆放飞三用优良蝶种，在云南、广东和海南已有养殖。对经济和园林植物无严重危害记录。

9.20 金斑蝶*Danaus chrysippus*和虎斑蝶*D. genutia*（图版9-19）

（1）**金斑蝶（图版** 9-19，a ~ f）

卵　弹头形，表面有16~17条纵脊，直径0.72~0.84mm，高约1.12mm。初产时乳白色，壳柔嫩易破。

幼虫　5龄。初孵幼虫浅黄白色，半透明状，头壳黑色。体表有瘤状突起6个，分别位于中胸、第2和第8腹节背面。随着生长，虫体表颜色变成白色，有黑色环纹；黑色环纹上背中线两侧各有1黄色斑。2龄后，头壳上出现白色条纹，幼虫体表青灰色，中胸、第2和第8腹节背面瘤状突起伸长形成肉刺，其余特征与1龄相近。3~4龄棕黑色，具青灰色环纹，肉刺更长，棕黑色。5龄虫体节黑色，有黄灰色环纹，背面黄斑极明显，肉刺基部红色。

蛹　悬蛹，圆柱形，长约15mm。绿色或粉红色，少数呈紫色，背面和侧面散布有黄色小斑点，臀棘黑色，腹背有1横向银白色线。

生物学　在云南元江，一年至少10代，因成虫寿命较长，世代重叠十分严重。第1代历期为28~40天，第2代历期为24~31天，第3代历期为22~26天。其第4代的卵期约为2~4天，幼虫期约为11~21天，蛹期为6~11天，全代历期为

图版 9-19 金斑蝶 *Danaus chrysippus* 和虎斑蝶 *D. genutia*

金斑蝶（a ~ f）：a. 1 龄虫和卵（左上） b. 3 龄虫 c. 5 龄虫 d. 蛹 e. 成虫产卵 f. 小虫取食叶肉状

虎斑蝶（g ~ i）：g. 成虫（♂，反面）和卵（左上） h. 5 龄虫 i. 蛹（绿色型）

19～41天。第5代仅20～22天。

在台湾，全年可见成虫及各虫期。

成虫喜在开阔向阳的林缘、山坡、废弃农田和河谷活动，有时也能在城镇附近发现。喜访马利筋和马缨丹花。性情温和，飞行低缓，姿态优雅，十分适应繁殖园内小生境。夏季早晨7:00即开始活动，产卵可持续到下午19:00。取食时间多在上午9:00～12:00和下午14:00～17:00。中午炎热时躲在阴凉处，夜间有群集过夜的习性。在人工繁殖园中，雌蝶产卵对受卵植物的位置选择并不十分苛刻，将卵散产在寄主叶反面、茎干、嫩叶、嫩芽上，以及附近杂物表面甚至地面。

幼虫孵化时直接以上颚咬破卵壳爬出，栖息在叶片正面。1～2龄幼虫常在叶缘附近吃出半圆形齿痕。初龄幼虫有将其栖居叶片的叶柄基部维管束咬断，使叶片萎蔫的习性，到临近叶片取食。一片叶上可栖居1～3头幼虫。随着龄期增长，幼虫逐渐向枝条下部的成熟叶转移，常栖息在叶片反面或枝干上。耐高温，喜在明亮开阔的场所化蛹。在野外，老熟幼虫就在寄主叶片或附近杂物中化蛹。

由于寄主多为有毒植物，幼虫和成虫为鸟类忌食。

寄主范围　在云南元江、景东和景洪等地，确认寄主主要是萝藦科Asclepiadaceae的牛角瓜*Calotropis gigantea*和马利筋（尖尾凤）。在台湾的唯一已知野生寄主为马利筋（徐堉峰，1999）。记载寄主范围十分广泛，包括萝藦科牛角瓜属*Calotropis*、马利筋属、鹅绒藤属*Cynanchum*、吊灯花属*Ceropegia*、钉头果属*Gomphocarpus*、牛奶菜属*Marsdenia*、大花藤属*Raphistemma*、杠柳属*Periploca*、鲫鱼藤属*Secamone*、娃儿藤属*Tylophora*、萝藦属*Metaplexis*和豹皮花属*Stapelia*等属中的许多种类，以及旋花科Convolvulaceae、大戟科Euphorbiaceae、白花丹科Plumbaginaceae、蔷薇科Rosaceae、锦葵科Malvaceae、桑科Moraceae、无患子科Sapindaceae和玄参科Scrophylariaceae中的一些存疑种类（五十岚迈　等，1997；Gaden S. Robinson, *et al.*, 2001）。

推荐寄主　牛角瓜和马利筋。

工艺、生态观赏和喜庆放飞三用的优良蝶种，南方各地广为养殖。对经济和园林植物无危害记录。

（2）**虎斑蝶**（**图版**9-19，g～i）

卵　近橄榄球形，底端平，表面有纵向脊，较细较浅。初产时白色，直径0.86～0.96mm，高约1.14～1.28mm。

幼虫　5龄。初龄期头壳黑色，体表光滑，白色、半透明状。2～5龄期体表棕黑色，散布白色斑点。在中胸、第2和第8腹节背面分别着生1对黑色长肉刺，刺基部暗红色。

蛹　悬蛹，圆柱形，极似金斑蝶。也有绿色和红色两型。

生物学　多化性种，在云南南部全年可见成虫。但冬季成虫已进入生殖滞育。其他成虫和幼虫习性与金斑蝶相近。

寄主范围　在云南景东和昆明的已知寄主为萝藦科鹅绒藤属的昆明杯冠藤*Cynanchum wallichii*和青羊参*C. otophyllum*，在云南元江的确认寄主为马利筋，在四川峨眉山主要是峨眉牛皮消*Cynanchum giraldii*。各地记载寄主包括萝藦科牛奶菜属、娃儿藤属、鹅绒藤属、匙羹藤属*Gymnema*、大花藤属、马利筋属、牛角瓜属、萝藦属、天星藤属*Graphistemma*和夜来香属*Telosma*等属中的许多植物（五十岚迈　等，2000；Gaden S. Robinson, *et al.*, 2001）。

推荐寄主　马利筋、青羊参和峨眉牛皮消等。

优良的工艺、生态观赏和喜庆放飞三用蝶种，南亚热带和热带地区常见，但较少被养殖。对经济和园林植物无危害记录。

9.21 青斑蝶*Tirumala limniace*（图版9-20）

卵　弹头形，表面有纵向脊纹，初产时乳白色，渐变为浅黄色，直径约0.90mm，高1.00～1.10mm。壳柔嫩易破。

幼虫　5龄。1龄初孵时乳白色，半透明，体表光滑，渐至白色。2～5龄虫体乳白色，有黑色环纹；中胸和第9腹节背各长出1对短肉刺，

a b c d e f

图版 9-20 青斑蝶 *Tirumala limniace*

a. 卵 b. 1 龄虫 c. 3 龄虫 d. 5 龄虫 e. 蛹 f. 成虫（♂）

内侧白色，外侧及顶部黑色。

蛹 悬蛹，圆柱形，嫩绿色至淡绿色。胸背面突起，腹部膨大，背面有一横向银白色金属线；体表散布银白色金属斑。

生物学 在云南元江，一年可发生10代以上，以成虫越冬。第1代历期27～39天，第2代历期25～32天，第3代24～31天。自然条件下，第4代卵期约为2～3天，幼虫期约8～15天，蛹期约为6～11天，全代历期为21～31天。第5代历期20～29天。雌蝶将卵散产在寄主植物成熟叶的反面，其次是嫩叶和嫩芽处，枝干上较少，一般不在叶的正面、地面和其他物体表面产卵。

寄主范围 在云南元江，唯一已知幼虫寄主为萝藦科的南山藤（苦皮菜）*Dregea volubilis*。各地记载寄主植物有：萝藦科的南山藤属*Dregea*、醉魂藤属*Heterostemma*、娃儿藤属、马利筋属、牛角瓜属、球兰属*Hoya*和牛奶菜属，夹竹桃科Apocynaceae的止泻木*Holarrhena antidysenterica*，禾本科Gramineae的甘蔗*Saccharum officinarum*，以及防己科Menispermaceae的木防己属*Cocculus*等（周尧，1998；Gaden S. Robinson, *et al.*, 2001）。

推荐寄主 南山藤。

工艺和生态观赏两用蝶种，亦可用于喜庆放飞。对经济和园林植物无危害记录。南方各地已广为养殖。

9.22 大绢斑蝶*Parantica sita*（图版9-21）

卵 椭球形，表面有纵向和横向脊纹，直径1.04～1.16mm，高约1.70mm。初产时乳白色，壳柔嫩易破。

幼虫 5龄。初龄幼虫乳白色，头壳黑色，体表光滑。2～5龄期在中胸和第8腹节背侧各着生1对细长的黑色肉刺。表皮黑色，密布白色细小斑纹，沿气门上线和背侧线各有1列黄色圆斑。

蛹 悬蛹，色泽柔美。圆柱形，黄绿色，胸

a

b

c

d

图版 9-21 大绢斑蝶 *Parantica sita*
a. 卵（上）和1龄虫（下） b. 5龄虫 c. 蛹 d. 成虫（♀）

背凸起，腹部膨大，散布银白色斑点。

生物学 在四川峨眉，成虫出现于4～11月间，高峰期出现在秋季，尚不知准确世代数。以3～4龄幼虫在寄主上越冬，越冬期间幼虫仍少量取食。生活于海拔500～2500m林地。成虫访花，喜在极为开阔的林间空地和河谷活动，有时也飞到附近城镇中。飞行能力极强，常见其自高空滑翔而下，受到惊扰后又迅速返回空中。雌蝶将卵单产于寄主叶片下方。幼虫分散栖息于叶片背面直到化蛹。在当地，常与黑绢斑蝶混合发生，但数量较后者多。

寄主范围 在四川峨眉和云南景洪，确认寄主为萝藦科牛奶菜属*Marsdenia*的牛奶菜*Marsdenia sinensis*、喙柱牛奶菜*M. oreophila*和娃儿藤属*Tylophora*阔叶娃儿藤*T. astephanoides*。在台湾的确认寄主为台湾牛奶菜*M. formosana*（徐堉峰，1999）。其报道寄主包括萝藦科的鹅绒藤属、娃儿藤属、球兰属、马利筋属、萝藦属、牛奶菜属、南山藤属、醉魂藤属、黑鳗藤属*Stephanotis*和醉魂藤属等属的许多种植物（五十岚迈等，2000；Gaden S. Robinson, *et al.*, 2001）。但在四川峨眉，幼虫取食马利筋后不能完成个体发育。

推荐寄主 牛奶菜和阔叶娃儿藤。

优良的工艺、生态观赏和喜庆放飞三用蝶种。对经济和园林植物无危害记录。繁育利用潜力极大。

9.23 大帛斑蝶*Idea leuconoe*（图版9-22）

卵 椭球形，表面有纵向排列的浅刻孔，直径约1.30mm，高约1.80mm。

幼虫 5龄。头壳黑色，体表由黑色和白色环纹相间排列，体侧有红色斑点。中后胸以及第2、8腹节背侧各有1对细长粉红色肉突。

蛹 悬蛹，暗黄色。蛹体粗壮，体表散布黑色斑点或线条。

生物学 多化性种，在台湾全年可见到成虫及各虫期。成虫飞行缓慢，常在林缘树冠上空滑翔。卵散产于寄主叶片背面，幼虫栖息于寄主叶片背面，老熟后常在临近植物枝叶下化蛹（徐堉峰，1999）。

寄主 在台湾的唯一确认野生寄主为夹竹桃科的同心结*Parsonia laevigata*。攀援灌木，叶片和茎干无毛；叶片卵圆形或长圆形，长约4～10cm，宽3～7cm，产于台湾岛内。其他记载种类还有夹竹桃科同心结属*Parsonsia*的*P. alboflavescens*，萝藦科的南山藤和娃儿藤*Tylophora ovata*（Gaden S. Robinson, *et al.*, 2001）。产于海南岛的海南同心结*P. howii*和产于广西的广西同心结*P. goniostemon*，疑可作为其替代寄主。

飞行优雅，停息时翅膀半张开，是一种生态观赏、工艺价值均极高的斑蝶，也可用于喜庆放飞。对经济和园林植物无危害记录。最近被引入大陆养殖。

9.24 幻紫斑蝶*Euploea core*和异型紫斑蝶*E. mulciber*（图版9-23）

（1）幻紫斑蝶（图版 9-23，a ～ c）

卵 淡黄色，橄榄形，表面粗糙，有突起小点。壳柔嫩，轻微的外力即可使之破裂。

幼虫 5龄。1龄淡黄色至橘黄色，虫体半透明，表皮光亮，背部具2列棕红色瘤状突起，足黑色；2龄颜色变深，浅棕黄色，胸部背面有2个黑色斑，中胸、后胸、第2和第8腹节背部有两列8个黑色瘤状突起，随着虫体生长，瘤状突起变长，呈圆柱形肉刺，顶钝，光滑；3龄与2龄近似，但颜色略深，棕黄色，肉刺更长；4龄虫体

a

b

c

图版 9-22 大帛斑蝶 *Idea leuconoe*
a. 成虫（左上为卵） b. 5 龄虫 c. 蛹

背面有黑白相间条纹和4对长的肉刺，刺的位置与3龄相同；刺顶部弯曲，棕褐色，光滑无毛；前胸及虫体侧面棕黄色。5龄与4龄近似，仅刺的长度增加，后3对刺的弯曲度更大，成弯勾状；化蛹前颜色变浅，白色条纹变成浅黄色。

蛹　悬蛹，柱状，浅黄色，长约15～18mm。表面光滑，有银白色金属斑，背面中央凹陷，腹背隆起。

生物学　在云南元江，一年至少发生7～8代。以成虫越冬。第1代历期30～41天。第2代的卵期为2～3天，幼虫期为11～18天，蛹期为7～8天，全代历期为27～33天。第3代历期为26～30天，第4代27～29天，第5代历期为25～28天。

从河谷到海拔1200m山地都能见到成虫。喜在阳光充足、干燥的山谷活动，停息时多选择干枯树叶或类似颜色的杂物；访马缨丹及其他多种植物的花，访花时不停地扇动翅膀。在红布上喷洒蜂糖水能很好地吸引其前来取食。性情温和，常距地面1～2m高缓慢飞行，适应小繁殖园内环境，夜间有群栖性。雌蝶将卵散产在寄主植物成熟叶的反面、嫩叶和嫩芽上，在成熟叶的正面、枝干上和附近杂物等其他物体表面相对较少。初龄幼虫有将其栖居的叶片的叶柄基部维管束咬断的习性，叶片萎蔫后，常爬到别的叶片取食。幼虫1～5龄期都分散栖息在叶片反面或枝干上。老熟幼虫在阴暗的场所化蛹，一般就在寄主叶片或枝干下面。

寄主范围　在云南元江和景洪，幼虫已知寄主为萝藦科的白叶藤属*Cryptolepis*、弓果藤属*Toxocarpus*的各种植物，偶见在夹竹桃科的夹竹桃属*Nerium*、桑科榕属*Ficus*的部分植物和马利筋上产卵。记载寄主包括萝藦科的白叶藤属、马利筋属、钉头果属、鹅绒藤属、牛角瓜属、海岛藤属*Gymnanthera*、牛奶菜属、鲫鱼藤属、娃儿藤属、弓果藤属、黑鳗藤属、肉珊瑚属*Sarcostemma*、球兰属等，以及桑科的榕属和鹊肾树*Streblus asper*，夹竹桃科、茜草科和榆科Ulmaceae的部分植物（周尧，1998；五十岚迈等，2000；Gaden S. Robinson, *et al.*, 2001）。

推荐寄主　古钩藤*Cryptolepis buchananii*、白叶藤*Cryptolepis sinensis*、马利筋和垂叶榕*Ficus benjamina*。

工艺和生态观赏两用蝶种，不宜用于喜庆放飞。对经济和园林植物无危害记录。南方各地广为养殖。

（2）**异型紫斑蝶（图版 9-23，d ～ f）**

幼期形态与幻紫斑蝶极似。卵淡黄色，橄榄形，表面粗糙，有纵向排列的突起小点，直径0.88～1.00mm。壳柔嫩。幼虫5龄，似幻紫斑蝶。头部黑色，有白色条纹。体表灰黄褐色，背面着生4对长肉突，分别位于中胸、后胸、第2和第8腹节上。肉突端部暗红色，基部红色。各体节背面有浅黄色环纹，节间膜红褐色。蛹悬蛹，圆柱形，粗短。外形似幻紫斑蝶，但银白光泽更为强烈。

生物学　也近同幻紫斑蝶。多化性种类，在云南西双版纳，一年发生至少7代，以滞育成虫越冬。雌雄成虫访花，飞行低缓，常在林缘开阔地活动。卵散产于寄主嫩芽和新叶上。老熟幼虫在寄主或附近植物枝叶下化蛹。为热带地区的常见种，与幻紫斑蝶混合发生，但更多是在林区活动，分布海拔也较高。其自然分布达四川盆地北部。成虫发生的高峰期在6～8月间，4～10月都能见到。如同幻紫斑蝶，成虫也群集越冬。

寄主范围　在云南元江，已知幼虫寄主为桑科的榕属、夹竹桃科夹竹桃属、萝藦科的弓果藤属和白叶藤属的许多种植物。该种在台湾的食性亦较广，主要有桑科的榕树*Ficus microcarpa*、台湾天仙果（台湾榕）*F. formosana*、糙叶榕*F. irisana*、白肉榕*F. vasculosa*和九丁榕*F. nervosa*，萝藦科的白叶藤和夹竹桃科的络石*Trachelospermum jasminoides*等（徐堉峰，2002）。

记载寄主还包括萝藦科的蓝叶藤*Marsdenia tinctoria*、夹竹桃科的夹竹桃属、羊角拗属*Strophanthus*和帘子藤属*Pottsia*，桑科的榕属，以及旋花科的白鹤藤*Argyreia penangiana*和马兜铃科的马兜铃属植物等（周尧，1998；五十岚迈等，1997；Gaden S. Robinson, *et al.*, 2001）。

推荐寄主　白叶藤、古钩藤和垂叶榕。

工艺和生态观赏两用蝶种，不宜用于喜庆放飞。对经济和园林植物无危害记录。南方各地广为养殖。

a b c d e f

图版 9-23 幻紫斑蝶 *Euploea core* 和异型紫斑蝶 *E. mulciber*
幻紫斑蝶（a ~ c）：a. 成虫和卵（右上） b. 1 龄虫（左上）和 5 龄虫 c. 蛹
异型紫斑蝶（d ~ f）：d. 成虫（♀） e. 5 龄虫 f. 蛹

9.25 箭环蝶 *Stichophthalma howqua*

卵 近球形，直径1.8～2.1mm。初产时绿白色，至孵化前变为乳白色。

幼虫 5龄。初孵幼虫乳白色，体长2.5～3.0mm，取食后渐变为绿色。老熟幼虫体长约70mm。头壳浅绿色，顶部有 1 黄斑，斑内中部有 2 条红色纵带，带前方各生 1 丛黑色长毛簇。虫体黄绿色，有多条青绿色线，密被白色细长毛，腹部末端有青绿色尾棘 1 对。

蛹 悬蛹，体长30～44mm。腹面似橄榄形，初化时黄绿色，蛹壳硬化后被白粉，头前方二分叉。第3～4腹节间加宽，背面隆起。

生物学 在浙江嵊州市和余姚市，1年发生1代，主要以2～3龄幼虫于11月上中旬在竹林内枯枝落叶层、杂草和灌丛中越冬，部分幼虫在2～3片竹叶组成的疏松的虫苞中越冬，但死亡率较高。翌年4月上中旬开始活动，取食竹叶。5月中、下旬开始化蛹。成虫始见于6月上旬，6月中下旬为羽化高峰期。6月下旬为产卵盛期，卵期约10天。7月上旬幼虫开始孵化，并于10月下旬陆续进入越冬状态。解剖检查临近羽化的蛹，性比接近1∶1。单雌产卵量12～77粒，平均50粒，成虫寿命4～6天（陈秀龙 等，2004；

李百万 等，2005）。

在四川峨眉山，该种分布于海拔450～1800m山地，尤以竹林附近最多。大发生时，成虫满山遍野飞行，竹林内随处可采拾到蛹。现逐年减少，成为稀少种。一年1代，以3龄幼虫越冬。成虫发生期在6～9月，有时在10月中旬仍能见到。成虫食树液和腐烂水果，常在竹林内距离地面2～3m高度呈波浪形缓慢飞行，活动时间可以从早晨8:00一直到黄昏。雌蝶将卵20～60粒一片聚集产于竹叶背面，幼虫孵化后取食卵壳。1～3龄期幼虫群居生活，起居都十分同步。幼虫多毛。越冬幼虫仍会取食少量竹叶。次年3月中下旬，越冬幼虫开始大量取食生长。进入4龄后，幼虫分散栖息，但仍旧停留于叶片反面。老熟幼虫5月上中旬开始化蛹在竹叶下面，极少数离开寄主化蛹。另一种体形较小的双星箭环蝶常与其混合发生，寄主和习性都相似。

寄主范围 确认寄主均为禾本科竹类。在四川峨眉，幼虫主要以水竹*Phyllostachys heteroclada*、慈竹*Sinocalamus affinis*和苦竹*Pleioblastus amarus*等为寄主，发生数量大时对竹类经济林有一定危害。在浙江，该种幼虫取食毛竹*Phyllostachys heterocycla* cv. *pubescens*、淡竹*P. glauca*和篌竹*P. nidularia*等（陈秀龙　等，2004）。报道寄主还有禾本科的油芒*Spodiopogon cotulifer*、芒*Miscanthus sinensis*，以及棕榈科Palmae的棕榈*Trachycarpus fortunei*等（周尧，1998；五十岚迈　等，2000）。本种寄主范围可能涉及竹类和棕榈科的许多种类。

推荐寄主 苦竹，各地多有栽培。

工艺、生态观赏和喜庆放飞三用优良蝶种，尚无人工繁育报道。对竹类经济林有危害记录。

9.26 红锯蛱蝶*Cethosia biblis*和白带锯蛱蝶*C. cyane*（图版9-24）

(1) **红锯蛱蝶（图版 9-24，a ～ d）**

卵 柱状，表面粗糙，有纵向刻纹，直径0.84～0.92mm，高1.26～1.36mm。顶部圆钝，有卵盖。初产时浅黄色，渐变为黑褐色。壳柔嫩、易破裂。

幼虫 5龄。初孵时乳白色至浅黄色，半透明，密生体毛，无头角。自2龄始，体毛变为棘刺；头壳上长出头角，并随龄期增长按比例延长。2龄幼虫黄绿色，自3龄始，虫体呈棕黄色，各体节前后缘白色，中部棕黄色，节间膜黑褐色。

蛹 悬蛹。灰白色，杂有黑色及褐色斑，似鸟粪。表面有粗糙的突起，头部有一对褐色鳃瓣状突起，腹部末端散布有小黑斑，不连成片。

生物学 多化性种类，在云南西双版纳自然保护区关坪管理站，一年发生7～8代，幼虫全年可见。第1代历期33～41天，第2代历期31～37天。第3代的卵期约5～8天，幼虫期11～22天，蛹期约为7～11天，全代历期约为29～35天。

成虫多活动于林间空地、林缘向阳开阔地带，有时也在平原地区寻找蜜源植物。最喜访马缨丹花，有时也取食发酵水果汁液。性情温和，飞行低缓，交配产卵不需太大空间，在繁殖园内常停栖在低矮灌丛上。如无惊扰，雌蝶一天内只产一次卵。卵聚产在寄主叶片反面、嫩叶、叶须和嫩枝上，嫩芽上较少，常呈片状或串状，每片或串可多达134粒。孵化时，幼虫顶开卵盖爬出。初孵幼虫取食卵壳，孵化后并不向外扩散，常等候同卵块或卵串的其他幼虫孵化后集体行动。自同一卵块孵化的所有幼虫常群集在幼嫩叶片反面，有时多达上百只。将该叶片食尽后一同转移，很少单独行动。幼虫也取食嫩枝的表皮。脱皮前，所有幼虫转移到一张新叶片背面，密集聚在中部。3龄以后，常聚集在幼嫩枝干和叶柄处，直到化蛹前也保持这种聚集习性，但群体会越来越小。幼虫取食稍失水的食物也能正常生长发育。老熟幼虫喜在开阔明亮的地方化蛹。越冬幼虫仍然取食寄主植物基部茎皮，而未进入滞育状态。

寄主范围 在云南景洪和元江等地，幼虫寄主为西番莲科Passifloraceae的蒴莲属*Adenia*植物三开瓢*A. cardiophylla*和滇南蒴莲*A. penangiana*。

图版 9-24 红锯蛱蝶 *Cethosia biblis* 和白带锯蛱蝶 *C. cyane*

红锯蛱蝶（a ~ d）：a. 1 龄虫和卵块（左上） b. 5 龄虫 c. 蛹 d. 成虫（♂）

白带锯蛱蝶（e ~ i）：e. 成虫（♀） f. 嫩枝上的卵串 g. 3 龄虫 h. 5 龄虫 i. 蛹

但无论在野外还是在饲育条件下，幼虫均不取食同科的西番莲属*Passiflora*的西番莲*P. cochinchinensis*、鸡蛋果*P. edulis*、龙珠果*P. foetida*、心叶西番莲*P. eberhardtii*、长叶西番莲*P. siamica*、蛇王藤*P. moluccana* var.*teysmanniana*和圆叶西番莲*P. henryi* 7种植物。

各地报道寄主有西番莲科的西番莲、杯叶西番莲*Passiflora cupiformis*、龙珠果（发现幼虫取食）、鸡蛋果和异叶蒴莲*Adenia heterophylla*等（五十岚迈　等，1997；周尧，1998；Gaden S. Robinson, *et al.*, 2001；杨萍　等，2006）。

推荐寄主　三开瓢。

中国产蛱蝶中最艳丽的种类之一。成虫飞行低矮、缓慢，非常适合在蝴蝶观赏园中使用，也是工艺制作和喜庆放飞的优良蝶种。对经济和园林植物无危害记录。世代周期短，卵聚产，幼虫群集取食，适合室内饲养，是目前养殖最为容易、最成功的蛱蝶种类之一，在南方各地有大量养殖。

（2）**白带锯蛱蝶（图版 9-24，e ～ i）**

卵　与红锯蛱蝶相仿，肉眼难以区分。

幼虫　5龄。初孵时为棕黄色，多长毛，随着生长，颜色变深呈褐黄色。2龄棕黑色，虫体有白色环纹，毛演变为棘刺，棕黑色，6列。头壳上长出头角，随龄期增长按比例延长，与头壳宽度随龄期增长按比例增加相似。3～4龄与2龄相似，仅刺的长度增加和虫体增大；5龄虫体出现红白黑色三色相间环纹，其他特征与2～4龄幼虫相近。

蛹　悬蛹。蛹体大部分为白色，杂有黑色及褐色斑，与前种十分相似，唯腹部末端黑斑界限模糊，连成一片，可以此与红锯蛱蝶的蛹相区别。

生物学　多化性种类。在西双版纳关坪一年7～8代，在元江一年至少9代，以幼虫越冬。其第1代历期为33～42天，第2代历期为32～35天。第3代的卵期约为5～8天，幼虫期约为12～16天，蛹期约为7～11天，全代历期约为29～31天。成虫和幼虫习性都十分近似于红锯蛱蝶。

寄主范围　在云南景洪和元江等地，幼虫寄主为西番莲科的三开瓢和滇南蒴莲。报道寄主还有西番莲科的蒴莲*Adenia chevalieri*、龙珠果，鸭跖草科Commelinaceae的*Commelina benghalensis*，旋花科的番薯属*Ipomoea*，大戟科的蓖麻*Ricinus communis*和马鞭草科的假连翘属*Duranta*（周尧，1998；Gaden S. Robinson, *et al.*, 2001）。与红锯蛱蝶相同，在云南元江和景洪，无论在野外还是在饲育条件下，幼虫均不取食同科西番莲属的西番莲、鸡蛋果、龙珠果、心叶西番莲、长叶西番莲、蛇王藤和圆叶西番莲7种植物。

推荐寄主　三开瓢。

工艺用材、生态观赏和喜庆放飞三用优良蝶种。对经济和园林植物无危害记录。目前养殖最成功的蛱蝶种类之一，在南方各地已大量养殖。

9.27 黑脉蛱蝶*Hestina assimilis*（图版9-25）

卵　深绿色至浅绿色，近球形，直径和高均约1.20mm，表面有纵脊19～21条。

幼虫　5龄。1龄头壳黑褐色，体表黄绿色，散布黄白色小点，腹末二分叉。2～5龄绿色，随着生长颜色渐深。中胸及腹部第2、4和第7节背侧各有一对片状土黄色突起。头部有1对绿色角状突，其上有小刺。越冬幼虫体表颜色似地衣，头角伸向前方。

蛹　悬蛹，体扁平，头部前端二分叉。体表绿色，表面有雾霜状覆盖物，背面狭窄、弧形弯曲，腹面向两侧突出。

生物学　多化性种类，以4～5龄幼虫越冬。在四川峨眉，1年发生3～4代。主要生活在1500m以下的山地林区到平原农区。成虫多在晴天中午活动，喜食树液和腐烂水果，不访花。雄蝶飞行迅速，有强烈占域习性，多栖息在林缘小乔木树冠侧面。雌成虫飞行缓慢，将卵散产在寄主叶片正面，有时也产在叶背面。大部分的卵被产于寄主枝叶附近的物体上和地面土块杂物上。初孵幼虫取食卵壳，栖息于叶尖中脉处，头朝叶柄方向。1龄幼虫取食其停息的叶片，2龄后转移到其他叶片取食，然后返回原

a b c d

图版 9-25 黑脉蛱蝶 *Hestina assimilis*
a. 1龄虫和卵（左上） b. 3龄虫 c. 蛹 d. 成虫

来叶片栖息。晚秋寄主落叶前，幼虫体色转为灰黄绿色，群集匍匐于寄主枝杈处休眠。次年2月下旬寄主新叶萌发前幼虫开始分散向枝上转移。待新叶刚展开，即回到叶片上开始取食，并脱去旧皮，恢复绿色体表。老熟幼虫大多在寄主叶片下化蛹。

本种在台湾地区，多分布于低海拔地带，一年至少发生3代，以休眠幼虫越冬（徐堉峰，2002）。

寄主范围 在四川峨眉山的已知寄主是榆科的朴树*Celtis sinensis*。报道寄主还有榆科的异色山黄麻*Trema orientalis*（周尧，1998；Gaden S. Robinson, *et al.*, 2001）。

推荐寄主 朴树。

优良的工艺、生态观赏和喜庆放飞三用蝶种。对经济和园林植物无危害记录。交配需要较大空间，雌蝶产卵过于分散，目前尚难大规模养殖。

9.28 文蛱蝶*Vindula erota*（图版9-26）

卵 圆桶形，淡黄色，表面有纵向脊纹，顶部有卵盖。

幼虫 5龄。1龄初期棕黄色，具毛瘤，其上着生长毛。随着虫体的生长，节间膜内陷加深，体节分节十分明显。2龄初期浅黄色，头顶长出1对浅褐色长角，棒状，其上有细毛。各体节着生浅色透明长棘刺，刺上长有细毛。随虫体的生长，体色加深，呈黑褐色，除腹末4根棘无色外，其余棘变为黑色。3～5龄幼虫头角黑色。除第7腹节背面的4根棘白色外，其余棘刺全为黑色，基部黄棕色，环状。节间膜及其两侧环较宽，黑色，边缘白色。

蛹 悬蛹，形似倒悬蝙蝠。头前方二分叉，中胸背面隆起，有1向后的短突。腹部前后背面各有1对翅膀样突出物。

生物学 多化性种类。在西双版纳，一年发生3～4代。第1代历期为41～53天，第2代的卵期约为4～5天，幼虫期为14～17天，蛹期约为7～9天，全代历期为36～40天。

成虫访马缨丹花，也食发酵水果汁液。多在林缘和林间草地上活动，飞行急促，常停栖在阴暗角落或灌丛下，有时达到惊人数量。雌蝶从不远离寄主活动，野外很难见到。卵聚产在叶片背面，其次是嫩叶上，在嫩芽、叶须和靠近寄主的其他物体上也较多，尤其是一些细小的枯枝上。即使在产卵时，雌蝶也非常警觉，每次产卵2～20粒，受到惊扰立即飞离。

幼虫有群集性，但没有锯蛱蝶属种类强烈。1～2龄期栖息于叶尖背面，有时仅取食叶肉，留下上表皮，有时在叶片中央吃出一小孔，由此开始取食。有时又从两侧叶缘开始取食，在叶缘留下“U”形缺口。3龄幼虫仍栖息在叶反面，但可息于叶片的任何位置，由叶缘

图版 9-26 文蛱蝶 *Vindula erota*
a. 卵串（上）和 1 龄虫（下）　b. 2 龄虫（上）和 3 龄虫（下）　c. 5 龄虫　d. 蛹　e. 成虫交配

向中部取食。4龄以后，幼虫逐渐向叶正面转移，食量也大大增加。爬行迅速，遇到惊扰即离开所在位置或掉落地面。幼虫生长非常快，1～4龄期平均2～3天就可以脱皮一次。在自然条件下，老熟幼虫就在寄主叶片下靠近叶柄处化蛹，而在人工饲养条件下，更喜在阴暗场所化蛹，虽然有时也到饲养笼顶部化蛹。

寄主范围　在云南景洪，幼虫以西番莲科的三开瓢、滇南蒴莲为寄主。报道寄主还有异叶蒴莲和龙珠果等（五十岚迈　等，1997；Gaden S. Robinson, *et al.*, 2001）。

推荐寄主　三开瓢。

工艺、生态观赏和喜庆放飞三用的优良蝶种。对经济和园林植物无危害记录。目前仅在云南有少量养殖。

9.29 斐豹蛱蝶*Argyreus hyperbius*（图版9-27）

卵　弹头形，有纵向刻纹，直径0.64～0.75mm，高0.62～0.68 mm。壳极柔嫩，轻触即破。

a

b

c

d

图版 9-27 斐豹蛱蝶 *Argyreus hyperbius*
a. 成虫（♀） b. 成虫（♂） c. 5龄虫 d. 蛹

幼虫 5龄。初孵化时头壳黑色，虫体半透明状，密生细毛。2～5龄期有一显著的土黄色背中线。体表沿背侧线、气门上线和气门下线各有1列棘刺，胸部棘刺蓝黑色，腹部各节棘刺基部粉红色，端部黑色。

蛹 悬蛹，黑褐色，前端二分叉。各体节背面有锥形突起1对。胸腹部前方突起的基部有银白色金属斑。

生物学 多化性种，成虫一年有初夏和晚秋两个高峰期，以幼虫越冬。成虫访花，喜在开阔的山坡和林缘活动，行动敏捷。卵散产于寄主叶片背面、临近杂物，甚至泥土空隙中。幼虫栖息在叶柄或地面，老熟后爬行至远离寄主的杂物下化蛹。

寄主范围 已知寄主为堇菜科Violaceae的紫花地丁*Viola philippica*、柔毛堇菜*V. principis*、三色堇*V. tricolor*和戟叶堇菜*V. betonicifolia*等多种堇菜属植物。记载寄主包括堇菜科的许多种类，如七星莲*V. diffusa*、台湾堇菜*V. formosana*、香堇菜*V. odorata*和堇菜*V. verecunda*，以及玄参科的金鱼草*Antirrhinum majus*等（Gaden S. Robinson, et al., 2001）。

推荐寄主 柔毛堇菜和三色堇。

成虫色彩鲜艳、访花，飞行低矮、缓慢，极适宜在生态蝴蝶园中使用，也是工艺制作和喜庆放飞的优良蝶种。对经济和园林植物无危害记录。

9.30 丽蛱蝶*Parthenos sylvia*（图版9-28）

卵 半球形，表面网格状凹陷，密生浅细毛，直径1.36～1.41mm。初产时浅黄色。

幼虫 5龄。1龄头壳棕黑色，体表黄绿色，背侧和体侧有成列的毛瘤，其上着生白色长毛。至2龄始，体毛转变为端部分枝的黑色棘刺，尤以中后胸棘刺最为发达。体表黄褐色，可见黑色背中线、背侧线和气门上线，两侧足基线和腹部臀节着生白色刚毛。3～4龄期除了虫体增长和棘刺更为发达，其余体表特征与2龄相似。末龄幼虫头壳棕黄色，棘刺极为发达，虫体变为深棕色，黑色背侧线和气门上线宽阔，自前胸直达臀节，背中线黑色、细长，气门腔口黑色，周围白色。

蛹 悬蛹。头部浅二分叉，蛹体绿色或黑褐色，弯曲梭形，背中线隆起呈弧线，两侧凸出呈棱线。

生物学 在西双版纳，该种产于海拔1200m以下的山林地带，成虫见于3～10月间，在自然状态下的世代数不明。成虫常在林内空地或林缘活动，飞行急速，取食腐烂水果和树液。雌蝶将卵散产于寄主嫩叶的正面与反面、卷须以及靠近寄主枝叶的其他物体上面，与文蛱蝶有点类似。1～2龄幼虫栖息在叶尖背面取食叶肉，留下上表皮。有时将叶片咬穿或在叶边缘

a　b　c

图版 9-28 丽蛱蝶 *Parthenos sylvia*

a. 4 龄幼虫和卵（左下） b. 蛹 c. 成虫（♀）

吃出"V"形刻纹。3龄始取食叶片所有部分，余下中脉。幼虫4～5龄期栖息在叶片正面，老熟后在寄主叶片下化蛹。幼虫有假死习性，稍受惊扰即掉落地面。

寄主范围 在云南景洪，确认寄主为西番莲科的长叶西番莲（毛蛇王藤）*Passiflora siamica*。记载寄主还有西番莲科的异叶蒴莲、滇南蒴莲和马来蛇王藤*Passiflora moluccana*，葫芦科Cucurbitaceae的茅瓜*Solena amplexicaulis*，以及防己科的*Tinospora cordifolia*等（五十岚迈 等，2000；Pisuth Ek-Amnuay, 2006）。

推荐寄主 长叶西番莲。

工艺材料、生态观赏和喜庆放飞三用的优良蝶种。对经济和园林植物无危害记录。

9.31 枯叶蛱蝶*Kallima inachus*和蠹叶蛱蝶*Doleschallia bisaltide*（图版9-29）

斑蛱蝶族的两种成虫模拟枯叶形态的著名观赏蝴蝶，但分属于两个属。

（1）**枯叶蛱蝶（图版 9-29，a ～ g）**

卵 香瓜形，浅绿色至蓝绿色，表面有均匀分布的纵向沟脊11～13条，直径和高度约1.00～1.20mm。壳较硬，顶部有卵盖。

幼虫 5～6龄。1龄头壳黑色，无角，虫体暗褐色至棕褐色，密生体毛。2～6龄头部长出1对黑色头角，体表多棘刺：分别沿背中线、背侧线、气门上线、气门线和足基线排列。2龄棕褐色，头角长度不足1mm。3龄棕褐色，背侧棘基部具黄色的瘤，头角长至约2mm，4龄黑色，临近末期渐至深灰色，背侧棘基部及基部的瘤黄色。末龄虫体棕黑色至黑色，背面及侧面有棘9列，棕红色，尖而硬，可刺入皮肤。6龄虫的1～3龄期与普通5龄虫无明显区别，而其4龄期与普通5龄虫的3龄在形态和习性上十分相似，其5和6龄期则分别与后者的4和5龄期近似。

蛹 悬蛹，灰黑色，头前端二分叉，胸部背面突起成脊状，腹部背面多短刺突。

生物学 多化性种类。在四川峨眉，一年可发生3代，以第1、2代为主，以成虫越冬。第1代历期约45～54天，第2、3代历期较长，部分可达5～7个月。越冬成虫于2月中旬开始活动，惊蛰前后（3月上旬）开始交配，同时出现第1代的卵。第1代成虫发生期在5月下旬至7月中旬。第2代卵始见于6月上旬，成虫出现于7月中旬，继续交配产卵，产生第3代。8月下旬后羽化的成虫大多进入生殖滞育，尽管此时气温还很高。枯叶蛱蝶的越冬成虫实际上包含有3个世代的个体。各代性比均接近1∶1。

自然界主要生活在海拔500～1200m的阔叶林地，成虫多在林内和林缘活动，虽然有时也在平原地区甚至城市中出现。成虫取食阔叶树干流出的渗出液或发酵水果，人工喂养时可以蜂糖水溶液为食，能满足生命需要。对酒精有强烈的趋性，加在食物中可吸引其前来取食。

幼虫孵化时顶破卵盖爬出，然后取食卵壳。当大量的卵堆积在一起，幼虫往往咬破侧面的卵壳爬出。1～3龄幼虫分散栖息在寄主叶片背面，4龄期更喜栖阴暗的地方并取食较老的叶片。末龄幼虫开始暴食，身体迅速长大，长度可达6cm以上。傍晚时分取食量最大，不取食时则停息于阴暗的地面。老熟幼虫寻找僻静、阴暗的角落，作一小块丝垫，头朝下倒掉起来，身体显著缩短，形成钩状的前蛹。此时非常容易受外力震动而脱落，形成畸形蛹。气温高时，前蛹期只有1～2天，反之可持续数日。6个龄期和5个龄期的幼虫并存于种群中。春季世代在室内饲养时，具有6龄的个体约占16.4%，6龄幼虫历期只比普通5龄虫略长，并无遗传性，可能与生活环境的温度有关。龄期增加与性别、保护色和滞育无显著关系。

羽化自清晨6:30左右开始，14:00左右结束，集中在8:00～10:30时段；阴雨天推迟约3～4h。初夏和晚秋，羽化多在9:00～15:00进行。成虫在羽化后的当天不活跃，多处于停栖状态。第二天或第三天开始取食，此时未滞育个体可行交配，也可能数周以后才交配。雌蝶在雄蝶的追逐下，躲避到繁殖园的边角处，雄蝶跟随而致，停靠在雌蝶旁，头部方向一至，尾部弯曲伸出至雌蝶腹末端，雌蝶有交配意愿时，即可迅速进行交配。否则，雌蝶会再次飞离。多数情况下，雄蝶此时会放弃对该雌蝶的追求，停下来休息。交配持续时间最短的不足2h，最长近60h。雌成虫极少发生重复交配，雄成虫积极寻求交配机会，最多可进行8次交配。卵散产在寄主叶片正面或附近较高的物体表面。日产卵量主要受气温影响，低于19℃时即使晴朗亦不产卵。越冬成虫平均单雌产卵481.4粒。

进入滞育的雌成虫卵巢不发育，体内积累大量脂肪。越冬期间，成虫群栖在阴暗的角落，头部朝下，紧紧排在一起。遇晴朗天气，个别个体会飞出晒太阳甚至取食。在早春晴朗天气，成虫停栖在阳光下，张开双翅，吸收热量。虽然滞育已解除，如此时气温在20℃以下，成虫仍不交配（周成理 等，2005）。

寄主范围 在四川峨眉、福建永泰和江西宜丰等地，已知主要寄主为爵床科Acanthaceae的板蓝*Baphicacanthus cusia*（= 马蓝*Strobilanthes cusia*）、耳叶马蓝*Perilepta auriculata*和肖笼鸡*Tarphochlamys affinis*等。在台湾的已知寄主为台湾金足草*Goldfussia formosana*（= 台湾马蓝*Strobilanthes formosanus*）、圆苞金足草*Goldfussia pentstemonoides*（= 球花马蓝*Strobilanthes pentstemonoides*）和台湾鳞花草*Lepidagathis formosensis*等（徐堉峰，1999）。其他记载幼虫寄主还包括爵床科的水蓑衣*Hygrophila salicifolia*、狗肝菜*Dicliptera chinensis*和鳞花草*Lepidagathis incurva*等（五十岚迈 等，1997；杨萍 等，2005）。

推荐寄主 板蓝（马蓝）。

本种是人们熟知的著名观赏蝴蝶。由于精致的拟态和保护色，其成虫具有极高的观赏开发和收藏价值，是众多观赏蝴蝶园和昆虫工艺产品中不可缺少的种类，也可在学校生物教学、科普和美育中广泛使用。对经济和园林植物无危害记录。目前在我国南方和马来西亚等地多有养殖。

（2）**蠹叶蛱蝶（图版 9-29，h ～ j）**

虽然成虫形态与枯叶蛱蝶极为近似，但幼期形态和习性差别很大。特别是其卵为圆球形，表面光滑，这在蛱蝶中少见。幼虫体表黑色、布满棘刺，沿背中线、背侧线和气门上下有白色斑列。蛹体表面光滑，灰白色。

主要产于南亚热带和热带林区，常在林缘地带活动。成虫访花，也取食树液和腐烂水果。雄蝶有占域性，雌蝶将卵散产或数粒聚产于寄主叶片正面或背面。幼虫息于叶片背面，后期转移至茎干上。若卵期数粒产在一起，则初孵幼虫有一定的群集居性（五十岚迈 等，1997）。

在云南景洪，寄主为爵床科山壳骨属*Pseuderanthemum*的云南山壳骨*P. malaccense*和山壳骨*P. palatiferum*。记载寄主还有爵床科山壳骨属的其他植物，以及爵床科的*Blechum pyramidatum*，

图版 9-29　枯叶蛱蝶 *Kallima inachus* 和蠹叶蛱蝶 *Doleschallia bisaltide*

枯叶蛱蝶（a ~ g）：a. 卵和 1 龄虫（左上）　b. 3 龄虫　c. 4 龄虫　d. 5 龄虫　e. 蛹　f. 雌成虫产卵　g. 雄成虫占域状态

蠹叶蛱蝶（h ~ j）：h. 成虫（♂）　i. 5 龄虫　j. 蛹

Junonia hedonia, *Carlowrightia arizonica*, *Phaulopsis imbricata*, *Eranthemum pulchellum*和*Eranthemum reticulatum*等（五十岚迈　等，1997；Gaden S. Robinson, *et al.*, 2001）。

该种成虫体形较枯叶蛱蝶略小，翅面颜色较淡，但也颇有观赏价值。在工艺制作和生态观赏园常用。

9.32 幻紫斑蛱蝶*Hypolimnas bolina*和金斑蛱蝶*H. misippus*

（1）幻紫斑蛱蝶

卵　香瓜形，浅绿色，表面有10～11条纵向脊纹，直径约0.75mm，高约0.65mm。

幼虫　5龄，类似枯叶蛱蝶。头壳黑褐色，体表黑褐色，1龄多体毛。2～5龄头壳上有1对向上的角状突，体被分枝的枝刺，刺黄褐色。

蛹　悬蛹，类似枯叶蛱蝶蛹，但表面更为粗糙，腹部棘刺尖锐。

生物学　多化性种类，以成虫越冬。成虫访花，在林缘、农田、石砾坡和河滩地活动，飞行急促而短距，尤其是雌蝶。卵数粒为1块产在寄主叶片背面、枝干、附近土块、杂物甚至石缝内。幼虫分散栖息，有假死习性。末龄期多息于阴凉地面，老熟后在石缝、枯枝落叶下化蛹。在台湾，成虫终年可见（徐堉峰，2006）。

寄主范围　马齿苋科Portulacaceae的马齿苋*Portulaca oleracea*是其确认寄主之一。记载寄主范围极其广泛，包括马齿苋科、爵床科、荨麻科Urticaceae、苋科Amaranthaceae、旋花科、菊科Compositae、锦葵科、蓼科Polygonaceae和茜草科的许多种植物，各地的寄主或主要寄主种类显然有差别（五十岚迈　等，1997；Gaden S. Robinson, *et al.*, 2001）。其在台湾的确认寄主还有旋花科的番薯*Ipomoea batatus*和蕹菜*I. aquatica*，锦葵科的白背黄花稔*Sida rhombifolia*，以及菊科的金腰箭*Synedrella nodiflora*等（徐堉峰，2006）。

推荐寄主　马齿苋。

工艺和生态观赏两用蝶种，也可用于喜庆放飞。对经济和园林植物无危害记录。

（2）金斑蛱蝶（图版 9-30）

栖息地非常广泛，常与幻紫斑蛱蝶混合发生，幼期形态和习性也相似。唯幼虫头壳颜色为黄褐，雌成虫产卵分散。多化性种类，成虫及各虫期在台湾终年可见。

幼虫寄主为马齿苋科的马齿苋。记载寄主还有马齿苋属的其他种类，爵床科的十万错属*Asystasia*、假杜鹃属*Barleria*、百簕花属*Blepharis*和山壳骨属*Pseuderanthemum*等属，锦葵科的苘麻属*Abutillon*、木槿属*Hibiscus*、秋葵

a　　b　　c

图版 9-30　金斑蛱蝶 *Hypolimnas misippus*
a. 成虫（♂）　b. 前蛹　c. 蛹

a

b

c

图版 9-31 美眼蛱蝶 *Junonia almana*

a. 成虫（♂，秋型） b. 5 龄虫 c. 蛹

属*Abelmoschus*和棉属*Gossypium*等属，车前科Plantaginaceae的车前属*Plantago*，棕榈科的油棕*Elaeis guineensis*，以及荨麻科的稀齿楼梯草*Elatostemma cuneatum*等（Gaden S. Robinson, *et al.*, 2001；徐堉峰，2002）。

推荐寄主 马齿苋。

工艺、生态观赏和喜庆放飞三用优良蝶种。对经济和园林植物无危害记录。

9.33 美眼蛱蝶*Junonia almana*（图版9-31）

卵 近球形，浅绿色，多纵脊，近似枯叶蛱蝶，但更小，直径0.55～0.63mm。

幼虫 5龄。初孵时棕黑色，多体毛，头壳黑色，无角状突起。2～5龄期虫体表面灰黑色，各节密布枝刺，胸部枝刺蓝黑色，腹部枝刺下部棕褐色，端部蓝黑色。背中线棕灰色。

蛹 悬蛹，圆柱形，头部钝圆，各节背面和侧面有短棘突。翅函灰白色，其余部分黑褐色。

生物学 多化性种类，以滞育成虫越冬。成虫高峰期在春季和秋季，访花，性温顺，常在开阔的草地、农田地坎、河滩和林缘活动，作短距近地飞行。雄蝶有占域性，但不到地面汲水。卵散产于寄主嫩梢、附近土块和其他杂物上。幼虫有假死习性，分散栖息在寄主叶片正面。老熟后在茂密枝叶下化蛹，极少远离寄主。

寄主范围 在四川峨眉，确认寄主为爵床科的板蓝（马蓝）、水蓑衣和毛衣水蓑衣*Hygrophila phlomiodes*，以及玄参科的母草*Lindernia crustacea*等。在台湾的已知寄主为玄参科的泥花草*Lindernia antipoda*、刺齿泥花草 *Lindernia ciliate*和泥花草等（徐堉峰，1999）。

记载寄主范围很广，包括爵床科、玄参科、马鞭草科、野牡丹科Melastomataceae、凤仙花科Balsaminaceae、苋科和车前科的许多种植物（五十岚迈 等，1997；周尧，1998；Gaden S. Robinson, *et al.*, 2001），但其中一些种类明显存在疑问。

推荐寄主 板蓝（马蓝）。

适宜在观赏园放飞，也是工艺制作和喜庆放飞的好材料。对经济和园林植物无危害记录。

9.34 网丝蛱蝶*Cyrestis thyodamas*（图版9-32）

卵 呈倒置的杯形，表面有9～12条纵脊，直径约0.7mm，高约0.65mm。初产时黄色。

图版 9-32 网丝蛱蝶 *Cyrestis thyodamas*
a. 卵 b. 幼虫 c. 蛹 d. 成虫（♂）

幼虫 5龄。4龄虫体表淡褐色，头部上方出现弯曲的角，第2、8腹节背面各有1褐色钩状突起。末龄期体表绿色至黄绿色，第1～2腹节背面有1褐色斜带，腹末数节背面有1前细后粗的褐色带。头部绿色，两侧各有1黑褐色纵条纹，头角黑褐色。

蛹 悬蛹，前端有1细长向上弯曲的突起。体表布叶脉纹，拟似失水树叶。背中线突出呈棱，胸腹部结合处凹陷，腹部第2节背面向上高高隆起，向后渐细。

多化性种类，在四川峨眉，一年至少发生5代，以成虫越冬。主要产于山区低海拔天然阔叶林区，7月间可见大量成虫在河谷地带活动。喜在溪沟和山间道路上急促、短距飞行，停息在石块上，展开翅膀。平原农区也可见到，但数量极少。成虫摄取多种类型的补充营养，访花，也汲食树液、腐烂水果和动物粪液。雄蝶常到地面吸食污水，无明显的占域性。雌蝶将卵散产于寄主新叶和嫩梢上。幼虫取食嫩叶，食老叶后容易死亡。老熟幼虫在寄主叶片下或附近植物上化蛹。初孵化幼虫有吐丝将粪便在两侧叶肉已被取食的叶脉末端结成塔状、在塔顶栖息的习性（徐堉峰，1999）。

寄主范围 在四川峨眉和云南景洪，已知幼虫寄主有桑科榕属的无花果*Ficus carica*、尖叶榕*F. henryi*、榕树和黄葛树*F. virens* var. *sublanceo-*

*lata*等。在台湾，已知寄主有桑科榕属的多种植物，如大叶赤榕*Ficus caulocarpa*、台湾天仙果（台湾榕）、糙叶榕*Ficus irisana*、榕树、薜荔*F. pumila*、白肉榕等（徐堉峰，1999）。

推荐寄主　尖叶榕。

工艺和生态观赏两用蝶种。对经济和园林植物无严重危害记录。

9.35 孔雀蛱蝶*Inachis io*和大红蛱蝶*Vanessa indica*

（1）孔雀蛱蝶

卵　香瓜形，浅绿色，有8～9条白色纵脊，宽处有细横纹，直径约0.75mm。

幼虫　5龄。老熟幼虫头壳黑色，宽约2.0mm。虫体黑色，胸、腹部背面和侧面散布有小白点。胸足黑色发亮，腹足暗褐色。除前胸无棘刺，其他各节均有，中、后胸每节各2个，第1腹节上4个，第2～8腹节每节6个，最后两节每节2个。

蛹　悬蛹，体长约25mm，宽约8mm，有灰褐色和黄色两型。头前端有2尖突，侧面各有一尖一钝2突起，中胸背面中部有1粗尖突，腹背有2列尖突，每列6个。有的尖突具金属光泽，顶部紫黑色。

生物学　在吉林省东部一年发生2代，以成虫越冬。成虫访花，喜在阳光下活动，飞行较高。雌蝶将卵叠置聚产成卵块，一个卵块最多可由200余粒卵组成。幼虫吐丝结网，营群集生活，至化蛹前才分散，历期24～36天。老熟幼虫离开寄主到附近杂物下化蛹，最远可爬行100余米。蛹历期为8～11天（袁荣才　等，1993）。

寄主范围　报道寄主为荨麻科的咬人荨麻*Uritica thunbergiana*、狭叶荨麻*U. angustifolia*、

a

b

c

d

图版 9-33　大红蛱蝶 *Vanessa indica*
a. 5龄虫　b. 蛹　c. 幼虫巢　d. 成虫（♂）

异株荨麻*U. dioica*和桑科的葎草*Humulus scandens*和啤酒花*H. lupulus*等（袁荣才 等，1993；Gaden S. Robinson, *et al.*, 2001）。

推荐寄主 葎草和啤酒花。

工艺和生态观赏两用蝶种，也可用于喜庆放飞。对经济和园林植物无危害记录，可以开展室外放飞。中国北方有养殖。

（2）大红蛱蝶（图版 9-33）

卵 香瓜形，浅绿色，表面有约11条纵脊，直径约0.6mm，高约0.7mm。

幼虫 5龄。体表黑褐色，密布棘刺。体侧气门下方有1列黄色“V”形纹。

蛹 悬蛹，深灰色，胸背锥状突起。腹部各节背面有短的刺突。

生物学 在湖北，1年发生2代。越冬成虫于3月中旬左右开始产卵，第1代成虫羽化高峰期在5月上旬，大部分进入生殖滞育越夏，至9月上旬才开始活动产卵。第2代成虫大多在11月底开始越冬。成虫访花，也汲食树液。初孵幼虫没有取食卵壳的习性，卷食顶端嫩叶。常群集寄主枝、叶上吐丝结网，受惊时即吐丝下垂。3龄以后幼虫分散生活，老熟幼虫在卷叶内化蛹（荣秀兰 等，2005）。在江西南昌地区，该种以滞育成虫越夏，而以休眠状态的成虫越冬，少数年份还能以少量幼虫越冬（薛芳森 等，1994）。

对该种成虫的夏季滞育，薛芳森等人(1994)曾做了较为细致的研究。在北纬28°～32°之间，该虫具有明显的夏季滞育，但无明显的冬季滞育现象，1年发生2代；在北纬35°以北，该虫不存在夏季滞育，但可能出现明显的冬季滞育，1年发生2代或2代以上；在北纬25°～27°之间，部分个体在夏季进入滞育，部分个体则能继续繁殖，1年发生3～5代，除以成虫越冬外，亦能以幼虫越冬；北纬25°以南，夏季滞育消失，1年发生5代以上，除以成虫越冬外，尚能以幼虫和蛹越冬；在高海拔地带，该虫亦缺乏夏季滞育现象。因此，在一定海拔高度范围内，在高海拔地带的年发生代数反比平地多，但随着海拔高度上升，冬季滞育开始出现。荣秀兰等（2005）发现，当幼虫在室内20℃下饲育时，成虫未见有滞育现象。因此，幼虫期生活环境的温度是引发成虫滞育的主导因子。

寄主范围 记载寄主主要有荨麻科的异叶蝎子草*Girardinia heterophylla*、大蝎子草*G. diversifolia*、青叶苎麻*Boehmeria nivea*、大叶苎麻*B. longispica*和咬人荨麻等，榆科的榔榆*Ulmus parvifolia*，椴树科Tiliaceae的黄麻*Corchorus capsularis*，豆科的丁葵草属*Zornia*，以及菊科的艾纳香属*Blumea*等（周尧，1998；Gaden S. Robinson, *et al.*, 2001；徐堉峰，2006）。

推荐寄主 苎麻属各种。

在工艺和生态观赏中都有一定利用价值，也可用于喜庆放飞。对经济和园林植物无严重危害记录。

图版 9-34 琉璃蛱蝶 *Kaniska canace*
a. 成虫（♂） b. 5 龄虫 c. 蛹

9.36 琉璃蛱蝶*Kaniska canace*（图版9-34）

卵　香瓜形，有显著的纵向棱脊。初产时绿色。

幼虫　5龄。初龄幼虫密布棕黑色体毛，2龄始体毛转变为末端锐利的枝刺。末龄虫头壳黑色，胸腹部体表褐色，有黑色斑点，密布端部分枝的白色棘刺。

蛹　悬蛹，多为褐色。头部前端二分叉，中胸背面锥形突起板状，腹部背面和侧面具尖锐的刺突。

生物学　多化性种，以滞育成虫越冬。成虫取食树液，也食其他腐物，偶见访花，常在林间沿道路飞行。卵散产，幼虫栖息在寄主叶片背面，有假死习性，老熟后在寄主叶片下化蛹。

寄主范围　确认寄主为百合科Liliaceae的菝葜*Smilax china*、尖叶菝葜*S. arisanensis*、土茯苓*S. glabra*和肖菝葜*Heterosmilax japonica*等（在一些植物学著作中，百合科菝葜组被提升为菝葜科Smilacaceae）。记载寄主还有菝葜科的穗菝葜*Smilax aspera*，以及百合科Liliaceae的卷丹*Lilium lancifolum*等（周尧，1998；Gaden S. Robinson, *et al.*, 2001）。

推荐寄主　土茯苓。

适宜在生态蝴蝶园中使用，也有一定的工艺价值。幼虫对经济和园林植物无危害记录。

9.37 斑珍蝶*Acraea violae*和苎麻珍蝶*A. issoria*（图版9-35）

（1）**斑珍蝶（图版** 9-35，a～c）

卵　圆柱形，表面有纵向脊纹，直径约0.4～0.5mm，高约0.6mm，初产时浅黄色。

幼虫　6龄。1龄虫密生体毛，2龄始虫体表密生6列端部分枝的棘刺，每体侧3列，且随着龄期增加棘刺显著延长。3～4龄虫体棕黑色，头部和胸部背面棕黄色，棘黑色；5～6龄虫体棕黄色，棘下半部棕黄色，上半部黑色，棘长而多毛，两条背侧线、气门上线和下线暗褐色。

蛹　悬蛹，黄白色，长约18～20mm，宽约5mm。

生物学　在云南西双版纳，一年发生3～4代。成虫访花，喜在草灌茂盛的溪沟边、山坡废弃农田活动，极少在山顶或平原农区出现。发生期间常成千地聚集在寄主植物附近，飞行缓慢、低矮，寿命较长。雌蝶将卵聚集产在寄主叶片背面呈块状，每个卵块含卵数十上百粒。1～2龄幼虫取食叶片的表皮和叶肉，3龄后取食全叶。幼虫1～3龄期群集性强，常吐丝将食物残渣和粪便黏附在一起作为藏身场所。4龄幼虫开始分散栖息，老熟幼虫在寄主枝叶或附近物体下化蛹。

寄主范围　在云南南部，已知自然寄主只有西番莲科三开瓢和滇南蒴莲。其记载寄主还有西番莲科的西番莲属，以及桑科、紫葳科Bignoniaceae、葫芦科、锦葵科、马鞭草科和马桑科Coriariaceae的部分植物（五十岚迈　等，2000；Gaden S. Robinson, *et al.*, 2001）。但至少西番莲科以外的寄主还需要进一步确认。

推荐寄主　三开瓢。

喜庆放飞、生态观赏和工艺制作三用的优良蝶种。寄主范围狭窄，对经济和园林植物无危害记录。

（2）**苎麻珍蝶（图版** 9-35，d～f）

幼期形态与前种近似，但幼虫和蛹体表白色，有浅黄色棘刺和黑色条纹。

在四川峨眉，1年发生2代，以3～4龄幼虫越冬。成虫访花，飞行缓慢、低矮，寿命长。喜在草灌茂盛的溪沟边、山坡废弃农田活动，大发生期间常成千地聚集在寄主植物附近。雌蝶将卵聚集产在寄主叶片背面，数十上百粒为1片。1～3龄幼虫吐丝结网群居，4龄后开始分散。幼虫耐饥饿能力极强，数日不取食也不会影响其生长发育。化蛹场所也非常集中，曾在一棵寄主树及其周围1m范围内采集到约200头蛹。

寄主范围　在四川峨眉山的寄主是荨麻科的

a　b　c
d　e　f

图版 9-35 斑珍蝶 *Acraea violae* 和苎麻珍蝶 *A. issoria*
斑珍蝶（a ~ c）：a. 成虫和卵串（左上）　b. 1 龄虫取食叶肉　c. 6 龄幼虫（右下为蛹）
苎麻珍蝶（d ~ f）：d. 成虫（♀）　e. 5 龄虫　f. 蛹

水麻属*Debregeasia*和冷水花属*Pilea*各种植物，主要是水麻*Debregeasia orientalis*和长叶水麻*D. longifolia*。

记载寄主还有荨麻科的苎麻属*Boehmeria*、艾麻属*Laportea*、楼梯草属*Elatostema*、雾水葛属*Pouzolzia*、荨麻属和糯米团属*Gonostegia*等属植物（徐堉峰，1999；五十岚迈　等，2000；Gaden S. Robinson, *et al.*, 2001）。

推荐寄主　水麻和长叶水麻。

成虫飞行低缓，可大量在生态蝴蝶园中使用营造气氛。也是大宗工艺材料蝶，喜庆放飞价值略低。幼虫可对苎麻属经济作物造成危害。

主要参考文献

蔡月仙，廖森泰，吴福泉 等. 2003. 金裳凤蝶和裳凤蝶的人工饲养观察[J]. 广东农业科学，5

陈汉林，黄水生. 1993. 中华宽尾凤蝶的生物学特性[J]. 浙江农业大学学报，19（2）

陈汉林，王根寿. 1997. 八字纹青凤蝶生物学特性的研究[J]. 浙江林业科技，17（6）

陈明勇，邹兴淮，邓敏 等. 2002. 中国蝴蝶养殖[M]. 昆明：云南科技出版社.

陈永佳，陈锡昌. 1997. 金裳凤蝶与裳凤蝶的生物学特性观察[J]. 昆虫天敌，19（2）

陈兴永，陈海东，温瑞珍. 2003. 玉带凤蝶羽化时间的控制[J]. 昆虫知识，40（3）

陈兴永，温瑞珍，陈海东. 2004. 广州地区达摩凤蝶生物学特性观察[J]. 昆虫知识，41（2）

陈秀龙，陈李红，李苏萍 等. 2004. 鱼尾竹环蝶生物学特性与防治[J].中国森林病虫，23（3）

陈志兵，斐恩乐，俞渊 等. 1998. 玉带凤蝶的饲养和繁殖研究[J]. 上海农学院学报，16（3）

陈志兵，裴恩乐，段华荣 等. 2002. 麝凤蝶形态观察及生物学特性[J]. 昆虫知识，39（2）

陈志兵，顾凌云，斐恩乐 等. 2004. 麝凤蝶的发育起点温度和有效积温[J]. 昆虫知识，41（5）

方健惠，田椰，孙天鑫. 2005. 巴黎翠凤蝶、红基美凤蝶生物学特性初步观察[J]. 甘肃林业科技，30（1）

黄光斗，晏坤乾，周伟 等. 2002. 裳凤蝶污斑亚种的生物学特征[J]. 昆虫知识，39（3）

李百万，沈强，熊小平 等. 2005. 竹箭环蝶的生物学特性及其防治[J]. 华东森林经理，19（1）

刘东明，陈红锋，易绮斐 等. 2006. 巴黎翠凤蝶的生物学特性与防治[J]. 昆虫知识，43（2）

刘光华，曾玲. 1999. 碎斑青凤蝶和鹤顶粉蝶幼期形态描述及生物学特性研究初报[J]. 仲恺农业技术学院学报，12（4）

刘良源，王玲，陈秋荣. 1999. 金裳翼凤蝶[J]. 昆虫知识，36（1）

卢东升. 1997. 信阳碧凤蝶人工饲养初步观察[J]. 信阳师范学院学报（自然科学版），10（2）

卢东升. 1999. 信阳地区柑橘凤蝶生物学特性[J]. 昆虫知识，36（5）

罗志文，李世震，李春丰 等. 2005. 丝带凤蝶的生物学特性研究初报[J]. 佳木斯大学学报（自然科学版），3

潜祖琪，童雪松. 1998. 铁木剑凤蝶的生物学习性观察[J]. 昆虫知识，35（5）

荣秀兰，周兴苗，雷朝亮，谢联耀. 2005. 苎麻赤蛱蝶生物学特性和有效积温的研究[J]. 华中农业大学学报，24（2）

佘德松，冯福娟. 2003. 木兰青凤蝶生物学特性的初步研究[J]. 福建林业科技，30（2）

沈光普，丁冬荪，郭起荣 等. 1998. 樟树主要害虫的形态和生物学特性[J]. 江西农业大学学报，第20卷增刊，樟树害虫（专辑）

王金平，卢东升. 1998. 信阳麝凤蝶人工饲养初步观察[J]. 信阳师范学院学报，自然科学版：11（3）

王金平，卢东升. 2000. 麝凤蝶的人工饲养[J]. 生物学通报，35（8）

王梅松，何学友，杨希 等. 2000. 统帅青凤蝶生物学特性的初步研究[J]. 福建林业科技，27（2）

武春生. 2001. 中国动物志：昆虫纲.鳞翅目.凤蝶科[M]. 北京：科学出版社

徐堉峰. 1999. 台湾蝶图鉴，第一卷[M]. 南投：凤凰谷鸟园

徐堉峰. 2002. 台湾蝶图鉴，第二卷[M]. 南投：凤凰谷鸟园

徐堉峰. 2006. 台湾蝶图鉴，第三卷[M]. 南投：凤凰谷鸟园

薛芳森，朱杏芬. 1994. 苎麻赤蛱蝶滞育和化性的地理变异. 江西农业大学学报，16（3）：270－273.

杨萍，邓合黎，漆波 等. 2004. 碧凤蝶养殖生物学研究[J]. 西南农业大学学报（自然科学版），26（6）

杨萍，邓合黎，漆波 等. 2005. 巴黎翠凤蝶*Papilio paris* Linnaeus生物学与养殖[J]. 西南农业大学学报（自然科学版），27（5）

杨萍，邓合黎，漆波 等. 2006. 红锯蛱蝶*Cethosia biblis*(Drury)的生物学研究[J]. 西南农业大学学报

（自然科学版），28（4）

应霞玲，曾玲，黄寿山. 2002. 金扇凤蝶和红纹凤蝶生物学特性观察[J]. 武夷科学，18

袁荣才，张富满，文贵柱. 1993. 孔雀蛱蝶研究初报. 吉林农业科学[J]，3

袁荣才，李晓光，王晓强 等. 1996. 长白山区绿带翠凤蝶研究初报[J]. 吉林农业科学，2

袁荣才，李晓光. 1997. 长白山区柑橘凤蝶的研究[J]. 吉林农业科学，4

袁荣才，李晓光，罗焱. 1998. 长白山区丝带凤蝶的研究[J]. 农业与技术，18

袁荣才，宗秋菊，袁雨. 2000. 长白山区金凤蝶的研究[J]. 农业与技术，20（1）

张潮巨，卢福生，陈顺立 等. 1991. 中国宽尾凤蝶的研究[J]. 福建林学院学报，11（1）

张丽霞，周双云，张远辉. 2003. 迁粉蝶严重危害决明属植物[J]. 植物保护，29（1）

周成理，史军义，易传辉 等. 2005. 枯叶蛱蝶的生物学和天敌[J]. 四川动物，24（4）

周尧. 1998. 中国蝶类志（修订版）[M]. 郑州：河南科学技术出版社

五十岚迈，福田晴夫. 1997. *The life histories of asian butterflies*, Vol.1. 东京：东海大学出版社

五十岚迈，福田晴夫. 2000. *The life histories of asian butterflies*, Vol.2. 东京：东海大学出版社

Atluri J. B., Venkata Ramana S. P., Reddi C. S. 2002. *Autecology of the common mormon butterfly, Papilio polytes* (Lepidoptra: Rhopalocera: Papilionidae). *Journal of Environmental Biology*, 23(2): 199～204

Gaden S. Robinson, Phillip R. Ackery, Ian J. Kitching, *et al*. 2001. *Hostplants of the moth and butterfly caterpillars of the Oriental Region*. London: The Natural History Museum

Igarashi Suguru. 1979. *Papilionidae and their early stages*. Tokyo: Kodansha

Pisuth Ek-Amnuay. 2006. *Butterflies of Thailand*. Bangkok: Amarin Printing and Publishing Public Co., Ltd

第四篇

蝴蝶的寄主植物和蜜源植物

第10章　蝴蝶的寄主植物和蜜源植物

在自然界中，蝴蝶依赖于植物而生存繁衍。蝴蝶的幼虫取食寄主植物的叶、花或其他幼嫩组织，成虫则需要花蜜、果实或树液为补充营养，也需要栖息在植被良好的环境中。蝴蝶访花可以为植物传递花粉，促进植物间基因交流，有利于植物的健康繁衍。蝴蝶幼虫食性分化明显，不仅在蝶种之间变化大，同一种蝴蝶的不同地理种群可能有完全不同的寄主。蝴蝶幼虫期取食的植物称为寄主植物，为成虫提供花蜜作为补充营养的植物称为蜜源植物。

人工养殖蝴蝶，首先要培育寄主植物。绝大多数蝴蝶的幼虫仅取食同一个科或几个近缘科中的若干种植物，这种食性称为寡食性，少数蝴蝶具有较广的食性。一般地，蝴蝶对寄主植物有高度的专一性。寄主植物是幼虫营养来源，寄主植物的种类、营养状态和生长期，对于蝴蝶的产量和质量有极为显著的影响；成虫补充营养需要蜜源植物；再加上适宜的环境条件，构成了蝴蝶养殖的三个基本条件。蝴蝶的寄主植物种类丰富，有乔木、灌木和草本植物。

10.1 中国观赏蝴蝶寄主植物的主要科属

中国蝴蝶寄主植物的种类极多，从矮小的草本植物到高大乔木，初步统计涉及80多个科。观赏蝴蝶的优良寄主植物主要在芸香科Rutaceae、马兜铃科Aristolochiaceae、樟科Lauraceae、木兰科Magnoliaceae、萝藦科Asclepidaceae、桑科Moraceae、夹竹桃科Apocynaceae、伞形科Umbelliferae、山柑科Capparidaceae、番荔枝科Annonaceae、豆科Leguminosae、桑寄生科Loranthaceae、十字花科Cruciferae、禾本科Gramineae、爵床科Acanthaceae、榆科Ulmaceae、西番莲科Passifloraceae、堇菜科Violaceae和马齿苋科Portulacaceae 19科，而最重要的莫过于芸香科、马兜铃科、萝藦科、山柑科、爵床科和西番莲科6科的植物。

中国观赏蝴蝶种类很多，由于蝴蝶生活史的研究不够深入，很多野生寄主植物还有待继续发现，一些文献记载的寄主种类也需要进一步确认。本章主要介绍部分中国主要观赏蝶种已确认的寄主植物。

10.1.1 芸香科 Rutaceae

芸香科是植物中的一个大类，几乎其中的所有种类都是凤蝶科凤蝶属不同种类蝴蝶的寄主植物，主要有柑橘属*Citrus*、花椒属*Zanthoxylum*、吴茱萸属*Evodia*、黄檗属*Phellodendron*和枳（枸橘）属*Poncirus*等。多为灌木或小乔木，极少数为草本；叶片和枝干有腺点，含挥发性芳香油。全国各地广泛栽培，作水果食用、药用或提取香料。

（1）柑橘类

芸香科柑橘属、枳属和金橘属*Fortunella*植物的统称，其中的所有野生和栽培种类均是凤蝶属蝴蝶的寄主或幼虫食料植物，重要的有甜橙*Citrus sinensis*、酸橙*C. aurantium*、柑橘（宽皮橘）*C. reticulata*、柚*C. maxima*、佛手*C. medica* var. *sarcodactylis*、柠檬*C. limon*、香橼*C. medica*、枳*Poncirus trifoliata*、金橘*Fortunella margarita*和金柑*F. japonica*等。栽培品种（近缘杂交品种，包括橘橙和橘柚杂交培育出的杂柑类品种，以及柚和橙的杂种葡萄柚等）繁多，广泛产于南方各地区，而且根据果品市场的需求在不断调整中。

常见栽培品种有：甜橙类，包括普通甜橙类、脐橙类、血橙类和各种无酸甜橙；宽皮橘类，包括温州蜜柑类、椪柑类、红橘类和蜜橘类；柚类与葡萄柚类；杂柑类，包括橘橙杂交品种和橘柚类。在选择蝴蝶的育虫植物时，可根据选定的养殖蝶种，参照当地果树栽种史，选用适宜当地气候和土壤条件的品种，以无刺或少刺为佳。

柑橘类植物喜光、喜温暖湿润气候。一般年平均气温在15℃以上、年降雨量在1000mm左右的地方都适于栽种。抗寒力强，能耐－7℃的低温，在－9℃时发生冻害。在中国南方的蝴蝶养殖园中柑橘类植物是常见的寄主植物。

（2）花椒类

芸香科花椒属落叶或常绿灌木。种类很多，野生种类大约有50种，栽培种类主要是花椒*Zanthoxylum bungeanum*，是巴黎翠凤蝶、碧凤蝶、柑橘凤蝶、玉带凤蝶、玉斑凤蝶、蓝凤蝶等多种凤蝶的寄主植物。叶质脆、枝叶繁茂是其主要优点。但绝大多数种类有锐刺，在蝴蝶养殖生产上只有竹叶花椒*Zanthoxylum armatum*被少量使用。竹叶花椒，又名竹叶椒、野花椒，灌木或小乔木，高可达4m，茎干上有锐刺，分布于秦岭以南各地。青花椒*Zanthoxylum schinifolium* 的一个栽培品种——藤椒在南方各地都有栽培，用于提取调味油。虽无长刺，但叶片小而稀疏，育虫效率不高。刺花椒*Z. acanthopodium*，灌木或小乔木，有长皮刺，当年生枝条密被紫红色绒毛，是昆明附近的主要野生花椒种类。

花椒属中也有一些刺少或小的种类，如异叶花椒*Z. ovalifolium*、大花花椒*Z. macranthum*和树花椒*Z. paniculatum*等，今后可能具有一定利用价值。

（3）吴茱萸类

芸香科吴茱萸属无刺落叶灌木或乔木，是碧凤蝶、柑橘凤蝶和波绿凤蝶等多种蝴蝶的重要寄主。叶、果皮和树皮含有类似柑橘类植物的挥发性油，或者有特殊的腥臭气味。多是药用植物，常见的有吴茱萸*Evodia rutaecarpa*、臭辣吴萸*E. fargesii*、楝叶吴萸*E. glabrifolia*、四川吴萸*E. sutchuenensis*、三岔苦*E. lepta*、臭檀吴萸*E. daniellii*和密序吴萸*E. henryi*等。其中，以臭辣吴萸和吴茱萸的育虫性能最优。

（4）黄檗类

芸香科黄檗属落叶乔木。在我国只有川黄檗（川黄柏或黄皮树）*Phellodendron chinense*和黄檗*Ph. amurense*两种。均为高大落叶乔木，各地栽培作药用，是碧凤蝶、绿带翠凤蝶、波绿凤蝶、西番翠凤蝶和柑橘凤蝶等重要蝶种的主要寄主之一。

除了上述4个主要属中的种类，芸香科中的重要蝴蝶寄主还有黄皮属*Clausena*的假黄皮（过山香）*C. excavata*、黄皮*C. lansium*、飞龙掌血属*Toddalia*的飞龙掌血*T. asiatica*，以及山小橘属*Glycosmis*和酒饼簕属*Atalantia*的一些种类。其中，黄皮属植物为灌木或小乔木，有刺激气味，主产于西南和华南地区，叶片较小，生长缓慢，育虫性能不佳；飞龙掌血为藤本状灌木，在我国只有1种，有短刺，蝴蝶养殖中较少使用。山小橘属多为无刺小乔木或灌木，幼芽及嫩枝密被锈色短柔毛，主要使用于热带地区的一些养殖园中；酒饼簕属为小乔木或灌木，有的种类有刺，叶片小，纸质或革质，育虫价值不高。

10.1.2 马兜铃科 Aristolochiaceae

本科包括细辛属*Asarum*、马蹄香属*Saruma*、马兜铃属*Aristolochia*和线果兜铃属*Thottea*（*Apama*）4个属，虽然种类不多，但均是重要观赏蝴蝶的寄主。其中，线果兜铃属在中国只有1种，即海南线果兜铃（阿柏麻）*Thottea hainanensis*，为直立半灌木，特产于海南的中部山区，可能是锤尾凤蝶的野生寄主之一。其余3属的种类为多年生草本、草质或木质藤本。除西北干旱地区外，各地均有分布。

本科植物在蝴蝶养殖中占有极为重要的地位。已知马蹄香*Saruma henryi*、细辛*Asarum sieboldii*和杜衡*A. forbessi*是虎凤蝶属蝴蝶的寄主；而马兜铃属的各种藤本植物则分别是尾凤蝶属、裳凤蝶属、珠凤蝶属、麝凤蝶属和丝带凤蝶等的寄主。由于分布极广，同一种蝴蝶在各地的野生寄主种类常常不一样。

细辛属和马蹄香属植物为喜湿草本植物，我国约有30种，南北大部分地方都有分布。生长于山地阴湿林下和溪沟边，绝大多数种类为中草药。常见种类有细辛、杜衡、马蹄香、土细辛*A. caudigerum*、北细辛*A. heterotroides*和大花细辛*A. maximum*等。马蹄香是太白虎凤蝶（长尾虎凤蝶）的唯一已知寄主。这种多年生草本，主茎着生柔毛，可长至 50～100cm高度，分布于四川、贵州、湖北、江西、河南、陕西和甘肃等地。细辛和杜衡是中华虎凤蝶和虎凤蝶的两种主要寄主。

马兜铃属的植物多为攀缘或缠绕藤本，具块状根。中国约40～50种，主要分布于西南和华南地区。已确认或被报道为蝴蝶寄主的种类主要有：耳叶马兜铃*Aristolochia tagala*、大叶马兜铃*A. kaempferi*、宝兴马兜铃*A. moupinensis*、云南马兜铃*A. yunnanensis*（昆明马兜铃*A. kunmingensis*）、管花马兜铃*A. tubiflora*、广西马兜铃*A. kwangsiensis*、马兜铃*A. debilis*、北马兜铃*A. contorta*、木通马兜铃*A. manshuriensis*、港口马兜铃*A. zollingeriana*、西藏马兜铃（藏木通）*A. griffithii*、琉球马兜铃*A. liukiuensis*和美丽马兜铃*A. elegans*等。其他种类，虽然目前还未被记载为蝴蝶的野生寄主，但也可能是某些蝴蝶幼虫的优良食料，是蝴蝶寄主资源的一部分。主要有：偏花马兜铃*A. obliqua*（*A. oblinqua*）、南粤马兜铃*A. howii*、寻骨风（绵毛马兜铃）*A. mollissima*、革叶马兜铃*A. scytophylla*、黄毛马兜铃*A. fulvicoma*、香港马兜铃（银袋）*A. westlandii*、变色马兜铃*A. versicolor*、长叶马兜铃（三筒管）*A. championii*、广防己（防己马兜铃）*A. fangchi*、滇南马兜铃*A. austroyunnanensis*（*A. petelotii*）、海南马兜铃*A. hainanensis*、囊花马兜铃*A. utriformis*、海边马兜铃*A. thwaitesii*、粉质花马兜铃*A. transecta*、卵叶马兜铃*A. ovatifolia*（大寒药*A. feddei*）、葫芦叶马兜铃*A. cucurbitoides*、苞叶马兜铃*A. chlamydophylla*、通城虎*A. fordiana*、福建马兜铃*A. fujianensis*、弄岗马兜铃*A. longgonensis*、贯叶马兜铃（山果草）*A. delavayi*、优贵马兜铃*A. gentilis*、管花马兜铃*A. tubiflora*、多型叶马兜铃*A. polymorpha*和凹脉马兜铃*A. impressinervis*等。

10.1.3 萝藦科 Asclepidaceae 和夹竹桃科 Apocynaceae

这是两个近缘的科。草本、藤本或灌木，多乳汁，常有毒。种类很多，在热带和亚热带地区非常普遍。

萝藦科在我国共有44属245种。主要产于我国东南和西南地区，大多有药用价值，有些栽培供产胶、染料或作观赏。几乎其中的所有种类都是各种斑蝶的天然寄主植物，这是斑蝶数量庞大的原因之一。而斑蝶类在当前观赏蝴蝶开发利用中占据主导地位。

本科中属于蝴蝶重要寄主的属或种包括：

（1）白叶藤属*Cryptolepis*，木质缠绕藤本。白叶藤*C. sinensis*和古钩藤*C. buchananii*是幻紫斑蝶、异型紫斑蝶等紫斑蝶属蝴蝶的天然寄主。

（2）弓果藤属*Toxocarpus*，攀缘藤本或藤状灌木，产于热带地区。其中的弓果藤*T. wightianus*和毛弓果藤*T. villosus*是多种紫斑蝶的已知寄主。

（3）鹅绒藤属（白前属、牛皮消属）*Cynanchum*，灌木或多年生草质藤本，广布南北各地。其中的许多种类是金斑蝶、虎斑蝶和大绢斑蝶的记载或已知寄主，常见的如昆明杯冠藤*C. wallichii*、隔山消*C. wilfordii*、山白前*C. fordii*、峨眉牛皮消*C. giraldii*、朱砂藤*C. officinale*、鹅绒藤*C. chinense*和戟叶鹅绒藤*C. sibiricum*等。

（4）马利筋*Asclepias curassavica*，多年生直立草本。金斑蝶、虎斑蝶的已知寄主，也可作为幻紫斑蝶的幼虫食料。

（5）牛角瓜*Calotropis gigantea*，多年生灌木状高草本。金斑蝶的主要寄主之一。

（6）南山藤属*Dregea*，木质缠绕大藤本，产于热带。青斑蝶在云南的主要寄主。

（7）娃儿藤属*Tylophora*，缠绕或攀缘藤本，广布热带和亚热带地区，金斑蝶、虎斑蝶和大绢斑蝶的主要寄主之一，各种紫斑蝶的幼虫也可以之为食料。常见种类有娃儿藤*T. ovata*、三分丹*T. atrofolliculata*、小叶娃儿藤*T. tenuis*和通天莲*T. koi*等。

（8）牛奶菜属（蓝叶藤属）*Marsdenia*，攀缘灌木，广布热带、亚热带地区。其中的大多数种类是金斑蝶、虎斑蝶和大绢斑蝶的天然寄主。

夹竹桃科与萝藦科近缘，多为木质藤本或灌木，也有草本植物。主要分布于长江以南地区。其中的腰果藤属*Ichnocarpus*、止泻木属*Holarrhena*、夹竹桃属*Nerium*、络石属*Trachelospermum*、同心结属*Pansonsia*、假虎刺属*Carissa*、羊角拗属*Strophanthus*和帘子藤属*Pottsia*

等属的种类较为重要，是各种紫斑蝶和大帛斑蝶的寄主。

10.1.4 爵床科 Acanthaceae

直立、攀缘或匍匐状多年生草本或常绿灌木，多生长于荫湿林下或林缘，主要产于热带亚热带地区。其中的马蓝亚族Strobilanthinae中的各种植物是枯叶蛱蝶和美眼蛱蝶的寄主植物，鳞花草属*Lepidagathis*和狗肝菜属*Dicliptera*的种类是多种眼蛱蝶的寄主，而山壳骨属*Pseuderanthemum*的植物则是蠹叶蛱蝶的寄主。这类寄主植物栽培技术简单，生长快，可养殖多种高价值的观赏蝶种，在蝴蝶养殖中具有重要意义。

重要种类有：板蓝*Baphicacanthus cusia*（=马蓝*Strobilanthes cusia*）、耳叶马蓝*Perilepta auriculata*（=*Strobilanthes auriculatus*，分布于云南和广西）、肖笼鸡*Tarphochlamys affinis*（=顶头马蓝*Strobilanthes affinis*，分布于云南南部）、疏花叉花草*Diffugossa divaricata*（=疏花马蓝*Strobilanthes divaricatus*，分布于云南、广西和广东）、黄猄草*Championella tetrasperma*（=四子马蓝*Strobilanthes tetraspermus*，分布于浙江、安徽、江西、福建和湖南等地）、圆苞金足草*Goldfussia pentstemonoides*（=球花马蓝*Strobilanthes pentstemonoides*，分布于四川、云南、贵州、广西和湖北等地）、云南山壳骨*Pseuderanthemum malaccense*（产云南南部）、山壳骨*P. palatiferum*（分布于广西、广东和海南岛）、鳞花草*Lepidagathis incurva*（分布于广东、广西和云南）和狗肝菜*D. chinensis*（分布于广东、广西、福建和台湾等地）等。

对于本科的属、种分类，植物分类上存在较大分歧，本书采用《中国植物志》的属种名称。

10.1.5 樟科 Lauraceae 和木兰科 Magnoliaceae

樟科植物多为常绿乔木，叶片及树皮有油细胞、有香气。其中的绝大多数种类都是青凤蝶属、剑凤蝶属、斑凤蝶属、宽尾凤蝶属或螯蛱蝶属的自然寄主。主要分布于热带和亚热带地区，常见的有润楠属*Machilus*、楠属*Phoebe*、樟属*Cinnamomum*、厚壳桂属*Cryptocarya*、木姜子属*Litsea*和山胡椒属*Lindera*等属的种类。以樟*Cinnamomum camphora*、臭樟*C. camphora*、油樟*C. inunctum*、润楠*Machilus microcarpa*、大叶楠*M. ichangensis*、楠木*Phoebe zhennan*、木姜子*Litsea pungens*、玉兰叶木姜子*L. magnoliifolia*、潺槁树*L. glutinosa*、香叶树*Lindera communis*和黑壳楠*L. megaphylla*等11种植物的育虫性能较好。樟常作为风景绿化树，在全国各地多栽培，也是长江流域及其以南地区许多常绿林的主要树种之一。

檫木属*Sassafras*为落叶乔木，中国只有2种，即檫木*Sassafras tzumu*和台湾檫木*S. randaiense*，在大部分地区都不常见。前者是宽尾凤蝶的已知寄主之一，后者是台湾宽尾凤蝶的唯一寄主。

木兰科植物多为高大乔木，落叶或常绿，主要分布在西南部、中南部和南部。含笑属*Michelia*和木兰属*Magnolia*的多种植物是金斑喙凤蝶的已知寄主，滇藏木兰*Magnolia campbellii*是珍贵蝶种金带喙凤蝶的唯一已知自然寄主，而且木兰属的其他种类亦被证实可作为该种蝴蝶幼虫的良好食料。这两属的植物同时也是宽尾凤蝶、碎斑青凤蝶、银钩青凤蝶和统帅青凤蝶等的寄主之一。重要种类有：木兰*Magnolia denudata*、厚朴*M. officinalis*、紫玉兰*M. liliflora*、山玉兰*M. delavayi*、洋玉兰*M. grandiflora*、白兰花*Michelia alba*、黄兰*M. champaca*、含笑花*M. figo*和台湾含笑*M. compressa*等。

10.1.6 山柑科 Capparidaceae 和番荔枝科 Annonaceae

山柑科过去称白花菜科，灌木或乔木，少数为草本或木质藤木，无乳汁。主产于热带地区。其中的鱼木属*Crateva*和山柑属*Capparis*的许多种植物是鹤顶粉蝶、橙粉蝶、锯粉蝶属和尖粉蝶属蝴蝶的主要寄主。醉蝶花*Cleome spinosa*有时也被作为蝴蝶的蜜源植物。鱼木属主要是乔木，常绿或落叶，分布于于西南、华南的热带和南亚热带地区，主要种类有树头菜*Crateva* *unilocularis*、鱼木*C. formosensis*和沙梨木*C. nurvala*等。山柑属植物为常绿灌木或小乔木，其中的蝴蝶寄主种类包括广州山柑*Capparis cantoniensis*、马槟榔*C. masaikai*、野香橼花*C. bodinieri*和小刺山柑*C. micracantha*等。

番荔枝科植株形态多样，有乔木、灌木或藤本，常绿或落叶，主要产于热带地区。国内分布于西南至台湾，大部产于华南及云南南部。其中的紫玉盘属*Uvaria*、鹰爪花属*Artabotrys*、番荔枝属*Annona*、假鹰爪属*Desmos*、银钩花属*Mitrephora*、哥纳香属*Goniothalamus*和暗罗属*Polyalthia*等属植物是统帅青凤蝶、银钩青凤蝶、红绶绿凤蝶和绿凤蝶的重要寄主。育虫性能较佳的种类包括紫玉盘*Uvaria microcarpa*、鹰爪花*Artabotrys hexapetalus*、瓜馥木*Fissistigma oldhamii*、假鹰爪*Desmos chinensis*、银钩花*Mitrephora thorelii*、云贵暗罗*Polyalthia petelotii*、长叶暗罗*P. longifolia*（原产南亚，国内有引种栽培）和暗罗*P. suberosa*等。

10.1.7 西番莲科 Passifloraceae 和桑科 Moraceae

西番莲科植物多为多年生草质或木质藤本，节上有卷须，少为灌木、半灌木。在国内分布于中南、华南、西南地区，以云南种类为最多。其中的蒴莲属*Adenia*植物是白带锯蛱蝶、红锯蛱蝶、文蛱蝶和斑珍蝶等蝶种在云南的确认寄主。在中国只有4种：滇南蒴莲*Adenia penangiana*（分布于云南）、三开瓢*A. cardiophylla*（分布于云南南部及西南部）、蒴莲*A. chevalieri*（分布于广西和广东）和异叶蒴莲*A. heterophylla*（分布于云南西部）等。西番莲属*Passiflora*的长叶西番莲（毛蛇王藤）*P. siamica*是丽蛱蝶在国内的唯一确认寄主。在一些地区，西番莲属植物也被报道为包括白带锯蛱蝶和红锯蛱蝶在内的多种观赏蝴蝶的寄主。

桑科植物多为木本，偶为藤本，常有乳汁，但无毒，许多是广为栽培的风景绿化树种。其中的榕属*Ficus*植物为紫斑蝶属和丝蛱蝶属蝴蝶的重要寄主。其种类繁多，常见的有：无花果*F. carica*、榕树*F. microcarpa*、垂叶榕*F. benjamina*、黄葛树*F. virens* var. *sublanceolata*、高山榕*F. altissima*、斜叶榕*F. gibbosa*、薜荔*F. pumila*、对叶榕*F. hispida*、天仙果*F. erecta*和棱果榕*F. septica*等，以垂叶榕和尖叶榕*F. henryi*的育虫性能较佳。葎草属*Humulus*的野生植物是孔雀蛱蝶和钩蛱蝶属蝴蝶的主要寄主。

10.1.8 桑寄生科 Loranthaceae 和檀香科 Santalaceae

这是两个近缘的科，寄生或半寄生在栎类、桑树、榆树、冬青、山茶、桦木或杨柳等阔叶乔木树种枝干上的植物，少数寄生在根部，落叶或常绿。其中的寄生藤属*Dendrotrophe*、鞘花属*Macrosolen*、桑寄生属*Loranthus*、五蕊寄生属*Dendrophthoe*、梨果寄生属*Scurrula*和钝果寄生属*Taxillus*等属的种类是各种美丽的斑粉蝶以及部分翠蛱蝶的寄主。常见种类有：广寄生*T. chinensis*（寄生桑树、茶树和桃树等）、毛叶钝果寄生*T. nigrans*（寄生樟、桑、油茶，以及栎属和柳属植物）、五蕊寄生*Dendrophthoe pentandra*（寄生乌榄、白榄、木油桐、芒果、黄皮、木棉和榕树等）、鞘花*Macrosolen cochinchinensis*（寄生壳斗科、山茶科、桑科，以及枫香、油桐和杉树等植物）、寄生藤*Dendrotrophe frutescens*和檀香*Santalum album*等。

10.1.9 其他科的重要寄主

伞形科Umbelliferae中的茴香属*Foeniculum*、当归属*Angelica*、峨参属*Anthriscus*、芹属*Apium*、独活属*Apium*、柴胡属*Bupleurum*和胡萝卜属*Daucus*等属的种类均为金凤蝶的寄主。常见的有茴香*Foeniculum vulgare*、胡萝卜*Daucus carota*、峨参*Anthriscus sylvestris*、旱芹（芹菜）*Apium graveolens*、当归*Angelica sinensis*、白芷*A. anomala*和红柴胡*Bupleurum scorzonerifolium*等，各地多有栽培。以茴香和胡萝卜的育虫性能为佳。

豆科Leguminosae的合欢属*Albizia*是尾蛱蝶属各种蝴蝶的寄主，常见的是阔荚合欢*Albizia lebbeck*。决明属*Cassia*是迁粉蝶属蝴蝶的寄主，黄檀属*Dalbergia*则是方粉蝶属的寄主。属于豆粉蝶属*Colias*的寄主有大豆*Glysine max*、苜蓿*Medicago* spp.、紫云英*Astragalus sinicus*和车轴草*Trifolium* spp.等。

堇菜科Violaceae堇菜属*Viola*的各种植物都是斐豹蛱蝶、青豹蛱蝶、银豹蛱蝶、老豹蛱蝶、福蛱蝶等重要观赏蝶种的已知寄主。多为草本，常见的有紫花地丁*Viola philippica*和三色堇*V. tricolor*等。

马齿苋科Portulacaceae的马齿苋*Portulaca oleracea*是金斑蛱蝶和幻紫斑蛱蝶的寄主。

榆科Ulmaceae的榆属*Ulmus*植物是迷蛱蝶属蝴蝶的主要寄主，而朴属*Celtis*植物则是脉蛱蝶属、紫蛱蝶属、铠蛱蝶属及其他多种观赏蛱蝶的主要寄主。常见的有榆树*Ulmus pumila*和朴树*Celtis sinensis*两种。

在十字花科Cruciferae中，许多栽培蔬菜和油料植物，如甘蓝*Brassica oleracea*和萝卜*Raphanus sativus*等，是粉蝶属蝴蝶的寄主。南芥属*Arabis*、芸苔属*Brassica*、碎米荠属*Cardamine*和蔊菜属*Rorippa*等属的野生植物则是襟粉蝶属蝴蝶的寄主，常见种类有碎米荠*Cardamine hirsuta*、圆锥南芥*Arabis paniculata*和蔊菜*Rorippa indica*等。

棕榈科Palmae的棕榈属*Trachycarpus*是嘉翠蛱蝶、惊恐方环蝶和闪紫锯眼蝶的寄主，可能也是紫斑环蝶和斜带环蝶的自然寄主。禾本科Gramineae的竹亚科Bambusoideae植物是方环蝶属、斑眼蝶属和箭环蝶属各种蝴蝶的已知寄主。

莲叶桐科Hernandiaceae青藤属*Illigera*的植物是燕凤蝶和绿带燕凤蝶等两种珍奇蝴蝶的寄主，主要是心叶青藤*I. cordata*（= *I. celebica*）和宽药青藤*I. celebica*（= *I. platyandra*）两种。

鼠李科Rhamnaceae的鼠李属*Rhamnus*植物是钩粉蝶类的寄主；蔷薇科Rosaceae的苹果*Malus pumila*、山楂*Crataegus pinnatifida*、花红*Malus asiatica*、杏*Armeniaca vulgaris*、李*Prunus salicina*和樱桃*Cerasus pseudocerasus*等是绢粉蝶属蝴蝶的寄主；玄参科Scrophulariaceae的母草属*Lindernia*植物是美眼蛱蝶和翠蓝眼蛱蝶的寄主；车前科Plantaginaceae的车前属*Plantago*是翠蓝眼蛱蝶的寄主；杨柳科Salicaceae的柳属*Salix*和杨属*Populus*植物是紫闪蛱蝶、柳紫闪蛱蝶及多种其他蛱蝶的寄主；大风子科Flacourtiaceae的红花天料木（母生）*Homalium hainanense*是珐蛱蝶的寄主；荨麻科Urticaceae的荨麻属*Urtica*植物是孔雀蛱蝶、大红蛱蝶和荨麻蛱蝶等的寄主，苎麻属*Boehmeria*和水麻属*Debregeasia*各种植物则是苎麻珍蝶的寄主；百合科Liliaceae的菝葜*Smilax china*和肖菝葜*Heterosmilax japonica*等植物是琉璃蛱蝶和灰翅串珠环蝶的寄主；壳斗科Fagaceae的栎属*Quercus*植物是黄帅蛱蝶、帅蛱蝶及一些美丽灰蝶的寄主；茜草科Rubiaceae的洋玉叶金花*Mussaenda frondosa*和乌檀*Nauclea officinalis*是穆蛱蝶的寄主。

10.2 蝴蝶的蜜源植物

花中有蜜腺、能分泌花蜜供蝴蝶成虫采食的显花植物，被称为蜜源植物。这其中也包括了一些重要的寄主植物。如马利筋，既是多种斑蝶的优良寄主植物，又可作为蜜源植物使用，受到绝大多数种类蝴蝶喜爱。臭辣吴萸是养殖碧凤蝶、波绿凤蝶、绿带翠凤蝶和柑橘凤蝶等的优良寄主，同时也是这些蝴蝶以及许多其他蝴蝶成虫喜访的蜜源植物。蝴蝶在幼虫期取食这些植物的叶片，影响了它们的生长，但到成虫期，访花则能为蜜源植物传递花粉，提高其结实率和杂交优势。一般说来，蝴蝶对蜜源植物有一定的选择性，如波绿凤蝶喜访白色的花，而美凤蝶偏爱红色或粉红色花。

每一种蜜源植物都有固定的花期，因此对于多化性蝴蝶而言，同一蝶种成虫的蜜源植物常随地区和季节而变化。在亚热带和暖温带地区，主要蝴蝶蜜源植物大多属于十字花科、伞形科、芸香科、豆科、蔷薇科、萝藦科、马鞭草科Verbenaceae、忍冬科Caprifoliaceae、菊科Compositae、锦葵科Malvaceae、木犀科Oleaceae、马钱科Loganiaceae和紫茉莉科Nyctaginaceae等科（表10-1）。

春季，十字花科的栽培作物和野生植物，如油菜、萝卜和甘蓝等，是最常见的蜜源植物之一。夏季开花植物最多，也是多数访花蝴蝶种群在一年中的高峰期，常见的如接骨木属*Sambucus*、牡荆属*Vitex*和大青属*Clerodendrum*植物、马缨丹*Lantana camara*、芸香科柑橘类和

表 10-1 常见蝴蝶蜜源植物及其花期

科　名	种（属）名	花　期	分　布
马鞭草科	臭牡丹 *Clerodendrum bungei* 马缨丹 *Lantana camara* 牡荆 *Vitex negundo*	5～11月 南方全年，北方夏季 6～10月	全国大部分地区 野生南方，各地栽培 华北及以南各地
忍冬科	忍冬（金银花）*Lonicera japonica* 接骨草 *Sambucus chinensis* 接骨木 *Sambucus williamsii*	4～7月 4～5月 4～5月	全国大部分地区，野生或栽培 秦岭—淮河以南各地 除西北外的全国大部分地区
十字花科	萝卜 *Raphanus sativus* 白菜 *Brassica pekinensis* 芸苔（油菜）*B. campestris* 甘蓝 *B. caulora* 芜菁 *B. rapa*	春季，3～5月开花，由低海拔到高海拔、由南向北渐晚。花期20～30天。蜜量随品种和产地差别大	全国各地
伞形科	茴香 *Foeniculum vulgare* 胡萝卜 *Daucus carota*	5～7月 3～5月	各地栽培
芸香科	柑橘类 *Citrus* spp. 假黄皮 *Clausena excavata* 黄皮 *Clausena lansium* 臭辣吴萸 *Evodia fargesii* 吴茱萸 *Evodia rutaecarpa* 千里香 *Murraya paniculata*	开花时间4～7月，因种和品种差异很大，花期15～20天 4～8月 4～5月 6～8月 4～6月 4～9月	大致以黄河为界，在我国南方广泛栽培 华南和云南 长江以南，多栽培 华东、华中、华南和西南 秦岭以南，海南除外 华南和云南
豆科	阔荚合欢 *Albizia lebbeck* 合欢 *A. julibrissin*	5～9月 5～7月	南方栽培 除西北外的全国各地
紫茉莉科	叶子花 *Bougainvillea spectabilis*	11月～次年6月	长江流域及以南各地
锦葵科	木槿 *Hibiscus syriacus*	7～10月	河北以南各地，栽培
木犀科	女贞 *Ligustrum lucidum*	5～7月	长江流域及以南各地
萝藦科	马利筋 *Asclepias curassavica*	南方近全年	华南和西南，野生或栽培
马钱科	巴东醉鱼草 *Buddleja albiflora*	2～9月	陕西、甘肃、湖北、湖南和西南地区
菝葜科	菝葜 *Smilax china*	2～5月	黄河以南
茜草科	钩藤 *Uncaria rhynchophylla* 栀子 *Gardenia jasminoides*	5～12月 5～7月	华中、华南和西南 长江中下游
使君子科	使君子 *Quisqualis indica*	夏初	四川、贵州及南岭以南
七叶树科	七叶树 *Aesculus chinensis*	4～6月	黄河流域，长江下游一带有栽培

吴茱萸类，以及女贞*Ligustrum lucidum*。马鞭草科的马缨丹和臭牡丹*Clerodendrum bungei*，萝藦科的马利筋和忍冬科的忍冬属*Lonicera*植物的花蜜多，栽培技术简单，是目前蝴蝶养殖中使用最广的蜜源植物。其他常用的蜜源植物还有接骨草*Sambucus chinensis*、臭辣吴萸、叶子花*Bougainvillea spectabilis*和马钱科的醉鱼草属*Buddleja*植物等。

臭牡丹，又名矮桐子、臭梧桐或臭八宝，马鞭草科大青属（图版10-1，a）。野生植株灌木状，高可达2m，全株有浓烈臭味。花冠筒细长，是凤蝶科蝴蝶最喜访蜜源植物之一。产华北至西南和华南各地，生山谷、路边或农田旁湿润处，常侵入农田成为杂草。喜光照、喜荫凉，一般土壤都能生长。花期5～11月，果实成熟10～11月。播种或分株繁殖。

马缨丹，又名五色梅，马鞭草科马缨丹属（图版10-1，b）。蔓生灌木，野生植株高可达2m。主茎和分枝具明显的四棱，有短的倒钩状刺。叶片揉碎后有强烈气味。在热带地区四季开花，果实球形，直径约4mm，成熟后紫黑色。花色美丽、多型，常随花期而变化，是南方各地广泛栽培的园艺植物，也有野生者。在海南岛和云南、广西和广东三地区南部全年可以开花，在北京的花期为7～8月。喜温暖、湿润和阳光，适应性强，耐旱不耐寒。在干热地区开花繁茂，在中亚热带湿润地区营养生长旺盛，开花少而花期短。扦插或播种繁殖。

接骨草，忍冬科接骨木属（图版10-1，c）。灌木状草本，开聚伞状小白花，花期4～9月，果熟8～9月，果肉红色。自然分布于陕西、河南至西藏、广东之间，生300～2600m的山坡、林下、沟边和草丛。

巴东醉鱼草*Buddleja albiflora*，又名白花醉鱼草，马钱科Loganiaceae醉鱼草属（图版10-1，d）。植株形态为高1～3m的灌木，圆锥状聚伞花序顶生，长可达25cm。花梗短，花萼呈钟状，花冠淡紫色，渐变白色。花期2～9月，果熟8～12月。自然分布于陕西、甘肃、四川、贵州、云南、湖北和河南等地，多生长在海拔500～2800m的山坡灌丛中或溪谷林缘地带。适应能力很强，耐旱，对土壤要求不高，是各种凤蝶、粉蝶和蛱蝶的优良蜜源植物。

叶子花，又名三角梅、九重葛、毛宝巾等，紫茉莉科叶子花属。常绿灌木状藤本，老枝有针状枝刺。花三朵聚生，很小，紫、白或红色的“花瓣”实际上只是花的苞片。花期11月至次年6月，品种间有差别。喜光，不耐寒、不耐荫；喜肥水，遇旱易落叶。南方各地多有栽培，开花量大、花期长，为各种凤蝶和粉蝶喜爱。

臭辣吴萸，又名臭辣树、臭吴萸、野吴萸等，芸香科吴茱萸属灌木或小乔木（图版10-1，e）。花期6～8月，分布于我国秦岭—淮河一线以南，生海拔450～1600m山谷湿润地带。也是碧凤蝶、波绿凤蝶、绿带翠凤蝶和柑橘凤蝶等重要观赏蝶种的优良寄主。

忍冬，又名金银花，忍冬科忍冬属常绿缠绕藤本（图版10-1，f）。花期4～7月，果熟10～11月。除黑龙江、内蒙古、新疆、青海和海南外，野生植株遍布全国，各地多有栽培。适应性强，喜光、耐荫、耐旱、耐湿，对土壤要求不高。播种、扦插、压条和分株均可繁殖。

虽然访花成虫在野外完全以花蜜为补充营养，但在人工养殖中，有限花蜜难以满足大量蝴蝶取食的需要，而且蜜源植物的养护成本也高。因此，在蝴蝶规模化繁育中，大量使用人工食料喂养成虫，蜜源植物主要用于招引种源，同时也美化了养殖场内外环境。另外，在少量养殖某些珍贵种类时，种植蜜源植物要比以人工蜜源更为有效。

a

b

c

d

e

f

图版 10-1 部分常用蝴蝶蜜源植物

a. 臭牡丹 *Clerodendrum bungei* b. 马缨丹 *Lantana camara* c. 接骨草 *Sambucus chinensis* d. 巴东醉鱼草 *Buddleja albiflora* e. 臭辣吴萸 *Evodia fargesii* f. 忍冬 *Lonicera* sp.

主要参考文献

陈竹生，万良珍. 1993. 中国柑橘良种彩色图谱[M]. 成都：四川科学技术出版社

罗献瑞. 1997. 实用中草药彩色图集（1～4册）[M]. 广州：广东科技出版社

王春熙. 2004. 蜜源信息预报[M]. 北京：中国农业出版社

中国科学院昆明植物研究所. 2004. 云南植物志（第13卷）[M]. 北京：科学出版社

中国科学院中国植物志编辑委员会. 1974. 中国植物志（第36卷）[M]. 北京：科学出版社

中国科学院中国植物志编辑委员会. 1977. 中国植物志（第63卷）[M]. 北京：科学出版社

中国科学院中国植物志编辑委员会. 1978. 中国植物志（第15卷）[M]. 北京：科学出版社

中国科学院中国植物志编辑委员会. 1979. 中国植物志（第30卷，第2分册）[M]. 北京：科学出版社

中国科学院中国植物志编辑委员会. 1979. 中国植物志（第55卷，第1分册）[M]. 北京：科学出版社

中国科学院中国植物志编辑委员会. 1979. 中国植物志（第67卷，第2分册）[M]. 北京：科学出版社

中国科学院中国植物志编辑委员会. 1982. 中国植物志（第31卷）[M]. 北京：科学出版社

中国科学院中国植物志编辑委员会. 1982. 中国植物志（第48卷，第1分册）[M]. 北京：科学出版社

中国科学院中国植物志编辑委员会. 1982. 中国植物志（第65卷，第1分册）[M]. 北京：科学出版社

中国科学院中国植物志编辑委员会. 1984. 中国植物志（第20卷，第2分册）[M]. 北京：科学出版社

中国科学院中国植物志编辑委员会. 1985. 中国植物志（第55卷，第2分册）[M]. 北京：科学出版社

中国科学院中国植物志编辑委员会. 1986. 中国植物志（第38卷）[M]. 北京：科学出版社

中国科学院中国植物志编辑委员会. 1987. 中国植物志（第33卷）[M]. 北京：科学出版社

中国科学院中国植物志编辑委员会. 1988. 中国植物志（第24卷）[M]. 北京：科学出版社

中国科学院中国植物志编辑委员会. 1988. 中国植物志（第39卷）[M]. 北京：科学出版社

中国科学院中国植物志编辑委员会. 1988. 中国植物志（第72卷）[M]. 北京：科学出版社

中国科学院中国植物志编辑委员会. 1991. 中国植物志（第13卷，第1分册）[M]. 北京：科学出版社

中国科学院中国植物志编辑委员会. 1991. 中国植物志（第51卷）[M]. 北京：科学出版社

中国科学院中国植物志编辑委员会. 1992. 中国植物志（第61卷）[M]. 北京：科学出版社

中国科学院中国植物志编辑委员会. 1993. 中国植物志（第42卷，第1分册）[M]. 北京：科学出版社

中国科学院中国植物志编辑委员会. 1994. 中国植物志（第40卷）[M]. 北京：科学出版社

中国科学院中国植物志编辑委员会. 1995. 中国植物志（第23卷，第2分册）[M]. 北京：科学出版社

中国科学院中国植物志编辑委员会. 1995. 中国植物志（第41卷）[M]. 北京：科学出版社

中国科学院中国植物志编辑委员会. 1996. 中国植物志（第9卷，第1分册）[M]. 北京：科学出版社

中国科学院中国植物志编辑委员会. 1996. 中国植物志（第26卷）[M]. 北京：科学出版社

中国科学院中国植物志编辑委员会. 1996. 中国植物志（第30卷，第1分册）[M]. 北京：科学出版社

中国科学院中国植物志编辑委员会. 1997. 中国植物志（第43卷，第2分册）[M]. 北京：科学出版社

中国科学院中国植物志编辑委员会. 1998. 中国植物志（第22卷）[M]. 北京：科学出版社

中国科学院中国植物志编辑委员会. 1998. 中国植物志（第23卷，第1分册）[M]. 北京：科学出版社

中国科学院中国植物志编辑委员会. 1999. 中国植物志（第32卷）[M]. 北京：科学出版社

中国科学院中国植物志编辑委员会. 1999. 中国植物志（第52卷，第1分册）[M]. 北京：科学出版社

中国科学院中国植物志编辑委员会. 1999. 中国植物志（第71卷，第1分册）[M]. 北京：科学出版社

中国科学院中国植物志编辑委员会. 2002. 中国植物志（第70卷）[M]. 北京：科学出版社

第11章　寄主植物的管理

寄主植物是蝴蝶规模化人工繁育的重要基础，为幼虫提供食物，蜜源植物的花蜜为蝴蝶的成虫提供补充营养。蝴蝶的寄主植物种类繁多，其中有乔木、灌木和藤本，也有草本植物。多数蝶种具有数种或多种寄主植物。在蝴蝶规模养殖中，寄主植物和蜜源植物的栽培管理十分重要，寄主植物培育的目的是获得高产和优质的叶片，同时又要便于采叶和野外养虫；培育蜜源植物是为了得到较多的花蜜。不同的寄主植物和蜜源植物的生物学特性差异很大，栽培管理也大不相同。寄主植物的栽培管理涉及整地、育苗、栽培、合理修剪、水肥管理、病虫害防治等多个环节。

11.1 育苗

种苗的培育是建立寄主园的基础，苗木的好坏直接影响将来的叶片产量、质量。寄主植物种苗的繁育方式，分有性繁殖和无性繁殖两类。前者用种子育苗，后者则是用母株的枝条进行扦插、嫁接、压条和包枝等，用得最多的是扦插法。大多数草本和藤本寄主植物都可以扦插法育苗，包括板蓝、三开瓢、树头菜、马兜铃和马利筋等。有的种类需要用嫩枝作插穗，如板蓝，另一些种类则需用成熟枝条（老枝）。采用何种方式，依寄主植物的种类而异。无论哪种形式，育苗必须在专用苗圃地内进行，然后将培育好的幼苗移栽到大田。

（1）苗圃地

苗圃地要选在开阔向阳、地势平坦、排灌方便，且靠近工作人员住所的位置。要求土壤pH值保持在6.5～7.0，疏松肥沃，以沙质壤土为最佳。必要时采取土壤改良措施或换土。

土壤整理要做到深、松和细三点。深耕对于保水保肥和病虫草害防除具有重要作用，要求耕作深度不低于30cm。以腐熟的人畜粪、复合肥和过磷酸钙按照10：1：1的比例混合作为底肥，每平方米施用3～5kg。以2.5%辛硫磷微粒剂杀灭地下害虫，以50%福美双可湿性粉剂杀灭根腐病菌。

开沟作畦，畦宽1.0～1.2m，畦高（沟深）15～20cm，畦间距45cm，长度10m或依地块而定。在干旱缺水地区，可以设置“洼畦”，即畦间过道高于苗畦，直接将水引灌入畦内。

（2）种子育苗

适用于铁刀木、樟、楠木、朴树、川黄檗、马利筋、牛角瓜、南山藤、白叶藤、弓果藤、马兜铃类、茴香和马齿苋等绝大多数种类寄主植物的种苗繁育，以及用于嫁接柑橘类寄主的砧木繁育。

寄主植物都有其固定的开花结实期，多数种类的种子在秋季成熟，要适时采摘，做到成熟一批，采摘一批。对于花椒、吴茱萸和黄檗等果皮较厚的种子，采回的鲜种，可先堆积几天，待果皮腐烂后搓去果皮，用水清洗干净后晾干。一般鲜种的出芽率高，最好收后即播，但如需留待第二年播种，可在其间混以含水量为2%的湿沙保存。

播种期分秋播和春播两种，以春播较多，也依寄主种类和地区而异。有些寄主如茴香和马利筋，可以周年播种。春播一般在3月中旬至4月上旬进行。

播种方式一般采用条播，即把种子播在一列列宽约10cm、深3～5cm的浅沟内，沟间距离20～25cm，以便于日后除草、间苗、施肥和灌溉等操作。撒播则是将种子均匀撒在整个苗床上，播种速度快，场地利用率高，但不利于间苗除草工作。无论是沟播还是撒播，在播种前都要先将苗圃地以水浇透，待水下渗、土壤呈润湿状态时开始播种。柑橘、黄檗和花椒等的体积大的种子，可以直接均匀地撒在播种沟内或畦面上；茴香、马兜铃和马齿苋等的种子体积很小，需要与河沙或草木灰混合均匀后才能播下。播种密度250～300粒/m^2。

种子播下后，用细土覆盖3～5cm厚，保持土壤润湿即可，盖土不能过厚。马兜铃的种子，胚乳极少，播种后只能盖土1～2cm，在上面覆盖一层稻草即可，但要注意保湿。定期检查出芽情况，清除杂草。幼苗长至5cm左右高度时，以粪清水浇灌一次。幼苗长至约10cm高时开始间苗和补苗。剔出病虫苗、细弱苗和畸形苗，移出过密的幼苗，以利于种苗均匀健壮。移出的幼苗补植在脱苗的地方，最后使苗圃内的种苗保持在100～120棵/m^{2}的密度。此外，视幼苗生长状况，可在浇水时叶面施用0.1%～0.2%的尿素或磷酸二氢钾。

（3）扦插育苗

分老枝扦插和嫩枝扦插两种。老枝扦插是选1～2年生枝条的中下部作插穗，每根插穗包含2个潜伏芽。适用于三开瓢、树头菜、马兜铃属和榕属寄主植物的种苗繁育。嫩枝扦插是取生长期枝条的嫩梢作插穗，是板蓝和榕属寄主的主要育苗方式，也可用于臭辣吴萸和马兜铃属寄主植物的育苗。

（4）其他育苗形式

压条育苗是将母株的枝条埋入土中，待各结的潜伏芽和潜伏根萌发后使其与母株分离成苗。可用于板蓝、牛皮消、白叶藤、三开瓢和马兜铃属寄主的种苗繁育，尤其适宜在田间补缺时使用。包枝育苗可用于树头菜、朴树、吴茱萸属和榕属寄主植物的种苗繁育。嫁接育苗是将一种优良寄主植物的芽嫁接到生产性状较差、但育苗相对容易的同类寄主植物（砧木）上的育苗方式，在柑橘类、花椒属和木兰属寄主植物育苗中应用广泛。春、夏、秋3季都可进行，但春季嫁接的成活率较高。分株繁殖是将母株基部发出的幼苗与母株分离后作为种苗，是吴茱萸种苗的主要繁育方式，也可用于树头菜、白叶藤和茴香的育苗。

11.2 种苗移栽

木本寄主植物种苗生长至60～100cm时可以起苗，草本植物在长至约20cm时起苗。移栽前首先选好地块，如茴香和柑橘类寄主应栽植于地势较高的地块，板蓝、三开瓢、竹叶花椒和吴茱萸等可栽植在地势略低的地方。根据地块面积和栽植密度计算出需要的种苗数量。

标准寄主园的乔木和灌木寄主的定植密度以株距0.8m，行距1m为宜，即每亩需要种苗约830株。草本和藤本植物采用双行组合的畦式栽培，畦内株行距均33～45cm（根据植物生长速度和高度确定），畦间距为50cm，每亩需要种苗约3100～4200株（图版11-1）。

也可采用双行或三行组合的畦式栽植方式，即将寄主以2行或3行为一组，组内株距缩减为标准株距的1/2，组内行距保持为33～45cm，而畦间距仍然为50cm。但这种栽植方式需要较多的种苗，且增加了田间管理的难度。

种植穴的大小依寄主种类异，一般木本寄

图版 11-1　马利筋 *Asclepias curassavica* 的大田培育

主的穴径为40～50cm，深50cm，草本寄主的穴径和深度均为20～30cm。在开挖较大的栽植穴时，要将表层熟土和底层生土分开放置。种植时先将底肥与表层土混合，回填到穴底。一般木本寄主在栽植时每株施入农家肥3～5kg（干重）和过磷酸钙0.5kg，草本寄主酌减。

移栽时间选在雨季和阴天较好。在这个期间，苗木水分蒸腾量最小，即使根系受伤，对苗木影响也不大。在干湿季分明的地方，水源不足时，应当在雨季移栽。移栽时，常绿树种务必带土球，落叶树种可以裸根移栽。如根部受伤较大，移栽前可在根部涂抹混有吲哚乙酸或吲哚丁酸等植物生长刺激剂的稀泥，以利于新根的萌发。栽植不带土的寄主时，先将损伤根及部分老根剪去，在栽植穴底填入约10cm细土，然后放苗填土。填至穴深一半时，轻提树苗使根系展开，再继续填土直至穴满，然后踩紧泥土，一次浇透“定根水”。填土的高度要与苗木期的土痕一致，太浅不抗旱，过深影响根系的生长。栽植带土球的常绿寄主时，填土后将土球周围泥土踩紧即可，注意不能踩压到土球。无论何种寄主植物，均以在阴天栽植的成活率为高，晴天则应在临近日落时移栽。板蓝、马兜铃和三开瓢等喜荫寄主在移栽前，必须先在选定栽植地搭建好遮阳网，边移边栽，及时浇水（图版11-2）。

图版 11-2 板蓝 *Baphicacanthus cusia* 的遮阴培育

11.3 水肥管理

寄主植物栽植后，需要进行日常的水肥管理。一般需对寄主植物园进行灌溉，灌溉方式有穴灌、沟灌、喷灌、滴灌和漫灌等。对于专业养殖园，推荐使用喷灌；在水源充沛的地区和比较平坦的地块，可以使用沟灌；在水源紧缺的地区，可以铺设管道进行滴灌。在寄主植物园内铺设稻草、秸秆或种植绿肥，既可减少土壤水分的丧失，又能在一定程度上减轻杂草危害。在降雨集中的季节，土壤长期积水会造成植物根部缺氧，吸收能力下降，对寄主植物不利，需要有较好的排水沟等排涝系统，及时排水。

在寄主植物培育中，常用到有机肥和化肥。有机肥一般施用人畜粪尿、堆肥、泥肥、虫粪、腐殖质、绿肥和油饼等。常用的化学肥料有碳酸氢铵（碳铵）、尿素、硝酸铵、过磷酸钙、钙镁磷肥、硫酸钾、氯化钾和各种复合肥（表11-1）。

复合肥具有成分全面，肥效高，持效期长，运输、贮存和施用方便等优点，但肥效较慢。无机肥的有效成分含量高，肥效集中发挥，增产作用显著，但长期使用对土壤结构产生不利影响。有机肥的有效成分含量虽然低，但养分全面，肥效持久，更主要的是它们可长期保持土壤的良好结构。施肥时配以一定比例的农家肥（人畜粪尿）或堆肥可以改良土壤。养虫后虫粪和植物残渣经充分腐熟后可以作为有机肥还田使用。一般有机肥至少应占施肥量的10%～20%。

施肥量主要根据寄主生长状况和养殖规模确定，一年四季都可进行。

（1）春季恢复生长前，主要施用速效肥，如化学氮肥和人畜禽粪肥等，以促进春叶生长，肥效也可持续至夏秋季。

（2）春季第1代虫饲养结

表 11-1　寄主植物培育常用肥料及其功效

类　型	种　类		功　效	施用要点
有机肥	人畜禽粪肥		长效、微碱性	可作基肥或追肥，深施覆土
	草木灰		速效、碱性	
	堆肥（杂草、垃圾、沤肥和焦泥灰等）		长效、微碱性	仅作基肥
	秸秆肥（稻草、麦秆和甘蔗渣等）		长效	
	饼肥（棉籽饼、菜籽饼和黄豆饼等）		长效，肥效高	
化肥	氮肥	尿素	含氮量高，长效催叶	可用于基肥、追肥和根外施肥；作追肥时兑水浇灌、雨前撒施
		碳酸氢铵	速效氮肥，快速催叶	主要用于追肥。兑水深施，施后覆土。低温、密闭贮存
		硫酸铵	生理酸性肥料，含氮量中等	主要用于追肥。在碱性土壤中兑水深施、覆土，在酸性土中配合有机肥施用
	磷肥	过磷酸钙	易溶于水，速效磷肥	可作基肥、追肥及根外追肥，深施，集中施用
		钙镁磷肥	长效，在土壤中不易流失	主要用作底肥，适于酸性土壤中使用，在石灰性缺镁土壤中效果好
	钾肥	硫酸钾	生理酸性肥料，易被植物吸收	可作基肥和追肥，深施、集中施用，与磷矿粉混合使用，能提高磷的利用率
复合肥	化学合成复合肥（磷酸铵、磷酸二氢钾等）		有效成分高，养分全面	可作基肥和追肥
	混合肥（有机—无机复合肥）			

束后，仍以速效化肥（如尿素和碳酸氢铵）为主。

（3）秋季最后一代饲育以前，以速效肥为主，配合施用磷钾肥。

（4）全年育虫结束、寄主休眠开始后，施用长效的堆肥、泥肥、秸秆肥和饼肥等，以改良寄主园土壤，提高土壤肥力，促进来年的叶产量提高。

施肥方法可以有多种，包括穴施、沟施、撒施、灌施和根外追肥等。穴施是在寄主的株间或行间挖穴，施入肥料后覆土，可有效防止养分流失；沟施是在寄主行间开沟施肥。撒施是在寄主园内均匀撒上肥料颗粒，翻耕覆盖，适合密植型寄主和草本寄主园中使用。灌施是结合寄主植物灌溉，将肥料兑水施入寄主根部。还可以采用叶面施肥，农业上使用的叶面肥有20多种，如叶面宝、尿素、硫酸铵、磷酸二氢钾、过磷酸钙、喷施宝等都可叶面施用。叶面施肥最好在阴天、晴天早晨或下午4:00后进行。

11.4 木本寄主的管理

在蝴蝶养殖中主要利用寄主植物的叶片育虫，根据野外放养和室内饲养的特点，需要对柑橘类、樟、楠木等常绿木本寄主植物进行修剪和整形，以利蝴蝶养殖生产操作。一般采用修剪方式将木本寄主植物培育成无干、中干和高干等树形，以利于寄主树充分利用光能，又能为放养幼虫提供适宜的生活环境。树型养成后，可提高叶片产量和质量，也便于养虫操作和病虫害防治；对于室外套袋养虫，要使木本寄主植物树形利于套袋养殖。

无干树型是在幼苗长至60～80cm左右高

时，在植物基部距离地面5cm处截断主茎。在由此发出的多个分枝中保留6～8个，生长至50cm时断梢，使其萌发大量侧芽。用于采割的枝条可以生长至1m。这种树型适合吴茱萸、黄柏和花椒等萌发力强的落叶树种。其优点在于养成速度快，投产快；修剪、套袋放养以及植物病虫防治操作比较便利；寄主植物生物量较大，叶片较嫩，适于幼虫取食。其缺点在于寄主植物枝条下部叶片靠近地面，易受泥土污染；光照、通风条件较差，在多雨高湿季节容易造成疾病流行。

中干树型则保留60～80cm的主茎，主茎顶部保持3～4根一级分枝，每个一级分枝上有4～5个呈丛生状生长的二级分枝。其修剪方法为：幼树长至100～120cm时，在距地面60cm处的节间上部约5cm处截断主茎。保留主茎上部发出的侧芽5～6个，在侧芽长至约10cm时去掉其中2～3个较为弱小的。待余下侧芽长至20cm时断其尖端，使其萌发侧芽。除去主茎和一级分枝下部发出的侧芽，使养料集中供给二级分枝的生长。这种树型树冠开散，叶片洁净，既可提高产叶量，又可改善枝叶丛中的光照和通气条件，降低幼虫疾病流行，在蝴蝶幼虫放养中广为使用。

养虫前应对寄主树进行修剪，一般的方法是剪除病虫枝、弱小枝和过密枝；将保留枝条的顶梢打掉，促进侧芽萌发，以使枝叶相对集中，放养袋内的空间得到充分利用。修剪也可以在树木的休眠期或养虫后进行。对于专育低龄幼虫的寄主树，需要在成虫产卵前半个月至20天彻底修剪掉老叶。新枝叶的萌发生长速度各地各季有所不同，修剪时间宜早不宜迟。剪除部分枝条后，根部吸收的营养物质得以集中供给余下枝条的生长；修剪改善了园内通风透光条件；修剪在一定程度上除去了上一代放养时遗留在寄主树上的病原物；及时修剪还可以减少开花结果对于营养物质的消耗，促进了营养生长的进行。

表 11-2 各地普遍发生的寄主植物危险病虫害

病虫种类		危害寄主植物	危害严重期
虫、螨害	蚜虫类	几乎所有种类	4～5月和9～10月
	介壳虫类	柑橘、樟、楠木和马兜铃类	5～10月
	螨类	柑橘、树头菜、臭辣吴萸和吴茱萸等	5～10月
	刺蛾类	臭辣吴萸、川黄檗、吴茱萸和樟等	7～9月
	大蚕蛾类	臭辣吴萸、川黄檗、樟和吴茱萸等	5～6月和9～11月
	潜叶蛾	柑橘类	7～10月
	粉虱	柑橘、楠木、樟和榕树类	4～10月
	叶蜂	臭辣吴萸、樟和楠木	4～5月
	白蚁	三开瓢	3～11月
	天牛	柑橘、吴茱萸、川黄檗、花椒、樟、楠木、铁刀木和朴树	7～10月
	叶甲和金龟甲类	树头菜、三开瓢和南山藤	5～9月
病害	锈病类	川黄檗、吴茱萸和臭辣吴萸	6～7月
	白粉病	朴树、川黄檗、铁刀木和白叶藤	6～9月
	柑橘黑霉病	柑橘类	全年
	柑橘病毒病	柑橘类	全年
	柑橘炭疽病	柑橘类	6～9月
	马兜铃炭疽病	马兜铃类	7～10月
	根腐病	茴香和耳叶马兜铃	7～9月

11.5 寄主植物的病虫害及其防治

寄主植物病虫害种类极其繁多，至今对其大多数种类尚缺少完整的记载。有的危害寄主的叶，如叶蜂和多数鳞翅目害虫；有的蛀干，如天牛和吉丁虫；有的则危害枝干或枝梢，如介壳虫和蚜虫类。在南方各地普遍发生的寄主植物病虫螨害见表11-2。

11.5.1 主要寄主植物虫害

（1）**蚜虫类**

俗称腻虫、蜜虫等，属同翅目Homoptera、蚜总科Aphidoidea。危害蝴蝶寄主植物的蚜虫种类极多，尚未进行系统的种类调查，已知种名的只有危害马利筋、南山藤和白叶藤等萝藦科寄主的夹竹桃蚜*Aphis nerii*和棉蚜*A. gossypii*。蚜虫食性杂、寄主范围广，是蝴蝶养殖生产中的主要危险害虫之一，危害当前使用的所有种类寄主植物，以马利筋、南山藤、臭辣吴萸、川黄檗、楠木、朴树、茴香和柑橘等受害最重。常群集在新梢、嫩芽和嫩叶片危害，使植株叶片卷曲和枯黄，提早落叶，影响植株正常生长。严重时可成片地毁灭寄主植物；其分泌的黏液可滋生霉菌，是引发柑橘煤烟病的主要原因之一；除此之外，还招引很多蚂蚁爬到寄主植物上，而后者是蝴蝶卵和幼虫的天敌之一。在热带地区周年发生，危害期长，以春秋两季为重，夏季高温多雨季节种群下降。在亚热带地区，一年可以发生20～30代，在蒲公英、夏枯草、荠菜等杂草的基部，或花椒、木槿、石榴等灌丛的枝叶上越冬。一般来说，一年有2个发生危害的高峰期：第一个高峰期在4月上中旬至5月下旬，正值寄主植物春季新梢抽出和生长期，第二次高峰在9月中旬至10月下旬。除个别种类外，夏季高温多雨天气不利于蚜虫繁殖，种群迅速下降。因此，防治蚜虫的适宜时期在春梢和秋梢萌发早期。一般采用的防治措施有：

①加强监控，及时发现中心虫株，摘除中心虫株上的虫枝，消灭无翅蚜。

②利用有翅成蚜对黄色的趋性，可用黄色粘虫药纸在田间粘捕。粘虫药纸的大小一般为15～20cm^2，插或挂于寄主植物园内，粘满蚜虫后要及时更换。

③结合中耕施肥，清除养殖园内的杂草，消灭蚜虫的越冬寄主。

④保护蚜虫天敌。蚜虫的天敌有七星瓢虫、异色瓢虫、草蛉、食蚜蝇、食蚜蝽及蚜霉菌，应注意保护、加以利用。

⑤使用50%抗蚜威可湿性粉剂1000～2000倍液或80%敌敌畏乳油500～800倍液喷雾，用药3天后可使用寄主植物育虫。

（2）**介壳虫类**

危害寄主植物的介壳虫种类极多，形态和习性各异，是一类有极大威胁的害虫。如同蚜虫，目前对于其种属并未进行全面调查，但大致可以分成固着危害和活动危害两类。前者包括履绵蚧和吹绵蚧*Icerya* sp.，后者主要有红蜡蚧*Ceroplastes* spp.、龟蜡蚧*Paracerostegia* sp.、柑橘绿绵蚧*Chloropulvinaria aurantii*、白轮盾蚧*Aulacaspis* sp.、圆盾蚧*Octaspidiotus* spp.和矢尖盾蚧*Unaspis* spp.等。成虫和若虫聚集在樟科、芸香科和马兜铃科寄主的茎、枝和叶上，或萝藦科寄主的嫩叶下面吮吸汁液。受害叶片卷曲发黄、干枯凋落；树干被害后，引起树势衰退。严重时全株布满蚧虫，可致植株死亡。

一般采用的防治方法：

①加强检疫，防止害虫随种苗带入。

②在少量发生时，用钢丝刷和竹木片等工具人工抹死或剪除虫枝烧毁；冬春结合修剪，重剪或疏除为害严重的虫枝，挖掉受害重、已无生产能力的弱株和死树，并全部带出园外，集中烧毁。

③在春季越冬若虫活动期（3月中下旬到萌芽前），用石硫合剂涂于树干和主要侧枝，减少越冬虫量，或以20%灭蚧可湿性粉剂40～50倍液喷雾。

④保护天敌瓢虫。

（3）**螨类**

各种寄主植物都受到螨类危害，而以柑橘类、树头菜和吴茱萸类受害最重。成螨和若螨在叶背吸食汁液，并结成丝网。初期叶面出现零星退绿斑点，严重时遍布白色小点，叶面变为灰白色，干枯脱落。以柑橘红蜘蛛危害最甚。

橘全爪螨*Panonychus citri*，即柑橘红蜘蛛，是柑橘类寄主上普遍发生危害的最严重的害虫之一。个体发育经历卵—幼螨—前若螨—后若螨—成螨5个虫期。雌成螨体长约0.3～0.4mm，长卵圆形，腹部末端圆、紫红色，背上有瘤状突起；雄成螨体长约0.3mm，鲜红色，楔形，腹部末端尖细。卵红色，半球形，初产时有光泽；幼螨浅红色，体长约0.2mm；若螨似成螨，体略小。

每年发生15～20代，在长江以南地区无明显的越冬现象，20～30℃是其发生危害的适宜温度范围，4～6月和9～10月是其发生盛期，雌成螨可行孤雌生殖，常在寄主园内形成“中心虫株”。

春季寄主萌芽前，以20%灭蚧可湿性粉剂40～50倍液喷雾；夏秋季选用唑螨酯、三氯杀螨醇、炔螨特、双甲脒和噻螨酮等专用杀螨剂喷雾防治，施药防治的指标为每叶有螨10头，低于这个虫口密度可以不采取防治措施；保护和利用食螨瓢虫、草蛉等螨类的捕食性天敌。

（4）鳞翅目食叶类害虫

种类很多，且各地有所不同，主要是刺蛾类、潜叶蛾类、天蛾类、枯叶蛾类、天幕毛虫、夜蛾类、蓑蛾类、斑蛾类、尺蠖蛾类、袋蛾类、毒蛾类、蚕蛾类、灯蛾类、螟蛾类、卷蛾类和舟蛾类等。所有的寄主植物都有特殊的食叶害虫类群。除了取食寄主叶片，还是蝴蝶病原物的主要野生载体。

刺蛾的种类很多，分布区广。主要危害川黄檗、吴茱萸、臭辣吴萸和樟等的叶，大发生期可将叶片食光，有时也危害柑橘类植物。除了危害寄主，还伤及工作人员的皮肤。这类害虫食性很杂，常从养殖场附近的野生植物上迁入寄主园内危害。一般的防治措施有：

①消灭虫茧、摘除虫叶；

②化学防治。发生严重时，以0.01%～0.02%的马拉硫磷或亚胺硫磷乳剂喷雾，用药5天后育虫；在非养虫时段可以将药剂浓度增加1倍。在未放养期喷施辛硫磷或杀虫灵，效果也很好。

樗蚕蛾*Philosamia cynthia*和绿尾大蚕蛾*Actias selene*有时可对臭辣吴萸、川黄檗、樟和吴茱萸等造成严重危害。一年发生2代，以蛹在寄主植物或附近杂灌草上越冬。1～3龄幼虫群集在寄主叶片背面危害，此时是人工防除的最佳时候。4龄期幼虫开始分散栖息，5龄幼虫食量极大，可迅速将整株叶片食尽。这两种害虫的幼虫白色，体型大，容易发现，可人工清除。值得一提的是，它们的成虫本身也具有观赏价值，可以收集起来集中养殖。

潜叶蛾主要危害柑橘类寄主。幼虫在嫩叶和嫩茎的表皮下取食叶肉，使叶片卷曲、脱落，并为各种病原真菌和细菌的侵害创造了条件。同时，卷曲的叶片也为害螨和蚜虫提供了隐藏场所，危害极大。在新梢的抽发期，结合防治蚜虫和红蜘蛛，使用80%敌敌畏乳油800倍液喷雾防治。

（5）蛀干害虫

危害寄主植物主茎或枝干的害虫主要是鞘翅目的吉丁甲类、天牛类和锹甲类等，最常见的是星天牛*Anoplophora* sp.。危害柑橘、吴茱萸、川黄檗、花椒、樟、楠木、铁刀木和朴树等木本植物的主茎和较粗的侧枝。

天牛类一般一年或两年发生1代。有的雌成虫将卵产于小枝上，幼虫孵化后首先危害小枝，至其枯萎死亡。然后，较大的幼虫再转而危害较大的枝条和主茎，轻者降低叶片产量，重者至整株死亡。星天牛直接产卵在植株根颈和根部皮层内，幼虫蛀食木质部。一般的防治方法为：

①人工捕杀成虫；

②及时剪除受害小枝销毁；

③用棉花蘸40%～50%的敌敌畏乳油塞于排粪孔中熏杀。

吉丁甲一般一年发生1代，成虫6月中旬至7月上旬羽化，产卵于树皮的裂缝内。幼虫在树木的皮层危害，在木质部的表层钻出弯曲的蛀道。在防治上主要采用人工捕杀成虫的方式。

（6）地下害虫

危害寄主植物根部的害虫主要有金龟甲类、象鼻虫*Lepyrus* sp.和大地老虎*Agrotis tokionis*等，主要是对幼苗和幼树造成伤害，而对大田寄主的危害相对较轻。

金龟甲是鞘翅目Coleoptera金龟总科Scarabaeoidea多种害虫的统称，俗称金龟子。幼虫生活于土壤中，称蛴螬，取食苗木的根和茎干下部，导致种苗死亡；成虫取食植物的叶片、嫩梢或果实。一年1代，以幼虫越冬。分布很广、危害很大。可以糖醋液诱杀成虫，在土壤中混施5%辛硫磷颗粒剂或在苗圃中以50%辛硫磷灌土可有效防治幼虫。

象鼻虫主要危害树头菜、南山藤和三开瓢等的根和叶。在自然条件下，一般2年发生1代，幼虫和成虫均可以越冬。成虫有群集性，可据此人工捕杀。幼虫可以50%辛硫磷乳剂800倍液灌根防治。

大地老虎幼虫在夜间取食幼苗的根和根颈，可给育苗造成严重损失。一年1代，以低龄幼虫在土壤中越冬。成虫有趋光性，可以黑光灯诱杀，还可用糖醋液诱捕。育苗前深翻土壤，可有效杀灭幼虫。

白蚁主要危害三开瓢的根和主茎的地下部分，可以马拉硫磷或辛硫磷灌根消灭。

除了上述各地普遍发生的寄主害虫外，还有一些局域性危害的种类，以粉虱和叶蜂较为突出。粉虱危害柑橘、楠木、樟和榕树等寄主植物。幼虫群集在叶片背面吸食树液，降低叶片的营养价值；幼虫排泄物引发霉病。可以25%噻虫嗪水分散粒剂5000倍液或25%噻嗪酮1000倍液喷雾防治。

叶蜂危害臭辣吴萸、樟和楠木等寄主。一年发生1～2代，以老熟幼虫在土中越冬。在四川峨眉，成虫在4月上旬出现，卵产于臭辣吴萸叶片表皮内，4月下旬幼虫开始危害。幼虫在叶片背面取食，1～2龄期有高度的群集性，此时是人工防除的最佳时机，后随龄期增长逐渐分散。药剂防治可用80%敌敌畏乳油800倍液喷雾。

蟋蟀*Teleogryllus* spp.的成虫和若虫取食茴香、堇菜以及黄檗等寄主幼苗的茎和叶，在一些地方危害严重。可用寄主叶片拌药诱杀成虫。

蝼蛄*Gryllotalpa* sp.危害寄主植物的幼苗和幼树根部。可用黑光灯或毒饵诱杀成虫。

11.5.2 寄主植物的主要病害

（1）锈病类

川黄檗、吴茱萸和臭辣吴萸的主要病害。5月中旬开始发生，6～7月危害最严重。病原物为多种真菌。发病初期，叶片上出现黄绿色近圆形、边缘不明显的小点；后期，叶背有橙黄色微突起小疮斑，叶片上病斑增多，以致叶片枯死。

防治方法：发病初期以25%粉锈灵可湿性粉剂500倍液，7～10天喷雾一次，连续喷2～3次。

（2）白粉病

由多种真菌引起，危害朴树、川黄檗、铁刀木和白叶藤等。一般发生在叶片上，严重时可蔓延至嫩枝和花蕾上。初期病斑一般表现为绿色消退的浅黄色斑，上覆盖灰白色霜样霉粉，后期病叶变黄萎蔫，直至干枯死亡。发病初期以70%甲基托布津可湿性粉剂1000倍液或25%粉锈灵可湿性粉剂2000倍液防治。

（3）柑橘黑煤病

又名煤烟病或煤污病，由多种真菌引起。大部分病菌以蚜虫、蚧类和粉虱等害虫分泌物为营养生长繁殖，只有个别种类是纯寄生性的。发病初期，叶面上出现灰褐色小斑点，后渐扩展变为灰黑色，渐至全叶为黑色、黑褐色或灰色的霉层遮盖，霉层上散生黑色小点或刚毛状物。虽于蝴蝶幼虫生长无大害，但妨碍寄主植物光合作用，影响叶片生长，并分泌毒素使植物组织中毒，削弱树势。春、夏和秋季都可发生，但以5～6月间为重。

防治方法：①注意修沟排水；②修整枝叶，增加通风透光性；③及时防治蚜虫、介壳虫和粉虱等叶面刺吸式口器害虫；④发病严重期施用50%多菌灵可湿性粉剂600～800倍液喷雾防治。

（4）柑橘病毒类病害

柑橘的病毒类病害主要有黄龙病、衰退病和碎叶病3种，疾病蔓延可造成柑橘类寄主的毁灭。共同特点是病原可经嫁接和虫媒传播，一旦发病无有效的控制方法。

黄龙病是一种由病毒引起的柑橘类寄主的主要病害，危害所有的柑橘类寄主，尤以温州蜜柑受害最重。病毒可由柑橘木虱传播，严重时至整片寄主死亡。在发病早期，部分新梢嫩叶出现黄化，有时均匀，有时斑驳似缺素症状。次年，黄化症状扩散至整株的新梢，引起树势减弱。

衰退病主要危害以酸橙作砧木的嫁接树，可危害柚、甜橙和蜜柑的各栽培品种。发病初期，病枝上不发或很少萌发新梢，老叶失去光泽，并渐渐脱落。后期病枝从顶部向下部逐渐死亡，植株萎缩。

碎叶病的前期症状是嫁接口以上的接穗基部肿大，主茎容易在接口处断裂，断面木质部有一圈褐色线纹。随着病情发展，嫩叶开始黄化，植株萎缩，严重时死亡。

防治措施：购买无毒苗木，选用无毒接穗自育种苗；嫁接时以酸橘、红橘和香橙等作砧木；防治柑橘木虱；及时清除病树。

（5）柑橘炭疽病

是一种由真菌引起的柑橘类寄主的主要疾病，可引起寄主树大量落叶、枝梢枯死和树皮爆裂，严重时致植株死亡。出现在叶片和枝梢的症状有所不同。侵染在叶片上表现为急性和慢性两种症状。急性症状的病斑多从叶尖开始，并迅速向下扩展，初期淡青色或暗褐色，水渍状，有波状纹，边缘界线模糊，病斑在叶片的正反两面产生许多粉红色小点，有黏液；后期颜色深灰色，病叶易脱落。慢性病斑多始于叶缘或叶尖，圆形或不规则，淡灰褐色，边缘褐色，病、健部分的界面清晰，病斑内有黑色小点沿同心圆圈排列。病菌对枝梢的侵染多自叶柄基部的腋芽处开始，病斑初呈淡褐色，椭圆形，后扩大为梭形、灰白色；边缘褐色，上有黑色小点。

加强水肥管理，保持健壮树势；做好防虫、防冻和防日灼工作，减少树木的组织损伤；剪除病虫枝和徒长枝，清除地面落叶，集中销毁。药剂防治：树木修剪后，在切口涂抹70%的甲基托布津（或50%多菌灵）可湿性粉剂100～200倍液。一旦发现叶片上出现急性病斑，应立即以70%的甲基托布津（或50%多菌灵）可湿性粉剂600～1000倍液喷雾防治。

（6）马兜铃炭疽病和根腐病

前者由真菌引起，主要危害耳叶马兜铃的成熟叶。发病初期叶片上出现现红褐色小点，渐扩大成灰褐色至灰白色大斑；病健组织交界处有不规则的紫褐色和黑色环纹。

防治措施：①及时清除病叶落叶烧毁。②在发病初期以0.05%多菌灵喷雾。

马兜铃根腐病由细菌引起，一般5月开始发病，7～8月间最盛。可以65%代森锌或50%多菌灵可湿性粉剂500倍液灌根防治。

（7）茴香根腐病

由细菌引起，受害后植株茎基部和根部腐烂，逐渐枯死，并可传染给附近的植株，7～9月发病严重。根尖和幼根发病后呈水渍状，主根腐烂后呈黄褐色，只剩下纤维状物；植株地上部分先矮化、变黄，最后死亡。土壤积水、地下害虫多时发病严重，可成片毁灭茴香。

防治方法：①选排水条件好的地块栽植，雨后注意排水；②增施磷钾肥；③种苗移栽前用65%代森锌可湿性粉剂500倍液浸泡根部；④发现病株应立即拔除病株烧毁，并充填石灰粉。

（8）樟黄化病

叶片不同程度地变黄，严重者至黄白色，质薄；发叶稀少，树冠萎缩，严重时植株死亡；幼虫取食后发育迟缓。为生理性病害，主要由土壤中有效铁的缺乏引起。可根部施有机复合肥，如鸡粪+硫酸亚铁+尿素（5：0.5：0.125）或以0.5%硫酸亚铁加0.05%柠檬酸水溶液叶面施用防治。

以上介绍了近年来发现的危害蝴蝶寄主植物的主要病虫害种类。但实际发生的种类可能远不止这些，而且不仅随植物种类而异，也随地区、年份和季节变化，轻则降低叶片产量，影响幼虫生长，严重时造成寄主成片死亡。

11.5.3 安全选用农药

在寄主植物培育中，对病虫害的防治需要使用杀虫剂、杀菌剂等农药，农药的使用不慎会杀死蝴蝶幼虫或对蝴蝶幼虫生长发育带来不利影响，对环境造成污染和残毒。不同种类蝴蝶幼虫对农药的敏感性不同，毒力反应存在差异，在各地不同环境条件下杀虫剂的毒力也有变化，不同龄期蝴蝶幼虫的耐药力也有所不同。为了蝴蝶养殖的安全，用药时应选择以触杀为主，残效期较短的农药。在蝴蝶规模养殖的实践中，实验证明，用0.02%辛硫磷、0.02%马拉硫鳞乳剂在施用3天后对金凤蝶的3龄和5龄幼虫是安全的，而即使在处理5天后对金斑蝶和枯叶蛱蝶的3龄和5龄幼虫仍然是危险的。如表11-3所示，食料叶片用0.04%抗蚜威处理3天后使用对金凤蝶、金斑蝶和枯叶蛱蝶的幼虫没有影响；同样的试验表明，三唑酮和多菌灵等杀菌剂水溶液在处理3天后养虫也是安全的；0.005%的唑螨酯对碧凤蝶3龄幼虫有轻微毒力。拟除虫菊酯类杀虫剂对蝴蝶幼虫剧毒，但在光照下分解快，残效期短，可于养虫间期使用。使用时应特别小心，绝不要在蝴蝶繁殖园的上风和靠近贮存室使用（表11-3）。选择使用某些杀虫剂种类，在一定浓度下施用，施药间隔一段时间后对蝴蝶是安全的。大部分杀菌剂对于蝴蝶幼虫基本上是低毒和无毒的，使用较为安全。杀螨剂对于蝴蝶中毒或低毒，尤其是一

表 11-3　农药对蝴蝶幼虫生长发育的影响

药剂	供试蝶种	处理间隔期（天）	供试虫龄	供试头数（头）	取食48h后死亡数（头）	96h后死亡数（头）	96h后累计死亡率（%）	幼虫化蛹数	幼虫化蛹率（%）	健蛹数（只）	健蛹率（%）
对　照	金凤蝶	3	3	100	3	1	4	87	87.0	85	97.7
			5	100	0	2	2	96	96.0	92	95.8
	金斑蝶	3	3	100	1	3	4	89	89.0	87	97.8
			5	100	0	0	0	98	98.0	95	96.9
	枯叶蛱蝶	3	3	100	0	2	2	84	84.0	79	94.0
			5	100	0	0	0	97	97.0	94	96.9
	玉带凤蝶	3	3	100	2	3	5	79	79.0	68	86.1
			5	100	0	0	0	95	95.0	87	91.6
	碧凤蝶	3	3	100	3	3	6	85	85.0	72	84.7
			5	100	0	1	1	93	93.0	88	94.6
辛硫磷 Dimethoate 0.02%	金凤蝶	3	3	100	1	5	6	88	88.0	84	95.5
			5	100	0	2	2	94	94.0	89	94.7
		5	3	100	0	2	2	92	92.0	88	95.7
			5	100	0	0	0	97	97.0	92	94.8
	金斑蝶	3	3	100	11	9	20	61	61.0	52	85.2
			5	100	2	3	5	82	82.0	70	85.4
		5	3	100	3	6	9	81	81.0	72	88.9
			5	100	0	4	4	87	87.0	76	87.4
	枯叶蛱蝶	3	3	100	17	12	29	59	59.0	47	79.7
			5	100	4	7	11	73	73.0	62	84.9
		5	3	100	9	18	27	64	64.0	53	82.8
			5	100	2	6	8	76	76.0	65	85.5
敌杀死 Deltamethrin，0.0005%	金凤蝶	3	5	100	100	–	100	0	0	–	–
	金斑蝶	3	5	100	100	–	100	0	0	–	–
氯氰菊 Cypermethrin，0.0005%	金凤蝶	3	5	100	100	–	100	0	0	–	–
	金斑蝶	3	5	100	97	3	100	0	0	–	–
氰戊菊酯 Fenvalerate，0.005%	金凤蝶	3	5	100	84	6	90	0	0	–	–
		3	5	100	93	3	96	0	0	–	–

（续）

药剂		供试蝶种	处理间隔期（天）	供试虫龄	供试头数（头）	取食48h后死亡数（头）	96h后死亡数（头）	96h后累计死亡率（%）	幼虫化蛹数	幼虫化蛹率（%）	健蛹数（只）	健蛹率（%）
唑螨酯 Fenpyroximate	0.0025%	玉带凤蝶	3	3	100	4	1	5	88	88.0	81	92.0
				5	100	0	0	0	94	94.0	89	94.7
			5	3	100	2	6	8	84	84.0	77	91.7
				5	100	0	4	4	96	96.0	93	96.9
	0.005%	碧凤蝶	3	3	100	2	5	7	84	84.0	75	89.3
				5	100	0	1	1	96	96.0	93	96.9
			5	3	100	2	4	6	89	89.0	82	92.1
				5	100	0	3	3	94	94.0	91	96.8
多菌灵 Cabendazim，0.025%		金凤蝶	3	3	100	0	4	4	84	84.0	79	94.0
		金斑蝶	3	3	100	0	3	3	88	88.0	83	94.3
		枯叶蛱蝶	3	3	100	2	3	5	92	92.0	87	94.6
三唑酮 Tradimefon，0.05%		金凤蝶	3	3	100	2	1	3	89	89.0	82	92.1
		金斑蝶	3	3	100	0	4	4	88	88.0	81	92.0
		枯叶蛱蝶	3	3	100	0	0	0	91	91.0	86	94.5

表 11-4 推荐在蝴蝶寄主植物上使用的杀虫、杀螨、杀菌剂和除锈剂

农药种类	主要剂型	用　途	育虫安全期
抗蚜威	25%和 50%水分散粒剂，50%可湿性粉剂	防治危害各种寄主植物的绝大多数种类蚜虫	用药 3 天后
马拉硫磷（马拉松）	45%和 70%乳油，25%油剂，1.2%，1.5%和 1.8%粉剂	防治鳞翅目食叶害虫，对某些种类的蚜虫和叶甲有防效	用药 3 天后
敌敌畏	5%、50%、77.5%和 80%乳油，22.5%和 50%油剂，2%～30%烟剂	各种寄主植物的鳞翅目、鞘翅目和膜翅目害虫，对蚜虫亦有很好的防治效果。挥发性强、残留期短	用药 2 天后
辛硫磷	40%乳油，3%水乳种衣剂，35%微胶囊剂，2.5%微粒剂，50%颗粒剂	除马蓝和各种萝藦科寄主外的各种寄主植物的鳞翅目害虫，尤其适宜防治地下害虫	用药 3 天后
敌百虫	50%和 80%可溶性粉剂，30%和 40%乳油	防治鳞翅目食叶和地下害虫，对螨和蚜虫防治效果差	用药 5 天后
噻嗪酮	20%、25%和 65%可湿性粉剂	防治半翅目的粉虱、叶蝉等，兼治介壳虫	用药 3 天后
噻虫嗪	25%水分散粒剂	防治飞虱、粉虱和叶蝉，兼治蚜虫	用药 5 天后
石硫合剂	30%固体、45%晶体和 27.5%液体	用于枝干介壳虫和早春螨类防治，对于病原真菌有一定的防治效果	用药 3 天后
三氯杀螨醇		专用杀螨剂，防治红蜘蛛	用药 3 天后
炔螨特（克螨特）	25%～76%乳油	专用杀螨剂，防治红蜘蛛等有害螨类，无内吸作用	用药 3 天后

（续）

农药种类	主要剂型	用　途	育虫安全期
双甲脒	12.5%和 20%乳油	广谱杀螨剂，能杀害螨的各个虫态	用药 3 天后
噻螨酮	5%乳油，5%可湿性粉剂	专用杀螨剂，防治红蜘蛛和黄蜘蛛	用药 5 天后
苯螨特	10%乳油	专用杀螨剂，主要用于防治柑橘红蜘蛛	用药 3 天后
哒螨灵	20%可湿性粉剂，15%乳油	高效、广谱杀螨剂，兼治介壳虫和粉虱	用药 3 天后
浏阳霉素	10%乳油	专用杀螨剂，可有效防治红蜘蛛、瘿螨和叶螨等	用药 3 天后
灭蝇胺	20%～75%可湿性粉剂，50%水溶性粉剂，10%悬浮剂	防治斑潜蝇等双翅目害虫，兼治红蜘蛛	用药 3 天后
噻唑膦	10%颗粒剂	触杀、内吸性的杀线虫剂，兼治蚜虫和螨类。仅限于土壤施用，不得用于叶面	土壤使用无残毒
三唑酮（粉锈灵）	10%、15%和 25%可湿性粉剂，15%和 20%乳油	内吸性杀真菌剂，主要用于防治白粉病和锈病	用药 2 天后
多菌灵	50%、70%和 80%可湿性粉剂，30%、42%和 43%悬浮剂	内吸广谱杀真菌，兼有预防和治疗作用	用药 2 天后
代森锌	65%和 80%可湿性粉剂	防治各种锈病、白粉病、霜霉病、炭疽病和叶斑病等真菌性病害，以及部分细菌性病害	用药 2 天后
代森锰锌	70%和 80%可湿性粉剂	预防性广谱杀真菌剂，对炭疽病、锈病、叶斑病和白粉病都有较好的防治效果，兼治螨类	用药 2 天后
甲基托布津（甲基硫菌灵）	50%和 70%可湿性粉剂，10%、36%和 50%悬浮剂	广谱、内吸杀真菌剂，对各种真菌性病害有预防和治疗效果	用药 2 天后
百菌清	40%～75%可湿性粉剂，40%悬浮剂，5%粉剂	预防真菌性病害发生，发病后的治疗效果较差	用药 3 天后
三乙膦酸铝	40%和 80%可湿性粉剂，85%和 90%可溶性粉剂	内吸性广谱杀真菌剂，对霜霉病和白锈病防效好	用药 3 天后
福美双	50%和 70%可湿性粉剂，10%膏剂	拌种、土壤消毒，防治真菌性苗期病害	土壤使用无残毒
霜脲—锰锌	36%悬浮剂，72%可湿性粉剂	具内吸性的广谱杀真菌剂，兼具预防和治疗效果	用药 2 天后
噻菌铜	20%悬浮剂	防治各种细菌性病害，对部分真菌性病害有一定效果	用药 3 天后
春雷霉素（春日霉素）	2%水剂，2%～6%可湿性粉剂	内吸性抗生素，兼治多种真菌和细菌性病害	用药 2 天后
波尔多液	80%可湿性粉剂	广谱抑真菌剂，对柑橘炭疽病、马兜铃叶斑病和黄檗霜霉病有很好的防效	用药 3 天后
草甘膦	10%水剂、30%可湿性粉剂	内吸性、广谱灭生型除草剂，尤其适宜清除革命草等多年生杂草	用药 2 天后
氟乐磷	38%和 48%乳油	防除一年生禾本科杂草，对多数宽叶杂草效果差，但对马齿苋有害	用药 2 天后

（续）

农药种类	主要剂型	用　途	育虫安全期
精喹禾灵	5%、8.8%、10%和 10.8%乳油	防治禾本科杂草	用药 2 天后
百草枯（克无踪）	20%水剂	防治各种一年生杂草，尤其适合在沟渠边、道路边和地坎上，以及木本寄主园内使用	用药 1 天后
敌草胺	50%可湿性粉剂，20%乳油，50%干悬浮剂	防除一年生单子叶杂草，对马利筋、马齿苋、茴香和胡萝卜等有害	用药 2 天后
扑草净（扑灭通）	25%、40%和 50%可湿性粉剂，50%悬浮剂	防除一年生杂草，对茴香和胡萝卜等较为安全	用药 1 天后
多效唑	25%乳油	植物生长调节剂，抑制营养生长，保持植株矮壮	无残毒

些专用杀螨剂。根据蝴蝶规模养殖的实践，一些农药对蝴蝶养殖是较为安全的（表11-4）。

11.5.4 寄主植物园杂草防治

在寄主植物培育中，杂草对寄主植物的危害十分严重，尤其是对一些草本寄主植物的生长发育和管理造成极大的影响。通常采用化学除草或人工除草的方式来清理寄主植物园中的杂草。从养殖的安全性出发，提倡寄主植物园人工除草。寄主植物园肥水充足，杂草繁殖快，面积大，杂草种类多。杂草与寄主植物争水争肥，影响通风透光，可以在木本寄主植物园内间作一些蔬菜和药材来抑制杂草生长。

在蝴蝶规模养殖中，造成严重影响的常见杂草种类有蓼*Polygonum* spp.、巴天酸模*Rumex patientia*、刺苋*Amaranthus spinosus*、空心莲子草（水花生）*Alternanthera philoxeroides*、马鞭草*Verbena officinalis*、菟丝子*Cuscuta corymbosa*、曼陀罗*Datura stramonium*、茜草*Rubia cordifolia*、茵陈蒿*Artemisia capillaris*、鬼针草*Bidens pilosa*.、小飞蓬*Conyza canadensis*、莎草*Cyperus* spp.和苍耳*Xanthium sibiricum*等。

杂草可以采用人工清除，也可以使用安全性较高的化学除草剂除草。利用地膜、秸秆和树叶等覆盖地面也能起到良好作用。常用化学除草剂有扑草净、敌草隆、茅草枯、草甘膦、百草枯、禾克草等，适合在木本寄主植物园使用。草本寄主植物园最好采取人工除草。

主要参考文献

蔡友铭. 1999. 花卉育苗基本技术[M]. 北京：中国农业出版社
陈水强. 2002. 琯溪蜜柚无公害生产栽培技术[J]. 中国南方果树，31（4）
范钟玖. 2001. 榆黄黑蛱蝶药剂防治试验[J]. 青海农林科技，（1）
郭枢. 1988. 实用柑橘栽培技术[M]. 成都：四川科学技术出版社
农牧渔业部全国植物保护总站. 1986. 中国农田杂草图册（第一集）[M]
雷圣远，侯远玉 主编. 1993. 作物栽培学[M]. 成都：四川教育出版社
吴海平，鲁兴萌 主编. 2005. 养蚕手册[M]. 北京：中国农业大学出版社
肖玫 2003 马齿苋的特征特性及其栽培技术[J]. 江苏农业科学，2003（4）
徐公天 主编. 2003. 园林植物病虫害防治原色图谱[J]. 北京：中国农业出版社
徐建国 主编. 2003. 柑橘优良品种及无公害栽培技术[M]. 北京：中国农业出版社
俞立达. 2000. 橘柑橙柚施肥技术[M]. 北京：金盾出版社

第12章 蝴蝶规模化养殖中常用的优良寄主植物

蝴蝶繁育需要寄主植物和蜜源植物，寄主植物为蝴蝶幼虫提供食物，蜜源植物的花蜜为蝴蝶成虫补充营养。在蝴蝶规模养殖中，寄主植物和蜜源植物选择和培育是十分重要的环节。一种蝴蝶可以取食多种寄主植物和蜜源植物，一种寄主植物或蜜源植物可以用于养殖多种蝴蝶，当前大约有近百种寄主植物和蜜源植物应用在蝴蝶养殖中。蝴蝶规模养殖中选择优良寄主植物，一般为幼虫喜食，食后生长发育良好，能顺利完成生命周期；生长良好，生物量大、枝叶茂盛、叶质量好；分布广泛，便于引种；能用于养殖多种蝴蝶；病虫害少或易于防治。在蝴蝶规模养殖实践中，有30多种优良寄主植物被广泛地利用（表12-1）。

表 12-1 蝴蝶养殖中部分优良寄主植物

推荐寄主	适养蝶种
温州蜜柑	巴黎翠凤蝶、玉带凤蝶、玉斑凤蝶、达摩凤蝶、蓝凤蝶、宽带凤蝶、美凤蝶、红基美凤蝶、柑橘凤蝶、碧凤蝶和绿带翠凤蝶等
甜橙	美凤蝶、蓝凤蝶、玉带凤蝶和玉斑凤蝶等
琯溪蜜柚 / 沙田柚	美凤蝶、蓝凤蝶、玉带凤蝶和玉斑凤蝶
臭辣吴萸	碧凤蝶、波绿凤蝶、绿带翠凤蝶、柑橘凤蝶和巴黎翠凤蝶
吴茱萸	碧凤蝶、波绿凤蝶和柑橘凤蝶
川黄檗 / 黄檗	碧凤蝶、波绿凤蝶、绿带翠凤蝶、柑橘凤蝶和西番翠凤蝶
耳叶马兜铃	裳凤蝶、金裳凤蝶和红珠凤蝶
宝兴马兜铃	麝凤蝶、云南麝凤蝶、粗绒麝凤蝶、多姿麝凤蝶、三尾凤蝶、丽斑尾凤蝶和金裳凤蝶
马兜铃	丝带凤蝶和麝凤蝶
樟	褐斑凤蝶、青凤蝶、宽带青凤蝶、小黑斑凤蝶和白带螯蛱蝶
楠木	褐斑凤蝶、青凤蝶、宽带青凤蝶、铁木剑凤蝶和升天剑凤蝶
牛角瓜	金斑蝶
马利筋	金斑蝶、虎斑蝶和幻紫斑蝶
白叶藤 / 古钩藤 / 垂叶榕	幻紫斑蝶和异型紫斑蝶
板蓝（马蓝）	枯叶蛱蝶和美眼蛱蝶
三开瓢	红锯蛱蝶、白带锯蛱蝶、文蛱蝶和斑珍蝶
长叶西番莲	丽蛱蝶
树头菜	鹤顶粉蝶、灵奇尖粉蝶、锯粉蝶和橙粉蝶
茴香 / 胡萝卜	金凤蝶
柔毛堇菜 / 三色堇	斐豹蛱蝶、绿豹蛱蝶、老豹蛱蝶、青豹蛱蝶、银豹蛱蝶和灿福蛱蝶
朴树	黑脉蛱蝶、蒺藜纹脉蛱蝶、拟斑脉蛱蝶、黑紫蛱蝶、大紫蛱蝶、傲白蛱蝶和武铠蛱蝶等
马齿苋	幻紫斑蛱蝶和金斑蛱蝶
铁刀木	迁粉蝶
刺鼠李	圆翅钩粉蝶和尖钩粉蝶

图版 12-1 温州蜜柑 *Citrus reticulata* cv. Unshiu

图版 12-2 甜橙 *Citrus sinensis* 的一个血橙品种

12.1 温州蜜柑 *Citrus reticulata* cv. Unshiu

柑橘（又名宽皮橘、宽皮橘或橘）*Citrus reticulata*的一个主要栽培品系的统称，根据果实熟期不同又分为十多个品种。养殖巴黎翠凤蝶、玉带凤蝶、玉斑凤蝶和达摩凤蝶等蝶种的推荐寄主，也基本适用于美凤蝶、蓝凤蝶、柑橘凤蝶、碧凤蝶、绿带翠凤蝶、宽带凤蝶和红基美凤蝶等蝶种。

常绿小乔木，高约3m。小枝较细，无刺。叶革质，具有油腺点，长卵形，长约5～9.5cm，宽1.5～4cm；叶柄翼退化（图版12-1）。果实扁球形，橙黄色，果皮宽松，容易剥落。花期4～5月，果实无核，成熟期8～12月，依品种和地区异。枝叶繁茂，树形优美，在长江流域及其以南地区，栽培极为广泛。耐寒性较强，且抗溃疡病，但受介壳虫危害较重。

柑橘栽培品种分橘和柑两类，极多。传统的、有长刺的红橘等品种不适合用于育虫，但可以作为其他柑橘类寄主种苗繁育的砧木。

12.2 甜橙 *Citrus sinensis*

又名橙子、广柑、黄果和广橘等，芸香科柑橘属，包含了一大类栽培品种和变种，都是养殖美凤蝶、蓝凤蝶、玉带凤蝶和玉斑凤蝶等蝶种的优良寄主。

常绿小乔木或灌木，刺少或无刺。叶互生，革质、椭圆形，长约6～12cm，宽3～6cm，顶端短尖，基部宽楔形，全缘，有透明的油点；柄短有窄翅（图版12-2）。果实近球形，成熟后实心。橙黄色，果皮不易剥落。在我国，通常分为普通甜橙、脐橙、血橙、晚生橙类和无酸甜橙等5类。我国的主要水果种类之一，长江以南各地广为栽培，品种很多，用途相同。种苗繁育时一般以枸橘和红橘等作为砧木。树势强盛，枝梢小枝密生，利于套袋操作；适应性较广，可在年均温16℃以上，≥10℃的有效积温大于5000℃，极端最低气温不低于－5℃的地区选用。

与本种形态习性近似的酸橙*C. aurantium*和香橙*C. junos*，叶片较小，较前两种较为少见。二者用途同甜橙，可互换使用。

12.3 琯溪蜜柚*Citrus maxima* cv. Guanxi Yu和沙田柚*Citrus maxima* cv. Shatian Yu

柚*Citrus maxima*的两个主要栽培品种，在云南又名泡果。同为养殖美凤蝶和蓝凤蝶的推荐寄主植物，也基本适用于玉带凤蝶和玉斑凤蝶两种蝴蝶的养殖。

琯溪蜜柚为常绿乔木，高可达6m以上，小枝扁，被柔毛，仅在叶腋有微小的刺。叶宽卵形至椭圆状卵形，长约10～20cm，宽5～10cm，有钝锯齿；叶柄有倒心形宽翼（图版12-3）。长势旺盛，枝繁叶茂，叶片大而厚实，生长快，耐寒性强，但不耐旱。沙田柚，现广泛栽培于四川、广西、江西、广东和湖南等地。适应性极强，树势旺盛，二级分枝密集，且集中于枝梢，利于套袋操作。这两种蜜柚枝条生长快，向四周发散，树冠内通气透光条件良好；叶片大，叶肉厚，产量高；抗病能力强，蚜虫、介壳虫和红蜘蛛能造成不同程度危害。发芽时间晚，可与蜜柑品种搭配栽植。适宜在长江流域及其以南地区使用。

图版 12-3 琯溪蜜柚 *Citrus maxima* cv. Guanxi Yu

典型亚热带植物，喜温暖湿润、阳光充足的环境，怕严霜和干旱。在四川省主产区盆地内及其周边海拔400～800m左右的丘陵地带，尤其在丘陵的顶部较多。土壤条件以微酸性、土层较薄、下面有硬底为佳，根因此能横向生长，侧根和须根生得校多，根系处于土温高和透气良好的沃土层内，营养丰富，有利于生长发育。新梢抽生，第一次在春分至清明期间抽春梢，第二次是立夏后抽夏梢，第三次是立秋后抽秋梢，最后还有一次晚秋梢。晚秋梢嫩枝在冬季若遇−2～−3℃的低温，会受冻害，幼树尤为敏感。受冻后一般在次年春仍可重新抽生新技，继续生长。

柚的栽培品种在我国有100余个，是亚热带地区主要果树之一，长江流域及其以南地区广泛栽培。其中的绝大多数都可用作养殖蝴蝶的幼虫食料植物，较为常见的还有玉环柚、四季抛、金兰柚、梁平柚、红蜜柚和坪山柚等。葡萄柚被认为是柚与甜橙的自然杂交后代，在南方有少量栽培，其某些品种亦可用于育虫。柚的原变种也是我国的传统水果，果肉味酸，故称酸柚，因有长而尖利的刺，在蝴蝶养殖中一般仅提供给雌蝶产卵用，而不用于育虫。

12.4 臭辣吴萸*Evodia fargesii*

又名臭辣树、臭吴萸、野吴萸等，芸香科吴茱萸属。养殖碧凤蝶、波绿凤蝶、绿带翠凤蝶和柑橘凤蝶的推荐寄主，也可作为巴黎翠凤蝶的幼虫食料。

野生植株可生长为高达10m的乔木，但在荫蔽林下，常表现为灌木或小乔木。树皮光滑，暗灰色，嫩枝紫褐色，散生小皮孔。小叶5～9片，也有达10片以上的，斜卵形至斜披针形，长8～16cm，宽3～7cm，近叶轴基部的较小；叶正面无毛，背面有浅毛（图版12-4）。花序顶生，小花甚多。花期6～8月，9～11月果实成熟。分布于我国秦岭—淮河一线以南，生海拔450～1600米山谷湿润地带。

半喜阴，不耐高温干旱。喜富含腐殖质的疏松壤土或沙壤土。适应性极强，发枝力强，

图版 12-4 臭辣吴萸 *Evodia fargesii*

图版 12-5 吴茱萸 *Evodia rutaecarpa*

是一种十分优异的凤蝶属多种通用的寄主，同时也是一种优良的蜜源植物。易受蚜虫、叶蜂和刺蛾类危害是其主要缺陷。

12.5 吴茱萸*Evodia rutaecarpa*

芸香科吴茱萸属，为一种常见的药用植物。养殖碧凤蝶和波绿凤蝶的推荐寄主之一，也基本适用于柑橘凤蝶。不宜作为巴黎翠凤蝶和玉斑凤蝶等种类的幼虫食料，虽然它们的幼虫也取食该种植物。

落叶小乔木或灌木，野生植株高约3～5m，嫩枝暗紫红色，与嫩芽同被灰黄色或红锈色绒毛。小叶5～11片，椭圆形或披针形，薄纸质，长6～18cm，宽3～7cm，叶轴下部的较小，两侧对称或一侧的基部稍偏斜，小叶两面及叶轴被长柔毛，腺点大且多（图版12-5）。花期4～6月，8～11月果实成熟。分布于秦岭以南，海南以北，各地有栽种，引种极为方便。生长在平地和山地1500m以下疏林或灌丛中。

喜光，也耐荫，对气候条件要求不严，但以海拔略低，气候温暖，地势向阳的地方生长较好。冬季严寒多风而干燥的地区则生长不良。除过于粘重而干燥的板结黄泥外，一般土壤均可栽培，但以油沙土、夹沙泥等较肥沃疏松的土壤较为适宜。喜阴湿，但不耐涝。病虫害较少。

楝叶吴萸*E. glabrifolia*和四川吴萸*E. utchuensis*与本种用途完全相同。两者均为可达10m以上的乔木，均为野生植物。云南、四川、两广和福建均有分布，引种方便。

12.6 川黄檗*Phellodendron chinense*

又名黄皮树、黄柏、川黄柏或黄檗，芸香科黄檗属落叶乔木。养殖碧凤蝶、波绿凤蝶、绿带翠凤蝶和柑橘凤蝶等蝶种的推荐寄主，也可以用作巴黎翠凤蝶、玉带凤蝶和西番翠凤蝶幼虫的食料植物。

落叶乔木，野生植株高可达10m以上，树冠较宽展，一级分枝粗大直立，二级分枝

图版 12-6 川黄檗 *Phellodendron chinense*

较少；树皮暗灰棕色，有黏性，无加厚的木栓层；小枝紫褐色，粗大，光滑无毛，有白色皮孔。单数羽状复叶对生，小叶7～15片，短圆状披针形至矩圆状卵形，长9～15cm，宽3～5cm，顶端长渐尖，基部宽楔形或圆形，不对称，正面仅中脉密被短柔毛，下面全密被长柔毛（图版12-6）。花期6～7月，果实成熟期9～11月。浆果肉质，内有种子4～6粒。主产于甘肃、陕西、四川、云南、湖北和湖南。在四川境内主产于川西盆周山地，如峨眉、都江堰、彭州、什邡和广元等地，多为栽培。

自然界多生长于500m以上1000m以下地带的杂木林内，是一种比较喜阴的树种，多生长在避风而稍有荫蔽的山间河谷及溪流附近，或混生在杂木林中。在强烈日光照射和空旷的环境下，则生长不良。喜深厚肥沃、腐殖质含量较多的土壤。对土壤的要求较严，如水分不足，或过于板结，则生长缓慢，在幼苗阶段还会因此枯萎而死。本种亦不耐涝，宜在地势较高且略有倾斜的地带种植。

耐寒性强，萌发力强。在四川峨眉，3月上旬发芽，4月中旬叶片成熟；在云南元江，1月下旬即开始萌发，3月上旬叶片即已成熟。叶片薄而质脆，在老黄前均适宜各龄期幼虫取食；疏密合适，树冠内部透光通气条件优良。主要病虫害是蚜虫、刺蛾和叶锈病。

对气候的适应范围广，可在秦岭—淮河线以南各地栽植。

产于华北和东北地区的黄檗*Ph. amurense*，又名关黄柏。树皮有厚木栓层和深沟裂，其他形态、习性和与本种相似，用途相同。可以在温带地区作为川黄檗的替代树种。

12.7 耳叶马兜铃*Aristolochia tagala*

又名卵叶马兜铃、大叶马兜铃、黑面防己或卵叶雷公藤等，马兜铃科马兜铃属。养殖裳凤蝶、金裳凤蝶、红珠凤蝶和多姿麝凤蝶的推荐寄主，也是众多马兜铃类植物中最为优良的蝴蝶寄主植物之一。

草质大藤本，根圆柱形，长可达1m以上；茎干光滑，长度可达10余米；叶片纸质，卵状心形或长圆状卵形，长8～20cm，宽4～14cm，顶端短尖，基部深心形；总状花序腋生（图版12-7）。花期5～8月，果实成熟期8～12月。分布于云南、广东、广西、海南和台湾，喜温暖湿润的气候。常生于林下或林缘较湿润的地方，不耐强烈阳光。在疏松肥沃的油沙土或夹沙土中生长良好，粘重板结的土壤中长势很差。

图版 12-7 耳叶马兜铃 *Aristolochia tagala*

12.8 云南马兜铃Aristolochia yunnanensis和马兜铃A. debilis

云南马兜铃，又名昆明马兜铃*A. kunmingensis*。养殖各种麝凤蝶的推荐寄主之一，也可用于饲育金裳凤蝶幼虫。

在野生状态下，本种为木质大藤本（图版12-8），嫩枝密生红棕色长绒毛，老枝被疏柔毛或无毛。叶近圆形或卵状，成熟后长宽均可达17cm以上。顶端圆钝，有时微凹，基部心形。两面均被红棕色长柔毛。花单生于叶腋，与叶片同时长出。自然生长于云南中部至西藏东南部海拔2000～3000m左右的林内。

图版 12-8 云南马兜铃 *Aristolochia yunnanensis*

图版 12-9 马兜铃 *Aristolochia debilis*

马兜铃，又名青木香或土青木香，养殖丝带凤蝶和麝凤蝶的推荐寄主，也可以作为金裳凤蝶的幼虫食料。

多年生草质攀援藤本，全株无毛；根长，在土下延伸，随处生苗，新生苗暗紫色；叶互生，三角状矩圆形至卵状披针形或卵形，长3～8cm，宽2～4cm，顶端钝尖或圆，基部心形，两侧耳片圆（图版12-9）；叶柄长约1～2cm。单花腋生，花被喇叭状，笔直，长3～4cm，基部急剧膨大呈球状；蒴果近球形，直径约4cm。分布于东北南部至广西一带。适应的气候范围广，可以在全国绝大多数地区种植。

北马兜铃*A. contorta*与马兜铃形态近似，唯叶片较大，宽心型。主产于东北和华北地区，用途同马兜铃。

12.9 广西马兜铃Aristolochia kwangsiensis和宝兴马兜铃A. moupinensis

广西马兜铃，又名川南马兜铃，在中亚热带地区养殖金裳凤蝶的推荐寄主之一。产于广西北部、云南东北部、四川南部至浙江一带。叶片特大而圆，革质，上下都有棕色长毛，长宽各约10～25cm（图版12-10）。对气候条件要求不严，喜温暖、也耐寒，但要求土壤深厚、排水性能良好，以砂质壤土最佳。在中性或微酸性土壤中生长良好。

宝兴马兜铃，又名木香马兜铃、穆坪马兜铃、藤藤黄、准通、大半药，或木香，马兜铃科马兜铃属。养殖麝凤蝶、云南麝凤蝶、粗绒麝凤蝶、多姿麝凤蝶的推荐使用寄主，也是三尾凤蝶和丽斑尾凤蝶等珍稀尾凤蝶的自然寄主。虽可用于养殖金裳凤蝶，但经济效益略低。

植株形态为木质缠绕藤本（图版12-11），长3～4m，幼枝和芽密被棕色茸毛，老枝和老

图版 12-10 广西马兜铃 *Aristolochia kwangsiensis*

图版 12-11 宝兴马兜铃 *Aristolochia moupinensis*

叶被浅柔毛；叶卵状心形，长10～16cm，宽5～12cm，顶端锐尖至短渐尖；单花腋生，花梗长约5cm，下端有1个长约1cm的卵圆形苞片；果实圆柱形，长约6～7cm，直径2～3cm，成熟后6瓣开裂。分布在四川、云南、贵州和湖北一带，生海拔2000～3200m的峡谷林下阴湿处。

除了前面介绍的5种马兜铃外，大叶马兜铃*A. kaempferi*也是养殖金裳凤蝶、红珠凤蝶和麝凤蝶类的常用寄主之一。在台湾，是养殖著名的珍稀蝶种—曙凤蝶的主要寄主。五十岚 迈和福田晴夫（1997）报道，多尾凤蝶幼虫也取食该种植物且生长发育良好。本种野生产于陕西、甘肃、四川、贵州、云南、广西、湖北、江西、江苏、福建、广东以及台湾等地，各地的叶形和大小变化很大，最常见的变型是异叶马兜铃*A. kaempferi* Willd. f. *heterophylla*，许多植物学著作将其单独作为一种*A. heterophylla*。抗低温能力较强，适合在亚热带至中温带地区栽植。

12.10 樟*Cinnamomum camphora*和楠木*Phoebe zhennan*

樟是樟科樟属的常绿乔木树种，各地广为栽植作风景绿化用。养殖褐斑凤蝶、青凤蝶和宽带青凤蝶等的推荐使用寄主，也用于养殖小黑斑凤蝶*Chilasa epycides*和白带螯蛱蝶。

楠木为樟科楠属的乔木树种，养殖褐斑凤蝶、青凤蝶、宽带青凤蝶、铁木剑凤蝶和升天剑凤蝶等的推荐使用寄主。叶片较樟小，有灰褐色短柔毛，长约7～11cm，宽2.5～4cm，正面光亮无毛，背面有短柔毛。广泛产于南方地区，生海拔1500m以下的阔叶林地内。

这两种寄主植物均喜光、喜温暖湿润气候，抗寒力较弱，但能耐短期霜冻。喜深厚肥沃的土壤，耐湿，不耐旱和贫瘠，在中性和微酸性环境中生长良好。萌发力强，耐修剪。生长快，使用寿命长，叶产量高，但老化也快。愈伤能力和自我更新能力强，在风害引起断枝、断干后，基部能够萌发大量新枝迅速恢复树势；种子萌发力高，侧根也有很强的发苗能力。病虫害也较少。

12.11 玉兰叶木姜子*Litsea magnoliifolia*和潺槁木姜子*L. glutinosa*

樟科木姜子属常绿乔木，养殖斑凤蝶的推荐寄主。

玉兰叶木姜子在野生状态下高可达30m，

图版 12-12 玉兰叶木姜子 *Litsea magnoliifolia*

小枝粗壮，褐色，有棱纹，幼时密被锈褐色短柔毛（图版12-12）。叶互生，革质，椭圆形，长11～20cm，宽5～10cm，先端圆钝或短尖，幼时沿叶脉有锈色短柔毛。自然分布于云南南部和西南部，生海拔600～1400m常绿阔叶林或稀树草地中。

潺槁木姜子植株形态与玉兰叶木姜子相似，但多为常绿小乔木，自然状态下高约3～15m。树皮灰色或灰褐色，小枝灰褐色，幼时也有浅黄色柔毛。自然分布于云南南部、广西、广西和福建等地，生海拔500～1900m的林缘、疏林或灌丛中。

图版 12-13 鹅掌楸 *Liriodendron chinense*

12.12 鹅掌楸（马褂木）*Liriodendron chinense*

又名马褂木，木兰科鹅掌楸属落叶乔木。养殖宽尾凤蝶的推荐使用寄主，也可用以饲育黎氏青凤蝶。

小枝灰色或灰褐色。叶片马褂状，长4～18cm；近基部每边具1侧裂片，先端2浅裂（图版12-13）。花瓣绿色，花期5月，果期9～10月。

野生植株分布于秦岭以南大部分地区，一些地方栽培作绿化或用材树。

12.13 牛角瓜*Calotropis gigantea*

又名羊浸树、断肠草，萝藦科牛角瓜属。养殖金斑蝶的推荐使用寄主之一。

直立灌木，全株有乳汁。高可达3m，幼嫩部分具灰白色浓毛；叶对生，有短柄，倒卵状长圆形至椭圆状长圆形，长8～20cm，宽3.5～9.5cm，两面有毛，成熟后渐脱落（图版12-14）。果实膨大，端部外弯似牛角；种子顶端具白绢质的、长达约2.5cm的种毛。分布于广

图版 12-14 牛角瓜 *Calotropis gigantea*

东、广西、四川和云南，生低海拔向阳山坡、旷野，在农田边缘和道路两旁尤为常见。对土质要求低；喜光，极耐旱；不耐寒，不耐荫，不耐积涝。抗病力强，但蚜虫在春季和秋季可造成严重危害。

同属的白花牛角瓜*C. procera*，植物性状与本种相似，用途一致。

12.14 马利筋*Asclepias curassavica*

又名莲生桂子花、水羊角，萝藦科马利筋属植物。养殖金斑蝶、虎斑蝶和幻紫斑蝶的推荐使用寄主。

多年生直立草本，灌木状，高可达80cm，全株无毛或有微毛，有白色乳汁。叶膜质，对生，长6～14cm，宽1～4cm（图版12-15）。花序顶生或生于叶腋，有小花10～20朵。果实刺刀形，长6～10cm，直径1～1.5cm；种籽卵圆形，顶端具白绢质长达2.5cm的种毛。原产美洲，我国南北各地常有栽培，在南方有变为野生的。含强心苷，为有毒植物。喜光、喜湿润、喜温暖，不耐寒。耐瘠薄，但喜土壤肥沃疏松。在年平均气温19℃以上，全年日照1300h，年降雨量900mm，无霜期350天左右的气候条件下方能正常生长。在热带和亚热带地区生长迅速，叶片产量大，可兼作蜜源植物。开花结实后叶片营养价值下降，不宜用于育虫，是其主要缺点。此外，该种易受蚜虫危害，须加强监控与防治。

马利筋属植物在我国只有1种，黄冠马利筋*A. curassavica* cv. flaviflora为其栽培变种（图版12-15，b），花冠为黄色，用途相同。

a

b

c

图版 12-15 马利筋 *Asclepias curassavica*

a. 原变种　b. 黄冠马利筋 *A. curassavica* cv. flaviflora　c. 果实和种子

图版 12-16 青羊参 *C. otophyllum*

图版 12-17 南山藤 *Dregea volubilis*

12.15 青羊参*Cynanchum otophyllum*和峨眉牛皮消*C. giraldii*

萝藦科鹅绒藤属攀援灌木或藤本，均为养殖虎斑蝶的推荐寄主。青羊参，又名白首乌，多年生草质藤本，根圆柱状，茎生2列毛。叶对生，膜质，卵状披针形，长7～10cm，宽4～8cm，基部深耳状心形，伞形聚伞花序腋生，有小花约20朵，花冠白色（图版12-16）。花期6～10月，果实成熟8～11月。蓇葖果双生或仅1枚发育，外果皮有直条纹。种皮生长约3cm的白色绢质细毛。自然生长于四川、云南、贵州、西藏、广西和湖南等地区，生溪谷疏林中或山坡路边。

峨眉牛皮消，块根粗壮，茎纤细而被微毛。叶对生，薄纸质，戟状长圆形，长7～14cm，宽3～6cm，顶端渐尖，基部耳状心形，两面均被微毛，侧脉约10对。伞形聚伞花序生于侧枝顶端，着花5～10朵，花冠淡红至深红。蓇葖果常单生，长8.5～9cm。花期7～8月，果期9～11月。

产河南、陕西、甘肃和四川，生山谷林缘草地上。

12.16 南山藤*Dregea volubilis*

又名假夜来香，萝藦科南山藤属攀援藤本植物。养殖青斑蝶的推荐使用寄主。

粗壮大藤本，茎干上有明显的皮孔。叶片对生，宽卵形或近圆形，长7～15cm，宽5～12cm（图版12-17）。花黄绿色，夜有清香；种子扁平，顶端有白色绢丝状的长种毛。分布于云南、贵州、两广和台湾，自然生长于海拔500m以下山林内，偶有栽培作食用；喜光、喜热、耐旱、耐瘠薄，生低海拔山林中。生长迅速，叶片产量高，质优。尚未发现毁灭性病害，但蚜虫可造成严重危害。

南山藤属的另一种常见植物苦绳*D. sinensis*，叶片正面有短柔毛，背面密生绒毛，也是青斑蝶的寄主。

12.17 阔叶娃儿藤*Tylophora astephanoides*

萝藦科娃儿藤属缠绕藤本，养殖大绢斑蝶和黑绢斑蝶的推荐寄主之一。

茎柔弱，茎、枝、叶柄和叶两面及花序均被柔毛。叶对生，薄纸质，宽卵圆形，长

图版 12-18 古钩藤 *Cryptolepis buchananii*

图版 12-19 同心结 *Parsonia laevigata*

6.5～14.5cm，宽3.5～9cm，顶端钝，有小尖头，基部圆形；中脉和侧脉在叶的两面均扁平，侧脉每边5～7条，清晰。聚伞花序伞房状，腋生或腋外生，花小，绿白色。花期6月，果期8～11月。

产云南西双版纳海拔1000m左右林内。

12.18 白叶藤*Cryptolepis sinensis*和古钩藤*C. buchananii*

萝藦科白叶藤属攀援或缠绕藤本，均为养殖幻紫斑蝶和异型紫斑蝶的推荐寄主。

白叶藤为木质攀援藤本；茎皮微紫，多分枝，全株无毛。叶对生，肉质，椭圆形或椭圆状矩圆形，长5～10cm，宽3～6cm，正面绿色，背面灰白色，顶端具细尖头，基部楔形，光滑无毛；侧脉每边约30条；叶柄长约1cm；花序腋生。分布于云南、贵州、两广和福建，喜光，耐旱，不耐荫，常生山地低矮灌丛开阔处或林缘。生长迅速，叶片质脆，基本无病虫危害。

古钩藤为木质藤本，具乳汁。茎皮红褐色、具斑点，小枝灰绿色，无毛。叶片纸质，长圆形或长椭圆形，长10～18cm，宽4.5～7.5cm，顶端具小尖头，基部阔楔形，叶面绿色，背面苍白，无毛。侧脉近水平横出，每边数十条（图版12-18）。聚伞花序腋生，蓇葖果2个，一字形水平分开。花期3～8月，果期6～12月。产贵州、云南、广西和广东等地，生500～1500m山地疏林或山谷密林内。

乳汁浓重，粘于皮肤和衣服上不易清除。喜光、也耐荫，喜湿、也耐旱，喜温暖、不耐寒。

12.19 同心结*Parsonia laevigata*

又名爬森藤，夹竹桃科同心结属攀援灌木。养殖大帛斑蝶的推荐寄主。

除花序外全株无毛。叶薄纸质，卵圆形或卵圆状长圆形，顶端具短尖头，长4～10cm，宽3～7cm，基部楔形或圆形，聚伞花序伞房状、腋生，着花20～30朵（图版12-19）。蓇葖果线状披针形，长7～8cm，直径约1cm。种子被白色绢毛。花期4月，果期9～10月。

产台湾南部，国内有引种栽培。同属的海南同心结*P. howii*和广西同心结*P. goniostemon*与本种形态极为相似，前种产福建和海南，后者仅发现于广西。

图版 12-20 垂叶榕 *Ficus benjamina*

图版 12-21 板蓝 *Baphicacanthus cusia*

12.20 垂叶榕*Ficus benjamina*

桑科榕属常绿乔木。养殖幻紫斑蝶和异型紫斑蝶的推荐寄主之一，也可用于养殖网丝蛱蝶。

野生植株可高达20m，枝条下垂是其显著的特征。叶互生、薄革质，有光泽，椭圆形或卵状椭圆形，先端渐尖，基部圆形或宽楔形，全缘（图版12-20）。果实成熟期4～5月。自然分布于云南、广东和贵州，生土壤湿润的杂木林内，喜温暖、湿润和向阳的环境。南方各地多有栽培作绿化树种。

对土壤要求不严，但以排水好、土层深厚、肥沃的沙壤土为好。喜光，但也耐荫；喜温暖湿润，不耐寒旱；喜微酸性土壤。抗污染和抗风能力强，病虫害较少。生长快，使用寿命长，但叶片老化快；在高温多雨季节易发白粉病和叶斑病是其主要缺点。

同属的榕树*F. microcarpa*也是多种紫斑蝶的寄主植物，我国南方城镇中广泛栽植作绿化树种。其缺点是叶片虽为肉质，但一旦成熟后，迅速硬化，幼虫厌食。

12.21 板蓝*Baphicacanthus cusia*

又名马蓝、马兰、南板蓝根、大青叶、蓝靛，爵床科马蓝属，养殖枯叶蛱蝶和美眼蛱蝶的推荐使用寄主，也可以作为翠蓝眼蛱蝶的幼虫食料。

灌木状草本，茎基部木质化，多分枝，高达1m以上。叶卵形至椭圆状矩圆形，长7～20cm，宽3～5cm，边有浅锯齿（图版12-21）。分布于西南和华南地区。从前栽培，以根叶提取染料或作药用。喜阴植物，怕日灼和霜冻。

分布于西南、华南至台湾等地。自然条件下多生长于低海拔的山沟河谷地带，而以半荫、富含腐殖质、不积水的林缘最多，长势最好，叶大而色浓绿。在贫瘠土壤和暴露在日光下时，植株矮小、发黄。喜土壤肥沃疏松，土层深厚，排水良好。叶产量高，即使完全成熟叶片也能用于饲育低龄幼虫。个别植株在秋、冬季开花，使其饲用价值降低。

图版 12-22　树头菜 *Crateva unilocularis*

图版 12-23　三开瓢 *Adenia cardiophylla*

12.22 树头菜*Crateva unilocularis*

山柑科鱼木属落叶乔木。养殖鹤顶粉蝶和灵奇尖粉蝶的推荐寄主，也可用于饲育锯粉蝶、橙粉蝶和其他尖粉蝶类。

自然生长的植株可高达10余米。茎干皮层肉质、厚；叶片掌状三出，小叶纸质或薄革质，长8～16cm，宽3～6cm；花瓣白色，像叶片，顶端有长爪（图版12-22）。分布于云南、广西、广东、台湾和海南。自然生长于海拔1500m以下的湿润地带，有栽培作行道树。在云南南部，有取其嫩叶盐渍后食用。喜光、喜湿润、喜温暖，不耐寒。鱼木*C. formosensis*的形态与本种很相似，用途一致。主要害虫为食叶性的甲虫，未发现严重的病害。

山柑科的另一种寄主植物——野香橼花*Capparis bodinieri*，常绿灌木或小乔木，自然分布于四川南部的金沙江河谷、云南和贵州东部，在灌丛或次生疏林内、道路两旁常见。也是这几种蝴蝶十分喜爱的植物，但茎干上有粗刺，限制了其在生产上的使用。

12.23 三开瓢*Adenia cardiophylla*

又名假瓜蒌、肉杜仲，西番莲科蒴莲属攀援藤本。养殖白带锯蛱蝶、红锯蛱蝶、文蛱蝶和斑珍蝶的推荐寄主。

肉质攀援大藤本，茎干圆柱形，长达10余米，直径可达4cm以上。叶薄革质，长宽各约10～20cm，心形，有时掌状3裂；叶柄长约10cm，近上端有腺体2个。花簇生于叶腋，淡黄色；浆果卵形（图版12-23）。花期5月，果期8～10月。

分布于云南、广东和广西阔叶林中或林缘，半喜阴植物。在富含腐殖质的壤土和沙壤土中生长良好；喜润湿，不耐旱。生于林内时，常以一主茎直冲出树冠顶部，在上面分枝蔓延开来；生长于林缘时则多匍伏在灌丛上。

生长迅速，叶片大而质脆，老嫩皆可育虫。不耐高温和强光照，耐旱力差；根部易遭受地下害虫，如白蚁和蛴螬等的危害。

图版 12-24 长叶西番莲 *Passiflora siamica*

图版 12-25 云贵暗罗 *Polyalthia petelotii*

12.24 长叶西番莲*Passiflora siamica*

又名毛蛇王藤，西番莲科西番莲属常绿攀援藤本。丽蛱蝶在云南的唯一确认寄主。

木质藤本，长可达6～8m，茎四棱形，具条纹，密被铁锈色柔毛，节上生卷须；叶近革质，卵状椭圆形至披针形，长6～18cm，宽可达7cm，顶端急尖或渐尖，基部楔形或近心型，被柔毛，尤以背面为多（图版12-24）。叶柄下部具有2个杯状腺体。花序近无梗，在卷须两侧对生，花期3～4月，花白色。果实成熟6～7月，浆果近球形，被柔毛。分布于云南和广西，生海拔540～1600m的疏林、灌丛内。

12.25 茴香*Foeniculum vulgare*

各地广泛栽培的香料作物，伞形科茴香属多年生草本植物。养殖金凤蝶的推荐寄主。

高可达2m，茎直立，多分枝。叶和主茎具强烈香气。花期5～7月，果实成熟6～8月。果实成熟后地上部分逐渐死亡，以致8～9月间无叶可用。分布很广，全国各地均有栽培，适应性较强，对气候土壤要求不严，在四川和云南平坝、丘陵和山区均能生长；耐旱、不耐积涝，在过湿过粘的低洼地则生长不良，易染根腐病。主要害虫是蚜虫。

同科的胡萝卜*Dancus carota*为一年生植物，是各地的大宗蔬菜品种，可以用在秋季茴香地上部分开花死亡后和春季茴香长势恢复前替代茴香。

12.26 云贵暗罗*Polyalthia petelotii*

番荔枝科暗罗属乔木。养殖统帅青凤蝶和木兰青凤蝶的推荐寄主。

灌木或小乔木，野生植株高可达5m。幼枝被微毛，老枝光滑，有纵纹。叶片幼嫩时膜质，成熟后纸质，长圆形、长圆状倒披针形或倒披针形，长8～19.5cm，宽2～4.5cm，顶端渐尖，基部渐狭，正面亮绿色、光滑，背面淡绿色。花瓣黄色，下部紫红色，果实椭圆状卵圆形，长1.2～1.5cm，直径8～10mm，成熟后暗紫色（图版12-25）。花期5～11月，果期7月至次年3月。

产云南和广西，生海拔800～1900m山地密

图版 12-26 牛心番荔枝 *Annona reticulata*

林中或疏林潮湿地。

同属的景洪暗罗*P. cheliensis*野生状态为高大乔木，胸茎可达30cm。叶片大，花黄绿色，2～4朵从生于短枝上。仅发现于云南西双版纳，用途同前种。

12.27 牛心番荔枝*Annona reticulata*

又名牛心果，番荔枝科番荔枝属。养殖统帅青凤蝶和银钩青凤蝶等的推荐寄主。

高约5～6m的小乔木，枝条上有瘤状的突起；叶片长约9～30cm，宽3.5～7cm，纸质，长圆状披针形，顶端渐尖，基部急尖或钝，两面光滑无毛（图版12-26）。果肉黏滞，附在种子上，种子长卵形。花期冬末至早春，果期3～6月。原产热带美洲的果树，现我国云南、广西、广东和台湾的热带地区广为栽培。

12.28 柔毛堇菜*Viola principis*和三色堇*V. tricolor*

二者均为堇菜科堇菜属小草本植物，养殖斐豹蛱蝶、绿豹蛱蝶、老豹蛱蝶、青豹蛱蝶、银豹蛱蝶和灿福蛱蝶等的推荐寄主。

柔毛堇菜为多年生草本，全株被白色柔毛。根状茎较粗壮，长2～4cm，粗3～7mm。匍匐枝较长、延伸，有柔毛，似茎状。叶近基生、或互生于匍匐枝上，卵形或宽卵形，长2～6cm，宽2～4.5cm，先端圆，基部宽心形，边缘有浅钝齿，背面沿叶脉毛较密。叶柄长，密被长柔毛（图版12-27）。花白色，花梗常高出叶丛。蒴果长圆形，长约8mm。花期3～6月，果期6～9月。

产四川、贵州、云南、西藏、湖北、安徽、湖南、江西、浙江、江苏、广西和广东等地，生山地林下、林缘、草地、溪边及路旁。在

图版 12-27 柔毛堇菜 *Viola principis*

图版 12-28 朴树 *Celtis sinensis*

各地有变种，主要是叶片形状发生一些变化。

三色堇（三色堇菜），即人们熟知的“蝴蝶花”。一、二年生或多年生草本，植株高10～40cm。地上茎较粗，直立或略倾斜，有棱，单一或多分枝。基生叶叶片长卵形或披针形，具长柄；茎生叶叶片卵圆形、椭圆形或长圆状披针形，先端圆或钝，基部圆，边缘有细锯齿。花朵大，色彩鲜艳，花期4～7月，果期5～8月。各地公园和行道旁多有栽培供观赏。

12.29 朴树*Celtis sinensis*

榆科朴属落叶乔木。养殖黑脉蛱蝶的推荐寄主，也可用于饲育蒺藜纹脉蛱蝶、拟斑脉蛱蝶、黑紫蛱蝶、大紫蛱蝶、傲白蛱蝶、武铠蛱蝶和爻蛱蝶等多种蛱蝶。

野生植株高可达30m，树皮灰白色，当年生小枝幼时密被黄褐色短柔毛，成熟后脱落。叶片长卵圆形，厚纸质至近革质，长约5～13cm，宽3～5.5cm，基部偏斜，端部渐尖，叶缘锯齿状，背面疏生细毛，互生（图版12-28）。果实近球形，直径约8mm，成熟时黄色至金黄色。花期3～4月，10～11月果实成熟。广泛分布于秦岭淮河以南山区，生海拔700～1500m向阳山坡。个别地区栽植作风景绿化树。

喜光，也耐荫；喜湿，也耐旱；喜肥沃、疏松的土壤，也耐瘠薄。耐污染、抗风能力强。生长迅速，萌芽力极强，耐修剪，容易养成任何需要的树型。夏季容易受到蚜虫危害是其主要缺点。

朴属其他种类也能满足以上蝶种养殖的需要。

图版 12-29 马齿苋 *Portulaca oleracea*

12.30 马齿苋*Portulaca oleracea*

马齿苋科马齿苋属一年生匍匐草本。养殖金斑蛱蝶和幻紫斑蛱蝶的推荐寄主。

肉质茎光滑，略呈紫色，圆柱形，多分枝；叶倒卵形，肉质肥厚，长约1～2.5cm，宽0.5～2cm，对生，顶端钝圆或平截，有时也略凹；小花3～5朵生于枝顶，果实圆锥形，种子黑色，肾形，6～9月成熟（图版12-29）。分布遍及全国，生农田和道路两旁，被视为农田杂草。嫩茎叶可供食用。

喜阳光，耐瘠薄，耐旱亦耐涝，生命力强，但在肥沃土壤中生长更好。开花结实不影响叶片的育虫性能。一年生植物，使用寿命较短，每年需要反复育苗是其主要不足。

产于南方各地的毛马齿苋*Portulaca piliosa*与四瓣马齿苋*P. quadrifida*与本种用途一致。

12.31 土茯苓*Smilax glabra*

又名光叶菝葜，百合科菝葜属攀援藤状常绿灌木。养殖琉璃蛱蝶的推荐寄主，也可养殖灰翅串珠环蝶。

根状茎粗大，呈不规则块状，常有匍匐茎连接；茎长1～4m，光滑无刺，节上有卷须；叶薄革质，椭圆状披针形至披针形，长6～12cm，宽1～7cm，先端渐尖。叶柄长，有狭鞘。伞形花序，通常由10余朵小花组成，花浅绿白色，花期7～11月，果期11月至来年4月。产长江流域及其以南各地，常见于海拔1800m以下的林内、林缘或灌丛中。

注：在1978年出版的《中国植物志》（第15卷）中，菝葜属被归入百合科的菝葜组。

图版 12-30 铁刀木 *Cassia siamea*

12.32 铁刀木*Cassia siamea*

豆科决明属乔木。养殖迁粉蝶的推荐寄主。

落叶乔木，高约10m。树皮灰色，近光滑，有浅纵裂；嫩枝有棱，疏被柔毛；羽状复叶长约20～30cm；小叶对生，5～10对，革质，长椭圆形，顶端圆钝、常微凹，有短尖头，上面光滑无毛、下面灰白色。总状花序生于枝条顶端的叶腋，并排成伞房花序状（图版12-30），花瓣黄色。荚果扁平，细长，被柔毛，成熟后呈紫褐色。花期10～11月，果期12月至次年1月，果荚扁平。云南南部多野生和栽培，用作行道树和薪炭林。其他南方地区亦有栽培。

喜光、耐旱，根系发达，生长迅速，萌发力极强，病虫害少。

12.33 刺鼠李*Rhamnus dumetorum*

鼠李科鼠李属常绿灌木。养殖圆翅钩粉蝶的推荐寄主，也可用于养殖尖钩粉蝶和钩粉蝶。

野生植株高3～5m，小枝浅灰色至灰褐色，树皮粗糙、无光泽，枝端和分叉处有刺。叶纸质，对生或近对生，椭圆形，长2.5～9cm，宽1～3.5cm，顶端锐尖或渐尖，基部楔形，边缘具不明显的细齿。花单性，雌雄异株。核果球形，直径约5mm，果梗长3～5mm（图12-31）。花期4～5月，果期6～10月。

产陕西、甘肃、四川、贵州、云南、西藏、湖北、江西、浙江和安徽等地，生海拔900～3300m的山坡林下和灌丛中。

12.34 长叶水麻*Debregeasia longifolia*

荨麻科水麻属小乔木或灌木。养殖苎麻珍蝶的推荐寄主。

图版 12-31 刺鼠李 *Rhamnus dumetorum*

图版 12-32 长叶水麻 *Debregeasia longifolia*

野生植株高可达3～6m。小枝纤细，棕红色或褐紫色，密被灰色或褐色柔毛，随枝条老化而渐脱落。叶纸质或薄纸质，长圆状或倒卵状披针形，先端渐尖，基部圆形或微缺，长9～18cm，宽2～5cm，边缘有细锯齿；上面深绿色，疏生细糙毛，叶背灰绿色，在脉网内被有一层灰白色短毡毛。花序雌雄异株，生当年生至多年生老枝的叶腋(图12-32)。瘦果黄色或金黄色。花期7～9月，果期9月至次年2月。

产甘肃东南部、陕西南部、湖北西部、四川、贵州、云南、西藏、广西和广东等地。生海拔500～3200m的山谷溪边和林缘荫湿处。

同属的水麻*D. orientalis*与本种形态相似，植株和叶片均较小，小枝被白色短柔毛。

主要参考文献

陈竹生，万良珍. 1993. 中国柑橘良种彩色图谱[M]. 成都：四川科学技术出版社
罗献瑞，主编. 1997. 实用中草药彩色图集（1～4册）[M]. 广州：广东科技出版社
潘文明，主编. 2001. 观赏树木[M]. 北京：中国农业出版社
徐建国，主编. 2003. 柑橘优良品种及无公害栽培技术[M]. 北京: 中国农业出版社
中国科学院昆明植物研究所. 2004. 云南植物志（第13卷）[M]. 北京：科学出版社
中国科学院中国植物志编辑委员会. 1977. 中国植物志（第63卷）[M]. 北京：科学出版社
中国科学院中国植物志编辑委员会. 1978. 中国植物志（第15卷）[M]. 北京：科学出版社
中国科学院中国植物志编辑委员会. 1979. 中国植物志（第30卷，第2分册）[M]. 北京：科学出版社
中国科学院中国植物志编辑委员会. 1979. 中国植物志（第55卷，第1分册）[M]. 北京：科学出版社
中国科学院中国植物志编辑委员会. 1982. 中国植物志（第31卷）[M]. 北京：科学出版社
中国科学院中国植物志编辑委员会. 1982. 中国植物志（第48卷，第1分册）[M]. 北京：科学出版社
中国科学院中国植物志编辑委员会. 1985. 中国植物志（第55卷，第2分册）[M]. 北京：科学出版社
中国科学院中国植物志编辑委员会. 1988. 中国植物志（第24卷）[M]. 北京：科学出版社
中国科学院中国植物志编辑委员会. 1988. 中国植物志（第39卷）[M]. 北京：科学出版社
中国科学院中国植物志编辑委员会. 1991. 中国植物志（第51卷）[M]. 北京：科学出版社
中国科学院中国植物志编辑委员会. 1993. 中国植物志（第42卷，第1分册）[M]. 北京：科学出版社
中国科学院中国植物志编辑委员会. 1994. 中国植物志（第40卷）[M]. 北京：科学出版社
中国科学院中国植物志编辑委员会. 1995. 中国植物志（第23卷，第2分册）[M]. 北京：科学出版社
中国科学院中国植物志编辑委员会. 1995. 中国植物志（第41卷）[M]. 北京：科学出版社
中国科学院中国植物志编辑委员会. 1996. 中国植物志（第26卷）[M]. 北京：科学出版社
中国科学院中国植物志编辑委员会. 1996. 中国植物志（第30卷，第1分册）[M]. 北京：科学出版社
中国科学院中国植物志编辑委员会. 1997. 中国植物志（第43卷，第2分册）[M]. 北京：科学出版社
中国科学院中国植物志编辑委员会. 1998. 中国植物志（第22卷）[M]. 北京：科学出版社
中国科学院中国植物志编辑委员会. 1998. 中国植物志（第23卷，第1分册）[M]. 北京：科学出版社
中国科学院中国植物志编辑委员会. 1999. 中国植物志（第32卷）[M]. 北京：科学出版社
中国科学院中国植物志编辑委员会. 1999. 中国植物志（第52卷，第1分册）[M]. 北京：科学出版社

第五篇

蝴蝶养殖技术

第13章 蝴蝶养殖园的建设与管理

蝴蝶养殖涉及寄主栽培管理、成虫喂养、幼虫饲育和蛹贮存等诸多环节。中国地跨热带、亚热带、温带和寒带，各地自然条件有着巨大差异，一般来说，大规模养殖蝴蝶适宜在中亚热带以南的南方地区开展。专业蝴蝶养殖园在建设前需要对当地气候、土壤、生态环境、蝶类区系、观赏蝶种的自然寄主植物进行全面了解，选定养殖的蝶种及其适宜寄主植物。一般将蝴蝶养殖园建设在地势较平整、水源充足、土质较肥沃、土壤酸碱度中性、通风良好的地块上，并事先对各种寄主的种植区、道路、沟渠等做出总体布局规划。专业养殖园的规模一般在10亩（2/3hm^2）以上，内部包括寄主栽植区（含苗圃）、繁殖园、养虫室和生活区等。家庭式的养殖园可因地制宜确定生产规模，寄主植物也可以分散栽植。准备对外界开放的观光型蝴蝶养殖园最好将生产区与观光区适度分离。

13.1 寄主植物园

寄主植物培育是养殖蝴蝶的基础，寄主植物园占据养殖场土地的大部分。寄主园的建设包括场地规划整理、基础建设、育苗移栽、水肥管理和植物病虫害防治等内容，目标是最大限度地提高植物叶片的产量和质量，同时最大程度地降低管理成本，取得预期的经济生态效益。

建寄主园理想的立地条件是地势微斜，能实现自流灌溉；土层深厚，疏松肥沃。条件较差时需要进行土壤改良。寄主园以采获枝叶饲养幼虫或利用枝叶放养幼虫为目的，可按一定株行距栽植寄主植物。寄主植物园分为5个基本部分：

（1）苗圃地：占地面积需根据养殖蝶种和选用寄主种类定，要求土地较平整，土层较深，水肥条件较好，精耕细作。

（2）低龄幼虫专用寄主植物园：为1～3龄幼虫提供幼嫩枝叶，一般占整个寄主园面积的10%，要求靠近成虫繁殖园和养虫室。建成遮雨凉棚式，脊高约3m，边高2m，四周以浅水沟与外面隔离，防止蚂蚁进入危害。区内寄主养成低干树型，栽植密度大于大田的1/3。

（3）幼虫放养区：用于放养4龄以上幼虫，放在寄主园的中外部，占地面积取决于主养蝶种的生物学特性（幼虫适宜放养或饲养）。

（4）采割食料区：提供在室内饲养幼虫的食料，设置在养殖园的最外围。同样，面积大小决定于养殖的蝴蝶种类。

（5）收蛹区：用于放养部分凤蝶的临近老熟的幼虫，以便集中化蛹，便于管理。设置在低龄幼虫专育区与幼虫放养区之间，占地面积为大虫放养区的10%。

专业养殖场的面积都较大，栽植的寄主种类较多，还要求合理安排各种寄主的栽植区域。首先安排好苗圃地的位置，如：将板蓝（马蓝）、吴茱萸、马兜铃、西番莲和马利筋等要求湿润荫凉的植物规划在较低的地段，而将茴香、南山藤、花椒和柑橘等耐旱力较强的种类安排在较高的地块。

13.2 成虫繁殖园

成虫繁殖园是蝴蝶人工饲育过程中的关键。修建繁殖园的目的在于为成虫提供取食、交配和产卵的适宜生活空间和小生境。人工繁殖园的空间大小，根据不同蝴蝶种类的生态习性不同而不同，如枯叶蛱蝶、玉带凤蝶和柑橘凤蝶等对空间的要求较低，空间较小也能完成繁殖；裳凤蝶和金裳凤蝶对空间的要求较高，在一个高5m、占地300m^{2}的网室空间内也有强烈的外逃趋向。成虫繁殖园内部蜜源植物和生境的布置也需要因蝴蝶种类而异，如枯叶蛱蝶成虫不能耐受33℃以上高温，喜群栖于荫凉、阴暗的角落或大树的枝叶下，并产卵在这些地方的寄主上；大范围的绿色和花能将多数凤蝶留住，而金凤蝶则偏好开阔、光照强的地方，不会藏到阴暗角落。研究表明，普通繁殖园的高度应在4m左右，占地面积则依蝶种而异。网室空间以大多数种类蝴蝶的成虫能正常活动、取食、交配和产卵为准。

一般成虫繁殖园设计成网室形式，肩高2.4m，顶高4.0m，跨度6m，长约40m。两侧肩部采用侧直梁结构，全部覆盖物采用30～40目防虫网，按面积比5：4：2：1隔断为四个区域。除预埋件、钢丝件及部分小配件外，其余钢结构均选用热镀锌钢材制作。所有连接点均采用螺栓连接或螺栓卡具连接。所有长度方向管连接均使用缩径插接。所有管与管相交连接均使用高碳弹簧钢丝卡或其他卡具连接。混凝土基础地下部分深度不小于50cm，以防鼠类进入。

然而，相对于野外，人工空间是十分狭小的，蝶类成虫的活动范围大，在繁殖园内或多或少都有外逃趋向。蝴蝶在外逃时，总是竭力往角落或夹缝处钻，因此将繁殖园建成平顶蒙古包形或弧顶方块形是比较理想的。理论上，繁殖园越高、内部空间越大，对蝴蝶繁殖越好，但实际上不可行。过高，施工维护困难，对蝴蝶的养护和一些特殊操作都难以进行。对于多数种类，高4m就足够了。周边高度以不触及人头部为准，约2～2.5m。在繁殖园内，各种蝴蝶的适应性有所不同，雌蝶产卵量是衡量各种蝴蝶对环境适应性的主要指标。在实际生产中，根据各个蝶种习性的不同，施行按种类分园繁殖，各个园的规格有所变化，而且需要的面积也与放养的成虫密度有关系。

13.3 成虫繁殖园生境营造

在网室型成虫繁殖园内，小生境是由空间和各种背景植物构成的，直接影响成虫行为，也调节着气候对蝴蝶的影响。园外四周应有枝叶茂盛、高度在3m以上的绿篱带，如果在建园初期，周围树篱和园内遮阴树还未生长起来时使用繁殖园，则需要将其大约一半的棚顶覆盖60%～70%遮光率的遮阳网，园内顶棚下方安装水管和喷头，以利于夏季降温。园内配置一定面积的荔枝、 杧果等常绿乔木树种和杜鹃等高灌木，供烈日下蝴蝶避暑。此外，还要有一定面积以低矮灌丛和草地为主的活动区。这些灌丛可以是蜜源植物，也可是一般的观叶植物，一般不用寄主植物。冬季和夏季成虫都需要水，需要在园内设置砂地和水源，尤其是在干热地区。

如果同时喂养访花成虫和食腐成虫，则至少需要同时使用2个繁殖园。若将访花成虫和食腐成虫混放在同一园内，则会发生食腐成虫与访花成虫争抢食物的问题。成虫食腐的观赏蝴蝶主要是蛱蝶科的种类，它们身体粗壮、翅膀强劲。当向访花成虫喂养蜂糖时，很大一部分食腐成虫会转而取食蜂糖，占据喂食盘。而访花成虫不但在体力上处于劣势，而且也决不会转而取食食腐成虫的食物。因此，这两类成虫必须分开喂养。

如果在同一时期需要养殖的若干种蝴蝶在卵期不易区分开，应将每种的成虫分开繁殖。如养殖场同时要养殖巴黎翠凤蝶、绿带翠凤蝶和碧凤蝶，或者同时在养殖柑橘凤蝶、达摩凤蝶和玉带凤蝶，或者蓝凤蝶与美凤蝶时，每组中的成虫都应分别放在不同的园内产卵。如果不能在卵期将各蝶种分开，将为以后的卵保育与幼虫饲育造成极大困难。因为每种蝴蝶卵和幼虫的发育速度不一致，幼虫最佳食料植物也可能不同。

13.4 蝴蝶养殖前准备

蝴蝶养殖是一项精细的工作，需要做好寄主树、房屋、器材和消毒药品等的充分准备。养殖场的房屋主要包括生活用房、养虫室和保管室等。养虫室用于室内饲养幼虫和卵的室内保育，主要由卵—小虫保育室、大虫室、空调室、贮料室和羽化室5部分组成。其中，大虫室是主体，要求通风透气、不正对西晒、便于养虫操作和清洗消毒，水泥地面，门窗加装60～80目尼龙纱。专业养殖场应将养虫室设置在远离工作人员住处，地势高燥、平坦、周围荫蔽、排水良好、靠近寄主园的地方。最好分设几处，便于食料采割。养虫器材包括幼虫饲养笼、放养袋、消毒器械等。

13.4.1 养虫室

（1）卵和小虫保育室：用于保育自繁殖园收集的卵，并饲养1～3龄小虫。由于小虫适应高温多湿环境，所以要有较好的保温保湿性能，卵和幼虫保育室只需安装换气设施，一般不需要空调装置。

（2）大虫室：用于室内饲养4龄以后的幼虫。需要安装换气扇，有条件的养殖场最好安装温湿度控制设备。

（3）空调室：即空调养虫室，是用于控制卵、幼虫和蛹发育速度的场所，还可以作为成虫的临时贮存场所，面积为大虫室的1/3左右，安装空调和湿度控制仪。通常还要安装2个换气扇，以便闲置时可用于正常养虫，在换气孔内壁各安装一扇小单门。

（4）贮料室：用于临时堆积采集的食料枝叶和保管消毒器材药品，要求荫凉潮湿，避光。

（5）羽化室：存放将要羽化的蛹并收集成虫。

13.4.2 养虫器材

养虫器材主要包括饲养笼、养虫盆、放养袋、羽化笼、冷藏箱、消毒器具和消毒药品等。

（1）幼虫饲养笼

直角立方体形，长宽高各为80cm。由硬杂木条、实心小竹竿（直径约15mm）、塑料网（孔径6～9.5mm）、60～80目尼龙纱和拉链制作，有条件的养殖场可采用铝合金材料做骨架，以便于消毒。

笼内前后方距底面20cm处各设一80cm横杆。将直径约2～3cm的实心小竹竿（合金条）截成80cm一段，前后放置在横杆上面，每根相距约15cm。在竹竿上铺上一张孔径约0.8～1.0cm的塑料网。笼的四周及上部以60～80目尼龙纱封闭，下方尼龙纱触及地面后尚需剩余10cm。在笼的正面和顶部各保留1个加料口，分别以2根塑料拉链封口。饲养笼可设计为双层，以充分利用养虫室空间，但最多不超过3层。饲养笼一般设计为立方体式，因为老熟幼虫均有趋角化蛹的习性。

除了使用成本相对较高、适用于规模化养殖的标准饲养笼，还可以将一些简易的容器改装后饲养幼虫，如塑料桶、塑料盆、花钵、箩筐等，凡是有一定内部空间并容易封口的日杂用品均可。

（2）幼虫放养袋：分3种。90～100目小袋，边口为60cm，深度为80cm，用于保护卵免遭赤眼蜂寄生；60～80目小袋，边口为60cm，深度为80cm，用于放养小虫；60～80目大袋，边口为100cm，深度为150cm，用于放养大虫。年产20万只凤蝶蛹的养殖场需要准备约2000个大放养袋。

（3）羽化笼：羽化笼的构造与饲养笼相似，不同之处在于：高度为35～40cm，正面留门，上方不要开口；笼内设置细铁丝若干根，挂放毛巾挂蛹，以利羽化。

（4）冷藏箱：温度可调范围为5～20℃，湿度可调范围为50%～100%。

（5）消毒室和消毒池：消毒室占地约8～10m^2，屋基高于周围地面20～30cm。消毒池以水泥和砖砌成，长100cm、宽80cm、深60cm，池底留有出水口。

（6）其他小器材：空药瓶（口径12mm，高40mm），口径56mm、高70mm的具盖塑料杯，口径10mm、高12mm的有盖塑料杯，以及收蛹篮，农用喷雾器，水桶，水管，小刀、毛笔、温湿度计、油性记号笔和吸水纸等。

13.4.3 消毒药品

（1）漂白粉：可溶于水，溶液混浊，有大量沉淀；有氯气味。价格低廉，使用方便，消毒谱广，使用时对环境条件要求不高；对病毒多角体、细菌和微孢子虫的孢子都有很强的杀灭作用。长期贮存有效成分会降低，对金属有腐蚀作用。除了用水配制成消毒液，还可以与生石灰一起制成粉剂使用。

（2）甲醛：又称福尔马林，是甲醛的饱和水溶液，一般含有效成分35%～40%。生产上使用时配制成2%的浓度，对微孢子虫和细菌有强烈消杀作用，但对多角体和真菌孢子的消毒效果差。

（3）生石灰：是最廉价的消毒剂。用时加水化为粉末状的熟石灰，对多角体病毒有较强的杀灭作用。在养虫笼内使用石灰制剂时要注意的是，如果直接使用粉剂或石灰浆，常会封堵幼虫腹足的趾钩，影响其行动甚至导致死亡。因此，只宜在养虫室地面、墙壁或过道上使用粉剂，叶面及养虫中的饲养笼只能使用其水剂的上清液，并需要与漂白粉结合使用。

13.4.4 成虫的食物及喂养器具

成虫喂食器具主要包括喂食架、喂食盘、红色塑料布、小喷壶、量筒和纱布。喂食架为以镀锌管或竹竿搭建一个长2m、高度1～1.5m、宽度1m的、用于放置喂食盘的架子，搭建在繁殖园内荫凉处，架顶放置一张平板，保持水平。喂食盘直径30～50cm，可以是塑料盘、也可以是瓷盘，形状不限，但最好为白色。红布在饲喂访花成虫时使用，铺垫在盘底，使其略有皱缩。喂食盘和红布必须每天以沸水消毒。小喷壶用于喷加食物，容积为500～1000ml，量筒用于配制食物溶液，纱布用于过滤粗蜂糖中的杂质，以免堵塞喷头。此三种器材不必每天消毒，用过清洗干净即可。

第14章　蝴蝶养殖技术

14.1 成虫喂养

蝴蝶成虫主要以花蜜为补充营养，为生殖过程积累营养，实施交配和产卵。在蝴蝶养殖中，需要配置蜜源植物作为蝴蝶成虫补充营养的来源。除天然的花蜜外，人工蜜源是养殖蝴蝶成虫的重要食物来源，人工饲料成本较低，易于获得和配置，可以较大地降低蝴蝶养殖的成本。蝴蝶成虫的人工食物主要有以下4类：

（1）蜂糖水溶液：访花成虫的主要食物，也可用于饲喂食腐成虫。实验表明，12%蜂糖水溶液就可满足访花种类成虫繁殖的需要。优质蜂糖不易变质，可以在春季蜂糖上市高峰期大量购置，置4～5℃低温下长期贮藏，用时加水稀释即可。使用前，以30～35℃温开水配制成约12%的水溶液。

（2）发酵水果：用于饲喂食腐种类的成虫。樱桃、李、梨、桃、荔枝、桂圆、香蕉、芭蕉、苹果、柿子、杧果、西瓜和葡萄等都很适合。在各种水果上市期间，从果园收集落地腐烂的水果、或在市场上购买次品水果，置大型瓷坛内发酵备用。

（3）粪清液：用于饲喂部分种类的雄成虫。将牲畜粪尿腐熟，加20倍水稀释备用。

（4）酒精：食腐成虫食物的添加剂，可强烈刺激其取食。将工业酒精（95%）配制成50%浓度，密封备用。米酒可以直接用于饲喂成虫，只是成本高些。

对访花的成虫一般采用蜂糖水溶液喂养，食物的配制量可按每头成虫5～8ml/天的平均标准。春季和晚秋每日喂食3次，第一次喂食在9:00～9:30，第二次在12:00～13:00之间，最后一次在16:00～16:30。夏季和初秋每日喂食5～6次，第一次喂养时间大约在7:30～8:00，从10:00～18:00每间隔2h喷一次。每次喂食量以盘内积液2～3mm为标准。如果太多，成虫不能及时取食，食物中的水蒸发后将大大提高蜂糖的浓度，使后面的成虫取食后出现脱水症状。

少数种类，如巴黎翠凤蝶，几乎只对臭牡丹、节骨草等植物的真花感兴趣，可将食物喷在这些植物的花附近的叶面上，再在其间的相同高度上摆上放有假花的花盘，内喷蜂糖液。

食腐性成虫的喂养：在喂食盘中放入一些切碎的瓜果，再将水果发酵液或蜂糖水溶液倒入盘内，在食物上面铺一张纱巾即可。喂食量以纱布湿透、但纱布显露在积液上面为准。使用纯蜂糖水溶液喂养时，喷加少量酒精。为访花成虫配制的、当日未用完的蜂糖液，可在日后转用于饲喂食腐成虫。

14.2 卵的收集

14.2.1 受卵植物的放置

“受卵植物”是提供给雌成虫产卵的植物。每种蝴蝶都有其喜好的天然寄主，雌成虫喜在其上产卵。多数情况下，优良的受卵植物即是优良的幼虫食料植物，如黄柏、板蓝（马蓝）、茴香和三开瓢等。但有些天然寄主不一定是用于饲育幼虫的优良食料，如巴黎翠凤蝶喜在多刺且生长缓慢的花椒上产卵；美凤蝶和玉带凤蝶都喜欢在柚的实生苗上产卵。

有些蝴蝶的成虫，如金凤蝶、斐豹蛱蝶、美眼蛱蝶和翠蓝眼蛱蝶等喜欢在繁殖园中部的开阔地带产卵，而大多数蝴蝶成虫喜在繁殖园的边缘或角落产卵。因此，应将受卵植物栽植或放在相应位置。针对有些种类将卵产于寄主植物附近物体上的习性，需要在繁殖园壁上覆一张尼龙纱布，可以很方便地将卵收集起来。

14.2.2 收集时间

一天中，雌蝶于10:00～13:00时段产卵最多，其次是下午16:00～18:00。一般情况下，一天可以收集2次卵，第一次在13:00后，第二次在下午18:00雌蝶产卵活动停止后。秋季和春季白昼较短，要抓紧时间采卵。若留卵在植物上过夜，除了会受天敌损伤，次日晨卵壳外的黏膜为露水所湿，卵粘在手指上不能脱落。

14.2.3 收集方法

收卵工具主要为小空瓶和口径4～6cm、高6～8cm的具盖塑料杯。收集方法为：

（1）对凤蝶和多数蛱蝶的硬壳卵，可用手指轻轻地从叶上抹下放在收卵瓶内，每瓶500～1000粒，以海绵塞紧瓶口。

（2）对白带锯蛱蝶、红锯蛱蝶和文蛱蝶等的聚产卵，连同所在的叶片一同摘下，放入塑料杯内，注意不要让卵块重叠。放入卵块前，在杯底垫上一层吸水纸。

（3）对斑蝶科和粉蝶科种类散产的较柔嫩卵，不能用手将其从受卵寄主植物叶片上摘下来，而用盆栽受卵植物接卵。根据卵期天敌发生情况和产卵量，一日1换或一日3～4换。卵在没有天敌的室内保育或将受卵植物套上90～100目尼龙放养袋在室外保育。

14.3 卵的保育

14.3.1 卵面消毒

卵面消毒的目的，是为了消灭可能存在于卵壳上的微孢子虫和病毒，防止初孵幼虫取食卵壳时摄入。消毒时间从卵收集下来到孵化前1天都可。常用消毒液有2种：漂白粉水溶液和甲醛—盐酸混合液。一般消毒法是浸泡，对于粘附在受卵植物叶片上的卵，则采用多次反复喷雾的方式。

市场上出售的漂白粉一般含氯量为25%～30%，用时取1份漂白粉兑水36～40份，静置30分钟后取其上清液。将消毒液2～3ml倒入卵瓶或卵杯内，轻轻摇动卵杯使卵沉于水中，封闭瓶口，保持瓶内温度在23～28℃，静置20分钟。倒去瓶内消毒液，以吸水纸吸干瓶内残余水分，保持瓶口开着一段时间，待卵完全干燥后再分装。使用甲醛—盐酸消毒液时，将甲醛、盐酸和水按照1：1：20的比例配制成消毒液，浸卵20分钟。其余方法同上。将消毒后的凤蝶和蛱蝶硬壳卵放置到玻璃瓶内，每瓶150～200粒；将聚产的红锯蛱蝶、白带锯蛱蝶和文蛱蝶卵放入较大的卵杯内，每杯100粒。用于封口的海绵和杯盖也要进行消毒。

14.3.2 卵的保育

用水将装卵的瓶子与外界隔离，以防止小蚂蚁危害卵。春秋季气温较低时，卵的发育历期较长，如果幼虫不是在温室内饲养，不能加温促孵，应在自然温度下孵化。卵保育室的湿度在60%～80%之间都是适宜的。空气湿度过高时，要每日更换瓶口的吸水纸塞，以换气扇加强室内通风；低于60%时，在瓶口的纸塞上滴清水数滴，增加瓶内湿度。在室内地面喷水保湿时，一天内可反复进行5～8次，主要在下午进行，一次不要喷太多。正常受精卵在保育中卵壳上出现一些晕斑，临近孵化时，卵壳颜色变暗淡，其内幼虫清晰可见。未受精的卵则没有这种颜色变化，随着时间推延逐渐干瘪而死；被小蜂寄生后的卵在初期也表现发育征象，但后期逐渐变黑。胚胎发育进度随蝶种而异。同一批卵的孵化历期大约相差1～2天，但大约90%的卵会在同一天内孵化。

在每个世代的早期和晚期，由于产卵雌蝶较少或天气不良，单日收集到的卵比较少。此时可将每日收取的卵置低温下冷藏，冷藏温度依蝶种而异，一般凤蝶和蛱蝶为12℃。待卵收集到一定数量后再一同取出保育，可减少保育的工作量。

斑蝶和粉蝶的卵难以自受卵植物上摘取下来，必须保留在寄主上保育。可将带卵的寄主转入室内，但植物的生长受到影响。也可在室外以水泥和砖砌成长3～5m、宽1.5m、高0.3m的水池，池内蓄少量水。将带卵的寄主植物套上90～100目的小尼龙放养袋后，直接放在池内，确保花钵和放养袋的任何部分未与池边接触，防止蚂蚁等天敌危害。

14.3.3 卵的贮存

低温贮存卵是调节幼虫饲育和产品供应期的有效方法。在寄主植物生长不足，或需要控制幼虫发育的情况下，将卵保存在低温下，降低卵的发育速度。用于贮存的卵必须为当日所产，不能是胚胎已经发育至中后期的卵。冷藏时间和温度与蝴蝶种类有关。一般凤蝶的卵可在4～6℃下贮存5天，7～10℃贮存10天。

14.4 幼虫饲养

14.4.1 室内饲养和田间放养

室内饲养和田间放养是幼虫饲育的两个基本模式（图版14-1）。室内饲养是指采用从田间采集寄主植物在室内饲养幼虫的方式。室内环境条件稳定，天敌种类和数量都比室外少，操作方便，劳动效率更高，因此室内饲养是较理想的幼虫饲育方式。但室内饲养时难以对大量的寄主植物枝叶进行保鲜，而多数蝴蝶幼虫又厌食失水的食物，导致龄期延长或罹病死亡。

田间放养是指将蝴蝶幼虫直接放养在田间寄主植物上的养殖方式，通常采用养虫袋将幼虫套在寄主植物上养殖。野外放养能够保持寄主植物枝叶新鲜，环境条件更接近自然，通风透光较好，不利条件是种群密度较大时，天敌危害严重。

饲育方式的选择应依据不同蝶种幼虫的习性而行。野外放养幼虫一般分小虫放养、大虫放养和老熟放养3期，室内饲养只有小虫期和大虫期两期。

室内饲养不受雨露水的影响，粪便污染的问题容易解决，环境温湿度也较稳定，天敌种类和数量都比室外少，操作方便，劳动效率更高，因此室内饲养是优先选择的幼虫饲育方式。室内饲养的局限在于饲料会失水，造成幼虫取食活动减弱，营养相对较差；缺少阳光照射，空气流动性也不如室外，幼虫疾病容易流行。室内饲养密度一般远较放养大，部分幼虫的取食受到影响而营养不良，导致龄期延长或根本就无法生长至化蛹。田间放养的优点是幼虫享有优良的空气条件和最新鲜的食物，生长发育好；不需要大规模、复杂的养虫室，不需要花费时间采割和保存食料。放养的缺点也是明显的，幼虫容易受到不良天气和捕食者危害，需要制作大量放养袋和频繁更换枝条放虫等。

从蝴蝶养殖实践来看，蝴蝶的野外放养的幼虫存活率、化蛹率、健蛹率等一般都高于室内饲养，而野外放养幼虫的生活周期一般较室内饲养幼虫生活周期短（表14-1），可能是野外生态环境更接近于蝴蝶生长的自然条件，生长发育更正常。

a

b

图版 14-1 幼虫的饲养和放养

a. 摘叶饲育白带锯蛱蝶 *Cethosia cyane* 幼虫　b. 碧凤蝶 *Papilio bianor* 幼虫的放养

表 14-1 不同养殖方式化蛹率和健蛹率比较

蝶 种	寄 主	龄 期	饲育方式	供试虫数（头）	化蛹数（头）	化蛹率（%）	幼虫历期（天）	健蛹数（只）	健蛹率（%）
碧凤蝶	黄柏	1 龄	室内饲养	45	22	48.9	21 ~ 27	11	50.0
		1 龄	野外放养	45	34	75.6	18 ~ 22	31	91.2
		3 龄	室内饲养	45	27	60	12 ~ 16	16	59.3
		3 龄	野外放养	45	37	82.2	10 ~ 12	34	91.9
		5 龄	室内饲养	45	32	71.1	–	23	71.9
		5 龄	野外放养	45	43	95.6	–	39	90.7
巴黎翠凤蝶	臭辣树	1 龄	室内饲养	45	16	35.6	32 ~ 38	10	62.5
		1 龄	野外放养	45	32	71.1	24 ~ 30	27	84.4
		3 龄	室内饲养	45	24	53.3	21 ~ 26	13	54.2
		3 龄	野外放养	45	34	75.6	17 ~ 20	29	85.3
		5 龄	室内饲养	45	34	75.6	–	18	52.9
		5 龄	野外放养	45	43	95.6	–	40	93.0
玉带凤蝶	柚	1 龄	室内饲养	45	22	48.9	24 ~ 30	15	68.2
		1 龄	野外放养	45	34	75.6	20 ~ 23	33	97.1
		3 龄	室内饲养	45	32	71.1	18 ~ 24	23	71.9
		3 龄	野外放养	45	37	82.2	15 ~ 18	33	89.2
		5 龄	室内饲养	45	39	86.7	–	33	84.6
		5 龄	野外放养	45	42	93.3	–	40	95.2
金凤蝶	茴香	1 龄	室内饲养	45	20	44.4	22 ~ 27	11	55.0
		1 龄	野外放养	45	38	84.4	17 ~ 21	33	86.8
		3 龄	室内饲养	45	29	64.4	15 ~ 19	16	55.2
		3 龄	野外放养	45	42	93.3	11 ~ 14	40	95.2
		5 龄	室内饲养	45	39	86.7	–	27	69.2
		5 龄	野外放养	45	44	97.8	–	42	95.5
达摩凤蝶	橘	1 龄	室内饲养	45	22	48.9	24 ~ 29	18	81.8
		1 龄	野外放养	45	33	73.3	18 ~ 21	33	100.0
		3 龄	室内饲养	45	35	77.8	13 ~ 19	29	82.9
		3 龄	野外放养	45	41	91.1	11 ~ 15	39	95.1
白带锯蛱蝶	三开瓢	1 龄	室内饲养	45	38	84.4	15 ~ 18	34	89.5
		1 龄	野外放养	45	34	75.6	14 ~ 17	32	94.1
红锯蛱蝶	三开瓢	1 龄	室内饲养	45	38	84.4	15 ~ 19	36	94.7
		1 龄	野外放养	45	38	84.4	14 ~ 19	34	89.5
幻紫斑蝶	马利筋	1 龄	室内饲养	45	32	71.1	15 ~ 20	29	90.6
		1 龄	野外放养	45	38	84.4	12 ~ 16	33	86.8
青斑蝶	南山藤	1 龄	室内饲养	45	38	84.4	12 ~ 15	32	84.2
		1 龄	野外放养	45	35	77.8	10 ~ 14	27	77.1
鹤顶粉蝶	山柑	1 龄	室内饲养	45	26	57.8	21 ~ 28	20	76.9
		1 龄	野外放养	45	35	77.8	18 ~ 23	33	94.3
		3 龄	室内饲养	45	35	77.8	14 ~ 19	30	85.7
		3 龄	野外放养	45	37	82.2	11 ~ 14	33	89.2
枯叶蛱蝶	板蓝	1 龄	室内饲养	45	31	68.9	25 ~ 32	28	90.3
		1 龄	野外放养	45	33	73.3	26 ~ 29	30	90.9

不同种类蝴蝶的生活习性不同，野外放养和室内饲养的效果差别较大。与室外放养相比较，饲养碧凤蝶、巴黎翠凤蝶、玉带凤蝶、金凤蝶和达摩凤蝶等种类的初龄幼虫时，幼虫历期大幅度延长，幼虫成活率（化蛹率）和健蛹率（正常羽化率）大幅降低。这可能是因为初孵化幼虫对食物鲜度和叶龄要求很高，幼虫有分散栖居的习性，室内饲养，由于种群密度较大，绝大多数幼虫不取食，四处游荡，最终饿死；若为之提供大量枝叶，则由于取食缓慢，叶片萎蔫或变黄，食后也多罹病死亡。这些蝴蝶种类适于在野外放养。白带锯蛱蝶、红锯蛱蝶、幻紫斑蝶、青斑蝶和枯叶蛱蝶的化蛹率和健蛹率与室内放养的化蛹率和健蛹率差异不大，但在幼虫历期上存在差异，适于室内饲养。

不同的种类可采取不同的养殖模式。在实践中发现，白带锯蛱蝶、红锯蛱蝶和文蛱蝶等蝴蝶1～5龄期均适宜在室内饲养；碧凤蝶、巴黎翠凤蝶、柑橘凤蝶和金凤蝶等1～5龄需全程放养；达摩凤蝶、裳凤蝶、红珠凤蝶、鹤顶粉蝶、枯叶蛱蝶、金斑蝶、青斑蝶和幻紫斑蝶等3龄前可采用野外放养，4龄后采用室内饲养；玉带凤蝶、玉斑凤蝶、美凤蝶等的幼虫4龄前采用野外放养，5龄后室内饲养。

14.4.2 低龄幼虫保育

1～3龄幼虫一般称为低龄幼虫，在蝴蝶养殖中常称为小虫，根据蝶种习性的不同分别在室外放养和室内保育。低龄虫的发育对于提高后期幼虫的整齐度和抗病力至关重要。低龄虫饲育密度大，一旦捕食性天敌进入放养袋、病原物滋生或遭遇灾害性天气，会造成严重损失。因此，饲育低龄幼虫，要求食料和环境条件较好、工人技术水平较高，其饲育要做到精工细作。及时取食优质食料、并给以严密保护是小虫期饲育的关键。

14.4.3 室外放养

低龄期幼虫的放养必须在小虫专育区内进行。放虫上树前1天，以含1%有效氯的漂白粉+甲醛水溶液对食料植物进行叶面喷雾消毒，放养袋在消毒池内用漂白粉水溶液密闭浸泡2h，捞起晾干备用。

对于收集保育的硬壳卵，放虫方式主要有两种：

（1）夹瓶上树

在少量卵（不超过10%）开始孵化、大量卵即将孵化之前，将卵瓶转移至小虫专育区的寄主植物上，以便初孵化幼虫及时上叶取食。将盛卵的小瓶用夹子夹在食料植物叶片茂盛的当年生枝上，除去瓶口纸团，用60～80目小放虫袋套着树枝，幼虫孵出后即能很快爬出小瓶上叶。可以在树干下部近地处涂一圈非挥发性的药油液，防止有未被清除的蚂蚁上树危害卵。此法的优点是：操作简单，幼虫孵化后可以立即找到适宜叶片；缺点在于幼虫孵化不整齐，群体发育进程在后期出现分化；不能准确掌握每袋内小虫的确切数量。凤蝶类放养时使用这种方法效果较好。

（2）转虫上树

在少量卵开始孵化后，在卵瓶中插一小段寄主嫩枝，当日幼虫孵化完毕、爬上枝条后，即将枝条转移到寄主植株上放养。若卵瓶内仍有未孵化卵，需在其内另插一段嫩枝。此法的好处是，每个放养袋内的幼虫数目可以十分清楚，能够更精确地估计蝴蝶产量；同一袋内的幼虫孵化日期相同，发育进程更为一致。不足之处在于：气温高时引虫的嫩枝会失水，而转移至寄主植株上后，少量幼虫迟迟不愿离开它们已栖息下来的萎蔫叶片，这会延迟其以后的发育。

对于卵期保留在受卵植物上保育的斑蝶和粉蝶科种类，低龄幼虫亦在原植株上保育，直至叶片被食尽。用于保护幼虫的放养袋从卵期保育时的90～100目小放养袋更换为60～80目小袋。在小虫快将放养袋内叶片食尽前，即应转株放养。此时，应视幼虫生长发育状况，确定是将幼虫转移到大田寄主上放养、进入室内饲养，还是继续在小虫专育区放养。

14.4.4 室内饲养

在小虫专育室内进行。在10%左右的卵孵化后，即将一寄主嫩枝放进卵杯内，至当天大量幼虫孵化结束后，将其连同附着的幼虫一同转入一个养虫杯内饲养。如果原来卵杯内仍有部分卵未孵化，加入一截新枝到瓶中，第二天转出。若有幼虫停留杯壁，即用毛笔将其轻轻挑出。养虫杯内的幼虫每日更换一次食料养至3龄初。将进入3龄的幼虫转移至养虫盆内饲养，以橡皮筋套紧尼龙纱封口。

小虫的食料要选摘寄主枝条的顶端部分，存放在保鲜袋内。食料投放量视虫口和发育阶段而定，每次脱皮前减少食料投放。室内温度一般保持在25～28℃，湿度保持在60%～70%。

14.4.5 高龄幼虫放养

（1）分袋放养

当幼虫进入4龄后，进行分袋，将4龄虫转移到新近消毒过的大放虫袋中，一般每袋100头，转移至田间大虫区放养。将发育明显落后、且表皮皱缩、肛门口有污迹的幼虫淘汰。将尚未进入4龄而体表正常的幼虫单独装袋，仍留在小虫区放养。在春季，将整个寄主植株用于放养，尽可能将叶片食尽；从夏季第一代始则要选枝放养，即选用部分枝条用于育虫，保留一部分用于养树和留作下一代的食料。一般夏季放养第一代利用下部和外部的1/2枝条，结合截枝取袋对寄主树进行整修；第二代时则利用中部和上部的预留枝条，而让上次使用过的枝条休养和萌发新枝。一般来说，大虫放养时每袋内放养碧凤蝶、柑橘凤蝶、玉带凤蝶和巴黎翠凤蝶等中大型蝴蝶4龄幼虫100头，放养美凤蝶、裳凤蝶等大型或特大型蝴蝶时，每袋幼虫40～50头比较合适。

（2）转枝和匀虫

4龄幼虫将袋内枝叶食尽后，一般多已进入5龄。此时要利用转枝再次匀虫，分袋转枝方法同4龄期。不同的是5龄期放养密度的变化。由于食量大增，且对高湿度的抵抗力下降，5龄虫的放养密度要低于4龄期。碧凤蝶、柑橘凤蝶、玉带凤蝶和巴黎翠凤蝶等中大型蝴蝶每袋可放养50头幼虫，美凤蝶、裳凤蝶等大型蝴蝶放养25～30头比较合适。

5龄幼虫经过1～2次转枝后逐渐进入老熟期。临近老熟时，幼虫取食速度下降。老熟幼虫停止取食，急切找到隐蔽的场所化蛹。此时，进行最后一次转枝匀虫，集中到枝叶茂盛的收蛹区放养，放养密度为每袋100～120头。

（3）大虫室内饲养

大虫进入饲养阶段前，要对养虫室及其内器具进行清洗和消毒。

在蝴蝶养殖中，一些蝶种的幼虫需要采用野外放养和室内饲养两种方式交替饲育，如达摩凤蝶、裳凤蝶、红珠凤蝶、鹤顶粉蝶、枯叶蛱蝶、金斑蝶、青斑蝶和幻紫斑蝶等，其幼虫进入4龄后可转入室内饲养。红锯蛱蝶、白带锯蛱蝶、斑珍蝶和文蛱蝶等的小虫原本就在室内保育，只需在进入4龄后转入大虫室饲养。

4龄期幼虫的饲养密度可以略大，而对于5龄初幼虫，笼内保持密度500～550头较为适宜，饲养笼内仍有足够空间供幼虫化蛹。虫口密度过低不利于充分利用饲养笼空间，而若虫口密度过高，则老熟幼虫在有限的化蛹场所相互拥挤，造成前蛹脱落，新蛹脱落或受伤，形成畸形蛹。一些蝶种，如枯叶蛱蝶、文蛱蝶等的幼虫体表棘刺尖硬，头角很脆，幼虫相互摩擦极易导致表皮损伤和头角断裂，从而感染疾病。一部分幼虫还会取食新化的蛹。老熟幼虫喜在饲养笼下部相对阴暗的场所化蛹，大量幼虫群集在这些角落，互相拥挤，造成大量前蛹脱落，新蛹脱落或受伤，形成畸形蛹和病蛹。随着幼虫龄期的增长，个体发育进程的差异越来越明显，脱皮时间越来越不整齐，而且脱皮期也延长。这时候需要及时将发育迟缓个体从整个群体中分离出来，以保证化蛹的整齐度。

寄主枝叶采收分剪枝和摘叶两种形式，以剪枝为主，因为带枝条的叶片失水较慢，而且枝条带叶能提供更大栖息和取食空间，符合幼虫散栖的习性。枝条在清晨露水未干时或傍晚叶片恢复水分后采割较好，采回后堆放在贮料间内，以打有小孔的薄膜覆盖，必要时喷水保鲜。投放枝叶时，先将病虫枝去除，将枝条抖松平铺。枝叶的投放采用“少食多餐”：一天投料3次，一般第一次早晨7:30～8:00，第二次12:00～12:30，第三次下午6:00～6:30，早晚投料较多、中午投料较少。3次之间检查幼虫取食情况，发现不足及时补充，发现剩余可移往别笼。在幼虫的脱皮期，可以在饲养笼内喷雾适当增加湿度；极端干燥时可以薄膜覆盖保鲜食料。三开瓢、南山藤和耳叶马兜铃等肉质藤本的节间较长而叶片较大，宜采用摘叶育虫。

14.5 蛹的采收

在幼虫生长的末期，体色逐渐变淡，最后停止取食，这种幼虫称为老熟幼虫。老熟幼虫寻找笼内空旷的场所静伏，虫体缩短，吐丝作垫，以腹部尾足上的趾钩挂着丝垫，将虫体倒挂起来，形成前蛹或预蛹。前蛹最后一次脱去表皮后变成蛹的构造。

高龄幼虫的发育很不整齐，部分幼虫会先于或早于其他幼虫化蛹。不要急于采收先化的蛹，新化的蛹表皮柔嫩，一触即破，待蛹壳硬化后方可摘取。表皮硬化时间取决于其时的气温。气温高时，硬化速度快，反之则慢。不同蝶种、不同饲育方式，化蛹场所也不一致。枯叶蛱蝶幼虫喜在食料残枝的空隙中和饲养笼下方化蛹，柑橘凤蝶幼虫在放养时喜在寄主枝干和叶片下化蛹，在室内饲养时一般化蛹在饲养笼上方的边角处。白带锯蛱蝶和红锯蛱蝶幼虫喜在饲养笼顶部下方化蛹，而金斑蝶幼虫则化蛹在放养袋顶壁的下方或寄主叶片下（图版14-2）。

收集蛹时，需要细心，注意不能损伤蛹。一般在收集野外放养袋中的蛹时，在放养袋内大部分幼虫进入蛹期后，轻轻地将放养袋从虫枝移开，用小刀片割断缢蛹胸部的缢丝和腹部末端的丝垫，将取下的蛹放在小塑料篮内。少数蛹壳未充分硬化的蛹要单放。在室内饲养

a

b

c

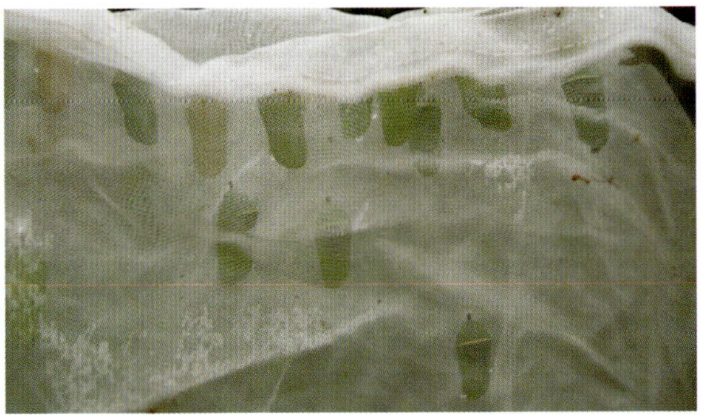
d

图版 14-2 饲育幼虫的几种不同化蛹方式

a. 枯叶蛱蝶 *Kallima inachus* 幼虫在饲料残枝中和笼下化蛹　b. 柑橘凤蝶 *Papilio xuthus* 幼虫在寄主小枝下化蛹
c. 白带锯蛱蝶 *Cethosia cyane* 幼虫在饲养笼顶部化蛹　d. 金斑蝶 *Danaus chrysippus* 幼虫在放养袋上壁下化蛹

时，一般当饲养笼内大部分幼虫进入前蛹期时，将发育延迟个体分离出来，封闭进料口，静待幼虫化蛹。一部分幼虫会在饲料残枝下化蛹。收蛹时轻轻逐根捡起食料植物枝条，将硬化蛹摘下放在小篮内，未硬化蛹则连枝条放置。

14.6 蛹的羽化和运输

羽化室要建在荫蔽、不受阳光直射，通风条件好的地方，内搭若干蛹架。蛹架分为数层，每层高约0.4m，将蛹按化蛹顺序依次摆放在蛹架上。蛹架各处、羽化室四壁及顶部均要覆盖成虫易于攀附的材料，如尼龙纱。羽化时需要专人看管，防止大量羽化后成虫互相抓伤。多数蝶种的正常蛹羽化后成虫能迅速爬到附近空旷处悬掉起来，伸展翅膀，1小时内具备飞行能力。一些种类的蛹需要将其尾部悬挂起来才能正常羽化，包括各种斑蝶、环蝶、粉蝶和黑脉蛱蝶等（图版14-3）。

蛹是最适宜寄运的虫态之一，但除了滞育期间的蛹，一般的蛹在其收获的季节只能维持7～10天时间，需要在表皮硬化后的第一时间摘取，根据需求状况可以将蛹放在低温下贮存数日再发运。可用塑料框（长、宽和高度分别约35cm × 25cm × 8cm）做包装容器。先在框底部垫上废报纸，然后放上一层吸水纸，用柔软的吸水纸将蛹一头一头地包裹好放入框内。每放置一层蝶蛹，再在其上加铺一层吸水纸，然后在上面放置另一层蛹，直至装满为止。最后用稍宽于塑料框的纸板封顶，塑料胶带固定。最后，将两个塑料框对扣起来装箱，装多大的箱视具体情况而定，但在装箱时，始终坚持纸板朝内，塑料框边或底朝外，防止运输途中受挤压。还可以将蝶蛹放在塑料育秧盘的小凹陷中，蛹的下方和上面覆盖一些苔藓，可以起到保湿和防挤压的作用。根据蛹体大小，每个小凹陷中放置一头至数头蛹不等。

图版 14-3 蝶蛹羽化架

主要参考文献

蝴蝶蛹储存仓，专利号：XQ00210156811。
人工饲养蝴蝶幼虫的装置，专利号：XQ00210157111。

第15章 蝴蝶养殖中的天敌及其防治

在自然界中，蝴蝶的种群发展受许多天敌制约。蝴蝶的天敌很多，可以分为寄生性天敌和捕食性天敌两类。寄生性天敌中主要是寄生性昆虫（寄生蜂和寄生蝇等），以及昆虫病原微生物，捕食性天敌主要有捕食性昆虫和其他动物（蜘蛛、鸟类等）。这些天敌的危害可以发生在蝴蝶的卵期、幼虫期、蛹期和成虫期。天敌能对蝴蝶规模养殖生产造成毁灭性危害，控制蝴蝶天敌是蝴蝶规模养殖的关键技术之一。

蝴蝶的卵期天敌主要有寄生蜂（大多属于小蜂科Chalcididae、跳小蜂科Encyrtidae、赤眼蜂科Trichogrammatidae和黑卵蜂科Scelionidae等科）和捕食性节肢动物，其中以赤眼蜂的威胁最大；幼虫期的天敌主要有蜘蛛、寄生蜂（主要是姬蜂科Ichneumonidae、茧蜂科Braconidae和金小蜂科Pteromalidae的种类）、捕食性蜂类（泥蜂科Sphecidae和胡蜂科Vespoidae）、鸟类、蚂蚁、两栖类、虎甲、步甲、蝽象（主要是蝽科Pentatomidae、姬猎蝽科Nabidae和猎蝽科Reduviidae的种类），以及一些寄生蝇（寄蝇科Larvaevovidae和长足寄蝇科Dexiidae）等。其中对1～4龄期幼虫的主要威胁是各种类型的蜘蛛，而对5龄后幼虫的主要威胁是寄生蜂和鸟类。蛹期天敌主要是鼠类、蝽象、步甲和蚂蚁等。成虫期主要有蜘蛛、螳螂、蛙类、鸟类、螽斯、胡蜂科大型蜂类、鼠类和壁虎等危害（表15-1）。

表 15–1 蝴蝶各虫期常见的主要天敌

<table>
<tr><th rowspan="2">虫 期</th><th colspan="2">捕食性天敌</th><th colspan="2">寄生性天敌</th></tr>
<tr><th>主要种类</th><th>次要种类</th><th>主要种类</th><th>次要种类</th></tr>
<tr><td>卵期</td><td>蚂蚁、蝽象</td><td>虎甲、螽斯、蜘蛛</td><td>赤眼蜂</td><td>小蜂科、跳小蜂、黑卵蜂</td></tr>
<tr><td>1～4龄幼虫期</td><td>蜘蛛、蝽象、胡蜂</td><td>蚂蚁、虎甲、泥蜂</td><td rowspan="2">金小蜂、姬蜂、茧蜂、寄蝇、病原微生物</td><td>长足寄蝇、螨类</td></tr>
<tr><td>5龄幼虫期</td><td>鸟类、蝽象、蛙类</td><td>步甲、胡蜂</td><td>其他寄生蜂类、螨类</td></tr>
<tr><td>蛹期</td><td>田鼠、鼹鼠、猎蝽</td><td>步甲、蚂蚁</td><td>金小蜂、寄蝇</td><td>其他寄生蜂</td></tr>
<tr><td>成虫期</td><td>蜘蛛、螳螂
鼠类、壁虎</td><td>蛙类、鸟类
螽斯、大型胡蜂</td><td colspan="2">微孢子虫</td></tr>
</table>

15.1 蝴蝶的捕食性天敌

15.1.1 蛛形纲动物

种类繁多、数量庞大的蜘蛛类主要捕食蝴蝶的卵和1～4龄期幼虫，大型种类和结网的种类还捕食成虫。危害期自春季越冬蝴蝶开始活动，直至进入越冬以后，长达9个月。有的种类无结网习性，在寄主植物和繁殖园壁上游动觅食，而有的结网危害低龄幼虫和成虫，1头中型蜘蛛一天可掠食2龄枯叶蛱蝶幼虫4头，3～4龄虫3头，而一头大型蜘蛛平均每天可捕食2头成虫。除了种类众多、数量庞大，蜘蛛行动敏捷，是蝴蝶养殖中重要的天敌之一。

15.1.2 捕食性昆虫

捕食蝴蝶卵、幼虫、蛹和成虫的天敌昆虫主要是膜翅目Hymenoptera、半翅目Hemiptera、螳螂目。直翅目Orthoptera和鞘翅目Coleoptera的种类

膜翅目捕食性天敌包括各种捕食性蜂类和蚂蚁。捕食性蜂类大多属于针尾组Aculeata的胡蜂科、蛛蜂科PompiLidae和泥蜂科的种类，主

图版 15-1 昆虫对蝴蝶蛹的捕食

a、b. 蝽象捕食碧凤蝶 *Papilio bianor* 和柑橘凤蝶 *P. xuthus* 蛹 c. 被蚂蚁危害的裳凤蝶 *Troides helena* 蛹

要捕食1～4龄幼虫和成虫，在白天危害。蚂蚁是蝴蝶卵期的大敌，也捕食1～2龄幼虫，在干热地区危害最为严重。半翅目蝽科、姬猎蝽科和猎蝽科的昆虫，俗称蝽象，汲食卵、幼虫和蛹的体液，主要在白天危害。其长长的刺吸式口器能穿入放养袋，危害里面的幼虫和蛹，在热带地区危害严重（图版15-1）。危害蝴蝶的直翅目昆虫主要是螽斯总科Tettigonioidea的一些种类，常见的如纺织娘*Mecopoda elongata*。其若虫捕食蝴蝶的卵、幼虫，它们的成虫有时也捕食小型蝴蝶成虫。主要在夜间危害，在水土条件好、地面杂草茂盛的养殖场数量较大。除了危害蝴蝶，螽斯类也捕食刺蛾、蚜虫、蚂蚁和蟋蟀等小型昆虫，对于维持养殖园的生态平衡有一定作用。鞘翅目的步行虫科Carabidae昆虫，统称步甲或步行虫，捕食蝴蝶的蛹，有时也危害幼虫，主要在夜间活动。虎甲科Cicindelidae的一些种类，则在白天捕食蝴蝶的卵和低龄幼虫。螳螂目Mantodea的大型种类是蝴蝶成虫的主要天敌之一，在白天活动，危害很大；其小型种类也捕食蝴蝶幼虫。

15.1.3 鼠类

主要是啮齿目Rodentia仓鼠科Cricetidae和鼹鼠科Talpidae的种类，是农田和山丘的常见哺乳动物，尤其是各种田鼠*Microtus* spp.，在春季和冬季危害十分猖獗。无论蝴蝶的幼虫是饲养在室内，还是放养在田间，都会受到鼠类的危害。一只田鼠在一夜间可食掉上百头蝴蝶幼虫或蛹，有时甚至爬上繁殖园壁捕食成虫。由于大多在夜间危害，很难进行人工驱逐，常造成不小损失。鼹鼠在白天活动，主要捕食蝴蝶的蛹和饲养笼下部的幼虫，一般不能爬到高处捕捉成虫。除了直接伤害蝴蝶，田鼠和鼹鼠还将放养袋咬烂，使寄生性天敌进入，造成的间接损失更大。距离鼠穴近、位置低的放养袋最容易受到攻击，严重时整袋幼虫连同其中的蛹被清空，留下肠道或蛹壳。在靠近森林的养殖场内，还发现有松鼠危害的情况。

15.1.4 其他捕食性天敌

两栖类的蟾蜍科Bufonidae和蛙科Ranidae动物，俗称蛤蟆和青蛙，捕食蝴蝶的成虫和幼虫，主要在夜间活动。在地势低洼、潮湿的地方对成虫和野外幼虫可造成严重危害。爬行类的壁虎捕食3～5龄幼虫和成虫，在白天和夜间都可危害；鸟类捕食蝴蝶幼虫和成虫。软体类的蜗牛分泌一种消化液，溶解并汲食成虫翅膀和虫体内积存的脂肪，对越冬的成虫有一定危害。

15.2 寄生性天敌

与捕食性天敌比较，寄生性天敌的危害要隐蔽得多。蝴蝶的寄生性天敌昆虫主要是寄生蜂类和寄生蝇类。受害蝴蝶大部分是在卵期和幼虫期被寄生，少部分在蛹期被寄生。被寄生后的卵不能孵化，而被寄生的幼虫往往能够正常化蛹，但在蛹期死亡（小茧蜂寄生除外）。被寄生性昆虫寄生的幼虫多能正常取食，一般不出现排稀粪和吐液等病理症状，只是发育延迟、表皮有杂色斑点，不易被识别。被寄生的蛹第4～6腹节节间膜失去弹性，腹部被扳向一侧后不能自动回复原位；寄生性天敌成虫羽化后在蛹壳上咬开一个小孔飞出。

15.2.1 寄生蜂类

寄生蜂是膜翅目寄生性昆虫的总称，其幼虫阶段寄生于各种昆虫的卵、幼虫和蛹，幼虫在寄主体内取食组织和体液，一般将导致寄主死亡。在农林业生产上，一般都被视为有益昆虫，在生物防治中扮演重要角色。但在蝴蝶的人工规模繁育中，寄生性天敌是制约蝴蝶养殖的重要因素之一。目前，对于蝴蝶寄生蜂类的研究很少，见报道的只有粉蝶绒茧蜂、赤眼蜂和金小蜂等。这一方面是由于蝴蝶养殖业尚处在起步阶段，另一方面，仅有极少几种蝴蝶被视为害虫。

寄生蜂的雌成虫常以产卵器刺破幼虫或蛹体壁，将卵产在蝴蝶卵、幼虫及蛹的体内。幼虫取食寄主组织并在卵或虫体内化蛹，成虫羽化后咬破卵壳或蛹壳而出。被寄生的卵和幼虫常在初期不显示明显征状，卵显出正常的胚胎发育特征，但在后期迟迟不能孵化，到寄生蜂成虫羽化咬破卵壳才知被寄生。许多寄生蜂存在多胚生殖现象，即一个卵发育出数个至数十个个体，因此危害极大。幼虫在整个生长发育过程中都无明显症状，能够正常化蛹，蛹在前期也显示正常。随着体内寄生蜂的生长发育，蛹体腹部逐渐失去弹性，才能确定被寄生。

蝴蝶寄生蜂数量较多的有5种，分属于姬蜂科、小茧蜂科、小蜂科、金小蜂科和赤眼蜂科。赤眼蜂是蝴蝶的主要卵期寄生天敌，以广赤眼蜂*Trichogramma evanescens*为主，一般占卵寄生蜂总数的90%以上。广赤眼蜂体型极微小，黑色、淡褐色或黄色，复眼红色，头、前胸和腹部棕黑色。体长0.3～1.0mm，不能被60～80目放养袋阻隔。广赤眼蜂对蝴蝶危害极大，大发生时，几乎每一粒蝴蝶卵上或附近都有1头至数头赤眼蜂。被寄生卵后期变为深灰色，稍后可见卵壳上细小的羽化孔。从一粒卵内羽化出的赤眼蜂数量少则1头，多时达20多头。广赤眼蜂成虫在四川峨眉始见于4月中旬，

a

b

图版 15-2 两种寄生蝴蝶幼虫的寄生蜂
a. 凤蝶金小蜂 *Pteromalus puparum* 成虫
b. 菜粉蝶绒茧蜂 *Apanteles glomeratus* 幼虫

到8、9月份达到高峰。除了广赤眼蜂，松毛虫赤眼蜂*Trichogrармma dendrolimi*和拟澳洲赤眼蜂*T. confusum*也寄生蝴蝶的卵。

凤蝶金小蜂*Pteromalus puparum*体型较大，成虫体长1～2mm，能够被60～80目尼龙放养袋阻隔。成虫金绿色或金蓝色，幼虫寄生在蝴蝶的幼虫和蛹体内。世代很多，自春季至晚秋都有其危害，一头蛹中可羽化出上百的金小蜂成虫。姬小蜂科种类体型1～3mm，也有金属光泽，寄生幼虫。被这两种蜂类寄生的幼虫多能化蛹，但蛹在后期节间失去弹性，节间膜逐渐变色。粉蝶绒茧蜂*Apanteles glomeratus*主要寄生在粉蝶科幼虫体内，在幼虫体表化蛹（图版15-2）。

15.2.2 寄生蝇

双翅目寄蝇科Larvaevovidae和长足寄蝇科Dexiidae的种类寄生蝴蝶的幼虫和蛹，危害一般较小蜂类要轻一些。但在个别地区也能产生严重危害。2004年5月间，在南亚热带的云南景东，从野外收集的142只达摩凤蝶蛹，有73.1%被寄生蝇寄生。蛹被寄生后，节间也失去弹性，但节间膜不变色。寄生蝇的幼虫圆柱形，和蝇蛆差不多。成虫在白天活动，有时将卵产在蝴蝶幼虫附近的叶片上，幼虫食入后被寄生。在四川峨眉，自然界中蝴蝶被寄生较为严重，1999年到2002年的调查表明，卵的寄生率严重时可高达70%以上，捕食率严重时高达90以上，天敌危害严重时，化蛹率不到10%（表15-2～表15-4）。

表 15–2 寄生蜂对蝴蝶卵的危害调查 （四川峨眉山市符溪镇）

蝶种	观察时间	调查卵数（粒）	正常孵化数	孵化率（%）	被寄生卵数	寄生率（%）	其他原因未孵卵数（粒）
碧凤蝶	1999/8	500	88	17.6	376	75.2	36
	2000/8	500	458	91.6	32	6.4	10
	2001/8	500	439	87.8	47	9.4	14
	2002/8	500	281	56.2	206	41.2	13
美凤蝶	1999/8	500	62	12.4	394	78.8	44
	2000/8	500	425	85.0	18	3.6	57
	2001/8	500	423	84.6	34	6.8	43
	2002/8	500	230	46.0	233	46.6	37
翠蓝眼蛱蝶	1999/8	500	17	3.4	429	85.8	54
	2000/8	500	435	87.0	26	5.2	39
	2001/8	500	414	82.8	35	7.0	51
	2002/8	500	272	54.4	187	37.4	41
枯叶蛱蝶	1999/8	500	46	9.2	412	82.4	42
	2000/8	500	444	88.8	19	3.8	37
	2001/8	500	439	87.8	31	6.2	30
	2002/8	500	196	39.2	257	51.4	47

表 15–3 捕食性天敌对蝴蝶卵的危害调查 （四川峨眉山市符溪镇）

蝶种	观察时间	观察地点	观查卵数（粒）	存留卵数（粒）	存活率（%）	被天敌捕食的卵数（粒）	被捕食率（%）
碧凤蝶	2000/8	四川峨眉	500	332	66.4	168	33.6
美凤蝶	2000/8	四川峨眉	500	367	73.4	133	26.6
翠蓝眼蛱蝶	2000/8	四川峨眉	500	46	9.2	454	90.8
枯叶蛱蝶	2000/8	四川峨眉	500	34	6.8	466	93.2

表 15-4 幼虫至蛹天敌危害调查（四川峨眉符溪镇，2000 年）

蝶种	虫龄	供试虫数（头）	化蛹数（头）	化蛹率（%）	被捕食幼虫数（头）	被捕食率（%）	健蛹数（头）	健蛹率（%）	被寄生蛹数	寄生率（%）	病虫数（头）	病死率（%）
碧凤蝶	1 龄	100	8	8	3	3.0	23	23	62	62	7	7
	4 龄	200	84	42.0	109	54.5	27	32.1	57	67.9	7	3.5
美凤蝶	1 龄	100	7	7	2	2.0	14	14	74	74	5	5
	4 龄	200	133	66.5	54	27.0	54	40.6	79	59.4	13	6.5
枯叶蛱蝶	1 龄	100	21	21	14	14.0	16	16	58	58	5	5
	4 龄	200	158	79.0	38	19.0	97	61.4	61	38.6	4	2.0

15.3 套袋放养对幼虫天敌的防范作用

蝴蝶幼虫在室外寄主植物上放养，易遭受到众多天敌的捕食和寄生，如不给予严密保护，其成活率非常低。使用化学方法防治蝴蝶天敌几乎是行不通的。目前还没有药剂能选择性地杀灭天敌昆虫，而不伤害蝴蝶。在蝴蝶规模养殖中，主要采用人工或物理方法控制天敌危害。一般包括两类：采用防护尼龙纱网将天敌与蝴蝶幼虫隔离，对放养幼虫施以保护，从而使蝴蝶免遭天敌的危害，或利用天敌的趋性进行物理的或化学诱杀。以尼龙纱网制作成的放养袋通风透光，基本不影响袋内蝴蝶幼虫及寄主植物的生长，且轻巧、耐用、价廉。尼龙网目数越高，网眼越小。反之，网眼越大。捕食性天敌一般体型较大、易于隔离，防范重点应放在寄生蜂上，对天敌的防护作用主要取决于网眼的大小。用不同目数的尼龙网放养袋。放养幼虫，不同蝴蝶种类的成活数、健蛹数（正常羽化数）有所不同（见表15-5）。

试验表明，60目以上的尼龙袋均能有效防止各种幼虫和蛹期寄生蜂的危害，金凤蝶和巴

表 15-5 不同目纱袋套养蝴蝶幼虫的的化蛹率和健蛹率比较

试验蝶种	寄主	放养袋目数（目）	供试虫数（头）	虫龄	化蛹数（头）	化蛹率（%）	健蛹数（头）	健蛹率（%）	被寄生蛹数（头）	寄生率（%）	病虫（蛹）数（头）	病虫（蛹）率（%）
金凤蝶	茴香	30	45	3	43	95.6	17	39.5	26	57.8	2	4.4
		50	45	3	41	91.1	18	43.9	23	51.1	4	8.9
		60	45	3	41	91.1	40	97.6	0	0	4	8.9
		70	45	3	38	84.4	37	97.4	0	0	8	17.8
		80	45	3	35	77.8	29	82.9	0	0	16	35.6
		90	45	3	29	64.4	18	62.1	0	0	27	60.0
		100	45	3	21	46.7	13	61.9	0	0	32	71.1
		120	45	3	13	28.9	4	30.8	0	0	41	91.1
巴黎翠凤蝶	臭辣树	30	45	3	41	91.1	14	34.1	27	60.0	4	8.9
		50	45	3	38	84.4	18	47.4	20	44.4	7	15.6
		60	45	3	37	82.2	34	91.9	0	0	11	24.4
		70	45	3	37	82.2	36	97.3	0	0	9	20.0
		80	45	3	32	71.1	30	93.8	0	0	15	33.3
		90	45	3	33	73.3	27	81.8	0	0	18	40.0
		100	45	3	29	64.4	21	72.4	0	0	24	53.3
		120	45	3	26	57.8	19	73.1	0	0	26	57.8

黎翠凤蝶幼虫的寄生率为零。尼龙袋在50目以下，小型寄生蜂能钻到里面，用30目尼龙袋放养，幼虫被寄生率分别为57.8%（金凤蝶）和60.0%（巴黎翠凤蝶）；当用50目尼龙袋放养时，幼虫被寄生率分别为51.1%和44.4%。使用60～80目的尼龙袋放养幼虫是较为合理的。尼龙纱放养袋对防止蜗牛、蜘蛛、步甲、捕食性蜂类、蚂蚁、两栖类、爬行类、鸟类，以及幼虫、蛹的寄生蜂和寄生蝇的危害十分有效，效率可以达到100%，对于半翅目刺吸式口器天敌也有很好的防范作用。

实践表明，为便于套袋操作及采摘蛹，放养袋的规格设计为150×100（cm）较为合适。太小，套养幼虫少，占用器材多，频繁换枝增加工作量；袋子太大，操作不便，也不利于及时清除病虫和寄主植条上的天敌，一旦发生疾病在袋内流行，造成的损失也大。虽然尼龙纱放养袋能防止大部分主要幼虫天敌的危害，但对于鼠类作用很小，蝽象的长刺吸式口器可能穿透尼龙纱放养袋对蝴蝶幼虫造成危害。此外，60～80目尼龙纱也不能阻止赤眼蜂等体型极微的蜂类对卵的寄生。

套袋放养带来的主要问题是影响了袋内的通气和光照条件。尼龙袋的目数越高，袋内透光性和透气性越差，湿度增大，利于病原菌滋生；植物枝叶容易发黄霉烂，幼虫取食后体质下降，罹病率随之增加。套袋保护在隔离了捕食性天敌的同时，也减少了放养幼虫及虫枝获得的光照，降低了袋内的空气流动，增加了袋内的湿度，有利于昆虫病原微生物的滋生繁殖。因此，养殖生产中也采取一些其他措施，以达到对蝴蝶天敌的综合防治效果。主要有：

（1）水池和水沟能够有效隔离各种蚂蚁。小虫专育区周围应有水沟隔离，卵在保育中也必须将保育容器置水中，羽化蛹的架子的四脚也必须放在水盆内。

（2）有机磷农药灌蚁穴是清除受卵植物周围蚂蚁的有效办法，但要注意不要污染植物上的卵；将甲虫散拌于动物内脏上对于步甲有很好的诱杀效果。

（3）毒饵诱杀。在田间每隔5～10m在寄主树下投放一些伴有毒药的畸形蝶蛹或成虫，这样不仅可以直接毒杀部分鼠类，可能对剩下个体还有警示作用，使它们在一段时间内对正常的蛹和成虫有所忌避。投料时注意不要破坏毒饵周围环境，以免引起害鼠警惕。各种捕鼠器械和养猫捕捉也是一种供选择的方法，但效果似乎不是很稳定。

（4）利用黄色粘板可以诱杀部分寄生蜂和蚜虫。

15.4 蝴蝶疾病的预防

寄生性微生物造成蝴蝶的幼虫和蛹感病死亡，是幼虫传染性疾病的病因。在自然界，蝴蝶幼虫密度很低，生存空间和食物资源充裕，感病的概率较低；而在养殖条件下，尤其是在室内饲养时，高密度的虫口、较差的空气流动性，加上夏季高温高湿天气的影响，极容易造成幼虫发病。

15.4.1 蝴蝶病原微生物的主要类型

（1）病毒类

以多角体病毒为主。多角体病毒分为两大类，一类称为质型多角体，主要侵染中肠组织皮层细胞的细胞质，另一类称核型多角体，主要侵染血淋巴细胞、脂肪体和气管壁等组织的细胞核。

由多角体病毒引起的蝴蝶疾病是蝴蝶养殖中常见的疾病类型，一般春季是不利于病毒活动的时期，放养种群中也有大约5%～10%的幼虫发病，到了夏秋季则可爆发流行，使养殖种群绝种。目前了解较多的是小黄粉蝶颗粒体病毒和山楂绢粉蝶核型多角体病毒。发病幼虫常见症状为食欲减退，渐停止取食；体色渐起变化，一般较正常虫黄；病虫常爬上枝梢，以腹足抓着物体，倒挂而死（图版15-3）；死后体内组织液化，表皮脆弱，轻触即破，流出脓状体液，但无恶臭。虽然整个幼虫期都可被感染，但很少有病虫在1～2龄期发病，感染幼虫多在3龄以后才出现死亡，尤其是5龄中期至老熟幼虫。

病情重的幼虫不能化蛹，死后虫体腐烂发黑。但也有一些病虫死后表皮仍有韧性，不易

图版 15-3 幼虫病毒病征状

图版 15-4 幼虫和蛹的细菌病征状

触破，虫体保持完好，体内组织不液化；病情较轻者可以进入蛹期，在蛹期死亡，或正常羽化交配，把病毒粒子传给下一代。解剖病虫，中肠灰白色、肿大，而非正常的半透明状。400倍光学显微镜检查病虫中肠组织，能发现大量多角形结晶体。这种结晶体可溶于碱性溶剂中，释放出游离病毒粒子。多角体的病毒生命力极强，能抵抗恶劣环境条件。在室温下，其感染力可保持数年，在室外无阳光直射的地方也能保持1年以上。直射阳光能在10小时内杀死暴露的多角体，但藏于死虫体内的多角体虽经15小时也不失活；在20～25℃条件下，浸泡在甲醛溶液或10%盐酸溶液中30分钟，都能使其丧失致病力；漂白粉和鲜石灰都能使其失活。

病原物主要存在于感染虫体内、粪便、反吐液和尸体污染的食料叶片上，可以通过雌蝶产卵时将病毒传给后代，或幼虫取食带毒叶片后被感染。夏秋季发生较重。叶片质量差，食物不足，虫口密度过大以及养虫室通风条件不良时幼虫容易感病。幼虫被病毒感染后，往往易受到细菌类的继发感染。以漂白粉和石灰对卵、饲育器材和环境进行消毒可以降低病毒流行程度，适当的种群养殖密度可以减少病毒感染。

（2）细菌类

病原细菌的种类非常多，有的可直接侵染健康幼虫，如苏云金杆菌、杀螟杆菌和猝倒菌等。而很多细菌本来对健康幼虫没有感染力，甚至本身就生活在幼虫肠道内，一旦幼虫受到病毒类感染身体机能受损，即可造成继发感染。幼虫感染细菌发病症状通常为：食欲减退，行动迟缓，对接触刺激反应失灵；有吐泻症状；偶见黑斑出现于体背和体侧；死后虫体伸展，变棕褐色或黑色，体内组织液化；挑破表皮，流出黑褐色有恶臭的液体；有的死虫体软化变红褐色，流出恶臭的红色液体，病虫常侧卧死在叶片上（图版15-4）。在400倍光学显微镜下检查病虫体液，能发现大量运动的病菌。

苏云金杆菌在生长繁殖过程中产生菱形的伴孢晶体，正是这种晶体蛋白质使幼虫发病死亡。幼虫感染后有急性发病和慢性发病之分。当幼虫一次食入毒素较多时表现急性症状。发病幼虫突然停止取食，头部抬起，痉挛颤抖而死。当幼虫一次食入毒素较少时表现慢性症状。

可经伤口或食下传染，多雨潮湿天气容易造成幼虫发病。连续喂养带水的枝叶，养虫笼潮湿发热，亦易造成病害流行。加强通风是预防细菌性疾病发生的关键，虫体、虫笼、放养袋和食料用漂白粉消毒，以及清除粪便都是重要防治措施。防止损伤幼虫表皮，减少接触感染机会。

（3）真菌类

真菌类引起的蝴蝶幼虫病害主要是白僵病和绿僵病。病虫死后，从腹部末端开始出现红色，1～2天后，体表各处先后着生白色或绿色气生菌丝，菌丝产生大量粉末状孢子，然后虫体硬化。秋季多雨天气，2～5龄幼虫均易感染真菌。传染源主要是病死虫产生的分生孢子，传染途径主要是虫体接触。加强养虫室的通风可有效防止真菌的危害。

（4）微孢子虫类

俗称微粒子。幼虫感染后往往初期不表现明显症状。发病后行动缓慢，食叶不活跃，并有吐胃液、虫体缩短等症状，许多病虫仍可以化蛹，但多畸形或死蛹，重者死亡。死蛹腹节松弛，体色污暗；死虫一般不软化腐烂。蛹体上常出现圆形黑色病斑，表现出脱水症状（图版15-5）。400倍镜检成虫腹部末端可以发现大量椭圆形孢子。孢子在3%甲醛溶液中10分钟即失活，而用3%盐酸处理15分钟仍有致病力。

由微粒子引其的疾病是放养凤蝶类的主要疾病之一。这类病原物可以感染蝴蝶从卵至成虫的每一阶段，并且被感染的个体一般不表现出明显可见的病征，往往容易被忽视，直至发展到爆发流行。微粒子病常呈慢性发展，感染个体从感染到死亡的时间仅仅稍短于正常的生命过程。在幼虫食入孢子较少而饲养条件较好的情况下，可以不表现出任何症状，从而携带病原完成个体发育。被微孢子虫感染的亲代个体产卵时可将病原传给后代；许多微孢子虫除了感染蝴蝶幼虫，还侵染螟虫、舞毒蛾、尺蠖和刺

图版 15-5 幼虫和蛹的微粒子病征状

蛾等鳞翅目寄主植物害虫，幼虫取食被野生病虫粪便、反吐液和尸体污染的食料叶片后被感染，是其难以被彻底消灭的主要原因之一。

15.4.2 养殖种群中疾病流行的原因

蝴蝶病原微生物种类很多，分布极广，广泛存在于自然种群中及其寄主植物上，蝴蝶的卵、幼虫、蛹和成虫直接或间接接触过的地方，都可能有其病原物的存在。传播途径和幼虫发病原因也很复杂。蝴蝶规模养殖中流行病爆发是制约蝴蝶养殖业发展的主要技术难题之一。

造成夏秋季幼虫疾病流行的主要原因可能有：

（1）经过前季（饲）放养幼虫，用过的器材、养虫室积留的病原菌较多。

（2）夏秋季气温高，幼虫历期缩短，养虫器材频繁使用，容易产生消毒不彻底。

（3）在夏秋季的高温环境中，幼虫厌食，体质下降；病菌繁殖却更快，致病力更强。

（4）夏秋季高温高湿环境利于微生物生长，环境中的病原微生物数量增多，易造成植物和蝴蝶感染。

15.4.3 疾病的预防措施

在蝴蝶规模养殖中有许多预防疾病的方法，一般可采用以下一些常规的方法控制蝴蝶幼虫疾病发生和流行。

（1）清洗养虫笼舍：打扫和清洗养虫室，不仅能清除大部分病原菌，而且能使粘附在养虫室四壁、地面及器材上的病菌暴露，提高下一步的消毒效果。尤其在继代养殖中，打扫和清洗要达到无病虫（蛹）的残体、无虫粪、无饲料残渣。养虫室要清洁、通风透气。

（2）消毒：1kg漂白粉和1kg生石灰加入清水20～30kg，加盖静置0.5～1h，澄清后取上清液，用喷雾器向养虫室及室内器材喷洒。以0.2%高锰酸钾水溶液浸泡幼虫放养袋1～2h。将经过消毒的放养袋及其他器材在太阳下暴晒2～3天。用含有效氯2%的漂白粉石灰水溶液浸卵3分钟。

（3）卵消毒：在蝴蝶养殖中，漂白粉水溶

液和甲醛——盐酸混合液作为消毒剂对卵消毒有较好的效果。一般消毒法是浸泡，对于粘附在受卵植物叶片上的卵，则采用多次反复喷雾的方式。常用方法为，取1份漂白粉（含氯量为25%～30%）兑水36～40份，静置30分钟后取其上清液，将卵浸泡在上清液中，静置消毒20分钟后，取出卵，吸干水分；可以将甲醛、盐酸和水按照1：1：20的比例配制成消毒液，浸卵20分钟消毒。

（4）及时清理感病幼虫：如果幼虫疾病已经发生，随时注意观察幼虫生长状况，包括行为、体型、体色和粪便等特征，确定是否有发病症状。如发现病虫，要立即将病虫捡出，将笼内粪便和饲料残渣清除，用漂白粉和石灰混合粉对饲养笼进行消毒，然后换入新鲜的饲料。每隔8h向叶面喷施500单位的氯霉素，连续喷4次。

（5）叶片消毒：叶片等食物的清洁是保证幼虫不感病的前提。在蝴蝶幼虫饲养中，可以采用定期以含0.3%有效氯的漂白粉石灰水溶液对叶面进行消毒，从4龄幼虫始，每3天在叶面喷洒500单位的氯霉素对防止疾病发生和流行有较好的效果。

（6）建立小型养虫室：在蝴蝶规模养殖中，养虫室不宜过大，以免幼虫感病后大面积传播，尽可能地将养虫室分隔成为10～20m^2小养虫室，加强通风透光和消毒。

主要参考文献

蔡宁华，秦玉川. 1990. 广赤眼蜂生态学特性的初步探讨[J]. 北京昆虫学会成立四十周年学术讨论会论文摘要汇编

陈兴永，温瑞珍，陈海东. 2004. 广州地区达摩凤蝶生物学特性观察[J]. 昆虫知识，41（2）

霍绍棠，杨崇珍. 1991. 几种赤眼蜂对菜粉蝶卵寄生力的比较[J]. 生物防治通报，7（1）

宋继学，霍绍堂. 1992. 陕西省菜粉蝶寄生昆虫调查及其利用[J]. 西北农业学报，1（3）

许维岸，李照会. 1997. 绒茧蜂生物学和生态学特性[J]. 山东农业大学学报（自然科学版），28（2）

杨志信，任伊森. 1997. 柑桔凤蝶类寄生蜂的识别与保护利用[J]. 中国南方果树，26（1）

尹健，王景晨. 1997. 蝶蛹金小蜂发生规律的初步研究[J]. 河南农业科学，1997（6）

袁雨，吕龙石，金大勇. 2001. 长白山区柑橘凤蝶生物和生态学特性的研究[J]. 农业与技术，21（3）

赵琦，韦党扬. 1996. 柑桔凤蝶类害虫的两种重要寄生蜂[J]. 江西果树，1996（2）

中国科学院动物研究所，浙江农业大学. 1978. 天敌昆虫图册[M]. 北京：科学出版社

第16章　蝴蝶养殖和利用中的外来物种入侵风险防范

16.1 蝴蝶养殖和活体利用中的外来蝶种入侵风险

在蝴蝶的人工养殖中，需要进行异地引种或在各地养殖园之间进行种源调配。无论是封闭型还是开放型蝴蝶生态观赏园的运作，都需要释放大量的蝴蝶成虫。而在庆典放飞活动中，被释放的蝴蝶最直接地进入自然环境。在蝴蝶的养殖、庆典放飞和生态观赏等开发利用活动中都有或可能有人工养殖的蝴蝶进入当地自然生态系统中，需要对潜藏的外来物种入侵风险进行分析评估和防范。

按照蝴蝶活体利用地点和蝴蝶种源地生态系统的关系，各种活体利用活动可以分为本地利用和异地利用两种类型。前者是指在蝴蝶养殖场所在地区生态系统内所开展的利用活动。后者则是指在远离蝴蝶养殖场所在地生态系统，并与该生态系统存在较大范围的地理和气候隔离的地区所开展的各种活体利用活动。当被利用的蝶种不是放飞地当地生态系统中自然生长繁衍的蝴蝶种类时，这些蝶种通常被称为外来蝶种。外来蝶种是相对于放飞地自然生态系统而言，是指那些在没有直接或间接的人为引入，其扩散潜力不足以到达其过去或现在的自然分布范围以外地区的蝴蝶种、亚种或以下的分类单元。虽然可以从理论上推测，被释放的人工养殖的蝴蝶可能将危险病原物带到野生种群中，从而在野外种群中造成危险疾病流行，但迄今为止并未发现这种情况。因此，只有在开展蝴蝶活体的异地利用时才可能发生外来物种入侵。

当外来蝶种造成入侵时，主要是对当地蝴蝶种群，以及人工或野生的经济植物种类产生影响。其可能造成的危害主要有以下四个方面：

（1）形成竞争优势：外来蝶种通过竞争生态位（主要是食物竞争和栖息地竞争），可能直接减少本地蝶种的种类或降低其种群数量。

（2）传染病：蝴蝶异地放飞时，有些带病的放飞个体，进入到当地自然生态系统后，可能会造成自然种群感染疾病。

（3）遗传侵蚀：入侵种群与本地种群的基因交流可能造成后者的遗传侵蚀，导致遗传多样性的降低。

（4）暴发性虫灾：外来蝶种有可能对当地的农林业生产造成威胁。因为农林作物数量大且品种相对单一，有些是蝴蝶的寄主植物，一旦环境适宜，可能造成暴发性虫灾。

（5）潜在威胁：外来蝶种可能危害人们尚不了解的、当地与其寄主近缘的其他人工栽培或野生的植物。

16.2 外来蝶种入侵发生的条件

蝴蝶外来物种入侵发生，必须具备以下各方面的条件。

（1）放飞蝴蝶进入当地自然生态系统：风险发生的条件之一，是放飞的蝴蝶个体直接进入自然生态系统。即使放飞在隔离空间内的蝴蝶成虫个体，也有可能经由一些设计不合理的出口或入口、以及园壁破损后形成的裂缝或洞口等逃逸，进入野外的自然生态系统之中。

（2）当地适宜寄主和蜜源植物丰富：绝大多数蝴蝶是寡食性的，有固定的寄主范围，取食特定属的若干种植物，对非寄主的次生物质敏感，难以转移取食；访花成虫对植物种类有选择性。极少数种类以特定种类的农作物、经济植物和园林绿化植物为寄主，种群增殖潜力大，有可能在环境条件适宜时暴发成为害虫。如菜粉蝶危害十字花科蔬菜，稻弄蝶*Parnara* spp.和稻眉眼蝶*Mycalesis gotama*危害水稻，迁粉蝶和宽边黄粉蝶等危害栽培的豆科植物，紫闪蛱蝶（*Apatura iris*）危害柳属植物等。如果缺少足够的寄主和蜜源植物，任何一种蝴蝶都不可能在一个地方生存下来。

（3）气候条件适宜：南方的蝶种需要北方不具备的积温条件才能生存，即使当地存在其适宜寄主；而南方夏季的高温则对许多原产于温带和高山的蝶种是致命的。

（4）较强的扩散能力：蝴蝶的迁移主要靠成虫飞行。只有当成虫能够迅速扩散到较远的地方，才有机会找到适宜的栖息环境。

（5）较强的繁殖能力：外来蝶种在一个新的环境中形成稳定的种群，需要具备较强的繁殖能力。因为，蝴蝶成虫一般来说普遍寿命短、产卵期短，卵散产不集中、不易保护，其活动对光照和温度要求较高，所以多数蝴蝶在野外所表现出的实际繁殖能力非常低。

（6）天敌抑制力弱：蝴蝶的自然天敌众多，外来蝶种抵达一个新的地区后，逃逸到野外的少量个体生存机会很小。只有当其在新的自然或半自然生态系统或生境中建立了种群，从而改变或威胁本地生物多样性的时候，才能造成有效侵害、成为外来入侵蝶种。

16.3 外来蝶种入侵风险的评估

一般认为，成功入侵的外来物种具有对环境条件的适应性较强，繁殖能力较强和传播能力较强等特点。食物、环境温湿度、种的繁殖能力、扩散能力、世代周期、遗传稳定性、当地同种种群或食性相似的其他物种的有无、有害特征以及入侵历史等因素都是影响外来动物种入侵风险大小的重要因素。风险评估中考虑的主要问题是外来物种在当地建立种群的可能性以及可能造成的损失。

对于蝴蝶而言，幼虫寄主、冬季低温和夏季高温等3个因子都是个体生存和种群建立的限制因子，称为生存限定因子。其中，寄主应包括任何潜在性寄主，即与其原寄主同属或同科的、未被实验证实在没有原寄主的条件下、蝴蝶不会转移取食并正常生存繁殖的植物种类。在生存限定因子全部满足某一蝶种生存要求的条件下，世代周期、自然扩散范围、自然扩散速度、物种的遗传稳定性等因素也是决定风险大小的重要因素。因此，对于外来蝶种可能造成的生物侵害风险（用风险指数R表示）进行评估可以分两步进行：

（1）对外来蝶种的生存风险进行评估，求出风险系数R_c

$$R_c = L_1 \times L_2 \times L_3$$

式中：L_1表示放飞地潜在寄主状况下的生存概率，L_2表示冬季低温下的生存概率，L_3表示夏季高温条件下的生存概率。只要有一个生存限定性因子对该蝶种在当地的生存和扩散是否定的，即：L_1、L_2 或L_3为零，则R_c= 0，就可以被认为在当地放飞此种蝴蝶是安全的，即风险为零。如果所有这些限定性生态因子都能满足此种外来蝶种生存和扩散的需要，则R_c= 1，应继续进行下一步的综合风险评估。

（2）对外来蝶种的综合风险进行评估，求出风险指数R

风险指数R是风险系数R_c与风险分数S_d的乘积。要求出风险指数R，首先，要对包括生存限定因子、非限定性因子和其他物种特征在内的所有风险因子逐项进行风险评分，计算出综合风险分数S_d，然后才能得出风险指数R。

$$S_d = R_c \times \sum_{i=1}^{n} X_i$$

$$R = R_c \times S_d$$

式中：R_c= 0或1；X_i表示i项风险因子的风险分数；n表示因子数；i表示风险因子。

具体方法是：

确定风险因子：根据对蝴蝶的研究和观察以及几年来国内蝴蝶放飞的实践经验，共确定了11个风险因子，即放飞蝶种在放飞地的世代周期、自然扩散范围、自然扩散速度、遗传稳定性、野外同种种群、寄主或潜在寄主、补充营养源、食性类似物种、越冬或越夏能力、有效天敌、该种的入侵记录。

对各风险因子赋值：即针对每一种蝴蝶异地放飞的风险因子，根据其风险性的大小进行赋值（见表16-1）。然后求R_c，S_d和R。

（3）确定风险程度与放飞许可关系

通常以R值来确定放飞风险的大小，当落入下列范围时，其与放飞许可的关系如下：

表 16-1 蝴蝶放飞风险因子赋值表

因 子	内容说明和提示	风 险	赋 值
蝴蝶在放飞地的世代周期	≥ 30d < 30d	小 大	1 3
蝴蝶的自然扩散范围	< 10km ≥ 10km	小 大	1 3
蝴蝶的自然扩散速度	慢，< 10km/h 快，≥ 10km/h	小 大	1 3
蝴蝶的遗传稳定性	稳定 不稳定	小 大	1 3
野外同种种群	无 有	小 大	0 1
寄主或潜在寄主	无 少 丰富	小 中 大	0 1 3
补充营养源	无 少 丰富	小 中 大	0 1 3
放飞地蝴蝶 食性类似物种	无 少 丰富	小 中 大	0 1 3
放飞地蝴蝶越冬 或越夏能力	不能 可能 能	小 中 大	0 1 3
放飞地蝴蝶 的有效天敌	丰富 有 未知	小 中 大	0 1 3
该种入侵 记录	无 有	小 大	0 3

$R>20$，严格禁止该种进入，不允许开展任何形式的放飞活动。

$20\geqslant R\geqslant 10$：需要禁止在室外放飞。

$10>R\geqslant 5$：可以在限定的地点、以限定的数量和次数进行室外放飞。

$R<5$：可以在自然保护区以外进行室外放飞。

依照此法，可以初步对外来蝶种的生物侵害风险进行评估，继而确认针对每一个种的准入与否和准入以后的放飞形式，例如一些蝴蝶引入中心城市放飞（表16-2）。

从表16-2可见，凤蝶属的种类、褐斑凤蝶、枯叶蛱蝶和青豹蛱蝶等的入侵风险较高，不能在上海进行室外放飞。裳凤蝶属、统帅青凤蝶、白带锯蛱蝶、斑凤蝶、金斑蝶、青斑蝶、幻紫斑蝶、文蛱蝶、白袖箭环蝶和4种产于热带的粉蝶即使进入当地野外，因不存在寄主、或不能安全越冬或越夏而无法建立种群，在室外放飞也是安全的，不存在生物侵害风险。箭环蝶、黑脉蛱蝶、大绢斑蝶、异型紫斑蝶、虎斑蝶和统帅青凤蝶等只有在其寄主停止生长（不再有适宜其低龄幼虫取食的幼嫩组

表 16-2 部分蝴蝶在上海放飞的入侵风险分析

蝶 种	风险指数(R)	准许放飞形式		蝶 种	风险指数(R)	准许放飞形式	
		室外放飞	隔离放飞			室外放飞	隔离放飞
美凤蝶	18	×	√	金斑蝶	0	√	√
巴黎翠凤蝶	17	×	√	青斑蝶	0	√	√
宽带凤蝶	15	×	√	异型紫斑蝶	6	限制室外放飞*	√
达摩凤蝶	15	×	√	幻紫斑蝶	0	√	√
玉斑凤蝶	0	√	√	大绢斑蝶	8	限制室外放飞*	√
绿带翠凤蝶	15	×	√	白带锯蛱蝶	0	√	√
金凤蝶	17	×	√	玉带凤蝶	18	×	√
黑脉蛱蝶	6	限制室外放飞*	√	柑橘凤蝶	18	×	√
文蛱蝶	0	√	√	碧凤蝶	15	×	√
青豹蛱蝶	12	×	√	金裳凤蝶	0	√	√
枯叶蛱蝶	12	×	√	裳凤蝶	0	√	√
箭环蝶	6	限制室外放飞*	√	斑凤蝶	0	√	√
白袖箭环蝶	0	√	√	褐斑凤蝶	16	×	√
迁粉蝶	0	√	√	统帅青凤蝶	0	√	√
橙粉蝶	0	√	√	银钩青凤蝶	0	√	√
灵奇尖粉蝶	0	√	√	鹤顶粉蝶	0	√	√
虎斑蝶	6	限制室外放飞*	√	红珠凤蝶	6	限制室外放飞*	√

（*限寄主植物生长停止后，即晚秋和冬季放飞）

织，包括花果叶等）后，才能开展室外放飞，这个时期的起点和终点依种类而有所不同，主要是在晚秋和冬季。

16.4 放飞风险的管理

（1）加强蝴蝶人工养殖的引种管理

各个蝴蝶养殖场必须以严格的科学态度引入蝴蝶初始种源，确保种源明确，可鉴别性状稳定；养殖场要做好消毒和病虫害管理工作；有关部门对发运活体进行检疫，保证其不携带危及野生蝴蝶生存的寄生物。提倡就地就近引种。

（2）强化对蝴蝶放飞活动的管理

对于蝴蝶放飞中存在的外来蝶种入侵风险的防范，必须始终坚持“防患于未然”的思想，以防止生物侵害的发生。中国蝴蝶已知有1300余种，其中有较高观赏价值者近300种。只有在经过科研机构对风险进行系统的评估后，在安全的地点以安全的方式进行蝴蝶活体利用，才能将生物侵害风险降至最低。为此，野生动物主管部门应当会同科学研究机构对引入的蝴蝶种类及其利用形式进行认证。

在同一个地方养殖的同一种蝴蝶，在一个地方可被准许开展室外放飞，但在其他地方就只能进行隔离放飞。在不同地方生产的同种蝴蝶，在同一个放飞地点也可能采取不同的放飞形式。

（3）经营企业确保隔离放飞的蝴蝶不发生逃逸

制定观赏蝴蝶园的建造标准和严格的经营管理措施，杜绝粗放经营。设计、材料和施工应符合安全需要。新园建成后须经过严格检查，验收合格后方可投入使用。游客出入口要设置缓冲间，其内光照明显弱于园内空间。同时，蝴蝶园应定期检修，并设定使用时限。

蝴蝶活体在发运前应妥善包装蝴蝶或蝴蝶蛹，防止途中包装箱破损造成蝶蛹失落；严格按照国家有关规定办理准运证；蝶蛹到达目的地后，必须在观赏园的羽化室中开启，严禁在园外打开；羽化室要远离出入口。

(4) 提高蝴蝶资源本地化率

在各地观赏蝴蝶园蝴蝶品种搭配中尽量增加当地蝶种的比例；在有资源条件的固定放飞地，建立蝴蝶人工养殖园，以当地种源生产部分蝴蝶；在本地蝴蝶资源不能够满足需要时，比如适宜蝴蝶生长发育的气候期短、适合当地自然条件的寄主种类少等，才准许有条件地引入外来蝶种。

(5) 监测逃逸个体

收集当地同种种群的生物学、形态学和遗传学资料，找到与被释放种群的鉴别特征；不在当地种群的成虫发生期释放同种的外来成虫。在特殊情况下必须释放时，也应释放具有不同季节型特征的个体。必须确保有办法探测到最后一个逃逸者。

(6) 预备急救措施

蝴蝶园周围应设置缓冲带，其内种植蜜源植物，并适量放置人工补充营养物质，一旦有蝴蝶从园中逃逸，将在附近徘徊，可在其取食时捉回，目的是清除所有的逃出个体。

主要参考文献

解炎，李振宇，汪松. 1996. 中国入侵物种综述. 保护中国的生物多样性（二）[M]. 北京：中国环境科学出版社

万方浩，郑小波，郭建英. 2005. 重要农林外来入侵物种的生物学与控制[M]. 北京：科学出版社

黄月英，江凡. 2000. 福建省发现危害苏铁害虫——曲纹紫灰蝶[J]. 华东昆虫学报，9 (1)

方正尧. 1986. 常见水稻弄蝶[J]. 北京：农业出版社

徐汝梅. 2003. 生物入侵——数据集成、数量分析与预警[J]. 北京：科学出版社

第六篇

蝴蝶利用

蝴蝶的利用是指对蝴蝶活体、标本和翅等蝴蝶虫体各部分的利用，主要包括蝴蝶生态园和各种蝴蝶产品。蝴蝶生态园是模拟蝴蝶自然生态环境，建立蝴蝶生态园，在园内营造寄主植物，培育蝴蝶供人们观赏；利用蝴蝶可以生产各种系列产品，如，可以利用蝴蝶制成各种标本和工艺品、利用蝴蝶和和蝶翅制成各种精美的蝴蝶画等。蝴蝶养殖和利用已经形成了一种特殊的昆虫产业。

第17章　蝴蝶生态园

蝴蝶生态园是利用人工设施模拟蝴蝶自然生态环境，营造蝴蝶生存繁衍的食物条件和生存空间，养殖蝴蝶，展示蝴蝶的自然生活状况，作为观光型的蝴蝶园，供人们观赏和陶冶性情，同时还可以作为科普教育的基地，向青少年展示“毛毛虫”蜕变为美丽的蝴蝶的自然过程。具有很高的经济价值和很好的社会效益。蝴蝶生态园已经成为蝴蝶产业的重要部分。蝴蝶生态园主要分为设施型蝴蝶园和天然型蝴蝶园两大类：

17.1 设施型蝴蝶园

这类蝴蝶生态园建设成本较高，一般采用温室等设施将生态园封闭起来，培植蝴蝶寄主植物、蜜源植物和山水小景等，在封闭环境内培育蝴蝶供人观赏。这类蝴蝶生态园一般都依托城市公园来建设，常见有：

（1）温室型蝴蝶园：温室型蝴蝶园通常是用透光保温材料建成的、具有调温、调湿、调光和调节空气功能的、一年四季均可对外开放的永久型蝴蝶园。温室蝴蝶园造价相对较高，优点是几乎不受地域和季节的限制。

（2）网室型蝴蝶园：网室型蝴蝶园通常是用钢铁作支架、采用塑网或钢网等透光透气材料建成。网室蝴蝶园不具备调温、调湿、调光和调节空气功能，一般只能在每年的4月下旬到10月中旬对外开放，冬季气温较低时网室不适于蝴蝶养殖和展示。网室蝴蝶园造价相对较低，但受季节限制。

17.2 天然蝴蝶生态园

在某一自然环境区域内，经过种植蝴蝶寄主植物和蜜源植物等人为设计和干预，建设的近自然生态型蝴蝶主题公园。一般依托自然保护区或城郊公园建设，常见的形式有：

（1）平原型生态蝴蝶园：在地形相对开阔的地带，利用植被相对完整、蝴蝶自然分布比较集中的生态环境，区划出一定面积，配植蝴蝶寄主植物和蜜源植物，增加原产蝴蝶的种群数量，再适当修建旅游服务设施等人工措施建成的近自然生态型蝴蝶主题公园。

（2）蝴蝶谷：利用山区丘陵地带两山夹一沟的自然地形、植被相对完整、蝴蝶自然分布比较集中的生态环境、区划出一定面积、通过配置蝴蝶寄主植物和蜜源植物、繁育蝴蝶，增加种群数量、营造良好的蝴蝶生存环境，建立近自然生态型蝴蝶谷主题公园。

（3）蝴蝶岛：通常是利用蝴蝶自然分布比较集中、植被相对完整的海洋、湖泊、水库、江河等水域中或岸边形成自然岛屿或半岛，经过配植蝴蝶寄主植物和蜜源植物、增加原产蝴蝶的种群数量，改善和营造适于蝴蝶生存和繁衍的环境，建立近自然生态型蝴蝶岛主题公园。

生态蝴蝶园是一项直到20世纪80年代才兴起的新生事物。英国人David Lowe于1976年开办了世界上第一座真正意义的商业蝴蝶园，该园位于英吉利海峡中的海峡群岛（Channel Islands）的格恩西岛（Guernsey）上，可惜并未获得预期效果。直到1980年，Clive Farrell在伦敦创办了伦敦蝴蝶屋（The London Butterfly House）后，蝴蝶园的经济和社会效益才真正显现出来，并产生了巨大的影响。紧接着，他又在英国建立了数个类似机构，包括位于莎士比亚出生地Stratford-on-Avon（England）的斯特拉福蝴蝶农庄（the Stratford Butterfly Farm）。在他的带动下，到20世纪80年代末期，全英国一度出现了50多个大大小小的蝴蝶园（屋），并扩展到一些欧洲大陆国家。

1988年，美国佛罗里达州的椰子河蝴蝶世界（The Butterfly World in Coconut Creek）和位于佐治亚州的加拉维花园蝴蝶中心（Day Butterfly Centre at Callaway Gardens）几乎同时开园。此后，生态蝴蝶观赏园如雨后春笋般出现在北美大陆，主要是美国和加拿大两国。

表 17-1 世界主要观赏蝴蝶园

亚洲		大洋洲		北美洲		南美洲		欧洲		非洲	
29		11		143		3		58		1	
中国台湾	3	澳大利亚	8	加拿大	19	阿根廷	1	英国	27	南非	1
中国大陆	9	新西兰	3	美国	112	智利	1	奥地利	1		
中国港澳	2			伯利兹	3	厄瓜多尔	1	比利时	1		
日本	3			哥斯达黎加	3			芬兰	1		
印度尼西亚	1			危地马拉	1			法国	9		
马来西亚	3			洪都拉斯	2			德国	2		
菲律宾	2			墨西哥	3			荷兰	3		
新加坡	2							匈牙利	1		
泰国	3							意大利	3		
斯里兰卡	1							卢森堡	1		
								挪威	1		
								俄罗斯	1		
								西班牙	2		
								瑞典	3		
								瑞士	2		

世界各国建立了许多特色各异的蝴蝶生态园（表17-1），著名的有：

美国是拥有蝴蝶园最多的国家，拥有各种规模的蝴蝶生态观赏场所100多处。较为著名的有佛罗里达自然历史博物馆（Florida Museum of Natural History）的蝴蝶雨林（The Butterfly Rainforest）、佛罗里达椰子溪的蝴蝶世界（Butterfly World in Coconut Creek）、北卡罗来纳的魔翼蝴蝶温室花园（The Magic Wings Butterfly Conservatory and Gardens）、位于圣路易斯的密苏里植物园的蝴蝶屋（The Butterfly House of the Missouri Botanical Garden）、休斯敦自然科学博物馆的卡克雷尔蝴蝶中心（The Cockerell Butterfly Center of Houston Museum of Natural Science）、太平洋科学中心的热带蝴蝶屋（Pacific Science Center）、加拉维花园的蝴蝶中心（the Cecil B. Day Butterfly Center of Callaway Gardens）、希柏丝花园的蝴蝶屋（Cypress Gardens Butterfly House）和马萨诸塞的蝴蝶地（The Butterfly Place）等。

加拉维花园蝴蝶中心位于佐治亚州的松树山（Pine Mountain）。整个中心占地约4.5英亩（约合18000m^2），其内有一个大型的热带温室，常年放养着50种约1000只热带蝴蝶。温室外观为八角形，内部最高处达12m，配置假山、水池和人造瀑布以及大量的热带生境植物。园内温湿度采用全人工调控，常年维持在28～29℃、60%～80%相对湿度。除了蝴蝶，园内还放养一些小型鸟类。走进蝴蝶温室，蝶舞、花香和鸟语相应成趣，犹如置身热带原始林。该园不仅是美国最早的蝴蝶观赏园之一，也是目前美国现代化蝴蝶园中极具代表性的一个。

加拿大虽地处高寒地带，但全国也拥有众多的蝴蝶园。较为著名的有不列颠－哥伦比亚省的热带花园（The Tropical Gardens）和尼亚加拉公园中的蝴蝶温室（Niagara Parks Butterfly Conservatory）。

尼亚加拉瀑布公园内的蝴蝶温室则是当今世界上最大、建设最为昂贵的蝴蝶生态温室。温室占地1022m^2，外观为四面体，远望似一个玛雅金字塔。内部游道长达180多米。园内蝴蝶常年保持在2000只左右，主要来自中美洲和东南亚一带的专业养殖场。在温室的外面，还设置了一个室外蝴蝶花园，种植大量的蜜源植物和寄主植物，以吸引当地蝴蝶前来。

英国既是现代蝴蝶养殖业的发祥地，也是现代蝴蝶观赏业的鼻祖。目前该国有较大规模的蝴蝶园27家，主要有位于格洛斯特郡的伯克利蝴蝶屋（Berkeley Butterfly House）、怀特岛的蝴蝶和喷泉世界（Butterfly World & Fountain World）、中洛锡安郡的爱丁堡蝴蝶和昆虫世界（Edinburgh Butterfly & Insect World）、沃里克郡的斯特拉福蝴蝶农庄（Stratford Butterfly Farm）和伦敦蝴蝶屋（London Butterfly House）等。

位于怀特岛的蝴蝶和喷泉世界开业于1983年，被认为是世界上最早开放的5家蝴蝶园之一。1989年加入喷泉景观，现已成为到该岛旅游的必到之处。以展示热带蝴蝶为主，常年展示的种类在25种以上，某些季节可超过100种，主要来自东南亚、澳大利亚和中南美洲的养殖场。园内放养有一些鸳鸯和其他小型飞鸟，既增添了游览乐趣，还可以减少侵入园中的有害昆虫危害。蝴蝶生活史和行为习性的图文介绍十分精致，知识性和趣味性都很强。

大洋洲的澳大利亚拥有与东南亚各国相媲美的蝴蝶资源，其北部的雨林盛产鸟翅蝶类，全国有大型蝴蝶园8家。其中以位于昆士兰州北部的澳大利亚蝴蝶圣地（Australian Butterfly Sanctuary）、澳大利亚昆虫农庄（Australian Insect Farm）和墨尔本动物园内的蝴蝶园最具特色。澳大利亚蝴蝶圣地开业于1987年，是大洋洲大陆最大的人工生态蝴蝶园，坐落于昆士兰州的库兰达地区（Kuranda），在旅游胜地凯恩斯（Cairns）西部约27km处。园内空间有3666m^3，可容纳1500余只蝴蝶生活，这些蝴蝶全部为当地种类，均为该园自己繁育。配备专职导游，游园指南也以包括中文在内的12种文字印刷。

中美洲的情形与东南亚一带相似，蝴蝶园硬件投入不一定很高，但占地面积都较大，且所需蝴蝶均来自当地人工养殖园。规模较大的有伯利兹的热带翅膀自然中心（Tropical Wings Nature Center）和绿山蝴蝶牧场（Green Hills Butterfly Ranch），哥斯达黎加的蝴蝶农庄（The Butterfly Farm），以及洪都拉斯的诺顿蝴蝶花园（Roatan's Butterfly Garden）等。这些蝴蝶园均以养殖中南美洲的闪蝶和其他特产蝶类为特色，产品主要供给欧美的蝴蝶园，同时大多也兼具旅游功能。

亚洲的大型蝴蝶园是在欧美蝴蝶园成功经营的影响下发展起来的。在东南亚，依托丰富的当地资源，蝴蝶生态观赏业发展很快，且更有乡土风味。较为著名的有马来西亚的槟城蝴蝶农庄（Penang Butterfly Farm，多数人将其译为“槟城蝴蝶园”）、菲律宾的WHS蝴蝶农庄（WHS Butterfly Farm）、泰国的普济蝴蝶花园和昆虫世界（Phuket Butterfly Garden & Insect World）和印度尼西亚巴厘岛的蝴蝶公园（Bali Butterfly Park）等，大多为开放型网室蝴蝶园。其特色观赏蝶种为大型鸟翅蝶类。在泰国清迈等地，人们还将蝴蝶与热带兰花有机结合在一起，建立了一些规模不大的兰花蝴蝶园，也吸引了不少游客前往参观购物。

槟城蝴蝶农庄位于马来西亚西北海岸的威斯利省（Wellesley，或Seberang Perai）槟榔屿（Penang Island）的直落巴港（Teluk Bahang），距离省府乔治城（George town）约17km，为网室型蝴蝶园。由马来西亚前国中教师吴天宝（David Goh）在1986年开园，是东南亚一带最早建立的蝴蝶主题观光景点，也是热带地区最早开办的大型蝴蝶观光园之一。园内常年保有100～120种、3000～4000头活蝴蝶以及300多种热带植物。其中包括诸如裳凤蝶、印度枯叶蛱蝶*Kallima paralekta*、大琉璃凤蝶和翠叶红颈鸟翼凤蝶等珍奇种类。蝴蝶园内的游道由卵石铺成，建有水池、小桥和岩石隧道。水池中养有荷花、大型淡水鱼种，陆地上则放养了一些其他小型动物，如海龟、鸳鸯和以植物种子为食的鸟类等，以增加游览的乐趣。紧邻着蝴蝶生态观赏园，还有一个别致的“藏猫猫”小园，内有放置于小环境中的多种具有拟态和保护色的昆虫供游客找寻。每天上午10:00及下午15:00，农庄内还举行活昆虫表演。

该园养殖实力雄厚，自建有6个蝴蝶人工

图版 17-1 左：东京多摩动物园蝴蝶园内一角　右：日本伊丹市昆虫馆外景

繁育场所为其观赏园提供蝴蝶，还向欧美蝴蝶园提供蝶蛹。在马来西亚南部和金马仑高原（Cameron highlands）地区、新加坡和泰国等地陆续出现的一批蝴蝶园正是在该园成功经营的带动下产生的。

日本的蝴蝶园在规模和设施上类似欧美，大多为温室型，规模也较大，但一般不引入外来蝶种。以位于东京多摩动物公园内的昆虫园和位于兵库县伊丹市的昆虫馆最具代表性（图版17-1）。

东京多摩动物公园昆虫园：位于东京日野市多摩动物公园内，是目前日本最大的昆虫生态展示场所。昆虫园由标本馆和生态园两部分构成。标本馆中，汇集世界各地的精美蝴蝶标本以及各种奇异昆虫，其放大的昆虫模型和昆虫生态图文介绍堪称一绝。生态园则以介绍展示蝴蝶为主。在生态园的入口走廊中，有蝴蝶生活史和习性的图文、实物介绍。蝴蝶生态园依山而建，气势磅礴。游道沿山坡蜿蜒而下，道路两旁设置小水池、瀑布和山洞等景观，游客有如置身野外之感。园内空间巨大，最大高度超过15m，多数蝶种在其内生活自然，很难看到蝴蝶急速冲撞园壁的情形。紧连着蝴蝶温室，是一个环状的走廊，养殖着各种奇异的甲虫，并附有精美的生活史图解。

伊丹市昆虫馆：1990年11月建成开业。其总体构造与多摩昆虫园相近，亦由标本馆和生态园两部分组成，规模不及多摩昆虫园，解说系统、放映室、学习室（研习、实验）、演讲大厅等较为先进。

整个昆虫馆占地约3000m^2，其中标本馆建筑为方形房屋结构，内有包括蝴蝶在内的各种奇异昆虫标本，配有详细的图文解说。一些当地产的常见昆虫，还被置于制作精美的各种“自然生境”内供人们观赏。各种昆虫的放大模型，如放大到2.4m的蜜蜂模型，也给人以巨大的视觉冲击。生态园外观为半球形，内部气候由人工调控。植物配置十分讲究，郁郁葱葱，沿游道两旁配置有高低相间、不同季节开花的蜜源植物。园内生活的蝴蝶均为日本南部地区蝶种。

中国大理蝴蝶泉蝴蝶园：位于云南省大理市蝴蝶泉旅游风景区内，蝴蝶园现拥有玻璃温室360m^2、阳光板温室920m^{2}以及养虫室、展览馆300多m^2、各类蝴蝶标本2500余件、蝴蝶养殖场20 000m^2，年放飞活蝴蝶30余种，数量约80多万只，是目前国内建设规模最大、接待人次最多、经济效益最好的一个蝴蝶园（图版17-2）。

图版 17-2 大理蝴蝶泉公园蝴蝶园外景

第18章　蝴蝶系列产品

蝴蝶系列产品是利用蝴蝶虫体，翅等通过艺术创作和加工制成的各种标本、书签、蝴蝶画、琥珀工艺品等，常见的有：

18.1 蝴蝶标本

将各种美丽的蝴蝶经过展翅、整形、晾干和杀菌等环节制作成的干标本。蝴蝶标本可用于科学，商业蝴蝶标本展示，科普宣传，家庭和办公室的装饰等。蝴蝶收藏是一项非常高雅的艺术活动，一只珍贵的蝴蝶价值可高达上万美元。

18.2 蝶艺画

一般分为两种：一种是以蝴蝶、植物和花卉为原材料，经过艺术创作制成的蝴蝶画，另一种是利用多彩多姿的蝴蝶翅膀丰富的颜色和形态作画，不限于蝴蝶画，可以是山水，人物等其他主题，可以表达出油画、中国画、卡通画等不同风格和意境。

（1）蝴蝶画：用整只蝴蝶与植物和花卉进行艺术加工，一般构图为蝴蝶与植物花卉配置的自然景观，反映蝴蝶在植物和花卉中飞舞的自然状况，构图自然；不破坏蝴蝶的形状，主要欣赏蝴蝶多姿的自然形态和美丽的色彩（图版18-1）。

（2）蝶翅画：蝶翅画是利用蝴蝶翅的色彩、花纹和形状作画、表达面广，内容比较丰富。蝶翅画大致分为三种类型：即平面型蝶翅画、浮雕型蝶翅画和蝶翅装饰画。

①平面型蝶翅画：用蝴蝶翅膀的色彩和花纹作画；图面美观，质感独特；全部或部分使用蝴蝶的翅膀。平面型蝶翅画是用蝶翅上的颜色代替其他色彩颜料所作的艺术装饰画，将蝴蝶翅膀绘制各种艺术流派的画（图版18-2）。

②浮雕型蝶翅画（图版18-3）：用整只蝴蝶或蝴蝶翅膀配以其他浮雕装饰材料作画，浮雕型蝶翅画的主要特点是图面富于立体感，动感性强，仿佛跃然于画上，具有很高的艺术和收藏价值。

③蝶翅装饰画（图版18-4）：完全用蝴蝶翅膀的色彩、形状和花纹组合成各种美丽的形状，形成质感独特的线条，图案，画面有巨大表达空间。

图版 18-1　蝴蝶画

图版 18-2　蝶翅画

18.3 蝴蝶书签

将蝴蝶与植物和花卉配置，采用塑封机过塑，制成长方形、叶形等各种形态的书签或纪念卡（图版18-5）。

图版 18-3 浮雕型蝶翅画

18.4 人工蝴蝶琥珀

人工蝴蝶琥珀是根据天然琥珀的形成原理，采用人工合成树脂包埋蝴蝶标本的方法制成的工艺品。人工蝴蝶琥珀晶莹剔透，形同琥珀；适于蝴蝶的长期保存和收藏（图版18-6）。

18.5 庆典放飞蝴蝶

蝴蝶代表喜庆、吉祥和爱情，深受人们喜爱。庆典放飞是指在大型文艺表演和运动会的开幕式、各类商业活动中的开业庆典、重大集会，以及婚礼等庆祝场合进行的蝴蝶放飞活动。在庆典放飞中，有时用蝶量很大，可达数千上万头，以充分营造热烈场面，用蝴蝶放飞来表达喜庆与吉祥。婚礼放飞蝴蝶是由美国人里克·米库拉首先提出的，在美国和西欧比较普遍，国内逐渐兴起，用蝴蝶来表示爱情，美好和吉祥。

图版 18-4 蝶翅装饰画

图版 18-5 塑封蝴蝶书签

图版 18-6 人工蝴蝶琥珀

1. 中国观赏蝴蝶与其寄主植物对照表

植物名前标注 * 表示确认寄主，无此标注种类为文献报道寄主，标注△表示存疑寄主。植物属名后无种名表示目前文献未记载到种。

阿波罗绢蝶 *Parnassius apollo* (Linnaeus)

景天科 Crassulaceae

景天属 *Sedum*

长生草属 *Sempervivum*

阿里铁灰蝶 *Teratozephyrus arisanus* (Wileman)

壳斗科 Fagaceae

栎属 *Quercus*

台湾窄叶青冈 *Q. stenophylloides*

爱珍眼蝶 *Coenonympha oedippus* (Fabricius)

禾本科 Gramineae

芦苇属 *Phargmites*

暗脉菜粉蝶 *Pieris napi* (Linnaeus)

十字花科 Cruciferae

碎米荠属 *Cardamine*

白花碎米荠 *C. leucantha*

蔊菜属 *Rorippa*

欧亚蔊菜 *R. sylvestris*

R. isbandica

暗色绢粉蝶 *Aporia bieti* Oberthür

小檗科 Berberidaceae

小檗属 *Berberis*

傲白蛱蝶 *Helcyra superba* Leech

榆科 Ulmaceae

朴属 *Celtis*

*朴树 *C. sinensis*

紫弹树 *C. biondii var. heterophylla*

台湾朴 *C. formosana*

杨柳科 Salicaceae

△柳属 *Salix*

奥古斑粉蝶 *Delias agostina* (Hewitson)

桑寄生科 Loranthaceae

桑寄生属 *Loranthus*

螯蛱蝶 *Charaxes marmax* Westwood

樟科 Lauraceae

樟属 *Cinnamomum*

*樟 *C. camphora*

木姜子属 *Litsea*

*潺槁木姜子 *Litsea glutinosa*

大戟科 Euphorbiaceae

巴豆属 *Croton*

巴豆 *C. tiglium*

巴黎翠凤蝶 *Papilio paris* Linnaeus

芸香科 Rutaceae

柑橘属 *Citrus*

*柚 *C. maxima*

*温州蜜柑 *C. reticulata* cv. Unshiu

*甜橙 *C. sinensis*

花椒属 *Zanthoxylum*

*竹叶花椒 *Z. armatum*

*两面针 *Z. nitidum*

*花椒 *Z. bungeanum*

异叶花椒 *Z. ovalifolium*

簕欓花椒 *Z. avicennae*

飞龙掌血属 *Toddalia*

*飞龙掌血 *T. asiatica*

蜜茱萸属 *Melicope*

M. pteleifolia

M. semecarpifolia

吴茱萸属 *Evodia*

三桠苦 *E. lepta*

山蓟叶 *E. nurrilli*

八目丝蛱蝶 *Cyrestis cocles* (Fabricius)

桑科 Moraceae

鹊肾树属 *Streblus*

鹊肾树 *S. asper*

榕属 *Ficus*

桑属 *Morus*

五桠果科 Dilleniaceae

锡叶藤属 *Tetracera*

毛果锡叶藤 *T. scandens*

白斑俳蛱蝶 *Parasarpa albomaculata* (Leech)

壳斗科 Fagaceae

栗属 *Castanea*

栗 *C. mollissima*

茅栗 *C .seguinii*

白斑迷蛱蝶 *Mimathyma schrenckii* (Ménétriès)

榆科 Ulmaceae

榆属 *Ulmus*

榆树 *U. pumila*
春榆 *U. davidiana*
榉属 *Zelkova*
榉树 *Z. serrata*

白斑眼蝶 *Penthema adelma* (Felder)
禾本科 Gramineae
绿竹属 *Dendrocalamopsis*
绿竹 *D. oldhami*
簕竹属 *Bambusa*
孝顺竹 *B. multiplex*

白壁紫斑蝶 *Euploea radamantha* (Fabricius)
桑科 Moraceae
榕属 *Ficus*
心叶榕 *F. rumphii*

白翅尖粉蝶 *Appias albina* (Boisduval)
山柑科 Capparidaceae
山柑属 *Capparis*
C. heydeana
鱼木属 *Crateva*
大戟科 Euphorbiaceae
核果木属 *Drypetes*
滨海核果木 *D. littoralis*
D. oblongifolia
D. roxburghii
D. venusta
D. poilanei

白带螯蛱蝶 *Charaxes bernardus* (Fabricius)
樟科 Lauraceae
樟属 *Cinnamomum*
*樟 *C. camphora*
C. inunctum
楠属 *Phoebe*
*楠木 *P. zhennan*
浙江楠 *P. chekiangensis*
木姜子属 *Litsea*
杨叶木姜子 *L. populifolia*
潺槁木姜子 *L. glutinosa*
芸香科 Rutaceae
山油柑属 *Acronychia*
山油柑 *A. pedunculata*
A. laulifolia
豆科 Leguminosae
海红豆属 *Adenanthera*
海红豆 *A. pavonina*
合欢属 *Albizia*
南洋楹 *A. falcataria*
Falcataria 属
F. moluccana
黄檀属 *Dalbergia*
D. latifolia
Paraserianthes 属
P. falcataria
酸豆属 *Tamarindus*
酸豆 *T. indica*
番荔枝科 Annonaceae
囊瓣木属 *Saccopetalum*
S. tomentosum
野独活属 *Miliusa*
M. tomentosa
大戟科 Euphorbiaccac
巴豆属 *Croton*
C. macrocarpus
乌桕属 *Sapium*
乌桕 *S. sebiferum*
楝科 Meliaceae
米仔兰属 *Aglaia*
山椤 *A. roxburghiana*

白带黛眼蝶 *Lethe confuse* (Aurivillius)
禾本科 Gramineae
莠竹属 *Microstegium*
刚莠竹 *M. ciliatum*
簕竹属 *Bambusa*
孝顺竹 *B. multiplex*

白带锯蛱蝶 *Cethosia cyane* (Drury)
西番莲科 Passifloraceae
蒴莲属 *Adenia*
*三开瓢 *A. cardiophylla*
*滇南蒴莲 *A. penangiana*
蒴莲 *A. chevalieri*
西番莲属 *Passiflora*
△龙珠果 *P. foetida*
鸭跖草科 Commelinaceae
鸭跖草属 *Commelina*
△饭包草 *C. bengalensis*
旋花科 Convolvulaceae
△番薯属 *Ipomoea*
大戟科 Euphorbiaceae
蓖麻属 *Ricinus*
△蓖麻 *R. communis*
马鞭草科 Verbenaceae
△假连翘属 *Duranta*

白点褐蚬蝶 *Abisara burnii* de Nicéville
紫金牛科 Myrsinaceae
白钩蛱蝶 *Polygonia c-album* (Linnaeus)
榆科 Ulmaceae
榉属 *Zelkova*
榉树 *Z. serrata*
Z. formosana
榆属 *Ulmus*
阿里山榆 *U. uyematui*
榔榆 *U. parvifolia*
朴属 *Celtis*
朴树 *C. sinensis*
荨麻科 Urticaceae
荨麻属 *Urtica*
忍冬科 Caprifoliaceae
△忍冬属 *Lonicera*
桑科 Moraceae
葎草属 *Humulus*
蔷薇科 Rosaceae
△李属 *Prunus*
杨柳科 Salicaceae
△杨属 *Populus*
虎耳草科 Saxifragaceae
△茶藨子属 *Ribes*
白矩朱蛱蝶 *Nymphalis vau-album* (Schiffermüller)
杨柳科 Salicaceae
柳属 *Salix*
杨属 *Populus*
白绢蝶 *Parnassius stubbendorfii* Ménétriès
罂粟科 Papaveraceae
紫堇属 *Corydalis*
C. ambigua
百娆灰蝶 *Arhopala bazala*(Hewitson)
壳斗科 Fagaceae
柯属 *Lithocarpus*
L. glaber
白伞弄蝶 *Bibasis gomata* (Moore)
五加科 Araliaceae
鹅掌柴属 *Schefflera*
鹅掌柴 *S. octophylla*
白袖箭环蝶 *Stichophthalma louisa* Wood-Mason
禾本科 Gramineae
竹亚科 Bambusoideae
白燕尾蚬蝶 *Dodona henrici* Holland
紫金牛科 Myrsinaceae
杜茎山属 *Maesa*
灰叶杜茎山 *M. chisia*
斑凤蝶 *Chilasa clytia* (Linnaeus)
樟科 Lauraceae
樟属 *Cinnamomum*
*钝叶桂 *C. bejolghota*
樟 *C. camphora*
C. macrocarpum
C. zeylanicum
木姜子属 *Litsea*
*潺槁木姜子 *L. glutinosa*
雄鸡树 *L. chinensis*
L. apetala
油丹属 *Alseodaphne*
A. semecarpifolia
鳄梨属 *Persea*
P. gamblei
楠属 *Phoebe*
坡针叶楠 *P. lanceolata*
厚壳桂属 *Cryptocarya*
杏仁厚壳桂 *C. amygdalina*
△豆科 Leguminosae
云实属 *Caesalpinia*
金凤花 *C. pulcherrima*
△山榄科 Sapotaceae
肉实树属 *Sarcosperma*
大肉实树 *S. arboreum*
斑缘豆粉蝶 Colias erate (Esper)
豆科 Leguminosae
紫雀花属 *Parochetus*
紫雀花 *P. communis*
苜蓿属 *Medicago*
南苜蓿 *M. polymorpha*
紫苜蓿 *M. sativa*
天蓝苜蓿 *M. lupulina*
黄耆属 *Astragalus*
紫云英 *A. sinicus*
车草轴属 *Trifolium*
白车轴草 *T. repens*
白脉根属 *Lotus*
兰屿白脉根 *L. australis*
白脉根 *L. corniculatus*
斑珍蝶 Acraea violae Fabricius
西番莲科 Passifloraceae
蒴莲属 *Adenia*
*三开瓢 *A. cardiophylla*
A. hondala

A. palmata
西番莲属 *Passiflora*
鸡蛋果 *P. edulis*
龙珠果 *P. foetida*
P. subpeltata
Modecca 属
M. palmata
桑科 Moraceae
Castilla 属
C. elastica
紫葳科 Bignoniaceae
Tecoma 属
T. chrysantha
葫芦科 Cucurbitaceae
Cucumber 属
锦葵科 Malvaceae
木槿属 *Hibiscus*
△大麻槿 *H. cannabinus*
马鞭草科 Verbenaceae
牡荆属 *Vitex*
△ *V. pinnata*
马桑科 Coriariaceae
马桑属 *Coriaria*
马桑△ *C. nepalensis*

棒纹喙蝶 *Libythea myrrha* Laicharting
榆科 Ulmaceae
朴属 *Celtis*
朴树 *C. sinensis*

豹斑双尾灰蝶 *Tajuria maculate* (Hewitson)
桑寄生科 Loranthaceae
桑寄生属 *Loranthus*

报喜斑粉蝶 *Delias pasithoe* (Linnaeus)
桑寄生科 Loranthaceae
钝果寄生属 *Taxillus*
大叶桑寄生 *T. liquidambaricolus*
毛叶钝果寄生 *T. nigrans*
(＝忍冬叶桑寄生 *T. lonicerifolius*)
木兰寄生 *T. limprichtii*
高雄钝果寄生 *T. pseudochinensis*
广寄生 *T. chinensis*
T. parasiticus
桑寄生属 *Loranthus*
L. parasiticus
L. parasitica
L. yadoriki
L. pentandrus (＝五蕊寄生 *Dendrophthoe pentandra*)
L. chinensis
梨果寄生属 *Scurrula*
红花寄生 *S. parasitica*
茜草科 Rubiaceae
乌檀属 *Nauclea*
圆叶乌檀 *N. rotundifolia*
檀香科 Santalaceae
寄生藤属 *Dendrotrophe*
寄生藤 *D. frutescens* （＝ *Henslowia fruscens*）
D. glabrescens
檀香属 *Santalum*
檀香 *S. album*
醉鱼草科 Buddlejaceae
醉鱼草属 *Buddleja*
芸香科 Rutaceae
柑橘属 *Citrus*
△柚 *C. maxima*
山茶科 Theaceae
山茶属 *Camellia*
朴树 *C. sinensis*

碧凤蝶 *Papilio bianor* Cramer
芸香科 Rutaceae
黄檗属 *Phellodendron*
*川黄檗 *Ph. chinense*
*黄檗 *Ph. amurense*
吴茱萸属 *Evodia*
臭檀吴萸 *E. daniellii* *
*臭辣吴萸 *E. fargesii*
贼仔树 *E. glabrifolium*
E. glauca
三椏苦 *E. lepta*
*吴茱萸 *E. rutaecarpa*
花椒属 *Zanthoxylum*
椿叶花椒 *Z. ailanthoides*
*竹叶花椒 *Z. armatum*
*花椒 *Z. bungeanum*
*两面针 *Z. nitidum*
蜀椒 *Z. piperitum*
青花椒 *Z. shinifolium*
飞龙掌血属 *Toddalia*
*飞龙掌血 *T. asiatica*
枳属 *Poncirus*
*枳 *P. trifoliata*
柑橘属 *Citrus*
C. depressa
香橙 *C. junos*

*甜橙 *C. sinensis*
*柑橘 *C. reticulata*
立花橘 *C. tachibana*
臭常山属 *Orixa*
臭常山 *O. japonica*
茵芋属 *Skimmia*
S. japonica
黄皮属 *Clausena*
假黄皮 *C. excavata*
漆树科 Anacardiaceae
漆属 *Toxicodendron*
野漆 *T. succedaneum*

冰清绢蝶 *Parnassius glacialis* Butler
罂粟科 Papaveraceae
紫堇属 *Corydalis*
延胡索 *C. yanhusuo*
夏天仙 *C. decumbens*
C. remota
马兜铃科 Aristolochiaceae
马兜铃属 *Aristolochia*
马兜铃 *A. debilis*

波翅红眼蝶 *Erebia ligea* (Linnaeus)
禾本科 Gramineae
野青茅属 *Deyeuxia*
箱根野青茅 *D. hakonsis*
拂子茅属 *Calamagrostis*
拂子茅 *C. epigeios*
莎草科 Cyperaceae
薹草属 *Carex*
C. incisa

波蛱蝶 *Ariadne ariadne* (Linnaeus)
大戟科 Euphorbiaceae
蓖麻属 *Ricinus*
蓖麻 *R. communis*

波绿凤蝶 *Papilio polyctor* Boisduval
芸香科 Rutaceae
花椒属 *Zanthoxylum*
刺花椒 *Z. acanthopodium*
翅花椒 *Z. alatum*
竹叶花椒 *Z. armatum*
Z. budrunga
尖叶花椒 *Z. oxyphyllum*
Z. rhetsa
飞龙掌血属 *Toddalia*
飞龙掌血 *T. asiatica*
Limonia
柑果子 *L. acidissima*
黄皮属 *Clausena*
野黄皮 *C. willdenovii*
柑橘属 *Citrus*

波纹眼蛱蝶 *Junonia atlites* (Linnaeus)
爵床科 Acanthaceae
Asteracantha 属
A. longifolia
假杜鹃属 *Barleria*
苋科 Amaranthaceae
莲子草属 *Alternanthera*
空心莲子草 *A. philoxeroades*
爵床科 Acanthaceae
水蓑衣属 *Hygrophila*
H. lancea
水蓑衣 *H .salicifolia*

波蚬蝶 *Zemeros flegyas* (Cramer)
紫金牛科 Myrsinaceae
杜茎山属 *Maesa*
灰叶杜茎山 *M. chisia*
金珠柳 *M .montana*

菜粉蝶 *Pieris rapae* (Linnaeus)
十字花科 Cruciferae
* 芸苔属 *Brassica*
* 南芥属 *Arabis*

彩蛱蝶 *Vagrans egista* (Moore)
大风子科 Flacourtiaceae
刺篱木属 *Flacourtia*
大叶刺篱木 *F. rukam*
柞木属 *Xylosma*
卵叶柞木 *X. ovatum*
X. longifolia
天料木科 Samydaceae
天料木属 *Homalium*
H. circumpinnatum
H. cochinchinensis
五桠果科 Dilleniaceae
五桠果属 *Dillenia*
D. excelsa

残锷线蛱蝶 *Limenitis sulpitia* (Cramer)
忍冬科 Caprifoliaceae
忍冬属 *Lonicera*
忍冬 *L. japonica*
山银花 *L. confuse*
长花忍冬 *L. longiflora*
大花忍冬 *L. macrantha*

灿福蛱蝶 *Fabriciana adippe* Denis *et* Schiffermüller
堇菜科 Violaceae
*堇菜属 *Viola*
蛇蛱蝶 *Chalinga elwesi* (Oberthür)
杨柳科 Salicaceae
杨属 *Populus*
柳属 *Salix*
蟾福蛱蝶 *Fabriciana nerippe* (Felder *et* Felder)
堇菜科 Violaceae
堇菜属 *Viola*
东北堇菜 *V. mandshurica*
长腹灰蝶 *Zizula hylax* (Fabricius)
爵床科 Acanthaceae
赛山蓝属 *Blechum*
赛山蓝 *B. pyramidatum*
马蓝属 *Pteracanthus*
马鞭草科 Verbenaceae
马缨丹属 *Lantana*
马缨丹 *L. camara*
豆科 Leguminosae
野豌豆属 *Vicia*
风车子属 *Combretum*
木樨科 Oleaceae
李榄属 *Linociera*
桑科 Moraceae
榕属 *Ficus*
长尾蓝灰蝶 *Everes lacturnus* (Godart)
豆科 Leguminosae
山蚂蝗属 *Desmodium*
假地豆 *D. heterocarpum*
灰色山蚂蝗 *D .canum*
长纹黛眼蝶 *Lethe europa* Fabricius
禾本科 Gramineae
簕竹属 *Bambusa*
孝顺竹 *B. multiplex*
莠竹属 *Microstegium*
刚莠竹 *M. ciliatum*
朝灰蝶 *Coreana raphaelis* (Oberthür)
木樨科 Oleaceae
梣属 *Fraxinus*
F. japonica
F. lannginosa
F. mandshurica
衬白金灰蝶 *Chrysozephyrus lingi* Okano *et* Ohkura
壳斗科 Fagaceae
栎属 *Quercus*
赤皮柯 *Q. gilva*
橙翅襟粉蝶 *Anthocharis bambusarum* Oberthür
十字花科 Cruciferae
芸苔属 *Brassica*
南芥菜 *B.aboglabra*
橙粉蝶 *Ixias pyrene* (Linnaeus)
山柑科 Capparidaceae
鱼木属 *Crateva*
*树头菜 *C. unilocularis*
加罗林鱼木 *C. religiosa*
山柑属 *Capparis*
*野香橼花 *C. bodinieri*
独行千里 *C. acutifolia*
青皮刺 *C. sepiaria*
菊池凤蝶木 *C. kikuechii*
广州山柑 *C. cantoniensis*
C. sola
牛眼睛 *C. zeylanica*
橙黄豆粉蝶 *Colias fieldii* (Ménétriès)
豆科 Leguminosae
大豆属 *Glycine*
大豆 *G. max*
苜蓿属 *Medicago*
南苜蓿 M. polymorpha
重环蛱蝶 *Neptis alwina* (Bremer *et* Gray)
蔷薇科 Rosaceae
李属 *Prunus*
梅 *P. mume*
李 *P. salicina*
重帷翠凤蝶 *Papilio hoppo* Matsumura
芸香科 Rutaceae
飞龙掌血属 *Toddalia*
飞龙掌血 *T. asiatica*
吴茱萸属 *Evodia*
E. glauca
串珠环蝶 *Faunis eumeus* (Drury)
菝葜科 Smilacaceae
肖菝葜属 *Heterosmilax*
肖菝葜 *H. japonica*
菝葜属 *Smilax*
菝葜 *S. china*
马甲菝葜 *S. lanceifolia*
百合科 Liliaceae
Molineria 属
船子草 *M. capitulata*
禾本科 Gramineae

芒属 *Miscanthus*
姜科 Zingiberaceae
山姜属 *Alpinia*
棕榈科 Palmae
刺葵属 *Phoenix*
刺葵 *P. hanceana*
露兜树科 Pandanaceae
露兜属 *Pandanus*
露兜树 *P. tectorius*

锤尾凤蝶 *Losaria coon* (Fabricius)
马兜铃科 Aristolochiaceae
线果兜铃属 *Thottea*
密花阿柏麻 *T. tomentosa*

刺痣洒灰蝶 *Styrium spini* (Neniis *et* Schiffermüller)
鼠李科 Rhamnaceae
鼠李属 *Rhamnus*

粗绒麝凤蝶 *Byasa nevilli* (Wood-Mason)
马兜铃科 Aristolochiaceae
马兜铃属 *Aristolochia*
*云南马兜铃 *A. yunnanensis*

翠蓝斑凤蝶 *Chilasa paradoxa* (Zinkin)
樟科 Lauraceae
樟属 *Cinnamomum*
樟 *C. camphora*

翠蓝眼蛱蝶 *Junonia orithya* (Linnaeus)
车前科 Plantaginaceae
*车前属 *Plantago*
爵床科 Acanthaceae
*鳞花草属 *Lepidagathis*
L. prostrate
台湾鳞花草 *L. formosensis*
老鼠簕属 *Acanthus*
假杜鹃属 *Barleria*
B. prionitis
驳骨草属 *Gendarussa*
水蓑衣属 *Hygrophila*
H. auriculata
Justicia 属
J. procumbens
J. micrantha
J. neesii
玄参科 Scrophulariaceae
金鱼草属 *Antirrhinum*
金鱼草 *A. majus*
独角金属 *Striga*
独角金 *S. asiatica*
S. hermonthica
沟酸浆属 *Mimulus*
M. orontium
旋花科 Convolvulaceae
△番薯属 *Ipomoea*
番薯 *I. batatus*
马鞭草科 Verbenaceae
△过江藤属 *Phyla*
过江藤 *P. nodiflora*
堇菜科 Violaceae
△堇菜属 *Viola*
香堇菜 *V. odorata*

翠袖锯眼蝶 *Elymnias hypermnestra* (Linnaeus)
棕榈科 Palmae
假槟榔属 *Archontophoenix*
假槟榔 *A. alexandrae*
椰子属 *Cocos*
椰子 *C. nucifera*
刺葵属 *Phoenix*
罗比亲王海枣 *P. humilis*
蒲葵属 *Livistona*
蒲葵 *L. chinensis*
油棕属 *Elaeis*
油棕 *E. guineensis*
槟榔属 *Areca*
槟榔 *A. catechu*
A. saccharifera
轴榈属 *Licuala*
L. grandis
Metroxylon 属
M. sagus
省藤属 *Calamus*
散尾葵属 *Chrysalidocarpus*
散尾葵 *C. lutescens*
桄榔属 *Arenga*
山棕 *A. engleri*
Cyrtostachys 属
C. lakka
棕竹属 *Rhapis*
棕竹 *R. excelsa*
矮棕竹 *R. humilis*
棕榈属 *Trachycarpus*
棕榈 *T. fortunei*
王棕属 *Roystonea*
王棕 *R. regia*
桄榔属 *Arenga*

山棕 *A. engleri*
Ptychosperma 属
P. macarthuri
禾本科 Gramineae
竹亚科 Bambusoideae
△豆科 Leguminosae
△马鞭草科 Verbenaceae
马缨丹属 *Lantana*
马缨丹 *L. camara*

大斑霾灰蝶 *Maculinea arionides* (Staudinger)
唇形科 Labiatae
香茶菜属 *Rabdosia*
香茶菜 *R. amethystoides*
Isodon 属
三果香茶菜 *I. trichocarpus*

大帛斑蝶 *Idea leuconoe* (Erichson)
夹竹桃科 Apocynaceae
同心结属 *Parsonsia*
*同心结 *P. laevigata*
P. alboflavescens
P. spiralis
萝藦科 Asclepiadaceae
鹅绒藤属 *Cynanchum*
台湾杯冠藤 *C. formosana*
南山藤属 *Dregea*
南山藤 *D. volubilis*
娃儿藤属 *Tylophora*
娃儿藤 *T. ovata*

大二尾蛱蝶 *Polyura eudamippus* (Doubleday)
豆科 Leguminosae
Archidendron 属
颌垂豆 *A. lucidum*
Milletia 属
老荆藤 *M. reticulate*
M. pachycarpa
Senna 属
阿勃勒 *S. fistula*
猴耳环属 *Pithecellobium*
亮叶猴耳环 *P. lucidum*
紫藤属 *Wisteria*
多花紫藤 *W. floribunda*
鱼藤属 *Derris*
疏花鱼藤 *D. laxiflora*
鼠李科 Rhamnaceae
翼核果属 *Ventilago*
翼核果 *V. leiocarpa*
鼠李属 *Rhamnus*
小叶鼠李 *R. parvifolia*
R. inaequilatera
R. franguloides
榆科 Ulmaceae
榉属 *Zelkova*
榉树 *Z. serrata*
朴属 *Celtis*
C. boninensis
蔷薇科 Rosaceae
△李属 *Prunus*
腺叶野樱 *P. phaeosticta*

大红蛱蝶 *Vanessa indica* (Herbst)
荨麻科 Urticaceae
荨麻属 *Urtica*
咬人荨麻 *U. thunbergiana*
蝎子草属 *Girardinia*
异叶蝎子草 *G. heterophylla*
大蝎子草 *G. diversifolia*
苎麻属 *Boehmeria*
青叶苎麻 *B. nivea*
大叶苎麻 *B. longispica*
密花苎麻 *B. penduliflora* var.
榆科 Ulmaceae
榆属 *Ulmus*
榔榆 *U. parvifolia*
椴树科 Tiliaceae
黄麻属 *Corchorus*
黄麻 *C. capsularis*
豆科 Leguminosae
丁葵草属 *Zornia*
菊科 Compositae
艾纳香属 *Blumea*

大绢斑蝶 *Parantica sita* (Kollar)
萝藦科 Asclepiadaceae
牛奶菜属 *Marsdenia*
*牛奶菜 *M. sinensis*
*海枫屯 *M. officinalis*
*喙柱牛奶菜 *M. oreophila*
台湾牛奶菜 *M. formosana*
蓝叶藤 *M. tinctoria*
假防己 *M. tomentosa*
M. roylei
娃儿藤属 *Tylophora*
*娃儿藤 *T. ovata*
T. tanakae

马兜铃状娃儿藤 *T. aristolochioides*
七层楼 *T. floribunda*
日本娃儿藤 *T. japonica*
兰屿欧蔓 *T. lanyuensis*
鹅绒藤属 *Cynanchum*
牛皮消 *C. auriculatum*
兰屿牛皮消 *C. langyuense*
大花牛皮消 *C. grandifolium*
镇江白前 *C. sublanceolatum*
白薇 *C. atratum*
C. japonica
台湾杯冠藤 *C. formosana*
球兰属 *Hoya*
球兰 *H. carnosa*
台湾球兰 *H. formosana*
马利筋属 *Asclepias*
马利筋 *A. curassavica*
萝藦属 *Metaplexis*
Metaplexis sp.
Vincetoxicum 属
V. aristolochioides
V. tanakae
南山藤属 *Dregea*
南山藤 *D. volubilis*
Jasminanthes 属
J. mucronata
醉魂藤属 *Heterostemma*
台湾醉魂藤 *H. brownii*
黑鳗藤属 *Stephanotis*
黑鳗藤 *S. mucronata*

达摩凤蝶 *Papilio demoleus* Linnaeus

芸香科 Rutaceae
柑橘属 *Citrus*
*柚 *C. maxima*
*柑橘 *C. reticulata*
*甜橙 *C. sinensis*
*香橼 *C. medica*
*佛手柑 *C. medica* var. *sarcodactylis*
*柠檬 *C. limon*
酸橙 *C. aurantium*
来檬 *C. aurantifolia*
黎檬 *C. limonia*
葡萄柚 *C. paradise*
C. deliciosa
C. microcarpa
枳属 *Poncirus*
*枳 *P. trifoliata*
酒饼簕属 *Atalantia*
*酒饼簕 *A. buxifolia*
黄皮属 *Clausena*
黄皮 *C. lansium*
C. lanlata
*假黄皮 *C. excavata*
补骨脂属 *Psoralea*
P. tenax
P. patens
P. leucantha
P. pinnata
P. cinerea
山油柑属 *Acronychia*
山油柑 *A. pedunculata*
Chloroxylon 属
C. swietenia
巨盘木属 *Flindersia*
F. brayleyana
圆果指橘属 *Microcitrus*
M. australis
Severinia 属
乌柑仔 *S. buxifolia*
金橘属 *Fortunella*
*金柑（圆金橘）*F. japonica*
山橘 *F. hindsii*
木橘属 *Aegle*
木橘 *A. marmelos*
芸香属 *Ruta*
芸香 *R. graveoleus*
R. angustifolia
花椒属 *Zanthoxylum*
△两面针 *Z. nitidum*
△*Z. cuspidate*
△花椒勒 *Z. scandens*
椿叶花椒 *Z. ailanthoides*
飞龙掌血属 *Toddalia*
△飞龙掌血 *T. asiatica*
山小橘属 *Glycosmis*
G. citrifolia
山小橘 *G.. pentaphylla*
小花山小橘 *G. parviflora*
九里香属 *Murraya*
△调料九里香 *M. koenigii*
Limonia 属
△*L. elephantum*

小芸木属 *Micromelum*
△*M. minutum*
Triphasia 属
△*T. trifolia*
豆科 Leguminosae
Cullen 属
△*C. corylifolia*
△*C. corylifolium*
马钱科 Loganiaceae
灰莉属 *Fagraea*
△*F. crenulata*
木兰科 Magnoliaceae
含笑属 *Michelia*
△黄兰 *M. champaca*
鼠李科 Rhamnaceae
枣属 *Ziziphus*
△滇刺枣 *Z. mauritiana*

大网蛱蝶 *Melitaea scotosia* Butler
菊科 Compositae
麻花头属 *Serratula*
伪泥胡菜 *S. coronata*
蓟属 *Cirsium*
蓟 *C. japonicum*
风毛菊属 *Saussurea*
美花风毛菊 *S. Pulchella*
山牛蒡属 *Synurus*
优美山牛蒡 *S. excelsus*

大紫蛱蝶 *Sasakia charonda* (Hewitson)
榆科 Ulmaceae
朴属 *Celtis*
*朴树 *C. sinensis*
山黄麻属 *Trema*
山黄麻 *T. orientalis*

大紫琉璃灰蝶 *Celastrina oreas* (Leech)
山茶科 Theaceae
柃木属 *Eurya*
台湾毛柃 *E. strigillosa*
尾尖叶柃 *E .acuminata*
岗柃 *E .groffii*
蔷薇科 Rosaceae
扁核木属 *Prinsepia*
台湾扁核木 *P. scandens*

玳灰蝶 *Deudorix epijarbas* (Moore)
无患子科 Sapindaceae
无患子属 *Sapindus*
三叶无患子 *S. trifoliatus*
龙眼属 *Dimocarpus*
龙眼 *D. longan*
荔枝属 *Litchi*
荔枝 *L. chinensis*
七叶树科 Hippocastanaceae
七叶树属 *Aesculus*
印度七叶树 *A. indicus*
牛栓藤科 Connaraceae
牛栓藤属 *Connarus*

帝网蛱蝶 *Melitaea diamina* Lang
玄参科 Scrophulariaceae
婆婆纳属 *Veronica*
败酱科 Valaerianaceae
缬草属 *Valeriana*
玄参科 Scrophulariaceae
山罗花属 *Melampyrum*

电蛱蝶 *Dichorragia nesimachus* (Boisduval)
清风藤科 Sabiaceae
泡花树属 *Meliosma*
笔罗子 *M. rigida*
腋毛泡花树 *M. rhoifolia*
薄叶泡花树 *M. callicarpifolia*
樟叶泡花树 *M. squamulata*
单叶泡花树 *M. simplicifolia*
多花泡花树 *M. myriantha*
M. tenuis

东方菜粉蝶 *Pieris canidia* (Sparrman)
十字花科 Cruciferae
*芸苔属 *Brassica*
芜青 *B. rapa*
野甘蓝 *B. oleracea*
芥蓝 *B. alboglabra*
*南芥属 *Arabis*
硬毛南芥 *A. hirsute*
A. japonica
蔊菜属 *Rorippa*
蔊菜 *R. indica*
无瓣蔊 *R. dubia*
碎米荠属 *Cardamine*
圆齿碎米荠 *C. scutata*
弯曲碎米荠 *C. flexuosa*
独行菜属 *Lepidium*
北美独行菜 *L. virginicum*
萝卜属 *Raphanus*
R. acanthiformis
大蒜芥属 *Sisymbrium*
山柑科 Capparidaceae
白花菜属 *Cleome*

白花菜 *C. gynandra*
醉蝶花 *C. spinosa*
C. rutidossperma
黄花草 *C. viscosa*
夹竹桃科 Apocynaceae
鸡骨常山属 *Alstonia*
△糖树胶 *A. scholaris*
豆灰蝶 ***Plebejus argus*** **(Linnaeus)**
菊科 Compositae
蓟属 *Cirsium*
蓟 *C. japonicum*
C. sieboldii
蒿属 *Artemisia*
山地蒿 *A.Montana*
岩黄蓍属 *Hedysarum*
拟蚕豆岩黄蓍 *H. vicioids*
豆科 Leguminosae
黄耆属 *Astragalus*
黄芪 *A. membranaceus*
蓼科 Polygonaceae
蓼属 *Polygonum*
P. cuspidatum
桑寄生科 Loranthaceae
桑寄生属 *Loranthus*
豆粒银线灰蝶 ***Spindasis syama*** **(Horsfield)**
薯蓣科 Dioscoreaceae
薯蓣属 *Dioscorea*
薯蓣 *D. opposita*
桃金娘科 Myrtaceae
番石榴属 *Psidium*
番石榴 *P. guajava*
妒丽紫斑蝶 ***Euploea tulliola*** **(Fabricius)**
桑科 Moraceae
牛筋藤属 *Malaisia*
牛筋藤 *M. scandens*
扭旋牛筋藤 *M .tortuosa*
爪哇牛筋藤 *M .javanica*
夹竹桃科 Apocynaceae
夹竹桃属 *Nerium*
欧洲夹竹桃 *N. oleander*
蠹叶蛱蝶 ***Doleschallia bisaltide*** **Cramer**
爵床科 Acanthaceae
山壳骨属 *Pseuderanthemum*
*云南山壳骨 *P. graciliforum*
*山壳骨 *P. latifolium*
P. bicolor
P. pulchellum
P. variable
P. acuminatissimum
P. reticulatum
赛山蓝属 *Blechum*
赛山蓝 *B. pyramidatum*
Junonia 属
J. hedonia
Carlowrightia 属
C. arizonica
肾苞草属 *Phaulopsis*
P. imbricate
喜花草属 *Eranthemum*
喜花草 *E. pulchellum*
E. reticulatum
Graptophyllus 属
G. pictum
十万错属 *Asystasia*
豆科 Leguminosae
△刺桐属 *Erythrina*
桑科 Moraceae
△菠萝蜜属 *Artocarpus*
△菠萝蜜 *A. heterophyllus*
荨麻科 Urticaceae
荨麻属 *Urtica*
多尾凤蝶 ***Bhutanitis lidderdalii*** **Atkinson**
马兜铃科 Aristolochiaceae
马兜铃属 *Aristolochia*
西藏马兜铃 *A. griffithii*
异叶马兜铃 *A. kaempferi*
木通马兜铃 *A. manshuriensis*
多姿麝凤蝶 ***Byasa polyeuctes*** **(Doubleday)**
马兜铃科 Aristolochiaceae
马兜铃属 *Aristolochia*
*宝兴马兜铃 *A. moupinensis*
*异叶马兜铃 *A. kaempferi f. heterophylla*
瓜叶马兜铃 *A. cucurbitifolia*
蜂窠马兜铃 *A. foveolata*
异叶马兜铃 *A. kaempferi*
港口马兜铃 *A. zollingeriana*
琉球马兜铃 *A. liukiuensis*
高氏马兜铃 *A. kaoi*
西藏马兜铃 *A. griffithii*
管兰香 *A. cathcartii*
婀蛱蝶 ***Abrota ganga*** **Moore**
金缕梅科 Hamamelidaceae
秀柱花属 *Eustigma*
秀柱花 *E. oblongifolium*

壳斗科 Fagaceae
栎属 *Quercus*
青冈 *Q. glauca*
二尾蛱蝶 ***Polyura narcaea*** **(Hewitson)**
榆科 Ulmaceae
山黄麻属 *Trema*
山黄麻 *T. orientalis*
朴属 *Celtis*
台湾朴 *C. formosana*
豆科 Leguminosae
合欢属 *Albizia*
*阔荚合欢 *A. lebbeck*
合欢 *A. julibrissin*
猴耳环属 *Pithecellobium*
亮叶猴耳环 *P. lucidum*
Archidendron 属
A. lucidum
蔷薇科 Rosaceae
△李属 *Prunus*
腺叶野樱 *P. phaeosticta*
大戟科 Euphorbiaceae
土蜜树属 *Bridelia*
B. ovata
珐蛱蝶 ***Phalanta phalantha*** **(Drury)**
大风子科 Flacourtiaceae
刺篱木属 *Flacourtia*
云南刺篱木 *F. jangomas*
大果刺篱木 *F. ramontchi*
山刺子 *F. montana*
刺篱木 *F. indica*
刺冬属 *Scolopia*
鲁花树 *S. oldhamii*
杨柳科 Salicaceae
柳属 *Salix*
垂柳 *S. babylonica*
四子柳 *S. tetrasperma*
水柳 *S. warburgii*
菝葜科 Smilacaceae
菝葜属 *Smilax*
天料木科 Samydaceae
天料木属 *Homalium*
母生树 *H. harnanense*
斐豹蛱蝶 ***Argyreus hyperbius*** **(Linnaeus)**
堇菜科 Violaceae
堇菜属 *Viola*
*紫花地丁 *V. philippica*
*三色堇 *V. tricolor*
*戟叶堇菜 *V. betonicifolia*
*毛堇菜 *V. thomsonii*
七星莲 *V. diffusa*
台湾堇菜 *V. formosana*
香堇菜 *V. odorata*
堇菜 *V. verecunda*
玄参科 Scrophulariaceae
金鱼草属 *Antirrhinum*
△金鱼草 *A. majus*
凤灰蝶 ***Charana mandarina*** **(Hewitson)**
桑寄生科 Loranthaceae
桑寄生属 *Loranthus*
凤眼方环蝶 ***Discophora sondaica*** **Boisduval**
禾本科 Gramineae
簕竹属 *Bambusa*
佛肚竹 *B. ventricosa*
孝顺竹 *B. multiplex*
刺竹 *B. stenostachya*
龙头竹 *B. vulgaris*
青竿竹 *B. tuldoides*
思劳竹属 *Schizostachyum*
苗竹仔 *S. dumetorum*
S. grande
北美箭竹属 *Arundinaria*
慧竹 *A. hindsii*
秀英竹 *A. shiuyingiana*
佛珍蛱蝶 ***Clossiana freija*** **(Thunberg)**
杜鹃花科 Ericaceae
杜鹃属 *Rhododendron*
鲜黄杜鹃 *R. xanthostephanum*
越桔属 *Vaccinium*
笃斯越桔 *V. uliginosum*
岩高兰科 Empetraceae
岩高兰属 *Empetrum*
岩高兰 *E. nigrum*
福布绢蝶 ***Parnassius phoebus*** **(Fabricius)**
虎耳草科 Saxifragaceae
虎耳草属 *Saxifraga*
S. aizioides
S. calycina
S. nivalis
景天科 Crassulaceae
长生草属 *Sempervivum*
屋顶长生草 *S. tectorum*
景天属 *Sedum*
细瓣景天 *S. stenopetalum*
紫花景天 *S. telephium*

S. fabria
白景天 *S. album*
S. debile
S. obtusatum
S. wrightii
S. lanceolatum

福蛱蝶 *Fabriciana niobe* (Linnaeus)
堇菜科 Violaceae

柑橘凤蝶 *Papilio xuthus* Linnaeus
芸香科 Rutaceae
柑橘属 *Citrus*
*柚 *C. maxima*
*柑橘 *C. reticulata*
*甜橙 *C. sinensis*
*香橼 *C. medica*
黄檗属 *Phellodendron*
黄檗 *Ph. amurense*
*川黄檗 *Ph. chinense*
吴茱萸属 *Evodia*
*臭辣吴萸 *E. fargesii*
*吴茱萸 *E. rutaecarpa*
E. gabrifolia
E. glauca
枳属 *Poncirus*
*枳 *P. trifoliata*
花椒属 *Zanthoxylum*
*两面针 *Z. nitidum*
*竹叶花椒 *Z. armatum*
*花椒 *Z. bungeanum*
山小橘属 *Glycosmis*
金橘属 *Fortunella*
金柑（圆金橘）*F. japonica*
飞龙掌血属 *Toddalia*
飞龙掌血 *T. asiatica*

镉黄迁粉蝶 *Catopsilia scylla* (Linnaeus)
豆科 Leguminosae
决明属 *Cassia*
决明 *C. tora*
黄槐决明 *C. surattensis*
钝叶决明（蜡肠树）*C. obtusifolia*
腊肠树 *C. fistula*
槐叶决明 *C. sophera*
C. florida
望江南 *C. occidentalis*
翅荚决明 *C. alata*
Senna 属
S. obtusifolia
S. tora
S. occidentalis
灰毛豆属 *Tephrosia*
白灰毛豆 *T. candida*

钩翅眼蛱蝶 *Junonia iphita* Cramer
爵床科 Acanthaceae
马蓝属 *Pteracanthus*
爵床属 *Justica*
J. micrantha
Asteracantha 属
A. longifolia
鳞花草属 *Lepidagathis*
台湾鳞花草 *L. formosensis*
金足草属 *Goldfussia*
台湾曲蕊马蓝 *G. formosanus*

钩粉蝶 *Gonepteryx rhamni* (Linnaeus)
鼠李科 Rhamnaceae
鼠李属 *Rhamnus*
鼠李 *R. davurica*
杜鹃花科 Ericaceae
乌饭树属 *Vaccinium*

钩凤蝶 *Meandrusa payeni* (Boisduval)
樟科 Lauraceae
木姜子属 *Litsea*
山鸡椒 *L. cubeba*
楠属 *Phoebe*
P. cubeba

古楼娜灰蝶 *Nacaduba kurava* (Moore)
紫金牛科 Myrsinaceae
紫金牛属 *Ardisia*
紫金牛 *A. japonica*
东南紫金牛 *A. sieboldii*
罗伞树 *A. quinquegona*
杜茎山属 *Maesa*
软弱杜茎山 *M. tenera*
铁仔属 *Myrsine*
铁仔 *M. africana*
酸藤子属 *Embelia*
酸藤果 *E. robusta*
紫金牛属 *Ardisia*
矮紫金牛 *A. humilis*
梧桐科 Sterculiaceae
Waltherian 属
印度蛇婆子 *W. indica*

海南玄灰蝶 *Tongeia hainani* (Bethune -Baker)
景天科 Crassulaceae
伽蓝菜属 *Kalanchoe*

锐叶掌上珠 *K. daigremontiana*
台南伽蓝菜 *K.garambiensis*
匙状伽蓝菜 *K.spathulata*

褐斑凤蝶 *Chilasa agestor* (Gray)
樟科 Lauraceae
润楠属 *Machilus*
*红楠 *M. thunbergii*
大叶楠 *M. kusanoi*
樟属 *Cinnamomum*
*樟 *C. camphora*
沉水樟 *C. micranthum*
楠属 *Phoebe*
*楠木 *P. zhennan*
鳄梨属 *Persea*
P. odoratissima
P. japonica
香润楠 *P. zuihoensis*

鹤顶粉蝶 *Hebomoia glaucippe* (Linnaeus)
山柑科 Capparidaceae
鱼木属 *Crateva*
*树头菜 *C. unilocularis*
加罗林鱼木 *C. religiosa*
鱼木 *C. formosensis*
C. magna
山柑属 *Capparis*
*野香橼花 *C. bodinieri*
广州山柑 *C. cantoniensis*
独行千里 *C. acutifolia*
台湾山柑 *C. formosana*
小刺山柑 *C. micracantha*
山柑 *C. sikkimensis*
刺山柑 *C. spinosa*
C. moonii
C. pumila
青皮刺 *C. sepiaria*
蓝屿山柑 *C. lanceolaris*

黑凤尾蛱蝶 *Polyura schreiber* (Godart)
无患子科 Sapindaceae
韶子属 *Nephelium*
红毛丹 *N. lappaceum*
豆科 Leguminosae
Wagatea 属
W. spicata
Cynometra 属
C. cauliflora
Moullava 属
M. spicata
海红豆属 *Adenanthera*
海红豆 *A. pavonina*
番荔枝科 Annonaceae
番荔枝属 *Annona*
壳斗科 Fagaceae
锥属 *Castanopsis*
樟科 Lauraceae
樟属 *Cinnamomum*
蔷薇科 Rosaceae
蔷薇属 *Rosa*
梧桐科 Sterculiaceae
可可属 *Theobroma*
可可 *T. cacao*
红树科 Rhizophoraceae
红树属 *Rhizophora*
红树 *R. apiculata*
红茄苳 *R. mucronata*
牛栓藤科 Connaraceae
红叶藤属 *Rourea*
R. santaloides

黑虎斑蝶 *Danaus melanippus* (Cramer)
菊科 Compositae
藿香蓟属 *Ageratum*
藿香蓟 *A. conyzoides*
蟛蜞菊属 *Wedelia*
李花澎蜞菊 *W. biflora*
马鞭草科 Verbenaceae
马缨丹属 *Lantana*

黑角方粉蝶 *Dercas lycorias* (Doubleday)
豆科 Leguminosae
*红豆树属 *Ormosia*
*黄檀属 *Dalbergia*

黑角律蛱蝶 *Lexias dirtia* (Fabricius)
金丝桃科 Guttiferae
藤黄属 *Garcinia*
G.laterifolia 属
Cratoxylon 属
C. maingayi
南洋杉科 Araucariaceae
贝壳杉属 *Agathis*
A. robusta
Illecebraceae 科
Achyronychia 属

黑绢斑蝶 *Parantica melanea* (Cramer)
萝藦科 Asclepiadaceae
牛奶菜属 *Marsdenia*
蓝叶藤 *M. tinctoria*

台湾牛奶菜 *M. formosana*
娃儿藤属 *Tylophora*
小叶娃儿藤 *T. tenuis*
T. flexuosa
黑鳗藤属 *Stephanotis*
黑鳗藤 *S. mucronata*
Jasminanthes 属
J. mucronata
鹅绒藤属 *Cynanchum*
白薇 *C. atratum*

黑脉蛱蝶 *Hestina assimilis* (Linnaeus)
榆科 Ulmaceae
朴属 *Celtis*
*朴树 *C. sinensis*
台湾朴 *C. formosana*
C. nervosa
山黄麻属 *Trema*
山黄麻 *T. orientalis*

黑脉园粉蝶 *Cepora nerissa* (Fabricius)
山柑科 Capparidaceae
山柑属 *Capparis*
C. aphylla
青皮刺 *C. sepiaria*
C. heyneana
C. horrida
蓝屿山柑 *C. lanceolaris*
牛眼睛 *C. zeylanica*

黑铁灰蝶 *Teratozephyrus hecale* (Leech)
壳斗科 Fagaceae
栎属 *Quercus*
台湾窄叶青冈 *Q. stenophylloides*

黑纹粉蝶 *Pieris melete* Ménétriès
十字花科 Cruciferae
南芥属 *Arabis*
硬毛南芥 *A. hirsute*
碎米荠属 *Cardamine*
白花碎米荠 *C. leucantha*
圆齿碎米荠 *C. scutata*
蔊菜属 *Rorippa*
蔊菜 *R. indica*
大蒜芥属 *Sisymbrium*
全叶大蒜芥 *S. luteum*

黑燕尾蚬蝶 *Dodona deodata* Hewitson
紫金牛科 Myrsinaceae
杜茎山属 *Maesa*
灰叶杜茎山 *M. chisia*
紫金牛科 Myrsinaceae
密花树属 *Rapanea*
密花树 *R. neriifolia*

黑紫蛱蝶 *Sasakia funebris* (Leech)
榆科 Ulmaceae
朴属 *Celtis*
*朴树 *C. sinensis*

红斑翠蛱蝶 *Euthalia lubentina* (Cramer)
桑寄生科 Loranthaceae
桑寄生属 *Loranthus*
L. parasiticus
L. longiflorus
五蕊寄生属 *Dendrophthoe*
D. glabrescens
梨果寄生属 *Scurrula*
红花寄生 *S. parasitica*
锈毛梨果寄生 *S. ferruginea*
鞘花属 *Macrosolen*
鞘花 *M. cochinchinensis*
大苞鞘花属 *Elytranthe*
苞花寄生 *E. cochinchinensis*

红斑美凤蝶 *Papilio rumanzovius* Eschscholtz
芸香科 Rutaceae
柑橘属 *Citrus*
酒饼簕属 *Atalantia*
A. monophylla

红翅尖粉蝶 *Appias nero* (Fabricius)
山柑科 Capparidaceae
山柑属 *Capparis*
小刺山柑 *C. micracantha*
鱼木属 *Crateva*
树头菜 *C. unilocularis*

红灰蝶 *Lycaena phlaeas* (Linnaeus)
蓼科 Polygonaceae
酸模属 *Rumex*
皱叶酸模 *R. crispus*
酸模 *R. acetosa*

红基美凤蝶 *Papilio alcmenor* Felder *et* Felder
芸香科 Rutaceae
柑橘属 *Citrus*
花椒属 *Zanthoxylum*
*竹叶花椒 *Z. armatum*
红锯蛱蝶 *Cethosia biblis* (Drury)
西番莲科 Passifloraceae
蒴莲属 *Adenia*
*三开瓢 *A. cardiophylla*
*滇南蒴莲 *A. penangiana*
异叶蒴莲 *A. heterophylla*

A. macrophylla
A. cordifolia
西番莲属 *Passiflora*
△西番莲 *P. cochinchinensis*
△杯叶西番莲 *P. cupiformis*
△龙珠果 *P. foetida*
△鸡蛋果 *P. edulis*

红肩锯粉蝶 *Prioneris clemanthe* (Doubleday)
山柑科 Capparidaceae
山柑属 *Capparis*

红襟粉蝶 *Anthocharis cardamines* (Linnaeus)
十字花科 Cruciferae
芸苔属 *Brassica*
芥蓝 *B. alboglabra*

红老豹蛱蝶 *Argyronome ruslana* (Motschulsky)
堇菜科 Violaceae
堇菜属 *Viola*

红裙边翠蛱蝶 *Euthalia irrubescens* Grose-Smith
桑寄生科 Loranthaceae
鞘花属 *Macrosolen*
* *M. sp.*
钝果寄生属 *Taxillus*
木兰寄生 *T. limprichtii*
毛叶钝果寄生 *T. nigrans*
T. parasiticus

红绶绿凤蝶 *Pathysa nomius* (Esper)
番荔枝科 Annonaceae
*番荔枝属 *Annona*
暗罗属 *Polyalthia*
细基丸 *P. cerasoides*
*长叶暗罗 *P. longifolia*
野独活属 *Miliusa*
M. suberosa
M. velutina
露兜树科 Pandanaceae
露兜属 *Pandanus*
露兜树 *P. tectorius*

红线蛱蝶 *Limenitis populi* (Linnaeus)
杨柳科 Salicaceae
杨属 *Populus*
银白杨 *P. alba*
黑杨 *P. nigra*
毛白杨 *P. tomentosa*
柳属 *Salix*

红珠凤蝶 *Pachliopta aristolochiae* (Fabricius)
马兜铃科 Aristolochiaceae
马兜铃属 *Aristolochia*
*耳叶马兜铃 *A. tagala*
异叶马兜铃 *A. kaempferi* f. *heterophylla*
港口马兜铃 *A. zollingeriana*
异叶马兜铃 *A. kaempferi*
高氏马兜铃 *A. kaoi*
瓜叶马兜铃 *A. cucurbitifolia*
美丽马兜铃 *A. elegans*
琉球马兜铃 *A. liukiuensis*
马兜铃 *A. debilis*
A. bracteata
A. indica
A. klossi
线果兜铃属 *Thottea*
T. philippinensis

红珠灰蝶 *Lycaeides argyrognomon* (Bergstrasser)
豆科 Leguminosae
木蓝属 *Indigofera*
花木蓝 *I. kirilowii*

红珠绢蝶 *Parnassius bremeri* Bremer
景天科 Crassulaceae
景天属 *Sedum*
费菜 *S. aizoon*
S. ischida
S. ussuriensis
S. quadriflorum

虎凤蝶 *Luehdorfia puziloi* (Erschoff)
马兜铃科 Aristolochiaceae
细辛属 *Asarum*
细辛（华细辛或盆草细辛）*A. sieboldii*
库页细辛 *A. heterotropoides*
A. megacalyx
A. takaoi
A. fauriei

虎斑蝶 *Danaus genutia* (Cramer)
萝藦科 Asclepiadaceae
鹅绒藤属 *Cynanchum*
*昆明杯冠藤 *C. wallichii*
*峨眉牛皮消 *C. giraldii*
兰屿牛皮消 *C. langysuense*
台湾杯冠藤 *C. formosana*
薄叶牛皮消 *C. taiwanianum*
琉球鹅绒藤 *C. liukiuensis*
C. dalhousiae
马利筋属 *Asclepias*
*马利筋 *A. curassavica*
牛奶菜属 *Marsdenia*
假防己 *M. tomentosa*

台湾牛奶菜 *M. formosana*
吊灯花属 *Ceropegia*
中间吊灯花 *C. intermedia*
C. oculata
娃儿藤属 *Tylophora*
T. cissoids
T. tanakae
T. flexuosa
匙羹藤属 *Gymnema*
大花藤属 *Raphistemma*
大花藤 *R. pulchellum*
R. lemma
牛角瓜属 *Calotropis*
牛角瓜 *C. gigantea*
萝藦属 *Metaplexis*
萝藦 *M. japonica*
天星藤属 *Graphistemma*
天星藤 *G. pictum*
Pergularia 属
P. odoratissima
铰箭藤属 *Holostemma*
H. adakodien
Vincetoxicum 属
V. tanakae
尖槐藤属 *Oxystelma*
O. pulchellum
夜来香属 *Telosma*
夜来香 *T. cordata*
醉魂藤属 *Heterostemma*
H. cuspidatum
黑鳗藤属 *Stephanotis*
多花黑鳗藤 *S. floribunda*

胡麻霾灰蝶 *Maculinea teleia* (Bergstrasser)
蔷薇科 Rosaceae
地榆属 *Sanguisorba*
细叶地榆 *S. tenuifolia*
地榆 *S. officinalis*
S. hakusanensis

花豹盛蛱蝶 *Symbrenthia hypselis* Godart
荨麻科 Urticaceae
楼梯草属 *Elatostema*
狭叶楼梯草 *E. lineolatum*
水麻属 *Debregeasia*
水麻 *D. orientalis*
雾水葛属 *Pouzolzia*
雅致雾水葛 *P. elegans*

环带迷蛱蝶 *Mimathyma ambica* (Koller)
榆科 Ulmaceae
榆属 *Ulmus*
U. wallichiana
春榆 *U. davidiana*
裂叶榆 *U. laciniata*
榔榆 *U. parvifolia*

幻紫斑蝶 *Euploea core* (Cramer)
萝藦科 *Asclepiadaceae*
白叶藤属 *Cryptolepis*
*白叶藤 *C. sinensis*
C. pauciflora
古钩藤 *C. buchananii*
弓果藤属 *Toxocarpus*
*弓果藤 *T. wightianus*
马利筋属 *Asclepias*
*马利筋 *A. curassavica*
A. syriaca
夹竹桃科 Apocynaceae
夹竹桃属 *Nerium*
N. odorum
欧洲夹竹桃 *N. oleander*
*夹竹桃 *N. indicum*
Allamanda 属
假虎刺属 *Carissa*
C. ovata
海芒果属 *Cerbera*
海芒果 *C. manghas*
止泻木属 *Holarrhena*
H. pubescens
Mandevilla 属
同心结属 *Parsonsia*
P. straminea
鸡蛋花属 *Plumeria*
P. acuminate
络石属 *Trachelospermum*
T. bowringii
尖子藤属 *Rhynchodia*
鳝藤属 *Anodendron*
腰骨藤属 *Ichnocarpus*
腰骨藤 *I. frutescens*
止泻木属 *Holarrhena*
止泻木 *H. antidysenterica*
桑科 Moraceae
鹊肾树属 *Streblus*
鹊肾树 *S. asper*
榕属 *Ficus*

印度榕树 *F. bengalensis*
全缘琴叶榕 *F. pandurata*
F. indica
菩提树 *F. religiosa*
榕树 *F. microcarpa*
*垂叶榕 *F. benjamina*
*高山榕 *F. altissima*
钉头果属 *Gomphocarpus*
钉头果 *G. fruticosus*
鹅绒藤属 *Cynanchum*
C. carnosum
牛角瓜属 *Calotropis*
△牛角瓜 *C. gigantea*
海岛藤属 *Gymnanthera*
G. oblonga
牛奶菜属 *Marsdenia*
牛奶菜 *M. sinensis*
M. suaveolens
鲫鱼藤属 *Secamone*
S. elliptica
娃儿藤属 *Tylophora*
T. indica
黑鳗藤属 *Stephanotis*
Sarcolobus 属
Leichardtia 属
L. australis
肉珊瑚属 *Sarcostemma*
S. australe
球兰属 *Hoya*
H. australis
Hemidesmus 属
H. indicus
茜草科 Rubiaceae
巴戟天属 *Morinda*
榆科 Ulmaceae
糙叶树属 *Aphananthe*
△滇糙叶树 *A. cuspidate*
白颜树属 *Gironniera*
△白颜树 *G.. reticulata*

幻紫斑蛱蝶 ***Hypolimnas bolina* (Linnaeus)**
马齿苋科 Portulacaceae
马齿苋属 *Portulaca*
*马齿苋 *P. oleracea*
旋花科 Convolvulaceae
番薯属 *Ipomoea*
番薯 *I. batatus*
蕹菜 *I. aquatica*
南沙薯藤 *I. gracilis*
I. acuminate
I. pescaprae
鱼黄草属 *Merremia*
M. hederacea
锦葵科 Malvaceae
黄花稔属 *Sida*
金午时花 *S. rhombifolia*
黄花稔 *S. acuta*
S. retusa
S. fallax
S. juvensis
赛葵属 *Malvastrum*
赛葵 *M. coromandelianum*
苘麻属 *Abutillon*
菊科 Compositae
金腰箭属 *Synedrella*
金腰箭 *S. nodiflora*
鳢肠属 *Eclipta*
E. alba
鳢肠 *E. prostrata*
爵床科 Acanthaceae
山壳骨属 *Pseuderanthemum*
P. variable
十万错属 *Asystasia*
宽叶十万错 *A. gangetica*
A. scandens
Justicia 属
Ruellia 属
赛山蓝属 *Blechum*
赛山蓝 *B. pyramidatum*
荨麻科 Urticaceae
Fleurya 属
F. interrupta
楼梯草属 *Elatostema*
稀齿楼梯草 *E. cuneatum*
落尾木属 *Pipturus*
P. propinquus
P. argenteus
艾麻属 *Laportea*
红小麻 *L. interrupta*
荨麻属 *Urtica*
异株荨麻 *U. dioica*
欧荨麻 *U. urens*
苋科 Amaranthaceae

莲子草属 *Alternanthera*
莲子草 *A. sessilis*
A. denticulata
喜旱莲子草 *A. philoxeroides*
桑科 Moraceae
榕属 *Ficus*
榕树 *F. microcarpa*
F. repens
薜荔 *F. pumila*
蓼科 Polygonaceae
蓼属 *Polygonum*
P. prostratum
Persicaria 属
P. prostrata
茜草科 Rubiaceae
墨苜蓿属 *Richardia*
R. brasiliensis
爵床科 Acanthaceae
十万错属 *Asystasia*
宽叶十万错 *A. gangetica*
A. scandens
Depteracanthus 属
山壳骨属 *Pseuderanthemum*
P. variable
P. bicolor
P. pacificum
Ruellia 属
R. arvensis
R. guppy
Sysasia 属
鸭跖草科 Commelinaceae
鸭跖草属 *Commelina*
鸭跖草 *C. communis*
豆科 Leguminosae
△菜豆属 *Phaseolus*
△*P. calcaratus*
山蚂蝗属 *Desmodium*
△小槐花 *D. caudatum*
豇豆属 *Vigna*
△赤小豆 *V. umbellata*
椴树科 Tiliaceae
刺蒴麻属 *Triumfetta*
△刺蒴麻 *T. rhomboidea*
唇形科 Labiatae
紫苏属 *Perilla*
△紫苏 *P. frutescens*

黄带翠蛱蝶 *Euthalia patala*(Kollar)
壳斗科 Fagaceae
栎属 *Quercus*
Q. incana
黄带褐蚬蝶 *Abisara fylla* (Westwood)
紫金牛科 Myrsinaceae
杜茎山属 *Maesa*
灰叶杜茎山 *M. chisia*
黄钩蛱蝶 *Polygonia c-aureum* (Linnaeus)
桑科 Moraceae
葎草属 *Humulus*
律草 *H. scandens*
H. japonica
大麻属 *Cannabis*
大麻 *C. sativa*
亚麻科 Linaceae
亚麻属 *Linum*
亚麻 *L. usitatissimum*
芸香科 Rutaceae
柑橘属 *Citrus*
蔷薇科 Rosaceae
梨属 *Pyrus*
黄灰蝶 *Japonica lutea* (Hewitson)
豆科 Leguminosae
壳斗科 Fagaceae
栎属 *Quercus*
栎 *Q. sellata*
麻栎 *Q. acutissima*
栓皮栎 *Q. variabilis*
蒙古栎 *Q. mongolica*
槲栎 *Q. aliena*
槲树 *Q. dentata*
黄尖襟粉蝶 *Anthocharis scolymus* Butler
十字花科 Cruciferae
芸苔属 *Brassica*
油菜(芸苔)*B. campestris*
南芥属 *Arabis*
硬毛南芥 *A. hirsuta*
碎米荠属 *Cardamine*
弹裂碎米芥 *C. impatiens*
蔊菜属 *Rorippa*
蔊菜 *R. indica*
黄襟蛱蝶 *Cupha erymanthis* (Drury)
大风子科 Flacourtiaceae
柞木属 *Xylosma*
X. rocemosus

刺篱木属 *Flacourtia*
山刺子 *F. montana*
刺篱木 *F. indica*
大果刺篱木 *F. ramontchi*
大叶刺篱木 *F. rukam*
赤才属 *Erioglossum*
E. edule
刺冬属 *Scolopia*
鲁花树 *S. oldhamii*
S. chinense
S. crenata
S. chinensisledo
杨柳科 Salicaceae
柳属 *Salix*
垂柳 *S. babylonica*
天料木科 Samydaceae
天料木属 *Homalium*
天料木 *H. cochinchinense*
大戟科 Euphorbiaceae
算盘子属 *Glochidion*
毛果算盘子 *G. eriocarpum*
无患子科 Sapindaceae
鳞花木属 *Lepisanthes*
L. rubiginosum

黄蜜蛱蝶 *Mellicta athalia* (Rottemburg)
车前科 Plantaginaceae
车前属 *Plantago*
玄参科 Scrophulariaceae
山罗花属 *Melampyrum*

黄裳眼蛱蝶 *Junonia hierta* (Fabricius)
爵床科 Acanthaceae
十万错属 *Asystasia*
Eremomastax 属
Justicia 属
Ruellia 属
假杜鹃属 *Barleria*
假杜鹃 *B. cristata*
水蓑衣属 *Hygrophila*
H. auriculata
H. costata
瘤子草属 *Nelsonia*
瘤子草 *N. canescens*
Asteracantha 属
A. longifolia

黄帅蛱蝶 *Sephisa princeps* (Fixen)
壳斗科 Fagaceae
栎属 *Quercus*
麻栎 *Q. acutissima*
*青冈 *Q. glauca*
Q. salicina
枹栎 *Q. serrata*
蒙古栎 *Q. mongolica*
Q. dentate
Q. incana
栓皮栎 *Q. variabilis*

黄铜翠蛱蝶 *Euthalia nara* Moore
壳斗科 Fagaceae
*栎属 *Quercus*

黄银线灰蝶 *Spindasis kuyaniana* (Matsumura)
薯蓣科 Dioscoreaceae
薯蓣属 *Dioscorea*
薯蓣 *D. opposita*
桃金娘科 Myrtaceae
番石榴属 *Psidium*
番石榴 *P. guajava*

黄缘蛱蝶 *Nymphalis antiopa* (Linnaeus)
杨柳科 Salicaceae
柳属 *Salix*
杨属 *Populus*
银白杨 *P. alba*
榆科 Ulmaceae
榆属 *Ulmus*
荨麻科 Urticaceae
荨麻属 *Urtica*
桦木科 Betulaceae
桦木属 *Betula*
坚桦 *B. chinensis*

灰翅串珠环蝶 *Faunis aerope* (Leech)
菝葜科 Smilacaceae
菝葜属 *Smilax*
菝葜 *S. china*
露兜树科 Pandanaceae
露兜属 *Pandanus*
分叉露兜 *P. furcatus*

喙凤蝶 *Teinopalpus imperialis* Hope
木兰科 Magnoliaceae
木兰属 *Magnolia*
滇藏木兰 *M. campbellii*
紫玉兰 *M. liliflora*
M. obovata
鹅掌楸属 *Liriodendron*
北美鹅掌楸 *L. tulipfera*

吉灰蝶 *Zizeeria karsandra* (Moore)
苋科 Amaranthaceae
苋属 *Amaranthus*
苋 *A. tricolor*
皱果苋 *A. viridis*
蒺藜纹脉蛱蝶 *Hestina nama* (Doubleday)
榆科 Ulmaceae
朴属 *Celtis*
*朴树 *C. sinensis*
荨麻科 Urticaceae
△紫麻属 *Oreocnide*
△*Archiboemeria*
△*A. atrata*
畸纹斑蛱蝶 *Hypolimnas anomala* (Wallace)
荨麻科 Urticaceae
落尾木属 *Pipturus*
落尾木 *P. arborescens*
嘉翠蛱蝶 *Euthalia kardama* (Moore)
棕榈科 Palmae
棕榈属 *Trachycarpus*
*棕榈 *T. fortunei*
尖翅翠蛱蝶 *Euthalia phemius* (Doubleday)
漆树科 Anacardiaceae
杧果属 *Mangifera*
杧果 *M. indica*
无患子科 Sapindaceae
荔枝属 *Litchi*
荔枝 *L. chinensis*
尖翅纹环蝶 *Aemona lena* Atkinson
棕榈科 Palmae
椰子属 *Cocos*
椰子 *C. nucifera*
禾本科 Gramineae
尖翅银灰蝶 *Curetis acuta* Moore
豆科 Leguminosae
葛属 *Pueraria*
野葛 *P. thunbergiana*
葛 *P. lobata*
槐属 *Sophora*
狭叶槐 *S. angustifolia*
苦参 *S. flavescens*
崖豆藤属 *Millettia*
网络崖豆藤 *M. reticulata*
尖钩粉蝶 *Gonepteryx mahaguru* (Gistel)
鼠李科 Rhamnaceae
鼠李属 *Rhamnus*
*鼠李 *R. davurica*
箭环蝶 *Stichophthalma howqua* (Westwood)
禾本科 Gramineae
刚竹属 *Phyllostachys*
毛竹 *P.heterocycla cv.pubescens*
红壳竹 *P. iridenscens*
淡竹 *P. glauca*
篌竹 *P. nidularia*
大明竹属 *Pleioblastus*
*苦竹 *P. amarus*
*慈竹 *S. affinis*
慈竹属 *Sinocalamus*
大油芒属 *Spodiopogon*
油芒 *S. cotulifer*
芒属 *Miscanthus*
芒 *M. sinensis*
棕榈科 Palmae
棕榈属 *Trachycarpus*
棕榈 *T. fortunei*
黄藤属 *Daemonorops*
黄藤 *D. margaritae*
尖角黄粉蝶 *Eurema laeta* (Boisduval)
豆科 Leguminosae
决明属 *Cassia*
含羞草决明 *C. mimosoides*
姜弄蝶 *Udaspes folus* (Cramer)
姜科 Zingiberaceae
山姜属 *Alpinia*
美山姜 *A. formosana*
山姜 *A. japonica*
光叶山姜 *A. intermedia*
金斑蝶 *Danaus chrysippus* (Linnaeus)
萝藦科 Asclepiadaceae
牛角瓜属 *Calotropis*
*牛角瓜 *C. gigantea*
白花牛角瓜 *C. procera*
马利筋属 *Asclepias*
*马利筋 *A. curassavica*
A. cancellata
A. coarctata
娃儿藤属 *Tylophora*
T. stenoloba
T. sylvatica
鹅绒藤属 *Cynanchum*
C. abyssinicum
C. acutum

C. altiscandens
镇江白前 C. sublanceolatum
吊灯华属 Ceropegia
C. cumingiana
钉头果属 Gomphocarpus
钉头果 G. fruticosus
牛奶菜属 Marsdenia
△牛奶菜 M. sinensis
大花藤属 Raphistemma
大花藤 R. pulchellum
杠柳属 Periploca
细叶杠柳 P. linarifolia
鲫鱼藤属 Sccamone
S. afzelii
S. parvifolia
S. platystigma
Huernia 属
Leptadenia 属
L. hastata
Kanahia 属
K. glaberrima
K. laniflora
Ishchnochardtia 属
I. australis
Pentatropis 属
P. atropurpurea
P. quinquepartita
Pergularia 属
P. daemia
Leichardtia 属
L. australis
白叶藤属 Cryptolepis
古钩藤 C. buchananii
Peogularia 属
P. extensa
Pleurostelma 属
P. cernuum
尖槐藤属 Oxystelma
O. pulchellum
豹皮花属 Stapelia
大豹皮花 S. gigantea
Schizoglossum 属
Aspidoglossum 属
Stathmostelma 属
S. gigantiflorum
S. pedunculatum
萝藦属 Metaplexis
萝藦 M. japonica
Pentarrhinum 属
Pachycarpus 属
豹皮花属 Stapelia
旋花科 Convolvulaceae
番薯属 Ipomoea
△番薯 I. batatus
△I. alba
大戟科 Euphorbiaceae
大戟属 Euphorbia
白花丹科 Plumbaginaceae
Dyerophytum 属
△D. indicum
蔷薇科 Rosaceae
蔷薇属 Rosa
锦葵科 Malvaceae
木槿属 Hibiscus
桑科 Moraceae
榕属 Ficus
△光叶榕 F. laevis
△聚果榕 F. racemosa
无患子科 Sapindaceae
赤才属 Erioglossum
△赤才 E. rubiginosum
玄参科 Scrophulariaceae
金鱼草属 Antirrhinum

金斑喙凤蝶 *Teinopalpus aureus* Mell

木兰科 Magnoliaceae
含笑属 Michelia
广东含笑 M. chapaensis
拟单性木兰属 Parakmeria
光叶拟单性木兰 P. nitidac
木兰属 Magnolia
M. candlli

金斑蛱蝶 *Hypolimnas misippus* (Linnaeus)

马齿苋科 Portulacaceae
马齿苋属 Portulaca
*马齿苋 P. oleracea
P. foliosa
四瓣马齿苋 P. quadrifida
土人参属 Talinum
爵床科 Acanthaceae
十万错属 Asystasia
宽叶十万错 A. gangetica
A. lawiana
假杜鹃属 Barleria
假杜鹃 B. cristata

百簕花属 *Blepharis*
B. boerhaviaefolia
山壳骨属 *Pseuderanthemum*
P. variable
Ruellia 属
R. cordata
R. prostrata
Justicia 属
锦葵科 Malvaceae
苘麻属 *Abutillon*
木槿属 *Hibiscus*
秋葵属 *Abelmoschus*
黄葵 *A. moschatus*
棉属 *Gossypium*
车前科 Plantaginaceae
车前属 *Plantago*
△车前 *P. asiatica*
△大车前 *P. major*
棕榈科 Palmae
油棕属 *Elaeis*
△油棕 *E. guineensis*
荨麻科 Urticaceae
Elatostemma 属
△稀齿楼梯草 *E. cuneatum*

金凤蝶 *Papilio machaon* Linnaeus
伞形科 Umbelliferae（Apiaceae）
茴香属 *Foeniculum*
*茴香 *F. vulgare*
胡萝卜属 *Daucus*
野胡萝卜 *D. carota*
*当归属 *Angelica*
阿米芹属 *Ammi*
金鱼草 *A. majus*
阿米芹 *A. visnaga*,
毒参属 *Conium*
毒参 *C. maculatum*
芫荽属 *Coriandrum*
芫荽 *C. sativum*
Ducrosia 属
D. anethifolia
当归属 *Angelica*
白芷 *A. dahurica*
滨当归 *A. hirsutiflora*
福参 *A. morii*
鸭儿芹属 *Cryptotaenia*
鸭儿芹 *C. canadensis*
前胡属 *Peucedanum*
台湾前胡 *P. formosanum*
芹属 *Apium*
*旱芹（芹菜）*A. graveolens*
芸香科 Rutaceae
柑橘属 *Citrus*
*柚 *C. maxima*
*柑橘 *C. reticulata*
拟芸香属 *Haplophyllum*
H. tuberculatum

金铠蛱蝶 *Chitoria chrysolora* Fruhstorfer
榆科 Ulmaceae
朴属 *Celtis*
台湾朴 *C. formosana*
朴树 *C .sinensis*

金蟠蛱蝶 *Pantoporia hordonia* (Stoll)
豆科 Leguminosae
Abarema
天香藤 *A. corniculata*
合欢属 *Albizia*
刺藤 *A. corniculha*
猴耳环属 *Pithecellobium*
猴耳环 *P. clypearia*

金裳凤蝶 *Troides aeacus* (Felder *et* Felder)
马兜铃科 Aristolochiaceae
马兜铃属 *Aristolochia*
*宝兴马兜铃 *A. moupinensis*
*异叶马兜铃 *A. kaempferi f. heterophylla*
*耳叶马兜铃 *A. tagala*
*广西马兜铃 *A. kwangsiensis*
港口马兜铃 *A. zollingeriana*（*A. kankauensis*, *A. roxburgiana*, *A. tagala* Cham. Var. *kankauensis*, 或 *Hocquartia kankauensis* 等）
异叶马兜铃 *A. kaempferi*
琉球马兜铃 *A. liukiuensis*
西藏马兜铃 *A. griffithii*
瓜叶马兜铃 *A. cucurbitifolia*
管兰香 *A. cathcartii*
美丽马兜铃 *A. elegans*
马兜铃 *A. debilis*
北马兜铃 *A. contorta*
A. acuminata
A. littoralis
A. indica
线果兜铃属 *Thottea*
T. tricornis
T. corymbosa

精灰蝶 *Artopoetes pryeri* (Murray)
木樨科 Oleaceae
女贞属 *Ligustrum*
L. tschonoskii
卵叶女贞 *L. ovalifolium*
柳叶女贞 *L. salicinum*
蜡子树 *L. ibota*
日本女贞 *L. japonicum*
丁香属 *Syringa*
S. reticuata
欧丁香 *S. vulgaris*

惊恐方环蝶 *Discophora timora* Westwood
禾本科 Gramineae
簕竹属 *Bambusa*
牡竹属 *Dendrocalamus*
龙竹 *D. giganteus*
Dinochloa 属
D. andamanica
甘蔗属 *Saccharum*
S. sinensis
甘蔗 *S. officinarum*
棕榈科 Palmae
椰子属 *Cocos*
椰子 *C. nucifera*

锯粉蝶 *Prioneris thestylis* (Doubleday)
山柑科 Capparidaceae
鱼木属 *Crateva*
*树头菜 *C. Unilocularis*
加罗林鱼木 *C. religiosa*
山柑属 *Capparis*
独行千里 *C. acutifolia*
C. sola

绢斑蝶 *Parantica aglea* (Stoll)
萝藦科 Asclepiadaceae
娃儿藤属 *Tylophora*
娃儿藤 *T. ovata*
兰屿欧蔓 *T. langyuensis*
T. carnosa
小叶娃儿藤 *T. tenuis*
T. flexuosa
T. tanakae
吊灯华属 *Ceropegia*
C. bulbosa
牛角瓜属 *Calotropis*
牛角瓜 *C. gigantea*
鹅绒藤属 *Cynanchum*
C. lanhsuense
白叶藤属 *Cryptolepis*
古钩藤 *C. buchananii*

绢粉蝶 *Aporia crataegi* (Linnaeus)
蔷薇科 Rosaceae
△李属 *Prunus*
P. ssiori
P. padus
Cratagus 属
C. monogyna
C. jozana
木瓜属 *Chaenomeles*
C. lagenaria
Aporia 属
A. leucodyce
梨属 *Pyrus*
P. serotina
沙梨 *P. pyrifolia*
苹果属 *Malus*
西府海棠 *M. micromalus*
苹果 *M. pumila*
蔷薇属 *Rosa*
花楸属 *Sorbus*
葡萄科 Vitaceae
葡萄属 *Vitis*
胡桃科 Juglandaceae
胡桃属 *Juglans*
壳斗科 Fagaceae
栎属 *Quercus*
忍冬科 Caprifoliaceae
荚蒾属 *Viburnum*

绢蛱蝶 *Calinaga buddha* Moore
桑科 Moraceae
桑属 *Morus*
鸡桑 *M. australis*
桑树 *M. albo*

君主斑蝶 *Danaus plexippus* (Linnaeus)
夹竹桃科 Apocynaceae
罗布麻属 *Apocynum*
A. androsaemifolium
萝藦科 Asclepiadaceae
Acerate 属
Araujia 属
A. hortorum
A. sericifera
马利筋属 *Asclepias*

抱茎马利筋 *A. amplexicaulis*
心叶马利筋 *A. cordifolia*
马利筋 *A. curassavica*
绵毛果马利筋 *A. eriocarpa*
极高马利筋 *A. exaltata*
簇生马利筋 *A. fasciculora*
钉头果 *G. fruticosus*
大花马利筋 *A. grandiflora*
卧地马利筋 *A. humistrata*
肉色马利筋 *A. incarnata*
A. lauceolatum
墨西哥马利筋 *A. mexicana*
光亮马利筋 *A. nitida*
雪白马利筋 *A. nivea*
陆状马利筋 *A. phaytolaccoides*
紫色马利筋 *A. purpurascens*
圆叶马利筋 *A. rotundifolia*
红色马利筋 *A. rubra*
半月行马利筋 *A. semilunata*
美丽马利筋 *A. speciosa*
A. sullivanti
叙利亚马利筋 *A. syriaca*
茸毛马利筋 *A. tomentosa*
块茎马利筋 *A. tuberosa*
轮生马利筋 *A. verticillata*
鹅绒藤属 *Cynanchum*
鹅绒藤 *C. dalhousieae*
吊灯花属 *Ceropegia*
中间吊灯花 *C. intermedia*
黑鳗藤属 *Stephanotis*
多花黑鳗藤 *S. floribunda*
大花藤属 *Raphistemma*
大花藤 *R. pulechellun*
牛角瓜属 *Calotropis*
牛角瓜 *C. gigantea*
白花牛角瓜 *C. procera*
钉头果属 *Gomphocarpus*
乔木状钉头果 *G. arborescens*
钉头果 *G. fruticosus*
囊状钉头果 *G. physocarpus*
Gonolobus 属
G. laevis
G .rostratus
Marsenia 属
Matelea 属
M. reticulata
Oxypetalum 属
O. coeruleum
豹皮花属 *Stapelia*
杂色豹皮花 *S. variegata*
大花豹皮花 *S. grandiflora*
旋花科 Convolvulaccac
番薯属 *Ipomoea*
大戟科 Euphorbiaceae
大戟 *E. mauretanica*
锦葵科 Malvaceae
棉属 *Gossypium*
树棉 *G. arboreum*
芸香科 Rutaceae
柑橘属 *Citrus*

君主绢蝶 *Parnassius imperator* Oberthür
罂粟科 Papaveraceae
紫堇属 *Corydalis*

咖灰蝶 *Catochrysops strabo* (Fabricius)
豆科 Leguminosae
Ougenia 属
O. dalbergioides
Cylista 属
C. scariosa
Schleichera 属
S. trijuga
山蚂蝗属 *Desmodium*
假地豆 *D. heterocarpon*
野扁豆属 *Dunbaria*
野扁豆 *D. villosa*
镰扁豆属 *Dolichos*
扁豆 *D. lablab*
豌豆属 *Pisum*
豌豆 *P. sativum*

克里翠凤蝶 *Papilio krishna* Moore
芸香科 Rutaceae
黄檗属 *Phellodendron*
黄檗 *Ph. amurense*
吴茱萸属 *Evodia*
无腺吴萸 *E. fraxinifolia*

孔雀蛱蝶 *Inachis io* (Linnaeus)
荨麻科 Urticaceae
荨麻属 *Urtica*
咬人荨麻 *U. thunbergiana*
狭叶荨麻 *U. angustifolia*
异株荨麻 *U. dioica*
桑科 Moraceae

葎草属 *Humulus*
葎草 *H. scandens*
啤酒花 *H. lupulus*
孔子翠蛱蝶 *Euthalia confucius* (Westwood)
蔷薇科 Rosaceae
枇杷属 *Eriobotrya*
枇杷 *E. japonica*
枯叶蛱蝶 *Kallima inachus* Doubleday
爵床科 Acanthaceae
板蓝属 *Baphicacanthus*
*板蓝 *B. cusia*（马蓝 *Strobilanthes cusia*）
马蓝属 *Pteracanthus*
*耳叶马蓝 *P. auriculata*
肖笼鸡属 *Tarphochlamys*
*肖笼鸡 *T. affjinis*（顶头马蓝 *Strobilanthes affinis*)
金足草属 *Goldfussia*
圆苞金足草 *G. Pentstemonoides*（球花马蓝、腺萼马蓝 *Strobilanthes pentstemonoides*)
鳞花草属 *Lepidagathis*
台湾鳞花草 *L. formosensis*
鳞花草 *L. incurva*
水蓑衣属 *Hygrophila*
水蓑衣 *H. salicifolia*
狗肝菜属 *Dicliptera*
狗肝菜 *D. chinensis*
荨麻科 Urticaceae
蝎子草属 *Girardinia*
△大蝎子草 *G. diversifolia*
蓼科 Polygonaceae
蓼属 *Polygonum*
△红蓼 *P. orientale*
宽边黄粉蝶 *Eurema hecabe* (Linnaeus)
豆科 Leguminosae
金合欢属 *Acacia*
A. baileyana
金合欢 *A. farnesiana*
合欢属 *Albizia*
合欢 *A. julibrissin*
阔荚合欢 *A. lebbeck*
A. moluccana
云实属 *Caesalpinia*
C.sepiaria
落花生属 *Arachis*
花生 *A. hypogaea*
皂荚属 *Gleditsia*
山皂荚 *G. japonica*
木蓝属 *Indigofera*
马棘 *I. pseudotinctoria*
鸡眼草属 *Kummerowia*
K. atriata
猴耳环属 *Pithecellobium*
牛蹄豆 *P. dulce*
合萌属 *Aeschynomene*
合萌 *A. indica*
A. americana
A. scholaris
云实属 *Caesalpinia*
刺果苏木 *C. bonduc*
Macrotropis 属
M. sumatrana
田菁属 *Sesbania*
S. seban
大花田菁 *S. grandiflora*
刺田菁 *S. aculeata*
S. exaltata
田菁 *S. cannabina*
决明属 *Cassia*
黄槐决明 *C. surattensis*
腊肠树 *C. fistula*
钝叶决明（蜡肠树）*C. obtusifolia*
铁刀木 *C. siamea*
决明 *C. tora*
胡枝子属 *Lespedeza*
胡枝子 *L. bicolor*
绿叶胡枝子 *L. buergeri*
短梗胡枝子 *L. cyrtobotrya*
L. penduliflora
细梗胡枝子 *L. virgata*
截叶铁扫帚 *L. cuneata*
链荚木属 *Ormocarpum*
链荚木 *O. cochinchinense*
刺槐属 *Robinia*
刺槐 *R. pseudoacacia*
Wagatea 属
黍属 *Panicum*
大黍 *P. maximum*
银合欢属 *Leucaena*
L. gar
球花豆属 *Parkia*
相思子属 *Abrus*
相思子 *A. precatorius*
大戟科 Euphorbiaceae
黑面神属 *Breynia*
黑面神 *B. fruticosa*

红珠子 *B. officinalis*
Phyllthus 属
P. tenellus
鼠李科 Rhamnaceae
鼠李属 *Rhamnus*
台湾鼠李 *R. formosana*
铁包金 *R. lineata* (*Berchemia lineata*)
琉球鼠李 *R. dahurica* (*R. liukiuensis*)
R. japonica
琉球鼠李 *R. liukiuensis*
雀梅藤属 *Sageretia*
雀梅藤 *S. thea*
金丝桃科 Guttiferae
黄牛木属 *Cratoxylum*
C. polyanthum
C. maingyi
黄牛木 *C. cochinchinense*

宽带凤蝶 *Papilio nephelus* Boisduval
芸香科 Rutaceae
柑橘属 *Citrus*
*柚 *C. maxima*
*柑橘 *C. reticulata*
*甜橙 *C. sinensis*
花椒属 *Zanthoxylum*
*竹叶花椒 *Z. armatum*
*花椒 *Z. bungeanum*
吴茱萸属 *Evodia*
E. glauca
黄皮属 *Clausena*
野黄皮 *C. willdenovii*
飞龙掌血属 *Toddalia*
飞龙掌血 *T. asiatica*
小芸木属 *Micromelum*
M. minutum

宽带青凤蝶 *Graphium cloanthus* (Westwood)
樟科 Lauraceae
樟属 *Cinnamomum*
*樟 *C. camphora*
香桂 *C. subavenium*
楠属 *Phoebe*
*楠木 *P. zhennan*
润楠属 *Machilus*
红楠 *M. thunbergii* (*M. arisanensis*)
山胡椒属 *Lindera*
黑壳楠 *L. megaphylla*
木兰科 Magnoliaceae
含笑属 *Michelia*
△白兰 *M. alba*

宽尾凤蝶 *Agehana elwesi* (Leech)
樟科 Lauraceae
檫木属 *Sassafras*
檫木 *S. tzumu*
樟属 *Cinnamomum*
樟 *C. camphora*
木兰科 Magnoliaceae
鹅掌楸属 *Liriodendron*
鹅掌楸（马褂木）*L. chinense*
北美鹅掌楸 *L. tulipfera*
木兰属 *Magnolia*
厚朴 *M. officinalis*
凹叶厚朴 *M. Officinalis* subsp. *biloba*
黄山木兰 *M. cylindrica*
天女木兰 *M. sieboldii*
紫玉兰 *M. liliflora*
玉兰 *M. denudata*
含笑属 *Michelia*
深山含笑花 *M. maudiae*
白兰 *M. alba*
△伞形科 Umbelliferae

莱灰蝶 *Remelana jangala* (Horsfield)
杜鹃花科 Ericaceae
杜鹃属 *Rhododendron*

癞灰蝶 *Araragi enthea* (Janson)
胡桃科 Juglandaceae
胡桃属 *Juglans*
核桃楸 *J. mandshurica*

蓝点紫斑蝶 *Euploea midamus* (Linnaeus)
夹竹桃科 Apocynaceae
Carrisa 属
C. macrocarpa
羊角拗属 *Strophanthus*
羊角拗 *S. divaricatus* (*S. divergens*)
S. dichrotomus
S. jackianus
夹竹桃属 *Nerium*
欧洲夹竹桃 *N. oleander*
桑科 Moraceae
榕属 *Ficus*
菲律宾榕 *F. ampelas*

蓝凤蝶 *Papilio protenor* Cramer
芸香科 Rutaceae
柑橘属 *Citrus*
*柚 *C. maxima*
*柑橘 *C. reticulata*

*甜橙 *C. sinensis*
*香橼 *C. medica*
枳属 *Poncirus*
*枳 *P. trifoliata*
花椒属 *Zanthoxylum*
*两面针 *Z. nitidum*
*竹叶花椒 *Z. armatum*
*花椒 *Z. bungeanum*
吴茱萸属 *Evodia*
吴茱萸 *E. rutaecarpa*
楝叶吴萸 *E. glabrifolia*
金橘属 *Fortunella*
金柑（圆金橘）*F. japonica*
飞龙掌血属 *Toddalia*
飞龙掌血 *T. asiatica*
茵芋属 *Skimmia*
S. japonica
Severinia 属
乌柑仔 *S. buxifolia*
山小橘属 *Glycosmis*
小花山小橘 *G. parviflora*
樟科 Lauraceae
樟属 *Cinnamomum*
△樟 *C. camphora*
木兰科 Magnoliaceae
含笑属 Michelia
△台湾含笑 *M. compressa*
蓼科 Polygonaceae
△黄叶树属 *Xanthophyllum*
花椒属 *Zanthoxylum*
两面针 *Z. nitidum*
椿叶花椒 *Z. ailanthoides*

蓝灰蝶 *Everes argiades* (Pallas)
豆科 Leguminosae
白脉根属 *Lotus*
白脉根 *L. corniculatus*
苜蓿属 *Medicago*
紫苜蓿 *M. sativa*
豌豆属 *Pisum*
豌豆 *P. sativum*
羽扇豆属 *Lupinus*
羽扇豆 *L. perennis*
黄耆属 *Astragalus*
紫云英 *A. sinicus*
黄耆 *A .membranaceus*
大豆属 *Glycine*

蓝咖灰蝶 *Catochrysops panormus* (Felder)
豆科 Leguminosae
云实属 *Caesalpinia*
圆叶云实 *C. globulorum*
Caesalpiniaceae 科
葛属 *Pueraria*
越南葛藤 *P. montana*
水黄皮属 *Pongamia*
水黄皮 *P. pinnata*

蓝燕灰蝶 *Rapala caerulea* (Bremer *et* Grey)
蔷薇科 Rosaceae
蔷薇属 *Rosa*
野蔷薇 *R. multiflora*
鼠李科 Rhamnaceae
鼠李属 *Rhamnus*

老豹蛱蝶 *Argyronome laodice* (Pallas)
堇菜科 Violaceae
*堇菜属 *Viola*
蔷薇科 Rosaceae
蚊子草属 *Filipendula*
F. kamtschatica

雷震尖粉蝶 *Appias indra* (Moore)
大戟科 Euphorbiaceae
核果木属 *Drypetes*
滨海核果木 *D. littoralis*
交力坪铁色 *D. karapinensis*
D. oblongifolia
D. roxburghii
D. bieranensis
D. hieranensis
核果木 *D. indica*
Liadendron 属
台湾假黄杨 *L. formosanum*

离斑带蛱蝶 *Athyma ranga* Moore
木樨科 Oleaceae
木樨属 *Osmanthus*
木樨 *O. fragrans*
流苏树属 *Chionanthus*
C. malaelengi
C. malabarica
梣属 *Fraxinus*
F. retusa (苦枥木 *F. insularis*)
木樨榄属 *Olea*
异株木樨榄 *O. dioica*
女贞属 *Ligustrum*
女贞 *L. lucidum*
卵叶小蜡 *L. Sinense* var. *stauntonii*

丽斑尾凤蝶 *Bhutanitis pulchristriata* Saigusa *et* Lee
马兜铃科 Aristolochiaceae
马兜铃属 *Aristolochia*
*宝兴马兜铃 *A. moupinensis*
梨花迁粉蝶 *Catopsilia pyranthe* (Linnaeus)
豆科 Leguminosae
决明属 *Cassia*
望江南 *C. occidentalis*
腊肠树 *C. fistula*
决明 *C. tora*
黄槐决明 *C. surattensis*
翅荚决明 *C. alata*
耳叶决明 *C. auriculata*
C. javanica
槐叶决明 *C. sophera*
钝叶决明（蜡肠树）*C. obtusifolia*
C. florida
C. glanea
田菁属 *Sesbania*
大花田菁 *S. grandiflora*
S. aegyptica (印度田菁 S. sesban)
刺田菁 *S. aculeata*
Senna 属
S. tora
灰毛豆属 *Tephrosia*
白灰毛豆 *T. candida*
链荚木属 *Ormocarpum*
链荚木 *O. cochinchinense*
丽蛱蝶 *Parthenos sylvia* Cramer
葫芦科 Cucurbitaceae
Melothria 属
马瓟儿属 *Zehneria*
栝楼属 *Trichosanthes*
西番莲科 Passifloraceae
蒴莲属 *Adenia*
异叶萩莲 *A. heterophylla*
滇南蒴莲 *A. penangiana*
A. hondala
A. palmate
西番莲属 *Passiflora*
△长叶西番莲 *P. siamica*
P. perakensis
蛇王藤 *P. moluccana*
P. palmate
防己科 Menispermaceae
青牛胆属 *Tinospora*
百合科 Liliaceae
菝葜属 *Smilax*
穗菝葜 *S. aspera*
黎氏青凤蝶 *Graphium leechi* (Rothschild)
木兰科 Magnoliaceae
鹅掌楸属 *Liriodendron*
鹅掌楸（马褂木）*L. chinense*
木兰属 *Magnolia*
厚朴 *M. officinalis*
樟科 Lauraceae
檫木属 *Sassafras*
檫木 *S. tzumu*
链环蛱蝶 *Neptis pryeri* Butler
蔷薇科 Rosaceae
绣线菊属 *Spiraea*
新高山绣线菊（玉山绣线菊）*S. morrisonicola*
粉花绣线菊（日本绣线菊）*S. japonica*
联珠绢蝶 *Parnassius hardwickii* Gray
虎耳草科 Saxifragaceae
亮灰蝶 *Lampides boeticus* (Linnaeus)
豆科 Leguminosae
镰扁豆属 *Dolichos*
扁豆 *D. lablab*
豌豆属 *Pisum*
豌豆 *P. sativum*
野豌豆属 *Vicia*
蚕豆 *V. faba*
猪屎豆属 *Crotalaria*
野百合 *C. sessiliflora*
黄野百合 *C. pallida*
刀豆属 *Canavalia*
滨刀豆 *C. lineata*
野扁豆属 *Dunbaria*
圆叶野扁豆 *D. rotundifolia*
葛属 *Pueraria*
葛 *P. lobata*
越南葛藤 *P. montana*
灵奇尖粉蝶 *Appias lyncida* (Cramer)
山柑科 Capparidaceae
鱼木属 *Crateva*
*树头菜 *C. unilocularis*
鱼木 *C. formosensis*
加罗林鱼木 *C. religiosa*
山柑属 *Capparis*
山柑 *C. sikkimensis*
小刺山柑 *C. micracantha*
苦子马槟榔 *C. roxburghi(C. yunnanensis)*
牛眼睛 *C. zeylanica*

白花菜属 *Cleome*
醉蝶花 *C. spinosa*
琉璃灰蝶 *Celastrina argiola* (Linnaeus)
豆科 Leguminosae
槐属 *Sophora*
苦参 *S. flavescens*
胡枝子属 *Lespedeza*
山蚂蝗属 *Desmodium*
山蚂蝗 *D. oxyphyllum*
野豌豆属 *Vicia*
救荒野豌豆 *V. sativa*
葛属 *Pueraria*
葛 *P. lobata*
紫藤属 *Wisteria*
多花紫藤 *W. floribunda*
山茱萸科 Cornaceae
山茱萸属 *Cornus*
灯台树 *C. controversa*
五加科 *Araliaceae*
楤木属 *Aralia*
辽东楤木 *A. elata*
芸香科 Rutaceae
吴茱萸属 *Evodia*
楝叶吴萸 *E. glabrifolia*
蔷薇科 Rosaceae
苹果属 *Malus*
苹果 *M. pumila*
李属 *Prunus*
李 *P. salicina*
蓼科 Polygonaceae
蓼属 *Polygonum*
虎杖 *P. cuspidatum*
壳斗科 Fagaceae
栎属 *Quercus*
槲栎 *Q. aliena*
省沽油科 Staphyleaceae
省沽油属 *Staphylea*
省沽油 *S. bumalda*
琉璃蛱蝶 *Kaniska canace* (Linnaeus)
菝葜科 Smilacaceae
菝葜属 *Smilax*
*菝葜 *S. china*
穗菝葜 *S. aspera*
尖叶菝葜 *S. arisanensis*
肖菝葜属 *Heterosmilax*
*肖菝葜 *H. japonica*
百合科 Liliaceae
百合属 *Lilium*
卷丹 *L. lancifolum*
旋花科 Convolvulaceae
油点草属 *Tricyrtis*
毛油点草 *T. hirta*
柳紫闪蛱蝶 *Apatura ilia* (Denis *et* Schiffermüller)
杨柳科 Salicaceae
柳属 *Salix*
*垂柳 *S. babylonica*
细柱柳 *S. gracilistyla*
黄花柳 *S. caprea*
杨属 *Populus*
银白杨 *P. alba*
黑杨 *P. nigra*
欧洲山杨 *P. tremula*
龙女锯眼蝶 *Elymnias nesaea* (Linnaeus)
棕榈科 Palmae
省藤属 *Calamus*
棕榈属 *Trachycarpus*
棕榈 *T. fortunei*
槟榔属 *Areca*
槟榔 *A. catechu*
椰子属 *Cocos*
椰子 *C. nucifera*
鹿灰蝶 *Loxura atymnus* (Stoll)
茄科 Solanaceae
茄属 *Solanum*
阳芋 *S. tuberosum*
菝葜科 Smilacaceae
菝葜属 *Smilax*
S. polyacantha
薯蓣科 Dioscoreaceae
薯蓣属 *Dioscorea*
璐灰蝶 *Leucantigius atayalicus* (Shirozu *et* Murayama)
壳斗科 Fagaceae
栎属 *Quercus*
Q.longinux(长果青冈 *Cyclobalanopsis longinux*)
青冈 *Q.glauca*
珞灰蝶 *Scolitantides orion* (Pallas)
景天科 Crassulaceae
绿豹蛱蝶 *Argynnis paphia* (Linnaeus)
堇菜科 Violaceae
*堇菜属 *Viola*
绿带翠凤蝶 *Papilio maackii* Ménétriès
芸香科 Rutaceae
黄檗属 *Phellodendron*
黄檗 *Ph. amurense*

*川黄檗 *Ph. chinense*
吴茱萸属 *Evodia*
*臭辣吴萸 *E. fargcsii*
*楝叶吴萸 *E. glabrifolia*
柑橘属 *Citrus*
*柑橘 *C. reticulata*

绿带燕凤蝶 *Lamproptera meges* (Zinkin)
莲叶桐科 Hernandiaceae
青藤属 *Illigera*
宽药青藤 *I. celebica* (*I. platyandra*)
心叶青藤 *I. cordata*
台湾青藤 *I. luzonensis*
I. burmanica
小花青藤 *I. parviflora*
芸香科 Rutaceae
花椒属 *Zanthoxylum*
△兰屿花椒 *Z. integrifoliu*

绿凤蝶 *Pathysa antiphates* (Cramer)
番荔枝科 Annonaceae
*紫玉盘属 *Uvaria*
紫玉盘 *U. microcarpa*
U. macrophylla
山椒子 *U. grandiflora*
U. curtisii
*番荔枝属 *Annona*
A. lowii
A. elegans
A. zeylanica
假鹰爪属 *Desmos*
假鹰爪 *D. chinensis*（越南酒饼叶 *D. cochinchinensis*）
D. lawii
Melodorum 属
M. siamensis
哥纳香属 *Goniothalamus*
哥纳香 *G. chinensis*
木瓣树属 *Xylopia*
X. malayana
X. elegans
X. zeylanica
木兰科 Magnoliaceae
含笑属 *Michelia*
黄兰 *M. champaca*

绿灰蝶 *Artipe eryx* (Linnaeus)
茜草科 Rubiaceae
栀子属 *Gardenia*
栀子 *G. jasminoides*
栀花 *G .florida*

缕蛱蝶 *Litinga cottini* (Oberthür)
杨柳科 Salicaceae
杨属 *Populus*
柳属 *Salix*

绿弄蝶 *Choaspes benjaminii* (Guérin - Méneville)
清风藤科 Sabiaceae
泡花树属 *Meliosma*
云南泡花树 *M. pungens*
多花泡花树 *M. myriantha*
M. tenuis
腋毛泡花树 *M. rhoifolia*
M. hachijoensis
笔罗子 *M. rigida*
M. lepidota
樟叶泡花树 *M. squamulata*
清风藤属 *Sabia*
钟花清风藤 *S. campanulata*

绿裙玳蛱蝶 *Tanaecia julii* (Lesson)
山榄科 Sapotaceae
Aesandra 属
A. butyracea

玛灰蝶 *Mahathala ameria* (Hewitson)
大戟科 Euphorbiaceae
野桐属 *Mallotus*
石岩枫 *M. repandus*
紫草科 Boraginaceae
破布木属 *Cordia*
破布木 *C. dichotoma*

霾灰蝶 *Maculinea arion* (Linnaeus)
唇形科 Labiatae
白里香属 *Thymus*
豆科 Leguminosae

芒蛱蝶 *Euripus nyctelius* Doubleday
榆科 Ulmaceae
山黄麻属 *Trema*
山黄麻 *T. orientalis*

矛翠蛱蝶 *Euthalia aconthea* (Cramer)
漆树科 Anacardiaceae
腰果属 *Anacardium*
腰果 *A. occidentale*
杧果属 *Mangifera*
杧果 *M. indica*
葫芦科 Cucurbitaceae
Bryonia 属
桑寄生科 Loranthaceae
桑寄生属 *Loranthus*
五蕊寄生 *Dendrophthoe pentandra*

梨果寄生属 *Scurrula*
红花寄生 *S. parasitica*
钝果寄生属 *Taxillus*
T. parasiticus
桑科 Moraceae
桑属 *Morus*
鹊肾树属 *Streblus*
鹊肾树 *S. asper*
蔷薇科 Rosaceae
蔷薇属 *Rosa*

毛眼灰蝶 *Zizina otis* (Fabricius)
豆科 Leguminosae
丁癸草属 *Zornia*
丁癸草 *Z. diphylla*
田菁属 *Sesbania*
刺田菁 *S. aculeata*
链荚豆属 *Alysicarpus*
链荚豆 *A. vagnalis*

美凤蝶 *Papilio memnon* Linnaeus
芸香科 Rutaceae
柑橘属 *Citrus*
*柚 *C. maxima*
*柑橘 *C. reticulata*
*甜橙 *C. sinensis*
金橘属 *Fortunella*
金柑（圆金橘）*F. japonica*
单叶藤橘属 *Paramignya*
P. scandens
枳属 *Poncirus*
枳 *P. trifoliata*
花椒属 *Zanthoxylum*
△两面针 *Z. nitidum*
△椿叶花椒 *Z. ailanthoides*
酒饼簕属 *Atalantia*
△酒饼簕 *A. buxifolia*
飞龙掌血属 *Toddalia*
△飞龙掌血 *T. asiatica*
Severinia 属
△乌柑仔 *S. buxifolia*
马兜铃科 Aristolochiaceae
△马兜铃属 *Aristolochia*
木兰科 Magnoliaceae
含笑属 *Michelia*
△*Magnolia elegans*
△黄兰 *Michelia champaca*

美眼蛱蝶 *Junonia almana* (Linnaeus)
爵床科 Acanthaceae
板蓝属 *Baphicacanthus*
*板蓝 *B. cusia*（马蓝 *Strobilanthes cusia*）
水蓑衣属 *Hygrophila*
*水蓑衣 *H. salicifolia*
*毛水蓑衣 *H. phlomiodes*
H. lancea
H. angustifolia(水角 *H. triflora*)
H. auriculata
老鼠簕属 *Acanthus*
老鼠簕属 *Acanthus*
半插花属 *Hemigraphis*
H. schomburgkii
Ruellia 属
R. tuberose
假杜鹃属 *Barleria*
假杜鹃 *B. cristata*
玄参科 Scrophulariaceae
母草属 *Lindernia*（*Vandellia*）
*母草 *L. crustacea*
泥花草 *L. antipoda*
刺齿泥花草 *L. ciliata*
长蒴母草 *L. anagallis*
沟酸浆属 *Mimulus*
M. gracilis
金鱼草属 *Antirrhinum*
金鱼草 *A. majus*
马鞭草科 Verbenaceae
过江藤属 *Phyla*
过江藤 *P. nodiflora*
野牡丹科 Melastomataceae
金锦香属 *Osbeckia*
凤仙花科 Balsaminaceae
水角属 *Hydrocera*
水角 *H. angustifolia*(*H. triflora*)
苋科 Amaranthaceae
莲子草属 *Alternanthera*
喜旱莲子草 *A. philoxeroides*
车前草科 Plantaginaceae
车前属 *Plantago*
△大车前 *P. major*

美妹凤蝶 *Papilio macilentus* Janson
芸香科 Rutaceae
花椒属 *Zanthoxylum*
椿叶花椒 *Z. ailanthoides*

青花椒 *Z. shinifolium*
芸香属 *Ruta*
芸香 *R. graveoleus*
枳属 *Poncirus*
枳 *P. trifoliata*
臭常山属 *Orixa*
臭常山 *O. japonica*
柑橘属 *Citrus*
桔梗科 Campanulaceae
半边莲属 *Lobelia*
半边莲 *L. chinensis*

迷蛱蝶 *Mimathyma chevana* (Moore)
榆科 Ulmaceae
榆属 *Ulmus*
春榆 *U. davidiana*
榔榆 *U. parvifolia*

明窗蛱蝶 *Dilipa fenestra* (Leech)
榆科 Ulmaceae
朴属 *Celtis*
黑弹树 *C. jessoensis* (*C. bungeana*)
紫弹树 *C. biondii* var. *heterophylla*

莫氏小粉蝶 *Leptidea morsei* Fenton
豆科 Leguminosae
野豌豆属 *Vicia*
广布野豌豆 *V. cracca*
东方野豌豆 *V. japonica*
山野豌豆 *V. amoena*

默紫斑蝶 *Euploea klugii* (Moore)
桑科 Moraceae
榕属 *Ficus*
对叶榕 *F. hispida*
鹊肾树属 *Streblus*
鹊肾树 *S. asper*

穆蛱蝶 *Moduza procris* (Cramer)
茜草科 Rubiaceae
玉叶金花属 *Mussaenda*
洋玉叶金花 *M. frondosa*
Breonia 属
B. cadamba
土连翘属 *Hymenodictyon*
毛土连翘 *H. orixense*
帽蕊木属 *Mitragyna*
M. parvifolia
Cichona 属
新乌檀属 *Neonauclea*
N. excelsa
N. calycina
乌檀属 *Nauclea*
N. cadamba
Ochreinauclea 属
O. missionis
海茜树属 *Timonius*
T. wallichianus
Sarcocephalus 属
S. missionis
水锦树属 *Wendlandia*
W. exerta
W. notoniana
弯管花属 *Chasalia*
弯管花 *C. curviflora*
钩藤属 *Uncaria*
恒春钩藤 *U. lanosa*
U. gambier
毛钩藤 *U. hirsute*
Stephegyne 属
S. parvifolia
Anthocephalus 属
山柑科 Capparidaceae
Cadaba 属
C. fruticosa
桃金娘科 Myrtaceae
使君子科 Combretaceae

木兰青凤蝶 *Graphium doson* (Felder *et* Felder)
木兰科 Magnoliaceae
木兰属 *Magnolia*
荷花玉兰 *M. grandiflora*
夜香木兰 *M. coco*
含笑属 *Michelia*
含笑花 *M. figo*
白兰 *M. alba*
台湾含笑（乌心石）*M. compressa*
番荔枝科 Annonaceae
番荔枝属 *Annona*
番荔枝 *A. squamosa*
刺果番荔枝 *A. muricata*
假鹰爪属 *Desmos*
假鹰爪 *D. chinensis*（越南酒饼叶 *D. cochinchinensis*）
D. lawii
野独活属 *Miliusa*
M. suberosa
M. tomentosa
紫玉盘属 *Uvaria*

紫玉盘 *U. microcarpa*
暗罗属 *Polyalthia*
长叶暗罗 *P. longifolia*
樟科 Lauraceae
樟属 *Cinnamomum*
C. macrocarpum
木姜子属 *Litsea*
柳叶木姜子 *L.salicifolia* (黑木姜子 *L. atrata*)
夹竹桃科 Apocynaceae
仔榄树属 *Hunteria*
△仔榄树 *H. zeylanica*
金丝桃科 Guttiferae
铁力木属 *Mesua*
△铁力木 *M. ferrea*

牧女珍眼蝶 *Coenonympha amaryllis* (Cramer)
石蒜科 Amaryllidaceae

娜环蛱蝶 *Neptis nata* Moore
榆科 Ulmaceae
山黄麻属 *Trema*
山黄麻 *T. orientalis*
朴属 *Celtis*
台湾朴 *C. formosana*
豆科 Leguminosae
葛属 *Pueraria*
葛 *P. lobata*
越南葛藤 *P. montana*

拟斑脉蛱蝶 *Hestina persimilis* (Westwood)
榆科 Ulmaceae
朴属 *Celtis*
*朴树 *C. sinensis*

霓纱燕灰蝶 *Rapala nissa* (Kollar)
虎耳草科 Saxifragaceae
落新妇属 *Astilbe*
溪畔落新妇 *A. rivularis*
蔷薇科 Rosaceae
蔷薇属 *Rosa*

拟旖斑蝶 *Ideopsis similis* (Linnaeus)
夹竹桃科 Apocynaceae
同心结属 *Parsonsia*
萝藦科 Asclepiadaceae
鹅绒藤属 *Cynanchum*
白薇 *C. atratum*
牛奶菜属 *Marsdenia*
蓝叶藤 *M. tinctoria*
娃儿藤属 *Tylophora*
娃儿藤 *T. ovata*
Vincetoxicum 属
V. tanakae

钮灰蝶 *Acytolepis puspa* (Horsfield)
大戟科 Euphorbiaceae
算盘子属 *Glochidion*
馒头果 *G. fortunei*
杜鹃花科 Ericaceae
杜鹃属 *Rhododendron*
金缕梅科 Hamamelidaceae
Distyliumi 属
蚊母树 *D. racemosum*
蔷薇科 Rosaceae
蔷薇属 *Rosa*
野蔷薇 *R. multiflora*
R. wichuraina
百叶蔷薇 *R. centifolia*
李属 *Prunus*
P. zippeliana
大戟科 Euphorbiaceae
算盘子属 *Glochidion*
倒卵叶算盘子 *G. obovatum*
杨梅科 Myricaceae
杨梅属 *Myrica*
杨梅 *M. rubra*
壳斗科 Fagaceae
栎属 *Quercus*
乌冈栎 *Q. phillyraeoides*
榆科 Ulmaceae
朴属 *Celtis*
朴树 *C. sinensis*
虎耳草科 Saxifragaceae
落新妇属 *Astilbe*
落新妇 *A. thunbergii*

牛郎凤蝶 *Papilio bootes* Westwood
芸香科 Rutaceae
花椒属 *Zanthoxylum*
两面针 *Z. nitidum*
竹叶花椒 *Z. armatum*
柑橘属 *Citrus*

暖曙凤蝶 *Atrophaneura aidonea* (Doubleday)
马兜铃科 Aristolochiaceae
马兜铃属 *Aristolochia*
西藏马兜铃 *A. griffithii*
管兰香 *A. cathcartii*

欧洲粉蝶 *Pieris brassicae* (Linnaeus)
十字花科 Cruciferae
芸苔属 *Brassica*
独行菜属 *Lepidium*

旱金莲科 Tropaeolaceae
旱金莲属 *Tropaeolum*
耙蛱蝶 *Bhagadatta austenia* (Moore)
樟科 Lauraceae
油丹属 *Alseodaphne*
长柄油丹 *A. petiolaris*
骈纹青斑蝶 *Tirumala gautama* (Moore)
萝藦科 Asclepiadaceae
鹅绒藤属 *Cynanchum*
珀灰蝶 *Pratapa deva* (Moore)
桑寄生科 Loranthaceae
桑寄生属 *Loranthus*
毛桑寄生 *L. tomentosa*
长花桑寄生 *L. longiflorus*
桑寄生 *L. parasiticus*
蒲灰蝶 *Chliaria kina* (Hewitson)
兰科 Orchidaceae
钻喙兰属 *Rhynchostylis*
R. reteusa
迁粉蝶 *Catopsilia pomona* (Fabricius)
豆科 Leguminosae
决明属 *Cassia*
*铁刀木 *C. siamea*
*翅荚决明 *C. alata*
腊肠树 *C. fistula*
黄槐决明 *C. surattensis*
望江南 *C. occidentalis*
C. nirobiensis
C. australis
决明 *C. tora*
C. coronilloides
C. pleurocarpa
长穗决明 *C. didymobotrya*
Senna 属
S. occidentalis
S. surattensis
S. tora
田菁属 *Sesbania*
山菁 *S. roxburghii* (沼生田 *S. javanica*)
紫檀属 *Pterocarpus*
紫檀 *P. indicus*
羊蹄甲属 *Bauhinia*
总状花羊蹄甲 *B. racemosa*
紫矿属 *Butea*
紫矿 *B. frondosa* (*B. monosperma*)
荨麻蛱蝶 *Aglais urticae* (Linnaeus)
荨麻科 Urticaceae
荨麻属 *Urtica*
狭叶荨麻 *U. angustifolia*
桑科 Moraceae
葎草属 *Humulus*
啤酒花 *H. lupulus*
亲艳灰蝶 *Favonius cognatus* Staudinger
壳斗科 Fagaceae
栎属 *Quercus*
栓皮栎 *Q. variabilis*
蒙古栎 *Q. mongolica*
麻栎 *Q. acutissima*
槲树 *Q. dentata*
青斑蝶 *Tirumala limniace* (Cramer)
萝藦科 Asclepiadaceae
南山藤属 *Dregea*
*南山藤 *D. volubilis*
台湾南山藤 *D. formosana*
醉魂藤属 *Heterostemma*
台湾醉魂藤 *H. brownii*
H. cuspidatum
娃儿藤属 *Tylophora*
△*T. indica*
马利筋属 *Asclepias*
△马利筋 *A. curassavica*
牛角瓜属 *Calotropis*
△牛角瓜 *C. gigantea*
球兰属 *Hoya*
绿花球兰 *H. viridiflora*
牛奶菜属 *Marsdenia*
通光散 *M. tenacissima*
夹竹桃科 Apocynaceae
止泻木属 *Holarrhena*
△止泻木 *H. antidysenterica*
禾本科 Gramineae
甘蔗属 *Saccharum*
△*S. officinarum*
防己科 Menispermaceae
木防己属 *Cocculus*
豆科 Leguminosae
猪屎豆属 *Crotalaria*
△吊裙草 *C. retusa*
青豹蛱蝶 *Damora sagana* (Doubleday)
堇菜科 Violaceae
*堇菜属 *Viola*
青凤蝶 *Graphium sarpedon* (Linnaeus)
樟科 Lauraceae
樟属 *Cinnamomum*

*樟 *C. camphora*
土樟（天竺桂）*C. japonicum*
沉水樟 *C. micranthum*
土肉桂 *C. osmophloeum*
楠属 *Phoebe*
*楠木 *P. zhennan*
台楠 *P. formosana*
油丹属 *Alseodaphne*
A. semecarpifolia
A. owdeni
A. semicarpifolia
润楠属 *Machilus*
红楠 *M. thunbergii*
香润楠 *M. zuihoensis*
木姜子属 *Litsea*
雄鸡树 *L. chinensis*
潺槁木姜子 *L. glutinosa*
柳叶木姜子 *L. salicifolia* (黑木姜子 *L. atrata*)
山胡椒属 *Lindera*
大果山胡椒 *L. praecox*
山胡椒 *L. glauca*
厚壳桂属 *Cryptocarya*
C. triplinervis
鳄梨属 *Persea*
P. odoratissima
P. macrantha
新木姜子属 *Neolitsea*
舟山新木姜子 *N. sericea*
N. aciculata
月桂属 *Laurus*
月桂 *L. nobilis*
番荔枝科 Annonaceae
番荔枝属 *Annona*
牛心番荔枝（牛心果）*A. reticulata*
Asimina 属
A. triloba
野独活属 *Miliusa*
M. tomentosa
暗罗属 *Polyalthia*
长叶暗罗 *P. longifolia*
桃金娘科 Myrtaceae
红胶木属 *Tristani*
△*T. laurina*
大戟科 Euphorbiaceae
△血桐属 *Macaranga*
Monimiaceae 科
Doryphora 属
△*D. aromatica*
木兰科 Magnoliaceae
含笑属 *Michelia*
△黄兰 *M. champaca*
芸香科 Rutaceae
Geijera 属
△*G. salicifolia*

青灰蝶 *Antigius attilia* (Bremer)
壳斗科 Fagaceae
栎属 *Quercus*
枹栎 *Q. serrata*
麻栎 *Q .acutissima*
栓皮栎 *Q .variabilis*
蒙古栎 *Q .mongolica*
槲树 *Q .dentata*
槲栎 *Q .aliena*

青园粉蝶 *Cepora nadina* (Lucas)
山柑科 Capparidaceae
山柑属 *Capparis*
小刺山柑 *C. micracantha*
独行千里 *C. acutifolia*

穹翠凤蝶 *Papilio dialis* Leech
芸香科 Rutaceae
吴茱萸属 *Evodia*
吴茱萸 *E. rutaecarpa*
贼仔树 *E. glabrifolium*
楝叶吴萸 *E. glabrifolia*
E. glauca
花椒属 *Zanthoxylum*
椿叶花椒 *Z. ailanthoides*
黄檗属 *Phellodendron*
黄檗 *Ph. amurense*
飞龙掌血属 *Toddalia*
飞龙掌血 *T. asiatica*
漆树科 Anacardiaceae
盐肤木属 *Rhus*
漆树 *R. verniciflua*

曲带闪蛱蝶 *Apatura laverna* Leech
杨柳科 Salicaceae
柳属 *Salix*
杨属 *Populus*

曲纹黛眼蝶 *Lethe chandica* Moore
禾本科 Gramineae
刚竹属 *Phyllostachys*

曲纹拓灰蝶 *Caleta roxus* (Godart)
鼠李科 Rhamnaceae
枣属 *Ziziphus*
野枣 *Z. irugose*
曲纹银豹蛱蝶 *Childrena zenobia* (Leech)
堇菜科 Violaceae
堇菜属 *Viola*
娆娆金灰蝶 *Chrysozephyrus rarasana* (Matsumura)
壳斗科 Fagaceae
栎属 *Quercus*
赤皮柯 *Q. gilva*
Q. morii
青冈 *Q. glauca*
毽子栎 *Q. sessilifolia*
日本娆灰蝶 *Arhopala japonica* (Murray)
壳斗科 Fagaceae
Pasasia 属
待叶石栎 *P. edulis*
柯 *P. glabra*
栎属 *Quercus*
赤栎 *Q. acuta*
青冈栎 *Q. glauea*
枹栎 *Q. serrata*
黑白枥 *Q. stenophylla*
青冈属 *Cyclobalanopsis*
赤皮青冈 *C. gilva*
毬子栎 *C. acuta*
三尾凤蝶 *Bhutanitis thaidina* (Blanchard)
马兜铃科 Aristolochiaceae
马兜铃属 *Aristolochia*
*宝兴马兜铃 *A. moupinensis*
散纹盛蛱蝶 *Symbrenthia lilaea* (Hewitson)
荨麻科 Urticaceae
苎麻属 *Boehmeria*
青叶苎麻 *B. nivea*
密花苎麻 *B. penduliflora* var.
水麻属 *Debregeasia*
水麻 *D. orientalis*
D. bicolor
紫麻属 *Oreocnide*
长梗紫麻 *O. pedunculata*
蝎子草属 *Girardinia*
大蝎子草 *G. diversifolia*
三楔黛眼蝶 *Lethe mekara* Moore
禾本科 Gramineae
刚竹属 *Phyllostachys*
啬青斑蝶 *Tirumala septentrionis* (Butler)
萝藦科 Asclepiadaceae
醉魂藤属 *Heterostemma*
台湾醉魂藤 *H. brownii*
同心结属 *Parsonsia*
南山藤属 *Dregea*
南山藤 *D. volubilis*
娃儿藤属 *Tylophora*
夹竹桃科 Apocynaceae
纽子花属 *Vallaris*
缅甸纽子花 *V. dichotoma*
纽子花 *V. solanacea*
山灰蝶 *Shijimia moorei* (Leech)
苦苣苔科 Gesneriaceae
吊石苣苔属 *Lysionotus*
吊石苣苔 *L. pauciflorus*
闪紫锯眼蝶 *Elymnias malelas* (Hewitson)
棕榈科 Palmae
棕榈属 *Trachycarpus*
棕榈 *T. fortunei*
椰子属 *Cocos*
椰子 *C. nucifera*
槟榔属 *Areca*
槟榔 *A. catechu*
芭蕉属 Musa
香蕉 *M. paradisiaca* var. *sapientum*
裳凤蝶 *Troides helena* (Linnaeus)
马兜铃科 Aristolochiaceae
马兜铃属 *Aristolochia*
*耳叶马兜铃 *A. tagala*
蜂窠马兜铃 *A. foveolata*
耳叶马兜铃 *A. acuminate* (*A. tagala*)
A. glaucifolia
A. indica
异叶马兜铃 *A. kaempferi*
变色马兜铃 *A. versicolor*
线果兜铃属 *Thottea*
T. wallichii
麝凤蝶 *Byasa alcinous* (Klug)
马兜铃科 Aristolochiaceae
马兜铃属 *Aristolochia*
*宝兴马兜铃 *A. moupinensis*
*异叶马兜铃 *A. kaempferi* f. *heterophylla*
*马兜铃 *A. debilis*
蛇眼蛱蝶 *Junonia lemonias* (Linnaeus)
爵床科 Acanthaceae

瘤子草属 *Nelsonia*
瘤子草 *N. campestris*
Asteracantha 属
A. longisolia
鳞花草属 *Lepidagathis*
鳞花草 *L. incurva*
锦葵科 Malvaceae
黄花稔属 *Sida*
白背黄衣稔 *S. rhombifolia*
爵床科 Acanthaceae
鳞花草属 *Lepidagathis*
台湾鳞花草 *L. formosensis*
金足草属 *Goldfussia*
台湾曲蕊马蓝 *G. formosanus*

生灰蝶 *Sinthusa chandrana* (Moore)
蔷薇科 Rosaceae
悬钩子属 *Rubus*
锈毛莓 *R. reflexus*

升天剑凤蝶 *Pazala euroa* (Leech)
樟科 Lauraceae
楠属 *Phoebe*
* 楠木 *P. zhennan*
润楠属 *Machilus*
M. arisanensis (红楠 *M. thunbergii*)
新木姜子属 *Neolitsea*
樟属 *Cinnamomum*
樟 *C. camphora*
假肉桂（土肉桂）*C. osmophloeum*
C. insularimontanum
鳄梨属 *Persea*
P. zuihoensis
新木姜子属 *Neolitsea*
变叶新木姜子 *N. variabillima*

诗灰蝶 *Shirozua jonasi* (Janson)
豆科 Leguminosae
Lachrus 属
L. tropicalis
壳斗科 Fagaceae
栎属 *Quercus*
麻栎 *Q. acutissima*
栓皮栎 *Q. variabilis*
枹栎 *Q. serrata*

曙凤蝶 *Atrophaneura horishana* (Matsumura)
马兜铃科 Aristolochiaceae
马兜铃属 *Aristolochia*
异叶马兜铃 *A. kaempferi*
琉球马兜铃 *A. liukiuensis*
异叶马兜铃 *A. kaempferi* f. *heterophylla*

帅蛱蝶 *Sephisa chandra* (Moore)
壳斗科 Fagaceae
栎属 *Quercus*
青冈 *Q. glauca*
Q. morii

双标紫斑蝶 *Euploea sylveter* (Fabricius)
夹竹桃科 Apocynaceae
腰骨藤属 *Ichnocarpus*
腰骨藤 *I. frutescens*
桑科 Moraceae
榕属 *Ficus*
F. cugenioides
象果 *F. glonerata*
榕树 *F. microcarpa*
聚果榕 *F. racemosa*
榕树 *F. retusa* (*F. microcarpa*)
萝藦科 Asclepiadaceae
球兰属 *Hoya*
球兰 *H. carnosa*
鹅绒藤属 *Cynanchum*

双色带蛱蝶 *Athyma cama* Moore
大戟科 Euphorbiaceae
算盘子属 *Glochidion*
甜叶算盘子 *G. philippicum*
披针叶算盘子 *G. lanceolatum*
台闽算盘子 *G. rubrum*

双星箭环蝶 *Stichophthalma neumogeni* Leech
禾本科 Gramineae
竹亚科 Bambusoideae

丝带凤蝶 *Sericinus montelus* Gray
马兜铃科 Aristolochiaceae
马兜铃属 *Aristolochia*
北马兜铃 *A. contorta*
马兜铃 *A. debilis*
防己科 Menispermaceae
蝙蝠葛属 *Menispermum*
蝙蝠葛 *M.dauricum*

酥灰蝶 *Surendra vivarna* (Horsfield)
豆科 Leguminosae
含羞草属 *Mimosa*
金合欢属 *Acacia*

肃蛱蝶 *Sumalia daraxa* (Doubleday)
杨柳科 Salicaceae
杨属 *Populus*

柳属 *Salix*

素饰蛱蝶 *Stibochiona nicea* (Gray)

荨麻科 Urticaceae

苎麻属 *Boehmeria*

水苎麻 *B. macrophylla*

桑科 Moraceae

榕属 *Ficus*

F. lepicarpa

碎斑青凤蝶 *Graphium chironides* (Honrath)

木兰科 Magnoliaceae

含笑属 *Michelia*

*台湾含笑（乌心石）*M. compressa*

深山含笑 *M. maudiae*

木兰属 *Magnolia*

凹叶厚朴 *M. officinalis* subsp. *biloba*

玉兰 *M. denudata*

鹅掌楸属 *Liriodendron*

鹅掌楸（马褂木）*L. chinense*

番荔枝科 Annonaceae

△樟科 Lauraceae

太白虎凤蝶 *Luehdorfia taibai* Chou（长尾虎凤蝶 *L. longicaudata* Lee）

马兜铃科 Aristolochiaceae

马蹄香属 *Saruma*

马蹄香（冷水丹，高脚细辛）*S. henryi*

台湾白灰蝶 *Phengaris daitozana* Wilema

桔梗科 Campanulaceae

台湾白蛱蝶 *Helcyra plesseni* (Fruhstorfer)

榆科 Ulmaceae

朴属 *Celtis*

紫弹树 *C. biondii* var. *heterophylla*

台湾斑眼蝶 *Penthema formosana* (Rothschild)

禾本科 Gramineae

绿竹属 *Dendrocalamopsis*

绿竹 *D. oldhami*

簕竹属 *Bambusa*

孝顺竹 *B. multiplex*

刚竹属 *Phyllostachys*

台湾桂竹 *P. makinoi*

台湾翠灰蝶 *Neozephyrus taiwanus* (Wileman)

桦木科 Betulaceae

桤木属 *Alnus*

台湾桤木 *A. formosana*

台湾凤蝶 *Papilio thaiwanus* Rothschild

芸香科 Rutaceae

柑橘属 *Citrus*

柚 *C. maxima*

柑橘 *C. reticulata*

飞龙掌血属 *Toddalia*

飞龙掌血 *T. asiatica*

台湾环蛱蝶 *Neptis taiwana* Fruhstorfer

樟科 Lauraceae

楠属 *Phoebe*

台楠 *P. formosana*

台湾宽尾凤蝶 *Agehana maraho* (Shiraki *et* Sonan)

樟科 Lauraceae

檫木属 *Sassafras*

台湾檫木 *S. randaiense*

台湾洒灰蝶 *Styrium formosanum* (Matsumura)

无患子科 Sapindaceae

无患子属 *Sapindus*

无患子 *S. mukorossi*

台湾帅蛱蝶 *Sephisa daimio* Matsumura

壳斗科 Fagaceae

栎属 *Quercus*

青冈 *Q. glauca*

檀方粉蝶 *Dercas verhuelli* (van der Hoeven)

豆科 Leguminosae

红豆树属 *Ormosia*

O. dasycarpa

黄檀属 *Dalbergia*

两粤黄檀 *D. benthami*

两型豆属 *Amphicarpaea*

A. bracteata

铁木剑凤蝶 *Pazala timur* (Ney)

樟科 Lauraceae

楠属 *Phoebe*

*楠木 *P. zhennan*

润楠属 *Machilus*

大叶楠 *M. japonica*

香润楠 *M. zuihoensis*

樟属 *Cinnamomum*

樟 *C. camphora*

铁木莱异灰蝶 *Iraota timoleon* (Stoll)

桑科 Moraceae

榕属 *Ficus*

印度榕树 *F. bengalensis*

菩提树 *F.religiosa*

聚果榕 *F. glomerata* (*F. racemosa*)

石榴科 Punicaceae

石榴属 *Pomegranate*

石榴 *P. granatum*

统帅青凤蝶 *Graphium agamemnon* (Linnaeus)
番荔枝科 Annonaceae
暗罗属 *Polyalthia*
*长叶暗罗 *P. longifolia*
P. rumpfii
暗罗 *P. suberosa*
P. nitridissima
番荔枝属 *Annona*
*牛心番荔枝 *A. reticulata*
山刺番荔枝 *A. montana*
番荔枝 *A. squamosa*
刺果番荔枝 *A. muricata*
鹰爪花属 *Artabotrys*
鹰爪花 *A. uncinatus* (*A. hexapetalus*)
哥纳香属 *Goniothalamus*
台湾哥纳香 *G. amuyon*
紫玉盘属 *Uvaria*
紫玉盘 *U. microcarpa*
鹰爪花属 *Artabotrys*
鹰爪花 *A. hexapetalus*
A. siamensis
假鹰爪属 *Desmos*
假鹰爪（越南酒饼叶）*D. chinensis*（*D. cochinchinensis*）
木瓣树属 *Xylopia*
X. maccreai
X. malayana
X. ferruginea
Melodorum 属
M. uhrii
M. fruticosum
M. siamensis
银钩花属 *Mitrephora*
银钩花 *M. thorelii*
蒙蒿子属 *Anaxagorea*
蒙蒿子 *A. luzonensis*
金钩花属 *Pseuduvaria*
P. froggattii
野独活属 *Miliusa*
M. tomentosa
囊瓣木属 *Saccopetalum*
Guatteria 属
木兰科 Magnoliaceae
木兰属 *Magnolia*
*荷花玉兰（洋玉兰）*M. grandiflora*
含笑属 *Michelia*
*白兰 *M. alba*
台湾含笑（乌心石）*M. compressa*
含笑 *M. fuscata*
南洋含笑 *M. pilifera*
黄兰 *M. champaca*
含笑花 *M. figo*
盖裂木属 *Talauma*
盖裂木 *T. hodgsoni*
鹅掌楸属 *Liriodendron*
鹅掌楸（马褂木）*L. chinense*
樟科 Lauraceae
厚壳桂属 *Cryptocarya*
樟属 *Cinnamomum*
木棉科 Bombacaceae
榴莲属 *Durio*
榴莲 *D. zibethinus*
豆科 Leguminosae
决明属 *Cassia*
△*C. bakeriana*
△腊肠树 *C. fistula*
芸香科 Rutaceae
柑橘属 *Citrus*
△柚 *C. maxima*
薯蓣科 Dioscoreaceae
薯蓣属 *Dioscorea*
△白薯茛 *D. hispida*

通珍蛱蝶 *Clossiana thore* Hübner
堇菜科 Violaceae

突角小粉蝶 *Leptidea amurensis* (Ménétriès)
豆科 Leguminosae
羽扇豆属 *Lupinus*
野豌豆属 *Vicia*
山野豌豆 *V. amoena*

臀珠斑凤蝶 *Chilasa slateri* (Hewitson)
樟科 Lauraceae
樟属 *Cinnamomum*
樟 *C. camphora*
钝叶桂 *C. bejolghota*
楠属 *Phoebe*
P. exelsa

Y 纹徘蛱蝶 *Parasarpa dudu* (Westwood)
忍冬科 Caprifoliaceae
忍冬属 *Lonicera*
山银花 *L. confuse*
菰腺忍冬 *L. hypoglauca*
长花忍冬 *L. longiflora*
大花忍冬 *L. macrantha*

完善绢粉蝶 *Aporia agathon* (Gray)
小檗科 Berberidaceae

小檗属 *Berberis*
台湾小檗 *B. kawakamii*
B. brevisepala
B. morrisoninensis
B. nepalensis
B. asiatica

网丝蛱蝶 *Cyrestis thyodamas* Boisduval
桑科 Moraceae
榕属 *Ficus*
*无花果 *F. carica*
*榕树 *F. microcarpa*
*黄葛树 *F. lacor*
大叶赤榕 *F. caulocarpa*
台湾榕（天仙果）*F. formosana*
糙叶榕 *F. irisana*
薜荔 *F. pumila*
岛榕 *F. virgata*
天仙果 *F. erecta*
匍茎榕 *F. sarmentosa*
菲律宾榕 *F. ampelas*
棱果榕 *F. septica*
F. parietalis
F. nemoraris
聚果榕 *F. glomerata* (*F. racemosa*)
F. variegate
F. krishnae
F. thunbergi
华丽榕 *F. superba*
Delima 属
南印毛茛 *D. sarmentosa*
鼠李科 Rhamnaceae
猫乳属 *Rhamnella*
△*R. inaequilatera*
五桠果科 Dilleniaceae
锡叶藤属 *Tetracera*
△毛果锡叶藤 *T. scandens*

忘忧尾蛱蝶 *Polyura nepenthes* (Grose-Smith)
豆科 Leguminosae
Archidendron 属
A. lucidum
鼠李科 Rhamnaceae
翼核果属 *Ventilago*
翼核果 *V. leiocarpa*

微点绢蝶 *Parnassius tenedius* Eversmann
罂粟科 Papaveraceae
紫堇属 *Corydalis*

文蛱蝶 *Vindula erota* (Fabricius)
西番莲科 Passifloraceae
蒴莲属 *Adenia*
*三开瓢 *A. cardiophylla*
*滇南蒴莲 *A. penangiana*
异叶蒴莲 *A. heterophylla*
A. hondala
A. macrophylla
A. palmate
西番莲属 *Passiflora*
△龙珠果 *P. foetida*

无标黄粉蝶 *Eurema brigitta* (Stoll)
豆科 Leguminosae
决明属 *Cassia*
山扁豆 (含羞草决明)*C. mimosoides*

武铠蛱蝶 *Chitoria ulupi* (Doherty)
榆科 Ulmaceae
朴属 *Celtis*
*朴树 *C. sinensis*
黑弹树 *C. jessoensis* (*C. bungeana*)

无蓝双尾灰蝶 *Tajuria caerulea* Nire
桑寄生科 Loranthaceae
钝果寄生属 *Taxillus*
木兰寄生 *T. limprichtii*
Liquidambaricolus 属

无尾蚬蝶 *Dodona durga* (Kollar)
禾本科 Gramineae
水蔗属 *Apluda*
簕竹属 *Bambusa*

西番翠凤蝶 *Papilio syfanius* Oberthür
芸香科 Rutaceae
花椒属 *Zanthoxylum*
*刺花椒 *Z. acanthopodium*
黄檗属 *Phellodendron*
*川黄檗 *Ph. chinense*

西风金灰蝶 *Chrysozephyrus nishikaze* (Araki *et* Sibatani)
蔷薇科 Rosaceae
李属 *Prunus*
福建山樱花 *P. campanulata*

羲和绢蝶 *Parnassius appollonius* (Eversmann)
藜科 Chenopodiaceae
猪毛菜属 *Salsola*
川续断科 Dipsacaceae
蓝盆花属 *Scabiosa*
景天科 Crassulaceae
红景天属 *Rhodiola*
柱花红景天 *R. semenovii*

细灰蝶 *Leptotes plinius* (Fabricius)
白花丹科 Plumbaginaceae
白花丹属 *Plumbago*
白花丹 *P. zeylanica*
豆科 Leguminosae
木蓝属 *Indigofera*
野青树 *I. suffruticosa*
合欢属 *Albizia*
阔荚合欢 *A. lebbeck*
田菁属 *Sesbania*
刺田菁 *S. aculeata*
大豆属 *Glycine*
长叶薮豆 *G. tomentosa*
灰毛豆属 *Tephrosia*
卵叶灰毛豆 *T. obovata*
镰扁豆属 *Dolichos*
扁豆 *D. lablab*

西藏翠蛱蝶 *Euthalia thibetana* (Poujade)
大戟科 Euphorbiaceae
野桐属 *Mallotus*
粗糠柴 *M. phillipensis*
壳斗科 Fagaceae
栎属 *Quercus*
赤皮柯 *Q. gilva*
长果青冈 *Q. longinux* (*Cyclobalanopsis longinux*)

纤粉蝶 *Leptosia nina* (Fabricius)
山柑科 Capparidaceae
山柑属 *Capparis*
C. heyneana
加罗林鱼木 *C. religiosa*

线灰蝶 *Thecla betulae* (Linnaeus)
蔷薇科 Rosaceae
李属 *Prunus*
桃属 *Amygdalus*

相思带蛱蝶 *Athyma nefte* Cramer
大戟科 Euphorbiaceae
算盘子属 *Glochidion*
毛果算盘子 *G. eriocarpum*

小豹蛱蝶 *Brenthis daphne* (Denis *et* Schifferüller)
堇菜科 Violaceae
堇菜属 *Viola*
蔷薇科 Rosaceae
悬钩子属 *Rubus*
地榆属 *Sanguisorba*
地榆 *S. officinalis*

小豹律蛱蝶 *Lexias pardalis* (Moore)
金丝桃科 Guttiferae
黄牛木属 *Cratoxylum*
黄牛木 *C. cochinchinense*
藤黄属 *Garcinia*
G. laterifolia

小檗绢粉蝶 *Aporia hippia* (Bremer)
小檗科 Berberidaceae
小檗属 *Berberis*
黄芦木 *B. amurensis*
日本小檗 *B.thunbergii*

小黑斑凤蝶 *Chilasa epicides* (Hewitson)
樟科 Lauraceae
樟属 *Cinnamomum*
润楠属 *Machilus*
木姜子属 *Litsea*

小红蛱蝶 *Vanessa cardui* (Linnaeus)
菊科 Asteraceae
蒿属 *Artemisia*
五月艾 *A. indica*
A. ludoviciana
白山蒿 *A. stelleriana* (*A. lagocephala*)
A. subdecurrens
飞廉属 *Carduus*
节毛飞廉 *C. acanthoides*
丝毛飞廉 *C. crispus*
飞廉 *C. nutans*
蓟属 *Cirsium*
C. altissimum
丝路蓟 *C. arvense*
C. discolor
C. muticum
锦葵科 Malvaceae
锦葵属 *Malva*
锦葵 *M. sinensis*
荨麻科 Urticaceae
苎麻属 *Boehmeria*
青叶苎麻 *B. nivea*
水麻属 *Debregeasia*
D. bicolor
荨麻属 *Urtica*
狭叶荨麻 *U. angustifolia*
欧荨麻 *U. urens*
紫草科 Boraginaceae
牛舌草属 *Anchusa*

豆科 Leguminosae
羽扇豆属 *Lupinus*
L. argenteus
L. bicolor
丁癸草属 *Zornia*
丁癸草 *Z. diphylla*

小红珠绢蝶 *Parnassius nomion* Fischer *et* Waldheim
罂粟科 Papaveraceae
紫堇属 *Corydalis*

小环蛱蝶 *Neptis sappho* (Pallas)
豆科 Leguminosae
山黧豆属 *Lathyrus*

斜带缺尾蚬蝶 *Dodona ouida* Moore
紫金牛科 Myrsinaceae
杜茎山属 *Maesa*
灰叶杜茎山 *M. chisia*

斜带星弄蝶 *Celaenorrhinus aurivittatus* (Moore)
木樨科 Oleaceae
素馨属 *Jasminum*

斜纹绿凤蝶 *Pathysa agetes* (Westwood)
萝藦科 Asclepiadaceae
白叶藤属 *Cryptolepis*
古钩藤 *C. buchananii*

幸福带蛱蝶 *Athyma fortuna* Leech
忍冬科 Caprifoliaceae
荚蒾属 *Viburnum*
吕宋荚莲 *V. luzonicum*

新月带蛱蝶 *Athyma selenophora* (Kollar)
茜草科 Rubiaceae
钩藤属 *Uncaria*
钩藤 *U. rhynchophylla*
水锦树属 *Wendlandia*
水金京 *W. formosana*
水锦树 *W. uvariifolia*
水团花属 *Adina*
水团花 *A. pilulifera*
玉叶金花属 *Mussaenda*
小玉叶金花 *M. parviflora*
楠藤 *M. erosa*
洋玉叶金花 *M. frondosa*
玉叶金花 *M. pubescens*
绢冠茜属 *Porterandia*
大沙叶属 *Pavetta*
大戟科 Euphorbiaceae
算盘子属 *Glochidion*
台闽算盘子 *G. rubrum*

幸运辘蛱蝶 *Cirrochroa tyche* (Felder *et* Felder)
大风子科 Flacourtiaceae
刺篱木属 *Flacourtia*
大叶刺篱木 *F. rukam*
大风子属 *Hydnocarpus*
H. heterophylla

秀蛱蝶 *Pseudergalis wedah* (Kollar)
荨麻科 Urticaceae
水麻属 *Debregeasia*
D. bicolor
D. edulis

玄灰蝶 *Tongeia fischeri* (Eversmann)
景天科 Crassulaceae
瓦松属 *Orostachys*
晚红瓦松 *O. erubescens*
O. iwarenge
景天属 *Sedum*
暗色景天 *S. sordidum*
圆叶景天 *S.makinoi*
S. tricarpum

玄珠带蛱蝶 *Athyma perius* (Linnaeus)
大戟科 Euphorbiaceae
算盘子属 *Glochidion*
甜叶算盘子 *G. philippicum*
台闽算盘子 *G. rubrum*
香港算盘子 *G. zeylanicum*
叶下珠属 *Phyllanthus*
金虎尾科 Malpighiaceae
风筝果属 *Hiptage*
风筝果 *H. benghalensis*

雅灰蝶 *Jamides bochus* Cramer
豆科 Leguminosae
Xylia 属
X. dolabriformis
紫矿属 *Butea*
紫矿 *B. frondosa* (*B. monosperma*)
葛属 *Pueraria*
葛 *P. lobata*
水黄皮属 *Pongamia*
P. jlabra
猪屎豆属 *Crotalaria*
豇豆属 *Vigna*
眉豆 *V. catjang* (短豇豆 *V. cylindrical*)
灰毛豆属 *Tephrosia*

白灰毛豆 *T. candida*

燕凤蝶 ***Lamproptera curia*** **(Fabricius)**

莲叶桐科 Hernandiaceae

青藤属 *Illigera*

宽药青藤 *I. celebica* (*I. platyandra*)

心叶青藤 *I. cordata*

台湾青藤 *L. luzonensis*

I. pulchra

使君子科 Combretaceae

艳妇斑粉蝶 ***Delias belladonna*** **(Fabricius)**

桑寄生科 Loranthaceae

五蕊寄生属 *Dendrophthoe*

D. glabrescens

桑寄生属 *Loranthus*

短梗钝果寄生 *L. vestitus* (*Taxillus vestitus*)

L. longiflorus

Oryctanthus 属

O. florulentus

檀香科 Santalaceae

Dufrenoya 属

D. granulata

艳灰蝶 ***Favonius orientalis*** **(Murray)**

豆科 Leguminosae

壳斗科 Fagaceae

栎属 *Quercus*

枹栎 *Q. serrata*

蒙古栎 *Q .mongolica*

槲树 *Q .dentata*

麻栎 *Q .acutissima*

栓皮栎 *Q .variabilis*

燕灰蝶 ***Rapala vuruna*** **(Horsfield)**

鼠李科 Rhamnaceae

枣属 *Ziziphus*

Z. xylopyra

皱枣 *Z.rugosa*

使君子科 Combretaceae

使君子属 *Quisqualis*

使君子 *Q. indica*

无患子科 Sapindaceae

无患子属 *Sapindus*

S. laurifoliatas

爻蛱蝶 ***Herona marathus*** **Doubleday**

榆科 Ulmaceae

朴属 *Celtis*

瑶蛱蝶 ***Yoma sabina*** **(Gramer)**

爵床科 Acanthaceae

赛山蓝属 *Blechum*

赛山蓝 *B. pyramidatum*

露兜树科 Pandanaceae

露兜属 *Pandanus*

露兜树 *P. tectorius*

鹞蟠蛱蝶 ***Pantoporia paraka*** **(Butler)**

豆科 Leguminosae

合欢属 *Albizia*

刺藤 *A. corniculha*

猴耳环属 *Pithecellobium*

猴耳环 *P. clypearia*

耶环蛱蝶 ***Neptis yerburii*** **Butler**

榆科 Ulmaceae

朴属 *Celtis*

南洋朴树 *C. australis*

夜迷蛱蝶 ***Mimathyma nycteis*** **Ménétriès**

榆科 Ulmaceae

榆属 *Ulmus*

一点灰蝶 ***Neopithecops zalmora*** **(Butler)**

芸香科 Rutaceae

山小橘属 *Glycosmis*

山小橘 *G. pentaphylla*

G. citrifolia

伊诺小豹蛱蝶 ***Brenthis ino*** **(Rottemburg)**

蔷薇科 Rosaceae

地榆属 *Sanguisorba*

绣线菊属 *Spiraea*

悬钩子属 *Rubus*

异型紫斑蝶 ***Euploea mulciber*** **(Cramer)**

萝藦科 Asclepiadaceae

弓果藤属 *Toxocarpus*

*弓果藤 *T. wightianus*

白叶藤属 *Cryptolepis*

*白叶藤 *C. sinensis*

牛奶菜属 *Marsdenia*

蓝叶藤 *M. tinctoria*

马莲鞍属 *Streptocaulon*

S. baumi

桑科 Moraceae

榕属 *Ficus*

*榕树 *F. microcarpa*

台湾天仙果（台湾榕）*F. formosana*

糙叶榕 *F. irisana*

岛榕 *F. virgata*

九丁榕 *F. nervosa*

薜荔 *F. pumila*

匍茎榕 *F. sarmentosa*
垂叶榕 *F. benjamina*
白肉榕 *F. vasculosa*
矮小天仙果 *F. erecta*
*高山榕 *F. altissima*
夹竹桃科 Apocynaceae
夹竹桃属 *Nerium*
*夹竹桃 *N. indicum*
欧洲夹竹桃 *N. oleander*
络石属 *Trachelospermum*
络石 *T. jasminoides*
腰骨藤属 *Ichnocarpus*
腰骨藤 *I. frutescens*
腰骨藤 *I. frutescens* (*I. volubili*)
羊角拗属 *Strophanthus*
S. jackianus
帘子藤属 *Pottsia*
帘子藤 *P. laxiflora*
旋花科 Convolvulaceae
银背藤属 *Argyreia*
△白鹤藤 *A. penangiana*
马兜铃科 Aristolochiaceae
马兜铃属 *Aristolochia*

银斑豹蛱蝶 *Speyeria aglaja* (Linnaeus)

堇菜科 Violaceae
堇菜属 *Viola*
蓼科 Polygonaceae
蓼属 *Polygonum*
支柱蓼 *P. suffultum*

银豹蛱蝶 *Childrena (Argynnis) childreni* (Gray)

堇菜科 Violaceae
*堇菜属 *Viola*

银钩青凤蝶 *Graphium eurypylus* (Linnaeus)

番荔枝科 Annonaceae
番荔枝属 *Annona*
*牛心番荔枝 *A. reticulata*
刺果番荔枝 *A. muricata*
银钩花属 *Mitrephora*
*银钩花 *M. thorelii*
暗罗属 *Polyalthia*
暗罗 *P. nirtidissima*
长叶暗罗 *P. longifolia*
Melodorum 属
M. leichhardtii
M. siamensis
金钩花属 *Pseuduvaria*
P. froggattii
紫玉盘属 *Uvaria*
U. curtisii
小花紫玉盘 *U. rufa*
鹰爪花属 *Artabotrys*
A. speciosus
哥纳香属 *Goniothalamus*
G. macranthus
无患子科 Sapindaceae
Diploglottis 属
D. australis
木兰科 Magnoliaceae
含笑属 *Michelia*
黄兰 *M. champaca*
△芸香科 Rutaceae
小芸木属 *Micromelum*
M. minutum

银线灰蝶 *Spindasis lohita* (Horsfield)

大戟科 Euphorbiaceae
野桐属 *Mallotus*
白楸 *M. paniculatus*
薯蓣科 Dioscoreaceae
薯蓣属 *Dioscorea*
五叶薯蓣 *D. pentaphylla*
桃金娘科 Myrtaceae
番石榴属 *Psidium*
番石榴 *P.guajava*
大戟科 Euphorbiaceae
算盘子属 *Glochidion*
台闽算盘子 *G. rubrum*
野桐属 *Mallotus*
野梧桐 *M. japonicus*
鼠李科 Rhamnaceae
鼠李属 *Rhamnus*
台湾鼠李 *R. formosana*
蓼科 Polygonaceae
酸模属 *Rumex*
皱叶酸模 *R. crispus*
漆树科 Anacardiaceae
盐肤木属 *Rhus*
R. javanica
菊科 Compositae
鬼针草属 *Bidens*
鬼针草 *B. pilosa*
野牡丹科 Melastomataceae
野牡丹属 *Melastoma*

M. melabathricum
薯蓣科 Dioscoreaceae
薯蓣属 *Dioscorea*
五叶薯蓣 *D. pentaphylla*
使君子科 Combretaceae
Terminalia 属
榄人树 *T. paniculata*
金虎尾科 Malpighiaceae
风筝果属 *Hiptage*
风筝果 *H. benghalensis*
无患子科 Sapindaceae
荔枝属 *Litchi*
豆科 Leguminosae
Xylia 属
旋花科 Convolvulaceae
银背藤属 *Argyreia*
茜草科 Rubiaceae
咖啡属 *Coffea*
大粒咖啡 *C. liberica*
锦葵科 Malvaceae
山龙眼科 Proteaceae
桑寄生科 Loranthaceae
檀香科 Santalaceae

银纹尾蚬蝶 ***Dodona eugenes* Bates**
禾本科 Gramineae
青篱竹属 *Bamboo*
北美箭竹属 *Arundinaria*

隐线蛱蝶 ***Limenitis Camilla* (Linnaeus)**
忍冬科 Caprifoliaceae
忍冬属 *Lonicera*
忍冬 *L. japonica*
锦带花属 *Weigela*
锦带花 *W. horsrensis*

鹰翠蛱蝶 ***Euthalia anosia* (Moore)**
漆树科 Anacardiaceae
杧果属 *Mangifera*
杧果 *M. indica*

荧光裳凤蝶 ***Troides magellanus* (Felder *et* Felder)**
马兜铃科 Aristolochiaceae
马兜铃属 *Aristolochia*
港口马兜铃 *A. zollingeriana*
A. acuminata
马兜铃 *A. debilis*
A. philippinensis
A. littoralis

英雄珍眼蝶 ***Coenonympha hero* (Linnaeus)**
莎草科 Cyperaceae

幽洒灰蝶 ***Styrium iyonis* (Oxta *et* Kusunoki)**
鼠李科 Rhamnaceae
Rhamanus 属
日本鼠李 *R. japonica*
R. yoshinoi

优越斑粉蝶 ***Delias hyparete* (Linnaeus)**
桑寄生科 Loranthaceae
桑寄生属 *Loranthus*
L. parasiticus
毛叶钝果寄生 *Taxillus nigrans* (*L. yadoriki*)
五蕊寄 *Dendrophthoe*
pentandra (*L. pentandrus*)
大苞鞘花属 *Elytranthe*
苞花寄生 *E. cochinchinensis*
梨果寄生属 *Scurrula*
锈毛梨果寄生 *S. ferruginea*
槲寄生属 *Viscum*
扁枝槲寄生 *V. articulatum*
鞘花属 *Macrosolen*
鞘花 *M. cochinchinensis*
钝果寄生属 *Taxillus*
木兰寄生 *T. limprichtii*
檀香科 Santalaceae
寄生藤属 *Dendrotrophe*
寄生藤 *D. frutescens*（*Henslowia fruscens*）
五蕊寄生 *D. pentandra*
D. glabrescens
D. falcata
檀香属 *Santalum*
檀香 *S. album*
酢浆草科 Oxalidaceae
阳桃属 *Averrhoa*
三敛 *A. bilimbi*
棕榈科 Palmae
△椰子属 *Cocos*
椰子 *C. nucifera*
无患子科 Sapindaceae
△韶子属 *Nephelium*
红毛丹 *N. lappaceum*
梧桐科 Sterculiaceae
可可属 *Theobroma*
可可 *T. cacao*
Viscaceae 科
槲寄生属 *Viscum*

V. calcaratum
豆科 Leguminosae
△*Senna* 属
S. siamea
凤仙花科 Balsaminaceae
凤仙花属 *Impatiens*
番荔枝科 Annonaceae
△番荔枝属 *Annona*
刺果番荔枝 *A. muricata*
番荔枝 *A. squamosa*
漆树科 Anacardiaceae
△杧果属 *Mangifera*
杧果 *M. indica*

玉斑凤蝶 *Papilio helenus* Linnaeus
芸香科 Rutaceae
柑橘属 *Citrus*
*柚 *C. maxima*
*柑橘 *C. reticulata*
*甜橙 *C. sinensis*
*香橼 *C. medica*
*佛手 *C. medica* var. *sarcodactylis*
枳属 *Poncirus*
*枳 *P. trifoliata*
花椒属 *Zanthoxylum*
*两面针 *Z. nitidum*
*竹叶花椒 *Z. armatum*
*花椒 *Z. bungeanum*
金橘属 *Fortunella*
*金橘 *F. margarita*
*金柑（圆金橘）*F. japonica*
吴茱萸属 *Evodia*
E. glauca
楝叶吴萸 *E. glabrifolia* (*E. meliaefolia*)
山小橘属 *Glycosmis*
小花山小橘 *G. parviflora*
山小橘 *G. pentaphylla*
黄皮属 *Clausena*
黄皮 *C. lansium*
C. heptaphylla
小芸木属 *Micromelum*
M. minutum
酒饼簕属 *Atalantia*
酒饼簕 *A. buxifolia*
黄檗属 *Phellodendron*
△黄檗 *Ph. amurense*
飞龙掌血属 *Toddalia*
△飞龙掌血 *T. asiatica*

玉带黛眼蝶 *Lethe verma* Kollar
禾本科 Gramineae

玉带凤蝶 *Papilio polytes* Linnaeus
芸香科 Rutaceae
柑橘属 *Citrus*
*柚 *C. maxima*
*柑橘 *C. reticulata*
*甜橙 *C. sinensis*
*香橼 *C. medica*
*佛手柑 *C. medica* var. *sarcodactylis*
枳属 *Poncirus*
*枳 *P. trifoliata*
花椒属 *Zanthoxylum*
*两面针 *Z. nitidum*
*竹叶花椒 *Z. armatum*
*花椒 *Z. bungeanum*
金橘属 *Fortunella*
金橘 *F. margarita*
金柑（圆金橘）*F. japonica*
黄皮属 *Clausena*
黄皮 *C. lansium*
假黄皮 *C. excavata*
酒饼簕属 *Atalantia*
A. monophylla
A. racemosa
山小橘属 *Glycosmis*
小花山小橘 *G. parviflora*
山小橘 *G. pentaphylla*
山橘树 *G. cochinchinensis*
九里香属 *Murraya*
调料九里香 *M. koenigii*
千里香（月桂、长果月桂）*M. paniculata*
飞龙掌血属 *Toddalia*
飞龙掌血 *T. asiatica*
木橘属 *Aegle*
木橘 *A. marmelos*
Triphasia 属
T. trifolia
单叶藤橘属 *Paramignya*
P. andamanica
吴茱萸属 *Evodia*
楝叶吴萸 *E. glabrifolia*
E. glauca
Severinia 属
乌柑仔 *S. buxifolia*

小芸木属 *Micromelum*
M. minutum
玉牙凤蝶 ***Papilio castor*** **Westwood**
芸香科 Rutaceae
柑橘属 *Citrus*
*柑橘 *C. reticulata*
山小橘属 *Glycosmis*
* *G. citrifolia*
山小橘 *G. pentaphylla*
小花山小橘 *G. parviflora*
九里香属 *Murraya*
千里香（月桂、长果月桂）*M. paniculata*
兰屿九里香 *M. crenulata*
飞龙掌血属 *Toddalia*
飞龙掌血 *T. asiatica*
黄皮属 *Clausena*
野黄皮 *C. willdenovii*
木兰科 Magnoliaceae
含笑属 *Michelia*
△台湾含笑 *M. compressa*
圆翅钩粉蝶 ***Gonepteryx amintha*** **Blanchard**
鼠李科 Rhamnaceae
鼠李属 *Rhamnus*
*鼠李 *R. davurica*
*台湾鼠李 *R. formosana*
琉球鼠李 *R. liukiuensis*
小叶鼠李 *R. parvifolia*
豆科 Leguminosae
决明属 *Cassia*
△黄槐决明 *C. surattensis*
Senna 属
△*S. surattensis*
月纹矩环蝶 ***Enispe lunatus*** **Leech**
禾本科 Gramineae
大明竹属 *Pleioblastus*
*苦竹 *P. amarus*
*金竹 *P. sulphurea*
栅黄灰蝶 ***Japonica saepestriata*** **(Hewitson)**
壳斗科 Fagaceae
栎属 *Quercus*
麻栎 *Q. acutissima*
栓皮栎 *Q.variabilis*
枹栎 *Q.serrata*
窄斑翠凤蝶 ***Papilio arcturus*** **Westwood**
芸香科 Rutaceae
花椒属 *Zanthoxylum*
*竹叶花椒 *Z. armatum*
刺花椒 *Z. acanthopodium*
窄斑凤尾蛱蝶 ***Polyura athamas*** **(Drury)**
豆科 Leguminosae
合欢属 *Albizia*
阔荚合欢 *A. lebbeck*
天香藤 *A. corniculata*
合欢 *A. julibrissin*
楹树 *A. stipulata* (*A. chinensis*)
凤凰木属 *Delonix*
凤凰木 *D. regia*
银合欢属 *Leucaena*
银合欢 *L. leucocephala*
云实属 *Caesalpinia*
刺果苏木 *C. bonduc*
C. major
含羞云实 *C. mimosoides*
Archidendron 属
A. clypearia
猴耳环属 *Pithecellobium*
牛蹄豆 *P. dulce*
盾柱木属 *Peltophorum*
盾柱木 *P. pterocarpum*
海红豆属 *Adenanthera*
海红豆 *A. pavonina*
金合欢属 *Acacia*
尖叶相思 *A. caesia*
儿茶 *A. catechu*
金合欢 *A. farnesiana*
椴树科 Tiliaceae
扁担杆属 *Grewia*
窄曙凤蝶 ***Atrophaneura zaleuca*** **(Hewitson)**
马兜铃科 Aristolochiaceae
马兜铃属 *Aristolochia*
中华爱灰蝶 ***Aricia mandschurica*** **(Staudinger)**
豆科 Leguminosae
中华虎凤蝶 ***Luehdorfia chinensis*** **Leech**
马兜铃科 Aristolochiaceae
细辛属 *Asarum*
细辛（华细辛或盆草细辛）*A. sieboldii*
杜衡（马辛或双龙麻消）*A. forbesii*
福建细辛 *A. fukienense*
尾花细辛 *A. caudigerum*
中环蛱蝶 ***Neptis hylas*** **(Linnaeus)**
豆科 Leguminosae
葛属 *Pueraria*
葛 *P. lobata*
葛麻姆 *P. montana*

三裂叶野葛 *P. phaseoloides*
山蚂蝗属 *Desmodium*
长波叶山蚂蝗 *D. sequax*
大叶山蚂蝗 *D. gangeticum*
假地豆 *D. heterocarpon*
乳豆属 *Galactia*
乳豆 *G.. tenuiflora*
Cylista 属
千斤拔属 *Flemingia*
大叶千斤拔 *F. macrophylla*
Xylia 属
山黧豆属 *Lathyrus*
鹿藿属 *Rhynchosia*
黧豆属 *Mucuna*
大果油麻藤 *M. macrocarpa*
榼藤属 *Entada*
榼藤 *E. phaseoloides*
刀豆属 *Canavalia*
小刀豆 *C. cathartica*
刀豆 *C. gladiata*
直生刀豆 *C. ensiformis*
相思子属 *Abrus*
相思子 *A. precatorius*
Paracalyx 属
四棱豆属 *Psophocarpus*
四棱豆 *P. tetragonolobus*
木豆属 *Cajanus*
木豆 *C. cajan*
豇豆属 *Vigna*
豇豆 *V. unguiculata*
葫芦茶属 *Tadehagi*
葫芦茶 *T. triquetrum*
胡枝子属 *Lespedeza*
胡枝子 *L. bicolor*
大豆属 *Glycine*
大豆 *G. max*
菜豆属 *Phaseolus*
菜豆 *P. vulgaris*
锦葵科 Malvaceae
梵天花属 *Urena*
地桃花 *U. lobata*
椴树科 Tiliaceae
扁担杆属 *Grewia*
刺蒴麻属 *Triumfetta*
刺蒴麻 *T. rhomboidea*
黄麻属 *Corchorus*
木棉科 Bombacaceae
木棉属 *Bombax*
Holicteres 属
Mappiafoetida 属
梧桐科 Sterculiaceae
山芝麻属 *Helicteres*
火索麻 *H. isora*
桑科 Moraceae
构属 *Broussonetia*
构树 *B. papyrifera*
榆科 Ulmaceae
朴属 *Celtis*
山黄麻属 *Trema*
山黄麻 *T. orientalis*

中亚绢粉蝶 *Aporia leucodice* (Eversmann)
小檗科 Berberidaceae
小檗属 *Berberis*
枸杞小檗 *B. lycium*

柱菲蛱蝶 *Phaedyma columella* (Cramer)
豆科 Leguminosae
Cratoxylu 属
C. ligustrunum
葫芦茶属 *Tadehagi*
葫芦茶 *Tadehagi triquetrum*
鼠李科 Rhamnaceae
雀梅藤属 *Sageretia*
雀梅藤 *S. thea*
梧桐科 Sterculiaceae
苹婆属 *Sterculia*
假苹婆 *S. lanceolata*

珠灰蝶 *Iratsume orsedice* (Butler)
金缕梅科 Hamamelidaceae
金缕梅属 *Hamamelis*
日本金缕梅 *H. japonica*

朱蛱蝶 *Nymphalis xanthomelas* Denis *et* Schiffermüller
杨柳科 Salicaceae
柳属 *Salix*
漆树科 Anacardiaceae
黄连木属 *Pistacia*
P. integerrima
榆科 Ulmaceae
朴属 *Celtis*
南洋朴树 *C. australis*
台湾朴 *C. formosana*
榆属 *Ulmus*
榔榆 *U. parvifolia*
榉属 *Zelkova*
Z. formosana

珠蛱蝶 *Issoria lathonia* (Linnaeus)
堇菜科 Violaceae
堇菜属 *Viola*
三色堇 *V. tricolor*
豆科 Leguminosae
驴食草属 *Onobrychis*
珠履带蛱蝶 *Athyma asura* Moore
茜草科 Rubiaceae
绢冠茜属 *Porterandia*
杜英科 Elaeocarpaceae
杜英属 *Elaeocarpus*
E. elmeri
木犀科 Oleaceae
流苏树属 *Chionanthus*
枝花李榄 *C. ramiflorus* (*Linociera ramiflora*)
冬青科 Aquifoliaceae
冬青属 *Ilex*
小果冬青 *I. micrococca*
苎麻珍蝶 *Acraea issoria* (Hübner)
荨麻科 Urticaceae
水麻属 *Debregeasia*
*长叶水麻 *D. longifolia*
*水麻 *D. orientalis*
D. bicolor
冷水花属 *Pilea*
石筋草 *P. plataniflora*
苎麻属 *Boehmeria*
密花苎麻 *B. penduliflora* var.
海岛苎麻 *B. formosana*
大叶苎麻 *B. longispica*
苎麻 *B. nivea*
柳叶水麻 *Debregeasia saeneb* (*B. salicifolia*)
艾麻属 *Laportea*
葡萄叶艾麻 *L. violacea*
楼梯草属 *Elatostema*
狭叶楼梯草 *E. lineolatum*
雾水葛属 *Pouzolzia*
雅致雾水葛 *P. elegans*
荨麻属 *Urtica*
台湾荨麻 *U. taiwaniana*
糯米团属 *Gonostegia*
糯米团 *G. hirta*
冷水花属 *Pilea*
石筋草 *P. plataniflora*
Hyrtanandra 属
H. hirta
紫轭灰蝶 *Euaspa forsteri* (Esaki *et* Shirôzu)
壳斗科 Fagaceae
锥属 *Castanopsis*
甜槠 *C. eyrei*
长叶栲 *C .longicaudata*
紫闪蛱蝶 *Apatura iris* (Linnaeus)
杨柳科 Salicaceae
柳属 *Salix*
*垂柳 *S. babylonica*
黄花柳 *S. caprea*
红皮柳 *S. purpurea*
细柱柳 *S. gracilistyla*
杨属 *Populus*
黑杨 *P. nigra*
棕灰蝶 *Euchrysops cnejus* (Fabricius)
苏铁科 Cycadaceae
苏铁属 *Cycas*
豆科 Leguminosae
菜豆属 *Phaseolus*
番樱桃属 *Eugenia*
E. dalbergiioides
Cylista 属
C. scariosa
紫矿属 *Butea*
紫矿 *B. frondosa* (*B. monosperma*)
金合欢属 *Acacia*
豇豆属 *Vigna*
眉豆 *V. Catjang* (短豇豆 *V. cylindrical*)
Asukia 属
A. minima
A. mungo
刀豆属 *Canavalia*
海刀豆 *C. maritima*
酢浆灰蝶 *Pseudozizeeria maha* (Kollar)
酢浆草科 Oxalidaceae
酢浆草属 *Oxalis*
酢浆草 *O. corniculata*

2. 国家保护的蝶类名录

（一）《中华人民共和国野生动物保护法》（1988）规定的国家重点保护的蝶类名录（5种）

中文名	学　名	保护级别
金斑喙凤蝶	*Teinopalpus aureus*	I
双尾褐凤蝶（二尾凤蝶）	*Bhutanitis mansfieldi*	II
三尾褐凤蝶（三尾凤蝶）东川亚种	*Bhutanitis thaidina dongchuanensis*	II
中华虎凤蝶华山亚种	*Luehdorfia chinensis huashanensis*	II
阿波罗绢蝶	*Parnassius apollo*	II

资料来源：http://www.forestry.gov.cn/manager/zhuanlan_url/file_up/ysdzw20061229164.doc

（二）国家林业局第7号令《国家保护的有益的或者有重要经济、科学研究价值的陆生野生动物名录》中列入的蝴蝶种类

科	中文名	学　名
凤蝶科 Papilionidae	喙凤蝶属（所有种）	*Teinopalpus* spp.
	虎凤蝶属（所有种）	*Luehdorfia* spp.
	锤尾凤蝶	*Losaria (Papilio) coon*
	台湾凤蝶	*Papilio thaiwanus*
	红斑美凤蝶	*Papilio rumanzovius*
	旖凤蝶	*Iphiclides podalirius*
	尾凤蝶属（所有种）	*Bhutanitis* spp.
	曙凤蝶属（所有种）	*Atrophaneura* spp.
	裳凤蝶属（所有种）	*Troides* spp.
	宽尾凤蝶属（所有种）	*Agehana* spp.
	燕凤蝶	*Lamproptera curia*
	绿带燕凤蝶	*Lamproptera meges*
粉蝶科 Pieridae	眉粉蝶属（所有种）	*Zegris* spp.
蛱蝶科 Nymphalidae	最美紫蛱蝶	*Sasakia pulcherrima*
	黑紫蛱蝶	*Sasakia funebris*
	枯叶蛱蝶	*Kallima inachus*
绢蝶科 Parnassidae	绢蝶属（所有种）	*Parnassius* spp.
眼蝶科 Satyridae	黑眼蝶	*Ethope henrici*
	岳眼蝶属（所有种）	*Orinoma* spp.
	豹眼蝶	*Nosea hainanensis*
环蝶科 Amathusiidae	箭环蝶属（所有种）	*Stichophthalma* spp.
	森下交脉环蝶	*Amathuxidia morishitai*
灰蝶科 Lycaenidae	陕灰蝶属（所有种）	*Shaanxiana* spp.
	虎灰蝶	*Yamamotozephyrus kwangtungensis*
弄蝶科 Hesperiidae	大伞弄蝶	*Bibasis miracula*

资料来源：http:// www.forestry.gov.cn/manager/zhuanlan_url/file_up/ysdzw20061229162.doc

（三）《濒危野生动植物种进出口贸易公约》（CITES）附录中列入的蝴蝶种类

《濒危野生动植物种国际贸易公约》，又称为华盛顿公约。它通过对濒危动植物种的进出口贸易加以限制，使其免遭因商业贸易而灭绝的危险。

中文名	学　名	限制级别
亚历山大鸟翼凤蝶	*Ornithoptera alexandrae*	附录 I
吕宋凤蝶	*Papilio chikae*	
荷马凤蝶	*Papilio homerus*	
科西嘉凤蝶	*Papilio hospiton*	
斯里兰卡曙凤蝶	*Atrophaneura jophon*	附录 II
印度曙凤蝶	*Atrophaneura pandiyana*	
尾凤蝶属（褐凤蝶属）所有种	*Bhutanitis* spp.	
鸟翼凤蝶属所有种（除被列入附录 I 的物种）	*Ornithoptera* spp.	
阿波罗绢蝶	*Parnassius apollo*	
喙凤蝶属所有种	*Teinopalpus* spp.	
红颈鸟翼凤蝶属所有种	*Trogonoptera* spp.	
裳凤蝶属所有种	*Troides* spp.	